★ "十四五"普通高等教育本科省级规划教材

国家级一流本科课程配套教材

省级"课程思政"示范课程配套教材

省级精品在线开放课程与资源共享课程配套教材

应用密码学

（第二版）

张仕斌　　万武南　　张金全　　杨帆　编著

课程教学大纲

西安电子科技大学出版社

内 容 简 介

本书在保持上一版特色的基础上，结合近年来作者所在单位实施"国家一流本科专业建设""卓越工程师教育培养计划""新工科建设"等成果和多年来作者在教学科研方面的实践经验，按照"育人为本、崇尚应用""一切为了学生"的教育教学理念和"夯实基础、强化实践、注重创新、突出特色"的人才培养思路，遵循"行业指导、校企合作、分类实施、形式多样"的原则，以工程技术为主线，在工程实践和应用创新中融入了思政元素，在全面讲述密码学基本知识和现代密码算法理论的同时，特别注重密码算法的应用。书中通过密码算法实用案例全面剖析了现代密码算法的原理，分析阐述了部分密码算法的安全性。每章后都配有相应习题以实现教、学、练的统一，让学习者将所学理论与实践真正结合起来。

全书共 10 章，主要内容包括密码学基础知识、古典密码算法、分组密码算法、序列密码算法、非对称密码算法、Hash 算法、数字签名、密钥管理、认证技术和密码算法应用案例。附录为应用密码学课程设计。书中标有"＊"号的为选修内容，读者可以根据需要自行选择。

本书既可作为普通高等院校信息安全、网络空间安全、信息对抗技术、信息与计算科学、应用数学、区块链工程、计算机科学与技术、软件工程、通信工程、人工智能等相关专业本科生和研究生的教学用书，也可作为相关领域技术人员的参考书。

图书在版编目(CIP)数据

应用密码学 / 张仕斌编著. --2 版. --西安：西安电子科技大学出版社，2023.9
(2024.10 重印)
ISBN 978 - 7 - 5606 - 6810 - 9

Ⅰ. ①应… Ⅱ. ①张… Ⅲ. ①密码学 Ⅳ. ①TN918.1

中国国家版本馆 CIP 数据核字(2023)第 106937 号

策　　划　李惠萍
责任编辑　许青青
出版发行　西安电子科技大学出版社(西安市太白南路 2 号)
电　　话　(029)88202421　88201467　　邮　编　710071
网　　址　www.xduph.com　　　　　　电子邮箱　xdupfxb001@163.com
经　　销　新华书店
印刷单位　陕西天意印务有限责任公司
版　　次　2023 年 9 月第 2 版　2024 年 10 月第 2 次印刷
开　　本　787 毫米×1092 毫米　1/16　印张　21
字　　数　499 千字
定　　价　54.00 元
ISBN 978 - 7 - 5606 - 6810 - 9
XDUP 7112002 - 2

＊＊＊如有印装问题可调换＊＊＊

前　言

　　"没有网络安全就没有国家安全,没有信息化就没有现代化。"习近平总书记的这一重要论断,阐明了网络安全在国家安全中的重要地位,为推动我国网络安全体系的建立,树立正确的网络安全观指明了方向。党的十九届五中全会在《中共中央关于制定国民经济和社会发展第十四个五年规划和二〇三五年远景目标的建议》中明确提出,要"坚定维护国家政权安全、制度安全、意识形态安全,全面加强网络安全保障体系和能力建设",并将网络安全纳入国家安全体系和能力建设范畴,充分体现了网络安全对国家安全的重要性。人才资源是确保我国网络空间安全第一位的资源,网络安全人才培养是国家网络安全保障体系建设的基础和必备条件。密码学作为网络安全的核心技术和基础支撑,对于保障网络系统中的信息安全具有不可替代的作用。

　　一直以来,我国高等工科院校承担着培养各类应用型高级专门技术人才的重任,培养网络安全应用型高级专门技术人才也是高等院校责无旁贷的责任。2017 年 1 月,按照培养网络安全应用型高级专门技术人才的目标,我们编写并出版了《应用密码学(卓越工程师培养计划)》一书(该书于 2017 年 1 月在西安电子科技大学出版社出版)。6 年多来,我们始终按照"培养应用型高级专门技术人才"的人才培养目标定位,以 CDIO 和 OBE 工程教育理念为指导,采用大量实际案例,应用启发式教学方法,在要求学生掌握密码算法知识的基础上,以提升学生的密码算法工程实践和应用创新能力为目标,开展了一些列教学改革活动,取得了明显的成效。2017 年,"应用密码学"课程被评为四川省省级精品在线开放课程;2018 年,"应用密码学"课程获批四川省首批地方普通本科高校应用型示范课程;2020 年,"应用密码学"课程获批四川省省级"课程思政"示范课程;2021 年,"应用密码学"课程获批四川省第二批省级一流本科课程;2022 年,"应用密码学"课程所在的"密码学及其应用课程群教学团队"获批四川省省级"课程思政"示范教学团队;2023 年,"应用密码学"课程获批第二批国家级一流本科课程。

　　为了更好地适应国家新工科工程教育、新时代密码学教学的需要,更加有效地展现密码学在网络与信息安全领域的核心地位和密码算法的工程应用,在收集师生对第一版教材使用意见及建议的基础上,结合近年来作者所在单位实施"国家一流本科专业建设""卓越工程师教育培养计划""新工科建设"等的教学成果,以及多年来作者的教学科研实践经验和网络与信息安全领域密码应用新需求，作者对《应用密码学》第一版的内容进行了系统优化与全面梳理，在充分保留"以工程技术为主线，使密码学面向应用实践"等特色的基础上，删减了"密码学的数学基础""信息隐藏技术"等章节的内容，新增了 SM2、SM3、SM4、ZUC 等国家商用密码算法及应用的介绍，进一步丰富和强化了密码学的工程实践，使现代密码算法和工程应用结合得更加紧密。本次修订还精选并更新了贴近生产生活实际的密码学典型应用案例，并在工程实践和应用创新中融入思政元素，使读者可以结合国情了解中国密码算法的发展与应用现状，增强读者对密码应用的现实感和信息安全防护的紧迫感，强化信息安全保密意识。

本书既可作为普通高等院校信息安全、网络空间安全、信息对抗技术、信息与计算科学、应用数学、区块链工程、计算机科学与技术、软件工程、通信工程、人工智能等相关专业本科生和研究生的教学用书，也可作为从事区块链、网络与信息系统安全相关设计、研究开发的工程技术人员的参考书。

本书的编排从教学适用性出发，特别重视读者对密码学知识的系统理解、应用和有针对性地重点掌握，在体系结构、语言表达、内容选取和举例及应用等方面都做了特别的考虑，尽可能使本书好学好用。

在本书的编写过程中，作者参考了国内外大量的书籍及互联网上公布的相关资料，并尽量在参考文献中列出。但由于网上资料信息不全，因此无法把所有文献一一列出。这些资料来源于众多大学、研究机构、商业公司及一些研究网络安全技术的个人，他们对推动网络安全技术的发展做出了重要贡献，在此表示衷心的感谢。作者在写作过程中参考的这些资料，其原文版权属于原作者，特此声明。

本书由张仕斌教授组织编写并统稿。全书共 10 章，其中第 1 章、第 2 章、第 8 章和第 10 章的 10.3 节由张仕斌老师编写，第 3 章、第 6 章、第 9 章和第 10 章的 10.4 节由万武南老师编写，第 5 章、第 7 章和附录(应用密码学课程设计)由张金全老师编写，第 4 章、第 10 章的 10.1 节和 10.2 节由杨帆老师编写。

本书的编写还得到了成都信息工程大学、西安电子科技大学出版社和相关高等院校的大力支持和热情帮助，在此一并致以诚挚的谢意。

为了便于多媒体教学，本书配有电子教案(PPT)，可到西安电子科技大学出版社网站下载(http://www.xduph.com)。

由于密码学内涵丰富，其应用发展迅速，而作者水平有限，加上时间仓促，书中难免有疏漏与不足之处，敬请斧正。

作　者

2023 年 7 月于成都

目 录

1

第 1 章 密 码 学 概 述

知识点

☆ 信息安全概述；

☆ 密码学的基本知识；

☆ 密码学的发展历程及其在信息安全中的作用；

☆ 密码算法的安全性；

☆ 扩展阅读——国家对网络安全的定位、国家商用密码、全国密码技术竞赛。

第一单元

本章导读

　　本章首先介绍信息安全的基本概念及基本属性、信息安全问题的根源、信息安全机制与信息安全服务、信息安全模型和安全性攻击的主要形式；接着介绍了密码学的基本概念、保密通信模型、密码算法的构成及其分类；然后介绍了密码学的发展历程、密码学在信息安全中的作用；最后介绍了密码分析方法和密码算法的安全性，并在扩展阅读部分介绍了国家商用密码、全国密码技术竞赛等。通过对本章的学习，读者可对信息安全和密码学的基本知识及它们之间的关系有初步的了解。本章内容对读者按计划学好本书后续知识具有重要的指导作用。

1.1　信息安全概述

　　随着网络信息技术的迅猛发展，信息的地位与作用在急剧上升，信息安全问题日益突出。未来的军事斗争将首先在信息领域展开，并全程贯穿着信息战，信息安全将成为赢得战争胜利的重要保障。"没有网络安全就没有国家安全，没有信息化就没有现代化"，特别是当前我国信息化建设已进入高速发展的阶段，电子政务、电子商务、网络金融、网络媒体等蓬勃发展，这些与国民经济、社会稳定发展息息相关的领域急需信息安全保障。因此，加强信息安全技术研究，提高信息安全技术应用水平，在信息技术应用领域营造信息安全氛围，既是时代发展的客观要求，也是未来信息技术发展的迫切需要。

1.1.1　信息安全的基本概念

1. 信息安全的定义

　　到目前为止，"安全"并没有统一的定义，但其基本含义可以理解为：客观上不存在威胁，主观上不存在恐惧。"信息安全"同样也没有公认和统一的定义，但国内外对信息安全的论述大致可分为两大类：一类是指具体的信息系统的安全；另一类则是指某一特定信息体系结构的安全，比如一个国家的金融系统、军事指挥系统。但一些专家认为这两种定义均很片面，所涉及的内容过窄。我们认为，信息安全是指信息网络的硬件、软件及信息系统中的数据受到保护,不受偶然或者恶意原因的影响而遭到破坏、更改、泄露,系统连续可靠正常地运行,信息服务不中断的状态。

2. 信息安全的基本属性

(1) 真实性(authenticity):确认和识别一个主体或资源就是其所声称的,被认证的可以是用户、进程、系统和信息等。

(2) 保密性(confidentiality):信息不泄露给非授权的个人、实体和过程,或供其使用的特性。

(3) 完整性(integrity):信息未经授权不能被修改、不能被破坏、不能被插入、不延迟、不乱序和不丢失的特性。对网络信息安全进行攻击其最终目的就是破坏信息的完整性。

(4) 可用性(avaliability):合法用户访问并能按要求顺序使用信息的特性,即保证合法用户在需要时可以访问到所需信息及相关资产。对可用性的攻击就是阻断信息的可用性,如破坏网络和有关系统的正常运行就属于这类攻击。

(5) 可控性(controlability):授权机构对信息的内容及传播具有控制能力的特性,可以控制授权范围内的信息流向以及方式。

(6) 可审查性(auditability):在信息交流过程结束后,通信双方不能抵赖曾经做出的行为,也不能否认曾经接收到对方的信息。

(7) 可靠性(reliability):信息以用户认可的质量连续服务于用户的特性(包括信息准确、迅速和连续地传输、转移等),但也有一些专家认为可靠性是人们对信息系统而不是对信息本身的要求。

安全总是相对的,没有绝对的安全,追求信息安全问题是永无止境的。信息安全在实质上就是指采用一切可能的方法和手段,保护信息系统或信息网络中的信息资源免受各种类型的威胁、干扰和破坏,即保证信息的安全性,确保信息的上述"七性"的安全。在实际应用中,信息安全问题的关键是安全保护的成本和效益,如果安全保护的成本低于受保护信息的价值,并且破解安全保护的代价超过信息的价值,就可以认为此信息是相对安全的。

1.1.2　信息安全问题的根源

当今的信息安全问题,已经不再像以前那样仅简单地谈计算机病毒,信息安全的防御也不再是仅安装了防病毒软件和防火墙就能达到目的,这是因为信息系统所面临的安全威胁正随着信息技术的广泛应用在不断地增加。产生信息安全问题的根源可以从两方面来进行分析:一是我们使用的个人终端所面临的安全威胁;二是网络系统所面临的威胁。

1. 个人终端所面临的主要安全威胁

随着信息技术及应用的飞速发展,个人终端(包括个人计算机、笔记本电脑、平板电脑、智能手机等)也得到了广泛普及,个人终端也成为了黑客攻击的目标之一,就其安全威胁而言,主要涉及以下几个方面。

(1) 普通计算机病毒:这是当前最常见、最主要的威胁,几乎每天都有计算机病毒产生。计算机病毒的主要危害体现在有的破坏计算机文件(如 .com、.exe、.doc、.pdf 文件等)和数据,导致文件无法使用,系统无法启动;有的消耗计算机的 CPU、内存和磁盘资源,导致一些正常服务无法进行,出现死机、占用大量的磁盘空间;有的还会破坏计算机硬件,导致计算机彻底瘫痪。

（2）木马：这是一种基于远程控制的黑客工具，使远程计算机能够通过网络控制用户个人终端，并且可能造成用户信息损失、系统瘫痪甚至损坏程序。木马作为一种远程控制的黑客工具，主要危害包括：窃取用户信息，比如计算机或网络账户和密码、网络银行账户和密码、QQ 账户和密码、E-Mail 账户和密码等；携带计算机病毒，造成计算机或网络不能正常运行，甚至完全瘫痪；被黑客控制，攻击用户计算机或网络。

（3）恶意软件：一类特殊的程序，是介于普通计算机病毒与黑客软件之间的软件的统称。它通常在用户不知晓也未授权的情况下潜入系统，具有用户不知道（一般也不许可）的特性，激活后将影响系统或应用的正常功能，甚至危害或破坏系统。其主要危害体现在非授权安装（也称为"流氓软件"）、自动收集系统或用户信息（也称为"间谍软件"）、自动拨号、自动弹出各种广告界面、恶意共享和浏览器劫持等。当前，恶意软件的出现、发展和变化给计算机及网络系统带来了巨大的危害。

（4）后门：绕过安全性控制而获取对程序或系统访问权的方法。通常是在软件开发阶段，程序员在程序内创建后门以方便修改程序中的缺陷。但如果后门被其他人知道或在软件发布之前没有被删除，那么它就成了安全隐患。

（5）恶意脚本：利用脚本语言编写的以危害或损坏系统功能、干扰用户正常使用为目的的任何脚本程序或代码段。目前，恶意脚本的危害不仅仅体现在修改用户个人终端的配置方面，还可以作为传播病毒和木马等的工具。用于编制恶意脚本的脚本语言包括：Java Attack Applets(Java 攻击小程序)、ActiveX 控件、JavaScript、VBScript、PHP、Shell 语言等。

（6）移动终端恶意代码：这是对移动终端各种病毒的广义称谓，包括以移动终端为感染对象，以移动网络和有线网络为平台，通过无线或有线的方式对移动终端进行攻击，从而造成移动终端异常的各种不良程序代码，如各种病毒。

2. 网络所面临的主要安全威胁

相对于个人计算机而言，网络所面临的安全威胁除具有个人终端所面临的 6 种常见的威胁之外，主要是由于网络的开放性、网络自身固有的安全缺陷和网络黑客的入侵与攻击（人为因素）等三个方面带来的安全威胁。

1）网络的开放性

网络的开放性主要表现为网络业务都是基于公开的协议、连接的建立是基于主机上彼此信任的原则和远程访问使得各种攻击无须到现场就能成功。因此，正是网络的开放性，使得在虚幻的计算机网络中网络犯罪往往十分隐蔽，虽然有时会留下一些蛛丝马迹，但更多的时候是无迹可寻的。

2）网络自身固有的安全缺陷

网络自身固有的安全缺陷是网络安全领域首要关注的问题，发现系统漏洞（安全缺陷）也是黑客进行入侵和攻击的主要步骤。据调查，国内 80％以上的网站存在明显的漏洞。漏洞的存在给网络上不法分子的非法入侵提供了可乘之机，也给网络安全带来了巨大的风险。根据美国商务部国家标准与技术研究所(NIST)和国家漏洞数据库(NVD)的报告，2021年共收到系统漏洞 8378 个，漏洞 CVE 数量已经创下历史新高，也是 NVD 连续第五年打破这一新纪录。这些漏洞的存在对广大互联网用户的系统造成了严重的威胁。

当前，操作系统的漏洞是我们面临的最大风险。例如，Windows 操作系统是目前使用最为广泛的系统，但经常发现存在漏洞。过去 Windows 操作系统的漏洞主要被黑客用来攻击网站，对普通用户没有多大影响。但近年来一些新出现的网络病毒利用 Windows 操作系统的漏洞进行攻击，能够自动运行、繁衍、无休止地扫描网络和个人计算机，然后进行有目的的破坏，比如"红色代码""尼姆达""蠕虫王"，以及"冲击波"等。随着 Windows 操作系统越来越复杂和庞大，出现的漏洞也越来越多，利用 Windows 操作系统漏洞进行攻击造成的危害越来越大，甚至有可能给整个互联网带来不可估量的损失。

3）人为因素的威胁

虽然人为因素和非人为因素都对计算机及网络系统构成威胁，但精心设计的人为攻击（因素）威胁最大。人为因素的威胁是指人为造成的威胁，包括偶发性威胁和故意性威胁。具体来说主要包括网络攻击、蓄意入侵和计算机病毒等。一般来说，人为因素威胁可以分为人为失误、恶意攻击和管理不善。

（1）人为失误：一是配置和使用中的失误，比如系统操作人员安全配置不当造成的安全漏洞，用户安全意识不强，用户口令选择不恰当，用户将自己的账号随意转借给他人或信息共享等都会对网络安全带来威胁；二是管理中的失误，比如用户安全意识薄弱，对网络安全不重视，安全措施不落实，导致安全事故发生。据调查表明，在发生安全事件的原因中，居前两位的分别是"未修补软件安全漏洞"和"登录密码过于简单或未修改登录密码"，这表明了大多数用户缺乏基本的安全防范意识和防范常识。

（2）恶意攻击：这是当前计算机及网络系统面临的最大威胁，主要分为两大类：一是主动攻击，它使用各种攻击方式有选择地破坏信息的完整性、有效性和可用性等；二是被动攻击，它是在不影响计算机及网络系统正常工作的情况下，进行信息的窃取、截获、破译等，以获取重要的机密信息。这两类攻击均能对计算机及网络系统造成极大的破坏，并导致机密信息泄露。

（3）管理不善：一般来说，网络安全不能单靠数学算法和安全协议来满足，还需要妥善的法律法规、管理制度才能达到期望的目标。目前，系统管理的不善也为一些不法分子提供了可乘之机。据统计，80％以上的泄露机密都是由于系统内部人员管理不善造成的。同时，对网络系统的严格管理也是避免受到网络攻击的重要措施之一。

1.1.3　信息安全机制与信息安全服务

当前，为了保证网络系统中信息安全的实现，人们通常在基于某些安全机制的基础上，向用户提供一定的安全服务，以保障各种资源合法地使用和稳定可靠地运行及传输。

1. 安全机制

所谓安全机制，就是保护系统安全运行，确保系统免受攻击、侦听及恢复系统的技术或方法。信息系统的安全是一个系统的概念，为了保障信息系统的安全可以采用多种安全机制。在 ISO 7498-2(我国称为 GB/T9387—2)标准中，将安全机制定义为通用安全机制和特殊安全机制两大类。

1）通用安全机制

（1）可信功能：根据安全策略而建立起来的标准被认定是可信的。

（2）安全标签：主要是资源的标签，用以指明该资源的安全属性。

（3）事件检测：检测与安全相关的事件。

（4）安全审计跟踪：对系统记录和系统行为的检查和回顾。

（5）安全恢复机制：根据安全机制的要求，对受攻击后的系统采取恢复的行为。

2）特殊安全机制

（1）加密（encryption）：运用密码算法将明文数据加密成不可直接识读的密文数据。

（2）数字签名（digital signature）：证实数据来源的真实性，防止伪造和否认。

（3）访问控制（access control）：对系统资源进行访问控制的各种机制。

（4）数据完整性（data integrity）：保证数据不被篡改、伪造等引起的完整性破坏。

（5）鉴别（authentication）：用来确认数据来源的真实性或实体的身份。

（6）业务流量填充（traffic padding）：为了阻止流量分析而采取插入无用数据的操作。

（7）路由控制（routing control）：可为某些特定的数据选取物理上安全的传输路线。

（8）公正机制（notarization mechanisms）：利用可信第三方来保证数据交换的真实性、完整性、不可否认性等。

在以上安全机制中，除了业务填充、路由控制和事件检测之外，其余安全机制都与密码算法有关，因此说密码算法是信息安全的核心技术。通常，一种安全机制可以提供多种安全服务，而一种安全服务也可采用多种安全机制。

2. 安全服务

安全服务就是加强信息系统数据处理和信息传输安全性的一类服务，采用安全服务也能在一定程度上弥补和完善现有操作系统和信息系统的安全漏洞，其目的在于采用一种或多种安全机制阻止安全攻击。在 ISO 7498-2 标准中定义了 6 类可选的安全服务：鉴 authentication）、数据机密性（data confidentiality）、数据完整性（data integrity）、访问控制（access control）、可用性（availability）、不可否认性（non-repudiation）服务。

1.1.4　信息安全模型

为了更好地分析信息系统的安全问题，找出问题的关键，需要建立一个信息系统安全的基本模型。从网络通信的角度看，网络信息系统可分为通信服务提供者（系统）和通信服务使用者（系统）等两个系统。两个系统的侧重点不一样，其安全的基本模型也不一样。

1. 通信服务提供者的信息安全模型

通信服务提供者的目标是安全可靠地跨越网络传输信息。当通信双方欲传递某个消息时，首先需要在网络中确定从发送方到接收方的一个路由，然后在该路由上共同采用通信协议协商建立一个逻辑上的信息通道。实现安全通信主要包括以下两个方面。

（1）对消息进行安全相关的变换：如对消息进行加密和鉴别。加密的目的是对消息进行重新编码（组合），以使非授权用户无法读懂消息的内容；鉴别的目的是确保发送者身份的真实性。

（2）通信双方共享某些秘密信息：这些信息是不希望对手获知的，比如加密密钥。

为了使得消息安全传输，有时还需一个可信的第三方，其作用是负责向通信双方发布秘密信息或者在通信双方有争议时进行仲裁。图 1-1 就是通信服务提供者的信息安全模型。

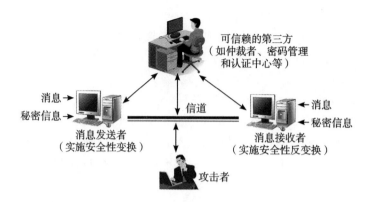

图 1-1　通信服务提供者的信息安全模型

按照图 1-1 所示，设计一个安全的网络通信过程必须考虑以下四个方面的内容：

（1）选择一个密码算法来执行安全性变换，即通常所说的应用于信道的加密和鉴别的算法，该算法应足够健壮。

（2）生成用于该算法的秘密信息，如密钥等。

（3）研制通信双方间的秘密信息发布和共享的方法。

（4）确定通信双方之间使用的协议，通过加密算法和秘密信息来获取所需的安全服务。

2. 通信服务使用者的信息安全模型

这里的通信服务使用者系统即传统意义上的信息系统，由于是存放和处理信息的场所，其安全需求主要是防止未授权访问和保证系统的正常工作。图 1-2 就是通信服务使用者的信息安全模型。

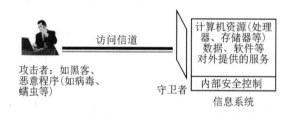

图 1-2　通信服务使用者的信息安全模型

在图 1-2 中，通信服务使用者系统（即信息系统）主要受到两种类型的威胁：

（1）非授权地获取或篡改信息数据。

（2）寻找系统缺陷，破坏系统以阻止合法用户使用系统提供的资源和服务。

对于这两类威胁，信息系统主要是通过两道防线来加强安全问题的。第一道防线是"防卫者"，它包括登录程序和屏蔽逻辑程序等访问控制机制，用于拒绝非授权用户的访问、检测和拒绝病毒等恶意程序；第二道防线由一些内部安全控制部件组成，包括鉴别和认证子系统、审计子系统和授权系统等，主要用于管理系统内部的各项操作和分析所存储的信息，以检查是否有未授权的入侵者。

1.1.5　安全性攻击的主要形式

当前，对信息系统的攻击是来自多方面的，这些攻击可以宏观地分为人为（或主观因素)攻击和自然灾害(或客观因素)攻击。它们都会对信息安全构成威胁,但是精心设计的人为攻击的威胁是最大的,也是最难防御的。这里主要介绍人为攻击。

一般而言,人为攻击都是通过寻找系统的弱点,以非授权的方式达到破坏、欺骗和窃取数据信息等目的。当前,如果采用不同的分类标准(如攻击手段、攻击目标等),信息安全攻击的形式可以分为不同的分类结果。美国国家标准局在 2000 年 9 月发布的"信息保障技术框架(IATF)3.0"版本中将攻击形式分为被动攻击、主动攻击、物理临近攻击、内部人员攻击和软硬件配装攻击等 5 类。

1. 被动攻击

被动攻击是在未经用户同意和认可的情况下将信息或数据文件泄露给系统攻击者,但不对数据信息进行任何修改。通常包括监听未受保护的通信信息,进行流量分析,破解弱加密的数据流,获得认证信息(如密码等)。其中,流量分析的情况比较微妙。假如通过某种手段(如加密)屏蔽了信息内容或其他通信量,使得攻击者从截获的信息中无法得到信息的真实内容,但攻击者还能通过观察这些数据包的格式或模式,分析通信双方的位置、通信的次数及信息长度等,而这些信息可能对通信双方来说是非常敏感的,不希望被攻击者得知。这就是所谓的流量分析。

被动攻击常采用搭线监听、无线截获和其他方式截获信息(如通过木马、病毒等程序)。被动攻击一般不易被发现,是主动攻击的前期阶段。此外,由于被动攻击不会对被攻击对象做任何修改,留下的痕迹较少或根本没有留下痕迹,因而非常难以检测。抗击被动攻击的重点在于预防,具体措施包括 VPN(虚拟专用网络)、采用加密技术保护网络及使用加密保护的分布式网络等。

2. 主动攻击

主动攻击主要涉及某些数据流的篡改或虚假数据流的产生。主动攻击常分为假冒(或伪造)、重放、篡改信息和拒绝服务四类。

主动攻击的特点与被动攻击恰好相反。被动攻击虽然难以检测,但可以采用有效的防止策略,而要绝对防止主动攻击是十分困难的,因为需要随时随地地对所有的通信设备和通信活动进行物理和逻辑保护。因而防止主动攻击的主要途径是检测,以及能从此攻击造成的破坏中及时地恢复,同时检测还具有某种威慑效应。其具体措施包括入侵检测、安全审计和完整性恢复等。

3. 物理临近攻击

物理临近攻击是指未授权人以更改、收集或拒绝访问为目的而物理接近网络系统或设备。这种接近可以是秘密进入或公开接近,或两种方式同时使用。

4. 内部人员攻击

内部人员攻击可以是恶意的也可以是非恶意的。恶意攻击是指内部人员有计划地窃听、损坏信息或拒绝其他授权用户的访问。据美国 FBI 的评估显示,80%以上的攻击和入侵都来自组织内部。因为内部人员知道系统的布局、有价值的数据存放在什么地方以及系统运行何种防御工具,因此这种攻击手段难以防止。非恶意攻击则通常是由于粗心、缺乏技术知识或为了完成工作等无意间绕过安全策略但对系统产生了破坏的行为造成的。

5. 软硬件配装攻击

软硬件配装攻击是指在软硬件生产的工厂内或在产品分发过程中恶意修改硬件或软件。这种攻击可能给一个产品引入后门程序等恶意代码，以便日后在未授权的情况下访问所需的信息或系统。

当然，在现实生活中一次成功的攻击过程可能会综合若干种攻击手段，通常是采用被动攻击手段来收集信息，制定攻击步骤和策略，然后通过主动攻击来达到目的。此外，人为攻击所造成的危害程度取决于被攻击的对象，与所采用的攻击手段无关。

1.2　密码学的基本知识

从前面章节的介绍可以看出，信息安全的若干问题都与密码学紧密相关。密码学是信息安全的基石、核心技术和基础性技术。

1.2.1　密码学的基本概念

密码学一词来源于古希腊的 Crypto 和 Graphein，其含义是密写。密码学是研究信息加密和解密方法的科学与技术，是以研究信息保密与破译的基本规律为对象的学科，也是研究通信安全保密的一门学科。经典密码学包括密码编码学和密码分析学。密码编码学是研究把明文变换成没有密钥就不能解读或很难解读的密文的方法，从事此项工作的人称为密码编码者；密码分析学是研究分析破译密码的方法，从事此项工作的人称为密码分析者；密码编码学和密码分析学彼此目的相反、相互独立，但在发展中又相互促进。密码编码学的任务是寻求安全强度高的密码算法，以满足对信息进行加密或认证等的要求；密码分析学的任务是破译密码或查出伪造认证密码的方法，预防窃取机密信息等进行诈骗破坏活动。

经典密码学主要是实现信息的保密性。现代密码学除了包括密码编码学和密码分析学两个分支之外，还包括近几年才形成的新分支——密钥密码学(密钥管理学)。密钥密码学是以密钥(现代密码学的核心)及密钥管理作为研究对象的学科。密钥管理是一系列的规程，包括密钥的产生、分配、使用、存储、保护、更新、销毁等规程，在保密通信系统中是至关重要的。

以上三个分支学科构成了现代密码学的主要学科体系。经典密码学主要以实现信息的保密性为目的，现代密码学不仅可以实现信息的保密性，还可以实现信息的真实性、完整性、可用性、可审查性和可靠性等。现代密码学最重要的原则是"一切秘密寓于密钥之中"，即算法是公开的，但密钥必须是保密的。当加密完成后，可以将密文通过不安全的渠道发送给收信人，只有拥有密钥的收信人才可以对密文进行解密，即反变换得到明文。因此，密钥必须通过安全渠道传送，即密钥必须是保密的。

1.2.2　保密通信模型

1949 年，香农(C. E. Shannon)发表了题为"保密系统的通信理论"的论文，该论文用信息论的观点对信息保密问题进行了全面阐述，这使信息论成为密码学的一个重要理论基础，也宣告了现代密码学时代的到来。

香农从概率统计的观点出发研究信息的传输和保密问题，将通信系统归纳为图 1 - 3 所示的原理图，将保密通信系统归纳为图 1-4 所示的原理图。通信系统设计的目的是在信道有干扰的情况下，使接收的信息无误或差错尽可能小；保密通信系统设计的目的是使窃听者(或攻击者)在完全准确地收到了接收信号的情况下也无法恢复出原始信息，这是因为保密通信系统中使用了密码算法。

图 1-3　通信系统原理图

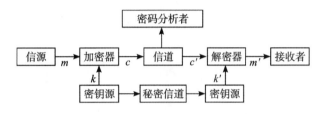

图 1-4　保密通信系统原理图

在保密通信系统中，信源是信息的发送者，离散信源可以产生字符或字符串。设信源的字母表为 $A=\{a_i\,|\,i=0,1,2,\cdots,q-1\}$，其中 q 为正整数，表示信源字母表中字母的个数。字母 a_i 出现的概率记为

$$P_r(a_i), 0\leqslant P_r(a_i)\leqslant 1, 0\leqslant i\leqslant q-1, \sum_{i=0}^{q-1}P_r(a_i)=1 \tag{1-1}$$

若只考虑长度为 r 的信源输出，则明文空间为

$$M=\{m=(m_1, m_2, \cdots, m_r)\mid m_i\in A, 1\leqslant i\leqslant r\} \tag{1-2}$$

若信源是无记忆的，则 $P_r(m)=P_r(m_1, m_2, \cdots, m_r)=\prod_{i=1}^{r}P_r(m_i)$；若信源是有记忆的，则需要考虑明文 M 中各元素的概率分布。信源的统计特性对于密码的设计和分析有着重要的影响。

密钥源产生于密钥，密钥源通常是离散的。设密钥源字母表为 $W=\{w_i\,|\,i=0,1,2,\cdots,p-1\}$，其中 p 是正整数，表示密钥源字母表中字母的个数。字母 w_i 出现的概率记为

$$P_r(w_i), 0\leqslant P_r(w_i)\leqslant 1, 0\leqslant i\leqslant p-1, \text{并且}\sum_{i=0}^{p-1}P_r(w_i)=1 \tag{1-3}$$

密钥源通常是无记忆的，并且一般满足均匀分布，因此有

$$P_r(w_i)=\frac{1}{p}, \quad 0\leqslant i\leqslant p-1 \tag{1-4}$$

若我们只考虑长度为 s 的密钥，则密钥空间为

$$K=\{k=(k_1, k_2, \cdots, k_s)\mid k_i\in W, \quad 1\leqslant i\leqslant s\} \tag{1-5}$$

一般而言，密钥空间与明文空间是相互独立的，合法的密文接收者知道密钥空间 K 和所使用的密钥 k。

加密器主要用于将明文 $m=(m_1, m_2, \cdots, m_r)$ 在密钥 $k=(k_1, k_2, \cdots, k_s)$ 的控制下变

换为密文 $c = (c_1, c_2, \cdots, c_t)$，即 $c = (c_1, c_2, \cdots, c_t) = E_k(m_1, m_2, \cdots, m_r)$，其中 t 是密文的长度，所有可能的密文构成密文空间 C。设密文字母表为 B，它是密文中出现的所有不同字母的集合，则密文空间为 $C = \{c = (c_1, c_2, \cdots, c_t) \mid c_i \in B, 1 \leqslant i \leqslant t\}$。

通常密文字母表与明文字母表相同，即 $A = B$。一般而言，密文的长度与明文的长度也相同，即 $t = r$。

密文空间的统计特性是由明文空间和密钥空间的统计特性决定的，对于任意的密钥 $k \in K$，令 $C_k = \{E_k(m) \in C \mid m \in M\}$。

由于密文空间和明文空间是相互独立的，因此对于任意的 $c \in C$，有

$$P_r(c) = \sum_{k \in \{k \mid c \in C_k\}} P_r(k) P_r(D_k(c)) \tag{1-6}$$

又因为 $P_r(c \mid m) = \sum\limits_{k \in \{k \mid m = D_k(c)\}} P_r(k)$，所以根据 Bayes 公式可得

$$P_r(m \mid c) = \frac{P_r(m) P_r(c \mid m)}{P_r(c)} = \frac{P_r(m) \sum\limits_{k \in \{k \mid m = D_k(c)\}} P_r(k)}{\sum\limits_{k \in \{k \mid c \in C_k\}} P_r(k) P_r(D_k(c))} \tag{1-7}$$

由此可以看出，知道明文空间和密钥空间的概率分布，就可确定密文空间的概率分布、密文空间关于明文空间的概率分布以及明文空间关于密文空间的概率分布。

在保密通信系统中，如果假定信道是无干扰的，则合法的密文接收者能够利用解密变换和密钥从密文中恢复明文，即 $m = D_k(c) = D_k(E_k(m))$。

若假定密码分析者能够从信道上截获密文，也假定密码分析者知道所用的密码算法，还知道明文空间和密钥空间及其统计特性（这就是 Kerckhoffs 假设，即柯克霍夫原则（Kerckhoffs principle）），则密码算法的安全性完全取决于所选用的密钥的安全性。也就是说，如果攻击者不知道密文所用的密钥，在 Kerckhoffs 假设下，密码算法的安全性完全寓于密钥的安全性之中。

注 1：柯克霍夫原则是荷兰密码学家 Kerckhoffs 于 1883 年在其名著《军事密码学》中提出的密码学假设：密码系统的密码算法即使被密码分析者所知，也无法用来推断出明文或密钥，也就是说密码系统的安全性不应取决于密码算法，而取决于随时改变的密钥。该原则也是设计和使用现代密码算法时必须遵循的原则。

注 2：最好的密码算法是那些已经公开的，并经过世界上最好的密码分析学家多年的攻击，但还是不能破译的算法。例如，美国国家安全局曾对外保密他们的算法 DES 的核心（S 盒设计的秘密），但他们有世界上最好的密码分析学家在其内部工作，并进行攻击与分析。如果密码算法的强度依赖攻击者不知道的算法内部机理，那么该算法注定会失败；如果相信保持算法内部秘密比让研究团体公开分析它更能改进密码算法的安全性，那就错了；如果认为别人不能反汇编代码和逆向设计算法，那也是太天真了。

注 3：认为密码分析者不知道保密通信系统中使用的密码算法是一种很危险的假定，因为：① 密码算法在多次使用过程中难免不被敌对方获悉；② 在某个场合可能使用某类密码算法更合适，再加上某些设计者可能对某种密码算法有偏好等因素，敌对方往往可以猜测出所使用的密码算法；③ 通常通过一些统计试验和其他相关测试就不难分辨出不同的密码算法。

1.2.3 密码算法的构成及其分类

1. 密码算法的构成

密码算法就是完成加密和解密功能的密码方案或算法。由 1.2.2 小节可知，一个密码算法包含 5 个部分：明文（发送方将要发送的消息）、密文（明文被变换成看似无意义的随机消息（乱码））、密钥（加密和解密算法通常都是在密钥的控制下进行的，加密时使用的密钥称为加密密钥，解密时使用的密钥称为解密密钥）、加密算法（对明文加密时所采用的一组规则）、解密算法（对密文解密时所采用的一组规则）。

密码算法就是完成加密和解密功能的密码方案或密码算法，由明文空间 M、密文空间 C、密钥空间 K、加密算法 E、解密算法 D 五个部分组成：

(1) 明文空间 M：全体明文的集合；

(2) 密文空间 C：全体密文的集合；

(3) 密钥空间 K：全体密钥的集合；

(4) 加密器或加密变换（算法）E，由加密密钥控制的加密变换的集合，即

$$E_K(m) = c, \, m \in M, \, c \in C, \, k \in K$$

(5) 解密器或解密变换（算法）D，由解密密钥控制的解密变换的集合，即

$$D_K(c) = m, \, m \in M, \, c \in C, \, k \in K \tag{1-8}$$

对于 $\forall m \in M, \, k \in K$，有

$$D_K(E_k(m)) = m, \, m \in M, \, c \in C, \, k \in K \tag{1-9}$$

以上描述的五元组 $\{M, C, K, E, D\}$ 就称为一个密码算法。而一个完整的密码系统由密码算法、信源、信宿（接收者）和攻击者（密码分析者）构成（如图 1-4 所示）。

从 1.2.2 小节的讨论中还可以看出，加密和解密是在密钥的控制下进行的，并有加密密钥和解密密钥之分。传统密码算法所采用的加密密钥和解密密钥相同，称为单钥或对称密钥密码算法（图 1-4 中加密密钥和解密密钥是相同的），即知道了加密密钥，也就知道了解密密钥，知道了解密密钥也就知道了加密密钥，所以加密密钥和解密密钥必须同时保密。最典型的单钥或对称密钥密码算法就是美国数据加密标准 DES。1976 年，在由 Diffie 和 Hellman 提出的密码新算法中，加密密钥和解密密钥是不同的，也是不能相互推导的，称为公钥或双钥或非对称密钥密码算法（比如在图 1-4 中，若使用公钥密码算法进行保密通信，加密密钥和解密密钥是不相同的）。

2. 密码算法的分类

密码算法的分类有很多种，常用的分类方法有以下几种：

(1) 按执行的操作方式不同，可以分为替换密码算法（substitution cryptosystem）和换位密码算法（permutation cryptosystem）。

替换密码算法是将明文中的每个元素（比特、字母、比特组合或字母组合）映射为另一个元素，主要达到非线性变换的目的；换位密码算法是将明文中的元素重新排列，这是一种线性变换，所有的操作都是可逆的。

(2) 根据收发双方使用的密钥是否相同，可以分为对称密码算法和非对称密码算法。

对称密码算法的加密和解密双方拥有相同的密钥，又称为常规密钥密码算法、单密密

钥密码算法和秘密密钥密码算法，简称对称或常规密钥或单钥密码算法。其主要特点是：加密密钥和解密密钥相同，安全性取决于密钥的安全性，与算法安全性无关，即仅由密文和解密算法不可能得到明文，换句话说就是算法无须保密，需要保密的仅是密钥。

非对称密码算法的加密和解密双方拥有不同的密钥，又称为双钥密码算法和公开密钥密码算法，简称非对称(或双钥或公钥)密码算法。其主要特点是：将加密和解密分开，加密密钥(公钥)PK 是公开的，加密算法 E 和解密算法 D 也是公开的，而解密密钥(私钥)SK 是保密的；虽然 SK 由 PK 决定，但不能由 PK 计算出 SK，即加密和解密密钥在计算上是不能相互推算出来的。

(3) 根据密文数据段与明文数据段在整个明文中的位置是否有关，可以分为分组密码算法和序列密码算法。

分组密码算法的密文数据段仅与加密算法和密钥有关，而与被加密的明文数据段在整个明文中的位置无关。分组密码将固定长度的明文数据段加密为相同长度的密文数据段，该固定长度称为分组大小。相同的明文数据段在相同的密钥作用下产生相同的密文数据段。

序列密码算法的密文不仅与给定的加密算法和密钥有关，而且与当前正被加密的明文部分在整个明文中的位置有关。序列密码算法每次对较小的明文单位进行处理，通常以比特(或字节)为加密单位。加密时以流的形式进行处理，将明文流与密钥流进行结合(如按位二进制异或)，形成密文流。密钥流是与明文流等长的伪随机序列，因此加密后的密文流也是伪随机序列。

(4) 根据加密变换是否可逆，可以分为单向变换密码算法和双向变换密码算法。

单向函数可以将明文加密成密文，却不能将密文转换为明文(或在计算上不可行)。单向函数的目的不在于加密，而主要用于密钥管理和鉴别(比如第 6 章的 Hash 算法)。一般的加密解密都属于双向变换的密码算法(比如第 3 章的对称密码算法、第 5 章的非对称密码算法)。

(5) 根据在加密过程中是否引入客观随机因素，可以分为确定型密码算法和概率密码算法。

确定型密码算法是指一旦明文和密钥确定后，也就确定了唯一的密文的算法。目前使用的绝大多数密码算法都属于确定型密码算法。若对于给定的明文和密钥，总存在一个较大的密文集合与之对应，最终的密文根据客观随机因素在密文集中随机选取，则称这种密码算法为概率密码算法。概率密码算法的特点是保密强度高，大量的随机因素使得破译非常困难。但概率密码算法的加密开销量较大，密文长度比明文长度长得多。

1.3　密码学的发展历程及其在信息安全中的作用

1.3.1　密码学的发展历程

密码学(cryptography)是一门既古老又年轻的学科，其历史可以追溯到几千年以前。早在四千多年以前，古埃及人就开始使用密码学来保护要传递的消息。此外，古代的一些行帮暗语及文字加密游戏等，实际上也是对信息的加密，这种加密通过一定的约定，把需要表达的信息限定在一定范围内流通。一直到第一次世界大战前,密码学的进展很少见诸于世。直到 1918 年,William F. Friedman 的论文"The Index of Coincidence and Its Applications in Cryptography"(重合指数及其在密码学中的应用)发表后,情况才有所好转。在这漫长的时期内,信息的保密基本上是靠人工对信息进行加密、传输和防破译的;其应用也主要局限于军事目的,只为少数人掌握和控制。所以,密码学的发展受到了限制,这个时期就是古典密码学阶段,也是密码学的起源阶段。在这一时期密码学基本上可以说是一门技巧性很强的艺术,而不是一门科学。密码学专家常常也是凭借自己的直觉和信念来进行密码设计和分析的,而对密码的分析也大多数基于密码分析者(破译者)的直觉和经验。

1949 年,C. E. Shannon(香农)在《贝尔系统技术》杂志上发表了"The Communication Theory of Secrecy System(保密系统的通信理论)",为密码学奠定了坚实的理论基础,使密码学真正成为一门科学。但是科学理论的产生并没有使密码学丧失艺术性的一面,直到今天,密码学仍是一门非常有艺术的学科。1967 年之前,由于保密的需要,人们基本上看不到有关密码学的文献和资料。David Kahn(戴维·卡恩)在 1967 年通过收集整理了第一次世界大战和第二次世界大战的大量历史资料,出版了 *The Codebreakers*(《破译者》)一书,此书为密码学公开化、大众化奠定了基础。20 世纪 70 年代初期,IBM 等公司发表了几篇密码学的报告,从而使更多的人了解了密码学的存在。此后,密码学的文献大量涌现。

1976 年,W. E. Diffie 和 M. E. Hellman 发表了"New Direction in Cryptography(密码学新方向)"一文,提出了一种全新的密码设计思想,推动了密码学史上的一场革命。他们首次证明了在发送端和接收端不需要传送密钥的保密通信是可行的,从而开创了公钥密码学的新纪元,成为现代密码学的一个里程碑。

1977 年,美国国家标准局(National Bureau of Standards,NBS),即现在的国家标准与技术研究所(National Institute of Standards and Technology,NIST)正式公布了数据加密标准(Data Encryption Standard,DES),并将 DES 算法公开,从而揭开了密码学的神秘面纱。从此,密码学的研究进入了一个崭新的时代。随后,DES 被美国许多部门和机构采纳为标准,并成为事实上的国际标准。由于安全的原因,DES 于 1998 年正式退役。

1978 年,R. L. Rivest,A. Shamir 和 L. Adleman 实现了 RSA 公钥密码学,此后成为了公钥密码学中杰出的代表。

1984 年,Bennett. Charles H,Brassard. Gille 首次提出了量子密码学(现称为 BB84 协议)。量子密码学不同于以前的密码学,是一种新的重要加密方法,它利用单光子的量子性质,借助量子密钥分配协议可实现数据传输的可证性安全。量子密码具有无条件安全的特性,即不存在受拥有足够时间和计算机能力的窃听者攻击的危险,在实际通信发生之前,不需要交换私钥。因此,很多人认为,在量子计算机诞生以后,量子密码学有可能成为唯一真正安全的密码学。

1985 年,N. Koblitz 和 V. Miller 把椭圆曲线理论运用到公钥密码学中,成为公钥密码学研究的新亮点。

与此同时,密码学的另一个重要方向——序列密码(也称为流密码,主要用于政府、军方等国家要害部门)理论也取得了重大的进展。1989 年,R. Mathews,D. Wheeler,L. M. Pecora 和 Carroll 等人首次把混沌理论应用到序列密码及保密通信理论中,为序列密码的研究开辟了一条新的途径。

1994 年，Adleman 利用 DNA 计算解决了一个有向汉密尔顿路径的问题，标志着信息时代开始了一个新阶段。由于 DNA 计算具有超大规模并行性、超低的能量消耗和超高密度的信息存储能力，因此出现了一个新的密码学领域——DNA 密码。2004 年，A. Gehani 等人利用 DNA 实现了一次一密的加密算法(DNA 密码算法)。

1996 年，Ajtai 在格问题困难性的基础上，提出了基于格难题构造密码算法(基于格的公钥密码)，为构造新型的公钥密码算法提供了一种崭新的研究思路。

1997 年，美国国家标准与技术研究所 NIST 开始征集新一代数据加密标准来接任即将退役的 DES。2000 年 10 月，由比利时密码学家 Joan Daemen 和 Vincent Rijmen 发明的 Rijndael 密码算法(AES 算法)成为新一代数据加密标准。2001 年 11 月 26 日，NIST 正式公布了高级加密标准，并于 2002 年 5 月 26 日正式生效。

2000 年 1 月，欧盟正式启动了欧洲数据加密、数字签名、数据完整性计划 NESSIE，旨在提出一套强壮的包括分组密码、序列密码、散列函数、消息认证码(MAC)、数字签名和公钥加密密码的标准。

2004 年，密码学家王小云提出了 Hash 函数碰撞攻击理论，成功破译了 MD5 算法。中国科学院量子信息重点实验室成功研制了 125 km 商用光纤量子密码系统。美国密码学家 Sahai 和 Waters 首次提出属性加密，被认为是当时最具前景的支持细粒度访问的加密技术。

2005 年，密码学家王小云找到了 SHA-1 前置处理以及前期循环不安全性的两个漏洞，成功破解了 SHA-1 算法。

2009 年，IBM 研究员 Gentry 提出了第一个全同态加密方案，该方案支持对密文进行运算；比特币网络正式上线运行，首个区块由中本聪挖出并开创了密码学在比特币中的应用。

2012 年 10 月，经历 6 年之久的选拔，NIST 最终选择 Keccak 算法作为 SHA-3 的标准算法，标志着 MD 家族衰落和 SHA-1 前辈退出历史舞台。

2013 年 6 月，NSA 公布了 Simon 和 Speck 轻量级分组密码算法，Simon 算法多用于硬件实现，Speck 算法多用于软件实现。

2015 年，为了抵御对传统计算的攻击，NIST 建议从提供 80 位安全密钥长度的算法过渡到提供 112 位或 128 位安全密钥算法。

2016 年 3 月，保留格式的数据加密方法成为美国 NIST 标准，是目前唯一普遍接受的保留格式加密标准。2016 年 8 月 16 日，我国成功发射世界首颗量子科学实验卫星"墨子号"，其主要科学目的是借助卫星平台，进行星地高速量子密钥分发实验。

2018 年 8 月 10 日，在长达数年的努力之后，IETF(互联网工程任务组)发布了 TLS 1.3 标准，为依赖其安全性的网站、浏览器以及基于互联网的应用提供充足的安全防护。

我国政府对密码技术采取了既大力发展又严格管理的基本政策。国务院于 1999 年 10 月 7 日正式发布和实施了我国《商用密码管理条例》，从而以法律形式进一步科学规范了商用密码的管理。2003 年 9 月，中共中央办公厅、国务院办公厅联合印发了《关于加强信息安全保障工作的意见》，第一次明确了密码在信息安全保障工作中的基础性地位和关键作用。2019 年 10 月 26 日，十三届全国人大常委会第十四次会议通过了《中华人民共和国密码法》(2020 年 1 月 1 日正式施行)，将密码工作各领域、各环节、各要素纳入了法治轨道，走出了一条具有中国特色的商用密码发展的道路。2021 年，我国首次正式将《商密算法在 TLS 1.3 中的应用》标准（RFC 8998）发布到 IETF 国际标准 TLS1.3 中，使得我国的国密算法第一次在 TLS 协议中被认可使用而无须担心互操作性和冲突问题。经过 20 多年的发展，我国商用密码在信息安全领域的应用从无到有，从初创到管理规范乃至成为国家安全保障体系中的关键部分，其中涵盖对称加密算法（SSF33、SM1、SM4、SM7 和 ZUC 算法）、非对称加密算法（SM2 和 SM9 算法）和散列算法（SM3 算法）等，该系列算法已经应用到社会生产生活的各个方面，在网络和信息安全中发挥着越来越重要的基础支撑作用。

当前，现代密码学的发展已经深入到信息时代的各个环节，相应的技术也大量涌现，主要有数据加密、密码分析、信息鉴别、零知识证明、秘密共享等。另外，值得一提的是近年发展迅猛的信息隐藏技术，它是将需要保密的信息隐藏在公开信息中来加以保密、传输的技术，所以有人也把它称为秘密的信息嵌入技术。

1.3.2　密码学在信息安全中的作用

在当前的现实生活中，安全问题随处可见，比如我们的房屋要安装防盗门以阻止盗贼的闯入；汽车安装报警器以阻止盗贼的破门而入；电子邮箱设置密码访问，以保护用户信息的安全；银行的信用卡设置密码保护以保证用户存取现金及交易的安全；电子商务系统中签定商品交易合同，进行电子签名以确保双方事后不相互抵赖等。特别是在信息时代飞速推进的今天，大量的信息以数字的形式存放在信息系统中，信息的传输则是在开放的、不安全的公共信道上进行，这些信息系统和公共信道在没有设防的情况下是非常脆弱的，很容易受到入侵者的攻击和破坏。诸如电子邮箱密码的安全使用、电子合同签署的安全问题、电子现金的安全存取和信息的安全存储、数字货币的安全使用等问题都需要密码学的支撑。比如通过使用密码算法使信息加密传输及保存，可以阻止非法用户获取用户的私密信息；通过使用密码算法对信息进行认证，可以确保信息是否完整；通过使用密码算法对用户身份进行认证和审查，可以确保授权用户的安全使用等。这些都是密码学在信息安全领域所起作用的具体体现。如何保护公共网络上信息的安全已成为人们关注的焦点，作为信息安全的核心技术——密码学也引起了人们的高度重视，吸引着越来越多的科技人员投入密码学领域的研究中。

信息安全是一门涉及计算机科学与技术、网络技术、通信技术、密码学、应用数学、数论、信息论等多种学科的综合性交叉学科。从广义来说，凡是涉及网络系统中信息的保密性、完整性、抗否认性、可用性、可靠性、可控性和可审查性的相关技术和理论都是信息安全的研究领域。作为信息安全的核心和基石，密码学是信息安全的基础性技术，也是保护信息安全最重要的技术之一，其不仅被用于敏感数据的加密传输，目前已经被大量应用于认证、数字签名、数据完整性验证以及 SSL 和 SET 等安全通信标准、IPSec 安全协议、区块链技术中。

1. 用于敏感数据的加密传输

利用密码算法可以将明文变换成只有拥有密钥的人才能恢复密文对应的明文。敏感数据的加密保护包括数据传输和数据存储两方面，这是密码算法最基本的功能。

2. 采用数字证书来进行身份认证

数字证书（digital certificate，参见第 9 章的详细介绍），又叫"数字身份证""网络身份证"(它提供了一种在网络上进行身份认证的方式，是用来标志和证明网络通信双方身份的数字信息文件，与司机驾照或日常生活中的身份证相似)，是由权威公正的认证中心发放的并经认证中心签名的、包含公钥拥有者以及公钥相关信息的一种电子文件，可以用来证明数字证书持有者的身份。由于数字证书有颁发机构的签名，保证了证书在传递、存储过程中不会被篡改，即使被篡改了也会被发现，因此数字证书本质上是一种由颁发者数字签名的用于绑定公钥和其持有者身份的数据结构(电子文件)。

在目前的电子商务系统中，所有参与活动的实体都可以用数字证书来表明自己的身份。另外，IC 卡(intelligent card)是带 CPU 的智能卡，在交互式的询问和回答过程中采用密码加密的方式进行问答，安全性好。

3. 数字指纹

在数字签名中有重要作用的"信息摘要"或"散列"算法(参见第 6 章)，即生成数据信息的"数字指纹"方法，近年来在信息安全领域备受关注，在确保数据信息的完整性和真实性方面具有重要的保障作用。

4. 采用密码算法对发送信息进行验证

为防止传输和存储的信息被有意或无意篡改，采用密码算法对信息进行运算，生成信息认证码(message authentica code，MAC，参见第 9 章)，附在信息之后发出或与信息一起存储，以此对信息进行认证。这种方法在数据信息或票据防伪中具有重要的保障作用。

5. 利用数字签名来完成最终的交易或协议

在信息时代，电子数据的收发使人们过去所依赖的个人特征将被数字所代替，数字签名的作用有两点：一是因为自己的签名难以否认，从而确定了文件已签署这一事实；二是因为签名不易仿冒，从而确定了文件是真实的这一事实。

当前，信息安全的主流技术和理论都是以算法复杂性理论为基础的现代密码算法。从 Diffie 和 Hellman 开创现代密码学开始，现代密码学经历了 40 多年的发展历程。这一历程表明，信息安全中一个最具活力的创新点是密码算法理论的深入研究，这方面具有代表性的工作有 DES(数据加密标准)、AES(高级加密标准)、RSA 密码算法、ECC(椭圆曲线密码算法)、HCC(超椭圆密码算法)、IDEA(国际数据加密算法)、PGP(pretty good privacy)系统等。

值得注意的是，尽管密码学在信息安全领域具有举足轻重的作用，但密码学也绝不是信息安全的唯一技术，它也不能解决所有的安全问题。同时，密码编码和密码分析学是一对矛和盾的关系(所谓"道高一尺，魔高一丈")，它们在发展中始终处于一种动态平衡中。确保信息安全的问题，除了理论与技术之外，管理也是非常重要的一个方面。若密码算法使用不当或攻击者绕过了密码算法的使用，密码算法就不能真正提供安全性。

1.4　密码算法的安全性

1.4.1　密码分析

纵观密码学发展的历史，加密者与破译者始终是一对"孪生兄弟"。破译也称为密码分析。实际上，密码分析是密码分析者在不知道密钥的情况下，从密文恢复出明文的过程。成功的密码分析者不仅能够恢复出明文和密钥，还能够发现密码技术的弱点，从而控制整个通信。

一般来讲，如果根据密文就可以推算出明文或密钥，或者能够根据明文和相应的密文推算出密钥，则说明这个密码算法是可破译的，否则是不可破译的。假设密码分析者知道了密码算法，但是不知道密钥，在 Kerckhoff 假设下这个密码算法是安全的。

1. 分析密码算法的方法

密码分析者分析密码算法主要通过以下三种方法：

（1）穷举法：密码分析者试图试遍所有的明文或密钥来进行破译。穷举明文时，就是将可能的明文进行加密，将得到的密文与截取到的密文进行对比，来确定正确的明文。这一方法主要用于公钥密码算法的攻击。穷举密钥时，用可能的密钥解密密文，直到得到有意义的明文，从而确定正确的明文和密钥。可以通过增加密钥长度、在明文和密文中增加随机冗余信息等方法抗击穷举分析方法。

（2）统计分析法：密码分析者通过分析密文、明文和密钥的统计规律来达到破译密码算法的方法。可以设法使明文的统计特性与密文的统计特性不一样来对抗统计分析法。

（3）密码算法分析法：根据所掌握的明文、密文的有关信息，通过数学求解的方法找到相应的加解密算法。对抗这种分析法时应该选用具有坚实数学基础和足够复杂度的加解密算法。原则上，受到密码算法分析破译的密码算法已完全不能使用。

2. 攻击密码算法的方法

根据对明文和密文掌握的程度，密码分析者通常可以在下述五种情况下对密码算法进行攻击：

（1）唯密文攻击（ciphertext-only attack）：密码分析者仅知道两样东西——待破译的一些密文和加密算法，并试图恢复尽可能多的明文，从而进一步推导出加密信息的密钥。

（2）已知明文攻击（known-plaintext attack）：密码分析者不仅知道一些待破译的密文和加密算法，而且知道与之对应的明文，根据明文和密文的对应关系试图推导出加密密钥。

（3）选择明文攻击（chosen-plaintext attack）：密码分析者知道加密算法，还可以选择一些明文，并得到相应的密文，而且可以选择被加密的明文，并试图推导出加密密钥。例如，在公钥密码算法中，分析者可以用公钥加密任意选定的明文，这种攻击就是选择明文攻击。

（4）选择密文攻击（chosen-ciphertext attack）：密码分析者知道加密算法，可以选择不同的密文以及相应的被破解的明文，即知道选择的密文和对应的明文，并试图推导出加密密钥。

（5）选择文本攻击（chosen-text attack）：选择密文攻击和选择明文攻击的结合，是指破译者已知加密算法，由密码破译者选择明文信息和它对应的密文，以及选择密文和它对应的已破译的明文，并由此进行攻击。

显然，唯密文攻击是最困难的，因为分析者有最少量可供利用的信息。上述攻击的强度是递增的。说一个密码算法是安全的，通常是指该算法在前三种攻击下是安全的，即攻击者一般容易具备前三种攻击的条件。

此外，还有自适应选择明文攻击(adaptive-chosen-plaintext attack)和选择密钥攻击(chosen-key attack)。前者是选择明文攻击的特例，密码分析者不仅能够选择被加密的明文，也能够依据以前加密的结果对这个选择进行修正。后者在实际应用中很少，它仅表示密码分析者掌握不同密钥之间的关系，并不是密码分析者能够选择密钥。

1.4.2　密码算法的安全性及安全条件

1. 密码算法的安全性

在1.2.1小节中已经讨论论过，现代密码学最重要的原则是"一切秘密寓于密钥之中"，即这些算法的安全性都是基于密钥的安全性，而不是基于算法的安全性，也即意味着算法是可以公开的，也可以被分析，即使攻击者知道算法也不会对算法的安全性构成危害。

如果算法的保密性是基于保持算法的秘密，那么这种算法实际上是受限制的(restricted)密码算法。这种受限制的算法的特点是当密码分析者在分析密码算法时，由于不知道密码算法本身，还需要对算法进行恢复；但是处于保密状态的算法只有少数用户知道，对于破译者来说破译更困难；不了解该算法的人或组织不会使用，而且也不可能使用。因此，这样的算法也不可能进行标准化和质量控制，而且要求每个用户和组织必须有自己唯一的算法，这样也不利于密码算法的发展。

在现代密码学中，算法公开具有的优点是防止算法设计者在算法中隐藏后门，这也是评估算法安全性的唯一最佳的方式。该优点有利于算法成为国内、国际标准算法，并可以获得大量的应用，最终实现低成本和高性能，并使该算法产品化。因此，在现代密码学中有一条不成文的规定：密码算法的安全性只取决于密钥的安全性。在现代密码学中，通常假定密码算法是公开的，因此这就要求密码算法本身要非常健壮。

1) 破译算法的级别

由于密码算法的破译在现代密码学领域中是普遍存在的，在考查密码算法的安全性时，可以将破译算法划分为不同的级别：

(1) 全部破译(total break)：找出密钥。

(2) 全部推导(global deduction)：找出一个可替代的密码算法。

(3) 实例推导(instance deduction)：从截获的密文中找出明文。

(4) 信息推导(information deduction)：找出一些有关密钥或明文的信息。

2) 破译方法的复杂性

对于不同的破译方法，可用这样一些方法来衡量破译方法的复杂性：

(1) 数据复杂性(data complexity)：用于破译密码算法所需要的数据量。

(2) 存储需求(storage requirement)：破译密码算法所需的数据存储空间大小。

(3) 处理复杂性(processing complexity)：用于处理输入数据或存储数据所需的操作量，一般用完成破译所需的时间来度量。

2. 评价密码算法安全性的方法及条件

1) 评价密码算法安全性的方法

评价一个密码算法的安全性有以下三种方法：

(1) 无条件安全方法：即使破译者提供了无穷的资源，依然无法破译，则该密码算法是无条件安全的，也称为完善保密性（perfect secrecy）。该方法主要针对破译者的计算资源没有限制时的安全性考虑。实际上，除"一次一密"密码算法外，无条件安全算法是不存在的。而且"一次一密"密码算法实际上也是不实用的，这是因为发送者和接收者必须拥有并保护好"一次一密"的随机密钥，因此在当前的条件下实施该方法是不现实的。

(2) 可证明安全性方法：该方法是将密码算法的安全性归结为某个经过深入研究的数学难题，而这个数学难题被证明在目前求解是困难的，因而密码算法在目前可证明是安全的。但该方法也存在一些问题：只说明了安全和另一个问题相关，并没有完全证明问题本身的安全性。一旦该数学难题被解决，该密码算法也就没有安全可言了。

(3) 计算安全性方法：在目前的计算资源条件有限的情况下，或利用已有的最好的破译方法破译该密码算法所需要的努力超出了破译者的破译能力（诸如时间、空间、资金等资源），或破译该密码算法的难度等价于某个数学难题，因此该密码算法的安全性是暂时的，也称为实际安全性（practical secrecy）。如果使用最好的算法破译一个密码算法至少需要 N（N 是一个非常大的数）次操作，则可以暂时说明该密码算法是安全的。但该方法存在这样的问题，即没有一个已知的实际密码算法在该定义下可以被证明是安全的。一般的处理方法是使用一些特定的破译方法来研究计算上的安全性，例如，穷举法。这种方法作为一种破译的安全结论并不适用于其他攻击方法。

2）破译的准则

当前，随着破译与反破译的较量，保密通信系统用户所能做的全部努力就是满足以下准则中的一个或两个：

(1) 破译密码算法的成本是否超过被加密信息本身的价值。

(2) 破译密码的时间是否超过被加密信息有用的生命周期。

若满足上述两个准则之一，则可以认为该密码算法实际上是安全的。困难在于如何估算破译该密码算法所需付出的成本或时间。

3）破译密码算法的方法

一般而言，破译现代密码算法主要有以下两种方法：

(1) 蛮力破译（brute force），也称穷举破译，是用每种可能的密钥来尝试破译，直到获得了从密文到明文的一种可理解的变换为止。

(2) 利用算法中的弱点进行破译。对于一个密码算法，破译者在排除了密码算法没有弱点后（若算法本身有弱点，就无法保证密钥的安全强度，原则上该密码算法是不能使用的），通常只能用蛮力破译来攻击。

4）密码算法实际可用（或安全）的条件

一般情况下，为破译成功，使用蛮力破译必须尝试所有可能的密钥的一半。密钥越长，密钥空间越大，蛮力破译所需要的时间也越长（或成本越高），相应地也说明该密码算法越安全。由此可见，如果一个密码算法是实际可用的（或安全的），则必须满足如下条件：

(1) 每一个加密函数和解密函数都能有有效的解。

(2) 破译者取得密文后将不能在有效的时间或成本范围内破译出密钥或明文。

(3) 一个密码算法是安全的必要条件：穷举破译将是不可行的，即密钥空间会非常大。

1.5　扩 展 阅 读

1. 没有网络安全就没有国家安全①

中共中央总书记、国家主席、中央军委主席、中央网络安全和信息化领导小组组长习近平 2014 年 2 月 27 日主持召开中央网络安全和信息化领导小组第一次会议并发表重要讲话。他强调，网络安全和信息化是事关国家安全和国家发展、事关广大人民群众工作生活的重大战略问题，要从国际、国内大势出发，总体布局，统筹各方，创新发展，努力把我国建设成网络强国。

习近平指出，当今世界，信息技术革命日新月异，对国际政治、经济、文化、社会、军事等领域发展产生了深刻的影响。做好网上舆论工作是一项长期任务，要创新改进网上宣传，运用网络传播规律，弘扬主旋律，激发正能量，大力培育和践行社会主义核心价值观，把握好网上舆论引导的时、度、效，使网络空间清朗起来。

习近平强调，网络安全和信息化对一个国家很多领域都是牵一发而动全身的，要认清我们面临的形势和任务，充分认识做好工作的重要性和紧迫性，因势而谋，应势而动，顺势而为。网络信息是跨国界流动的，信息流引领技术流、资金流、人才流，信息资源日益成为重要的生产要素和社会财富，信息掌握的多寡成为国家软实力和竞争力的重要标志。

习近平指出，没有网络安全就没有国家安全，没有信息化就没有现代化。建设网络强国，要有自己的技术，有过硬的技术；要有丰富全面的信息服务，繁荣发展的网络文化；要有良好的信息基础设施，形成实力雄厚的信息经济；要有高素质的网络安全和信息化人才队伍；要积极开展双边、多边的互联网国际交流合作。建设网络强国的战略部署要与"两个一百年"奋斗目标同步推进，向着网络基础设施基本普及、自主创新能力显著增强、信息经济全面发展、网络安全保障有力的目标不断前进。

2. 蓬勃发展的新时代国家商用密码②

2019 年 10 月 26 日，十三届全国人大常委会第十四次会议审议通过《中华人民共和国密码法》，自 2020 年 1 月 1 日起正式施行，将密码工作各领域、各环节、各要素纳入了法治轨道。党的十八大以来，中国特色社会主义进入新时代，商用密码因势而起、阔步前行，走出了一条具有中国特色的商用密码发展道路。

(1) 坚持党的绝对领导。密码是党和国家的"命门""命脉"，坚持党的绝对领导是新时代做好密码工作的根本遵循。在党中央的坚强领导下，国家密码应用推进工作协调小组制定发布了密码应用与创新发展规划，部署安排了重点项目和试点示范工程，为维护国家主权、安全、发展利益发挥着越来越重要的作用。

(2) 坚持自主创新发展。密码是维护国家安全最重要的技术保障之一。对密码算法及相关技术进行标准化和规范化，是密码技术走向大规模商用的必然要求，我国商用密码始

---

① 中央网络安全和信息化领导小组第一次会议召开[EB/OL]. http://www.gov.cn/govweb/ldhd/2014-02/27/content_2625036.htm.

② 鐘流安. 蓬勃发展的新时代商用密码[J]. 中国信息安全. 2021(8): 5.

终秉持独立自主的探索和实践精神。2006 年，国家密码管理局组织研究了商用密码算法和技术标准工作。2011 年 10 月，密码行业标准化技术委员会（简称"密标委"）正式成立，负责密码技术、产品、系统和管理等方面的标准化工作。自 2012 年以来，密标委陆续发布了一系列我国自主的密码技术标准，目前 SM2、SM3、SM4、SM9、ZUC 等密码算法先后成为国际标准。截至 2022 年 7 月，已发布密码行业国家标准 119 项[①]，范围涵盖基础密码算法、密码应用协议、密码设备接口等方面，已经初步形成系统化的密码技术标准，基本满足我国社会各行业在构建新型安全保障体系时的应用需求；已发布 23 项基础密码算法标准，基础密码算法国家标准与密码行业国家标准[②]的对应关系如表 1-1 所示。目前，我国在一些细分方向上取得了一批具有世界先进水平的成果，为全球密码创新发展贡献了"中国智慧"。

表 1-1　基础密码算法国家标准与密码行业国家标准的对应关系（截至 2022 年 7 月）

序号	密码行业标准编号	密码行业标准名称
1	GM/T 0001.1—2012	祖冲之序列密码算法　第 1 部分：算法描述
2	GM/T 0001.2—2012	祖冲之序列密码算法　第 2 部分：基于祖冲之算法的机密性算法
3	GM/T 0001.3—2012	祖冲之序列密码算法　第 3 部分：基于祖冲之算法的完整性算法
4	GM/T 0002—2012	SM4 分组密码算法
5	GM/T 0003.1—2012	SM2 椭圆曲线公钥密码算法　第 1 部分：总则
6	GM/T 0003.2—2012	SM2 椭圆曲线公钥密码算法　第 2 部分：数字签名算法
7	GM/T 0003.3—2012	SM2 椭圆曲线公钥密码算法　第 3 部分：密钥交换协议
8	GM/T 0003.4—2012	SM2 椭圆曲线公钥密码算法　第 4 部分：公钥加密算法
9	GM/T 0003.5—2012	SM2 椭圆曲线公钥密码算法　第 5 部分：参数定义
10	GM/T 0004—2012	SM3 密码杂凑算法
11	GM/T 0009—2012	SM2 密码算法使用规范
12	GM/T 0010—2012	SM2 密码算法加密签名消息语法规范
13	GM/T 0015—2012	基于 SM2 密码算法的数字证书格式规范
14	GM/T 0092—2020	基于 SM2 密码算法的证书申请语法规范
15	GM/T 0044.1—2016	SM9 标识密码算法 第 1 部分：总则
16	GM/T 0044.2—2016	SM9 标识密码算法 第 2 部分：数字签名算法
17	GM/T 0044.3—2016	SM9 标识密码算法 第 3 部分：密钥交换协议
18	GM/T 0044.4—2016	SM9 标识密码算法 第 4 部分：密钥封装机制和公钥加密算法
19	GM/T 0044.5—2016	SM9 标识密码算法 第 5 部分：参数定义
20	GM/T 0080—2020	SM9 密码算法使用规范
21	GM/T 0081—2020	SM9 密码算法加密签名消息语法规范
22	GM/T 0085—2020	基于 SM9 标识密码算法的技术体系框架

---

① 密码行业标准化技术委员会网站. http：//www.gmbz.org.cn.

② 全国信息安全标准化技术委员会网站. https：//www.tc260.org.cn.

续表

序号	密码行业标准编号	密码行业标准名称
23	GM/T 0086—2020	基于 SM9 标识密码算法的密钥管理系统技术规范

（3）坚持为民便民惠民。近年来商用密码在金融交易、教育就业、社会保障、医疗卫生、公共服务等涉及国计民生关键领域的保障作用日益凸显，有力地支撑着数据安全和个人隐私保护，累计发行基于商用密码的第二代居民身份证、标准银行卡、港澳台居民居住证、机动车检验标志电子凭证等超 40 亿张，涉及各行各业，惠及千家万户。

3. 全国密码技术竞赛[①]

密码是国之重器，是保障网络安全的核心技术和基础支撑。为进一步推动密码技术的发展，提高密码意识，普及密码知识，实践密码技术，发现密码人才，鼓励创新思维，增进团队协作，推动我国密码技术的发展和应用，中国密码学会在国家密码管理局的指导下每年举办一次面向全国高等院校与科研院所师生、密码从业人员等的密码技术竞赛。自 2015 年举办第一届全国密码技术竞赛以来，截至 2022 年 7 月，已连续举办了 7 届（见表 1 - 2）。

表 1 - 2　全国密码技术竞赛举办情况表（截至 2022 年 7 月）

序号	竞赛届数	指导单位	主办单位	承办单位	决赛举办地	竞赛时间
1	第 1 届			中国密码学会教育与科普工作委员会	天津	2015 年 8—12 月
2	第 2 届			中国密码学会教育与科普工作委员会	贵阳	2016 年 8—12 月
3	第 3 届	国家密码管理局	中国密码学会	中国密码学会教育与科普工作委员会	北京	2017 年 9—11 月
4	第 4 届			中国密码学会教育与科普工作委员会等	杭州	2018 年 9—11 月
5	第 5 届			中国密码学会教育与科普工作委员会等	北京	2019 年 9—11 月
6	第 6 届			中国密码学会教育与科普工作委员会等	北京	2021 年 9—11 月
7	第 7 届			中国密码学会教育与科普工作委员会等	武汉	2022 年 7—11 月

习　题　1

1. 简述密码学与信息安全的关系。

---

① 全国密码技术竞赛网站. https：//www.chinacodes.com.cn.

2. 信息安全的基本属性有哪些？信息安全问题的根源有哪些？

3. 什么是信息安全机制？主要的信息安全机制有哪些？

4. 什么是信息安全服务？主要的信息安全服务有哪些？

5. 从网络通信的角度看，信息安全模型主要包含哪两类模型？并说明其含义。

6. 信息安全攻击的主要形式有哪些？并说明其含义。

7. 简述密码学的发展历程、密码学在信息安全中的作用。

8. 经典密码学包含哪些分支？现代密码学包含哪些分支？并说明其含义。

9. 简述何为柯克霍夫原则(Kerckhoffs Principle)？

10. 简述保密通信模型及其含义。

11. 简述密码算法的组成及密码算法的分类。

12. 简要描述密码学的应用范围。

13. 我国商用密码算法包含哪几类？

14. 密码分析有哪些方式？各有何特点？

15. 评价一个密码算法安全性有哪些方法？一个密码算法是实际可用的(或安全的)必须满足哪些条件？

第 2 章　古典密码算法

 知识点

☆ 古典密码算法概述；

☆ 传统隐写术；

☆ 替换密码算法；

☆ 换位密码算法；

☆ 古典密码算法的安全性分析；

☆ 扩展阅读——古诗词中的密码与红色电波中的隐秘战线英雄。

第二单元

 本章导读

　　大多数古典密码算法都是采用手工或机械操作来对明文进行加解密。在科学技术迅速发展的今天，古典密码算法中的绝大多数已无安全可言了，但是古典密码算法的设计思想对于理解、设计以及分析现代密码学是十分有益的。本章主要介绍传统隐写术、替换密码和换位密码算法等传统古典密码的加解密原理，并对古典密码算法的安全性进行分析，本章的扩展阅读部分介绍了古代的神奇连环诗、藏头诗、红色电波中的隐秘战线英雄等。通过对古典密码算法原理及典型算法的学习，为读者后续学习现代密码算法打下坚实的基础。

2.1　古典密码算法概述

　　古典密码算法是密码学发展的一个重要阶段，也是近代密码学产生的源头。在计算机出现前，密码学由基于字符的密码算法构成，主要是字符之间互相替代或者换位，有的古典密码算法是结合这两种方法，并进行多次运算。随着计算机的出现，算法变得复杂多了，但也只是对比特而不是对字母进行变换，原理并没有变化。古典密码算法只是对字母进行变换，而现代密码算法是对比特流进行变换，实际上只是字母表长度上的改变，从 26 个元素变为 2 个元素（0 和 1）而已，加密的本质没有改变。目前，大多数现代密码算法仍然是替换和换位的组合。

　　到目前为止，密码的发展经历了手工、机械、电子 3 个阶段。现代密码算法（电子阶段）是基于复杂的数学运算或数学难题的。相对来说，古典密码算法是比较简单的，它是传统的密码算法，是采用手工或机械操作来对明文进行加密和解密的。古典密码算法根据其基本原理大体上可以分为三类：传统隐写术、替换和换位密码算法。

2.2　传统隐写术

隐写术自古以来就被人们广泛地使用。大约在公元前 440 年，就已经开始使用隐写术了。当时，一位剃头匠将一条机密信息写在一位奴隶的光头上，然后等到奴隶的头发长起来后，将奴隶送到另一个部落，从而实现了两个部落之间的秘密通信。类似的方法，在 20 世纪初仍然被德国间谍所使用。

隐写术在希腊语中就是"秘密＋书写"的意思，它是将秘密信息隐写于非秘密或者不太秘密的信息中的方法，本质上不是一种编码的加密技术，是信息隐藏的一种技术。传统隐写术有：显隐墨水、修改公共文本的约定、代码字、藏头诗、用小针在选择的字符上刺小的针眼、在手写的字符之间留下细微差别、在打印字符上用铅笔作记号等，这些在古代就已经出现了，远早于电子/计算机密码算法。

近年来，信息隐藏技术得到了发展。比如人们在图像中隐藏秘密消息，用图像的每个字节中最不重要的比特替换消息比特，但是图像并没有怎么改变(大多数图像标准规定的颜色等级比人类眼睛能够觉察得到的要多得多)，秘密消息却能够在接收端剥离出来。比如一张照片，在计算机中用 24 bit 来描述每一个像素的颜色。如果把每个像素的 24 bit 中最次要比特拿出来存放另外的文件，人的眼睛是分辨不出来隐藏了文件的照片与原来的照片有什么区别的。用这种方法可在大小为 1024×1024 字节的灰色刻度图片中存储 64K 字节的消息。同样的道理，我们也可以把声音文件和视频文件中最次要比特拿出来存放要隐藏的文件。隐写术也可以用作数字水印，在这里一条消息被隐藏到一幅图像中，使得其来源能够被跟踪或校验。

2.3　替换密码算法

替换密码算法是基于符号替换的密码算法，这种密码算法是以符号的置换来达到掩盖明文信息的目的。这类密码算法有单字符单表替换密码算法和单字符多表替换密码算法两种。

2.3.1　单字符单表替换密码算法

单字符单表替换密码算法是对明文中的所有字符都使用一个固定的映射。设 $A=\{a_0, a_1, \cdots, a_{n-1}\}$ 为明文字母表，$B=\{b_0, b_1, \cdots, b_{n-1}\}$ 为密文字母表，单字符单表替换密码算法使用了 A 到 B 的映射关系 $f: A \rightarrow B$，$f(a_i)=b_j$(一般情况下，为保证加密的可逆性，f 是一一映射的)将明文中的每一个字母替换为密文字母表中的一个字母。单字符单表替换密码算法的密钥就是映射 f 或密文字母表(一般情况下明文字母表与密文字母表是相同的，这时的密钥就是映射 f)。典型的单字符单表替换密码算法有乘法密码算法、加法密码算法、仿射密码算法等。

1. 乘法密码算法

(1) 乘法密码算法的加密变换：$E_k(a_i)=a_j$，$j=i \cdot k \pmod{n}$，$\gcd(k, n)=1$。

（2）乘法密码算法的解密变换：$D_k(a_j) = a_i$，$i = jk^{-1}(\bmod\ n)$。

（3）乘法密码算法的密钥是 k。若 n 是素数，则有 $n-2$ 个密钥（$k=1$ 时加密变换是恒等变换，应该予以抛弃）；若 n 不是素数，则有 $\varphi(n)-1$ 个密钥（其中 $\varphi(n)$ 为欧拉函数的值）。

【例 2-1】 英文字母 $n=26$，选取密钥 $k=9$，则明文字母到密文字母的替换表如表 2-1 所示，表中黑体字母表示密文字母。

若明文 $m = $ a man liberal in his views，则密文 $c = $ a ean vujkx un lug hukqg。

表 2-1　乘法密码算法

a	b	c	d	e	f	g	h	i	j	k	l	m
a	**j**	**s**	**b**	**k**	**t**	**c**	**l**	**u**	**b**	**m**	**v**	**e**
n	o	p	q	r	s	t	u	v	w	x	y	z
n	**w**	**f**	**o**	**x**	**g**	**p**	**y**	**h**	**q**	**z**	**i**	**r**

2. 加法密码算法

加法密码算法是一种移位替换密码算法，是一种最简单的替换密码算法。

（1）加密变换：$E_k(a_i) = a_j$，$j = (i + k)(\bmod\ n)$，$0 < k < n$。

（2）解密变换：$D_k(a_j) = a_i$，$i \equiv (j - k)(\bmod\ n) \equiv (j + (n-k))(\bmod\ n)$。

由于 $i = (j - k)(\bmod\ n) = (i + k - k)(\bmod\ n) = i(\bmod\ n)$，所以解密与加密是可逆的。从解密变换中可以看出：$D_k = E_{n-k}$。

（3）移位替换密码算法的密钥是 k，k 唯一地确定了明文空间到密文空间的映射，故移位替换密码算法的密钥空间的元素个数为 $n-1$。

【例 2-2】 凯撒(Caser)密码算法可对 26 个英文字母进行移位替换，$n=26$，替换表如表 2-2 所示。如果选择 $k=3$，用凯撒密码算法对明文"a man liberal in his views"进行加密，则由表 2-2 所示可以得密文 $c = E(m) = $ d pdq olehudo kq klv ylhzv。解密变换 $D_3 = E_{23}$，即使用密钥 $k=23$ 的替换表就可以恢复明文。

表 2-2　凯撒密码算法替换表(黑体字母表示密文字母)

a	b	c	d	e	f	g	h	i	j	k	l	m
d	**e**	**f**	**g**	**h**	**i**	**j**	**k**	**l**	**m**	**n**	**o**	**p**
n	o	p	q	r	s	t	u	v	w	x	y	z
q	**r**	**s**	**t**	**u**	**v**	**w**	**x**	**y**	**z**	**a**	**b**	**c**

实际上，移位替换密码将明文字母表中的字母位置下标与密钥 k 进行模 n 的加法运算，之后将得到的结果作为密文字母表中的密文字母的位置下标，因此它又被称为加法密码算法。

3. 仿射密码算法

仿射密码算法是一种替换密码算法，它也是用一个字母来替换另一个字母，是加法密码算法和乘法密码算法的结合体。

(1) 加密变换：$E_{k_0, k_1}(a_i) = a_j$，$j = (ik_1 + k_0)(\bmod n)$，$k_0, k_1 \in Z_n$，$\gcd(k_1, n) = 1$。

(2) 解密变换：$D_{k_0, k_1}(a_j) = a_i$，$i = k_1^{-1}(j - k_0)(\bmod n)$，$k_0, k_1 \in Z_n$，$\gcd(k_1, n) = 1$。其中，$k_1^{-1}$ 是 k_1 关于 n 的逆元，即 $k_1^{-1} \times k_1 = 1 \ (\bmod n)$。

(3) k_1、k_0 为该算法的密钥。当 $k_0 = 0$ 时，仿射密码算法退化为乘法密码算法；当 $k_1 = 1$ 时，仿射密码算法退化为加法密码(移位替换密码)算法。

【例 2-3】　记 $Z_{26} = \{0, 1, 2, 3, \cdots, 25\}$ 分别表示 26 个字母，如果选择 k_1^{-1} 使得 $\gcd(k_1, 26) = 1$，那么 $k_1 = 3$、5、7、9、11、15、17、19、21、23、25(要除去 1)之一和 $k_0 \in Z_{26}$ 组成密钥 (k_1, k_0)，则密钥空间的大小为 $(k_1, k_0) = 11 \times 26 = 286$。则加密公式为 $j = (ik_1 + k_0)(\bmod 26)$，解密公式为 $i = k_1^{-1}(j - k_0)(\bmod 26)$，密钥 k_1^{-1} 是 k_1 关于 26 的逆元，即 $k_1^{-1} \times k_1 = 1 \ (\bmod 26)$。

若选定 (k_1, k_0) 为 $(7, 3)$，$7^{-1} \bmod 26 = 15$，那么加密公式为 $j = (i7 + 3)(\bmod 26)$，解密公式为 $i = 7^{-1}(j - 3)(\bmod 26)$，所有的运算都是在 Z_{26} 中进行。

容易验证：$D(E(j)) = 15(j - 3) \ (\bmod 26) = 15j - 19 \ (\bmod 26) = i$。

若要加密明文"hot"，则首先转化这三个字母分别为数字 7、14、19；然后加密：

$$\left(7 \begin{bmatrix} 7 \\ 14 \\ 19 \end{bmatrix} + \begin{bmatrix} 3 \\ 3 \\ 3 \end{bmatrix}\right)(\bmod 26) = \begin{bmatrix} 0 \\ 23 \\ 6 \end{bmatrix}(\bmod 26) = \begin{bmatrix} a \\ x \\ g \end{bmatrix}$$

再经过仿射变换，明文"hot"变换为密文"axg"。

解密变换：

$$\left(15 \begin{bmatrix} 0 \\ 23 \\ 6 \end{bmatrix} - \begin{bmatrix} 3 \\ 3 \\ 3 \end{bmatrix}\right)(\bmod 26) = \begin{bmatrix} 7 \\ 14 \\ 19 \end{bmatrix}(\bmod 26) = \begin{bmatrix} h \\ o \\ t \end{bmatrix}$$

可见，经过解密变换，明文"hot"得以恢复。

2.3.2　单字符多表替换密码算法

单字符多表替换密码算法在安全性方面比单字符单表替换密码算法高。因为在单字符单表替换密码算法中明文中的字母与密文中的字母是一一对应的，明文中字母的统计特性在密文中没有得到改变，因此单字符单表替换密码算法很容易被破译。

单字符多表替换密码算法是用一系列(两个以上)替换表依次对明文的字母进行替换的加密方法。假设明文字母表为 Z_q，替换表序列为 $L = L_1 L_2 \cdots$，明文字母序列为 $m = m_1 m_2 \cdots$，则相应的密文序列为 $c = L(m) = L_1(m_1) L_2(m_2) \cdots$。

如果替换序列是非周期的无限序列，则相应的密码算法为非周期多表替换密码算法，它对每个明文都采用了不同的替换表进行加密，也称为"一次一密"密码算法，它是一种理论上不可破译的密码算法。而在实际应用中采用的都是周期多表替换密码算法，只使用了有限的替换表，替换表被重复使用以完成对明文的加密。例如，周期为 d，则替换表序列为 $L = L_1 L_2 \cdots L_d L_1 L_2 \cdots L_d \cdots$。当 $d = 1$ 时，单字符多表替换密码算法退化为单字符单表替换密码算法。单字符多表替换密码算法有很多，典型的有 Vigenere(费杰尔或维吉尼亚)密码算法、Vernam(弗纳姆)密码算法、Hill(希尔)密码算法、playfair 密码算法等。

1. Vigenere 密码算法

Vigenere 密码算法本质上是一种多表简单加法密码算法，是 1858 年由法国密码学家 Blaise de Vigenere 发明的。它使用一个词组作为密钥，词组中的每一个字母都作为移位替换密码的密钥并确定一个替换表。Vigenere 密码算法循环地使用每一个替换表完成明文字母到密文字母的转换。

（1）加密：明文 $M=(m_1, m_2, \cdots, m_n)$ 被分为 n 个字母段，字母段的长度为 d，如果消息的长度恰好不是 d 的倍数，则在末尾填充随机字符。

加密函数：

$$E_k(m_1, m_2, \cdots, m_n)=(m_1+k_1) \bmod 26, (m_2+k_2) \bmod 26, \cdots, (m_n+k_n) \bmod 26$$
$$=c_1, c_2, \cdots, c_n$$

（2）解密：解密函数 D_k 和加密函数 E_k 一样，只是运算时使用的是减法而不是加法。

解密函数：

$$D_k(c_1, c_2, \cdots, c_n)=(c_1-k_1) \bmod 26, (c_2-k_2) \bmod 26, \cdots, (c_n-k_n) \bmod 26$$
$$=m_1, m_2, \cdots, m_n$$

（3）密钥：一个字母序列 $k=(k_1, k_2, \cdots, k_n)$，其中，$k_1=k_2=\cdots=k_n$（它们是长度为 d 的英文字串），n 为任意值。因此，在原理上存在无限多个密钥，而在实际应用中，当密钥的长度比明文短时，密钥可以周期性地重复使用（$k=(k_1, k_2, \cdots, k_n)$），直至完成明文中每个字母的加密。

例如，选择密钥为 vector，用数值表示则 $k=(21, 4, 2, 19, 14, 17)$，来加密明文：here is how it works。

加密过程：用密钥 k 来加密明文消息，则第 1 个明文字母用其后面第 21 个字母来替换，即向后移 21 位。相应地，第 2 个明文字母则向后移 4 位，第 3 个字母向后移 2 位，以此类推。当用完 k 的最后一位时，又从密钥的第一位开始，如此循环下去。因此，第 7 个明文字母向后移 21 位，第 8 个明文字母向后移 4 位等。具体加密过程如表 2-3 所示。

表 2-3　Vigenere 密码的加密过程

明文	h	e	r	e	i	s	h	o	w	i	t	w	o	r	k	s
密钥	21	4	2	19	14	17	21	4	2	19	14	17	21	4	2	19
密文	c	i	t	x	w	j	c	s	y	b	h	n	j	v	m	l

Vigenere 密码的强度在于对每个明文字母有多个密文字母与之对应，因此该字母的频率信息是模糊的。实际上，维吉尼亚(Vigenere)密码是一种多表加密算法，在密文的不同位置出现的字母通常不是以同样的方式加密的，但它是一种周期密码，如果两个同样的字母出现的间隔固定，并且为密钥长度的倍数，则它们将以同样的方法进行加密。

【例 2-4】 英文字母表 $n=26$，选择的密钥 $K=$ somuch，当明文 $m=$ a man liberal in his views 时，使用 Vigenere 密码算法加密后得到的密文 $c=$ s amh nptsdun pf vum xpwke。

例 2-3 中 $d=6$，其密钥空间为 26^6，如果利用穷举攻击则需要花费相当长的时间（因为一个字母可以映射成 d 个字母）。为了使 Vigenere 密码算法的安全性（在计算机出现以前，Vigenere 密码算法的安全性是很高的）进一步提高，还可以通过将明文序列和密钥序列之间变为较复杂的运算关系（如乘法、置换等）得到密文序列。

2. Vernam 密码算法

1917 年美国电话电报公司的 Gilbert Vernam 为电报通信设计了一种十分方便的密码算法，后来称之为 Vernam 密码算法，它是一种代数密码算法。其加密方法是：将明文和密钥分别表示成二进制序列，再把它们按位进行模 2 加法。

设明文 $m = m_1 m_2 \cdots$，密钥 $k = k_1 k_2 \cdots$，其中，$m_i, k_i \in GF(2)$，$i \geqslant 1$，则密文 $c = c_1 c_2 \cdots$，其中 $c_i = m_i \oplus k_i$，这里 $\oplus$ 为模 2 加法。由模 2 加法的性质可知，Vernam 密码算法的解密方法和加密方法一样，只是将明文和密文的位置调换一下：$m_i = c_i \oplus k_i$。

【例 2-5】　设明文 $m = 01100001$，密钥 $k = 01001110$，使用 Vernam 密码加密求密文。

解　加密得密文 $c = m \oplus k = 01100001 \oplus 01001110 = 00101111$，即密文为 00101111。

为了增强 Vernam 密码算法的安全性，应该避免密钥的重复使用。假设我们可以做到密钥是真正的随机序列，密钥的长度大于或等于明文的长度，一个密钥只使用一次，那么 Vernam 密码算法是经得起攻击的考验的。

3. Hill 密码算法

Hill 密码算法是于 1929 年由 Lester S. Hill 发明的，它实际上就是利用了大家熟知的线性变换方法，在 Z_{26} 上进行加法和乘法运算，是仿射密码算法的特例。其基本加密思想是将 n 个明文字母通过线性变换将它们转换为 n 个密文字母的加密算法。解密时只需做一次逆变换即可。密钥就是变换矩阵。

设明文 $m = m_1 m_2 \cdots m_n \in Z_{26}^n$，密文 $c = c_1 c_2 \cdots c_n \in Z_{26}^n$，密钥为 Z_{26} 上的 $n \times n$ 阶可逆方阵 $\boldsymbol{K} = (k_{ij})_{n \times n}$，则 $c = m\boldsymbol{K} \bmod 26$，$m = c\boldsymbol{K}^{-1} \bmod 26$。

【例 2-6】　设英文字母 $a, b, c, \cdots, z$ 的编码分别为 $0, 1, 2, 3, 4, \cdots, 25$。已知 Hill 密码中的明文分组长度为 2，密钥 $\boldsymbol{K}$ 是 Z_{26} 上的一个二阶可逆方阵，假设明文 Friday 所对应的密文为 pacfku，试求密钥 $\boldsymbol{K}$。

解　明文 friday 对应的编码为 $5, 17, 8, 3, 0, 24$

密文 pacfku 对应的编码为 $15, 16, 2, 5, 10, 20$

因为 $n = 2$（分组长度），所以可以设

$$\boldsymbol{K} = \begin{bmatrix} k_{11} & k_{12} \\ k_{21} & k_{22} \end{bmatrix}, \text{明文 } \boldsymbol{M} = \begin{bmatrix} 5 & 17 \\ 8 & 3 \\ 0 & 24 \end{bmatrix}, \text{密文 } \boldsymbol{C} = \begin{bmatrix} 15 & 16 \\ 2 & 5 \\ 10 & 20 \end{bmatrix}$$

于是有

$$\boldsymbol{C} = \begin{bmatrix} 15 & 16 \\ 2 & 5 \\ 10 & 20 \end{bmatrix} = \begin{bmatrix} 5 & 17 \\ 8 & 3 \\ 0 & 24 \end{bmatrix} \begin{bmatrix} k_{11} & k_{12} \\ k_{21} & k_{22} \end{bmatrix} \bmod 26 \text{（因为 } \boldsymbol{C} = \boldsymbol{MK} \bmod 26\text{）}$$

由此可得

$$\begin{cases} (5k_{11} + 17k_{21}) \bmod 26 = 15 \\ (5k_{12} + 17k_{22}) \bmod 26 = 16 \\ (8k_{11} + 3k_{21}) \bmod 26 = 2 \\ (8k_{12} + 3k_{22}) \bmod 26 = 5 \\ 24k_{21} \bmod 26 = 10 \\ 24k_{22} \bmod 26 = 20 \end{cases} \Rightarrow \begin{cases} k_{11} = 7 \\ k_{12} = 19 \\ k_{21} = 8 \\ k_{22} = 3 \end{cases}$$

所以密钥 $K = \begin{bmatrix} 7 & 19 \\ 8 & 3 \end{bmatrix}$。

Hill 密码算法可以较好地抗击统计分析攻击，采用唯密文攻击也很难攻破，但在已知明文的情况下攻击就很容易被破译(本题就属于已知明文攻击)，特别是在已知密钥矩阵行数的情况下。因此，Hill 密码算法并不安全。

4. playfair 密码算法

playfair 密码是单字符多表替换密码的经典算法，1854 年由 Charles Wheatstone 提出。该算法是将明文中的双字母组合成一个单元对待，并将这些单元转换为密文双字母组合。下面简要介绍 playfair 密码算法。

(1) 构造矩阵：playfair 密码基于一个 5×5 的字母矩阵，该矩阵使用密钥来构造，其构造方法是：从左至右、从上到下依次填入密钥中的字母(去除重复字母)，再以字母表的顺序依次填入其他字母。其中，字母 i 和 j 算作一个字母(j 字母被当作 i 处理)。

(2) 明文分组：将明文字符串按两个字母一组进行分组，若两个相邻的字母相同，则要在它们之间插入一个字符(事先约定插入的字符，如 q)；如果明文字母数为奇数，则同样要在明文末尾添加某个事先约定的字母作为填充。

(3) 对每一对明文字母 m_1、m_2，其加密过程：① 当 m_1 和 m_2 在同一行时，则对应的密文字母 c_1 和 c_2 分别是紧靠 m_1 和 m_2 右端的字母。其中，第一列被视为在最后一列的右方(解密时反向)；② 当 m_1 和 m_2 在同一列时，则对应的密文字母 c_1 和 c_2 分别是紧靠 m_1 和 m_2 下方的字母。其中，第一行被视为在最后一行的下方(解密时反向)；③ 当 c_1 和 c_2 不在同一行，也不在同一列时，则对应的密文字母 c_1 和 c_2 是由 m_1 和 m_2 确定的矩形的其他两角的字母，并且 m_1 和 c_1、m_2 和 c_2 同行(解密时的处理方法相同)。

【例 2-7】 明文为 very good，密钥为 fivestar，求用 playfair 密码算法加密后的密文。

解 (1) 构造矩阵：

$$\begin{bmatrix} a & b & c & d & e \\ f & g & h & i & k \\ l & m & n & o & p \\ q & r & s & t & u \\ v & w & x & y & z \end{bmatrix} \xrightarrow{\text{fivestar}} \begin{bmatrix} f & i & v & e & s \\ t & a & r & b & c \\ d & g & h & k & l \\ m & n & o & p & q \\ u & w & x & y & z \end{bmatrix}$$

(2) 分组：将明文 very good 分为 ve ry go qo dq。

(3) 加密：由于 ve 同行，所以密文为 es；ry 对角线，所以密文为 bx；go 对角线，所以密文为 hn；qo 同行，所以密文为 mp；dq 对角线，所以密文为 lm。

由此可知，加密后的密文为 es bx hn mp lm。

【例 2-8】 密文为 very good，密钥为 fivestar，求用 playfair 密码算法解密的明文。

解 (1) 构造矩阵：

$$\begin{bmatrix} a & b & c & d & e \\ f & g & h & i & k \\ l & m & n & o & p \\ q & r & s & t & u \\ v & w & x & y & z \end{bmatrix} \xrightarrow{\text{fivestar}} \begin{bmatrix} f & i & v & e & s \\ t & a & r & b & c \\ d & g & h & k & l \\ m & n & o & p & q \\ u & w & x & y & z \end{bmatrix}$$

（2）分组：将密文 very good 分为 ve ry go od。

（3）解密：由于 ve 同行，所以明文为 iv；ry 对角线，所以明文为 bx；go 对角线，所以明文为 hn；od 对角线，所以密文为 mh。

由此可知，解密后的明文为 iv bx hn mh。

注：在解密时，需要根据对英文单词的识别来判断明文的真实含义，如果解密的明文里含有事先约定的字母 q，需要人工去判断是否为真实的明文，这也是 playfair 密码算法的缺点之一。

2.4　换位密码算法

换位密码算法本质上就是一种置换密码算法，是重新排列消息中的字母，以便打破密文的结构特性，即它置换的不是字符本身，而是字符被书写的位置。

设明文 $m = m_1 m_2 \cdots$，则密文 $c = c_1 c_2 \cdots$，$c_i = m_{L^{-1}(i)}$，$i = 1, 2, \cdots, n$。其中置换表为

$$
\begin{array}{cccccccc}
1 & 2 & 3 & 4 & \cdots & i & \cdots & n \\
\downarrow & \downarrow & \downarrow & \downarrow & \downarrow & \downarrow & \downarrow & \downarrow \\
L(1) & L(2) & L(3) & L(4) & \cdots & L(i) & \cdots & L(n)
\end{array}
$$

实际上是一个 $\{1, 2, \cdots, i, \cdots, n\}$ 到 $\{1, 2, \cdots, i, \cdots, n\}$ 的一个置换。

2.4.1　列换位

列换位原理：首先将明文按照密钥个数排列，然后按照密钥在字母表中的顺序变换列的顺序，最后按照列的顺序写出的就是密文。

【例 2-9】　设明文为 these user interact with application software，密钥为 superman。

解　根据密钥 superman 中各字母在 26 个英文字母表中出现的顺序可以确定为 78526314。将明文按照密钥的长度为 8 列逐行列出，列换位的加密过程如表 2-4 所示。

表 2-4　列换位的加密过程

7	8	5	2	6	3	1	4
t	h	e	s	e	u	s	e
r	i	n	t	e	r	a	c
t	w	i	t	h	a	p	p
l	i	c	u	a	t	i	o	n
s	o	f	t	w	a	r	e

按照密钥决定的次序依次写出，即密文为 sapor sttat uraia ecpne enicf eehtw trtls hiwio。

如果明文不是密钥的整数倍，那么需要用其他字母（事先约定好的）来填充。列换位密码算法的安全性不高。因为这种换位密码算法的明文与密文具有相同的字母频率，如果将密文排列在一个矩阵中，并依次改变行的位置，对于密码分析者来说分析起来也是比较容

易的。通过多次换位，使用更为复杂的排列，换位密码算法的安全性可以大大提高。

2.4.2　周期换位

周期换位的原理：将明文按照密钥分组个数分组，并按照密钥在字母表中的顺序变换组内字母的顺序，得到的就是密文。

【例 2 - 10】　明文为 can you understand? 密钥为 fork，求密文。

解　根据密钥 fork 中各字母在 26 个英文字母中的顺序可以确定为 1342，将明文按照密钥的顺序可以得到密文，周期换位的加密过程如表 2 - 5 所示。因此，密文为 anyc nuuo drse antd。

另外，如果明文不是密钥长度的整数倍，需要事先约定用其他字母代替。

表 2 - 5　周期换位的加密过程

密钥顺序	1342	1342	1342	1342
分组	cany	ouun	ders	tand
密文	anyc	nuuo	drse	antd

2.5　古典密码算法的安全性分析

为了保护信息的保密性，抗击密码分析，保密系统应当满足下述要求：

（1）系统即使达不到理论上是不可破的，也应当成为实际上不可破的。换句话说，从截获的密文或某些已知的明文密文对，要破解密钥或任意明文在计算上是不可行的。

（2）系统的保密性不依赖对加密算法的保密，而依赖密钥（这就是著名的 Kerckhoff 原则）。

（3）加密和解密算法适用于所有密钥空间中的元素。

（4）系统便于实现和使用。

由于任何自然语言都有自己的统计规律，对于替换密码来说，密文中还保留了明文的统计特征，因此可以使用统计方法进行攻击。

有人对相关英文文章中出现的字母做过统计，相关字母是有如下规律的：

（1）每个单字母中 E 出现频率最高，其次是 T、A、O、I、N、S、H、R 等，而 V、K、J、X、Q、Z 出现的频率最低。

（2）双字母频率最高的有 TH，HE 出现的频率低于 IN 和 ER 等。

（3）还有三字母 THE、ING 等其他规律。

2.5.1　移位密码安全性分析

移位密码是极不安全的(mod 26)，因为它可被穷举密钥搜索并分析。因为仅有 26 个可能的密钥，通过尝试每一个可能的密钥，直到获得一个有意义的明文串。平均来说，一个明文在尝试 26/2＝13 个密钥后将显现出来。

作为早期的密码算法，移位密码虽然很脆弱，仅对明文进行了不透明的封装，但它可防止消息明文被人意外获取。

2.5.2　仿射密码安全性分析

对于仿射密码，$E_{k_0, k_1}(a_i) = a_j$，$j = (ik_1 + k_0)(\mod 26)$，因为 $\gcd(k_1, n) = 1$，并且还要去掉 1，则密钥空间的大小为 $(k_1, k_0) = 11 \times 26 = 286$，经不起穷举分析。

【例 2-11】　假设从敌手那里获得用仿射密码加密后的密文（仅获得 57 位密文字母）为 FMXVEDKAPHFERBNDKRXRSREFMORUDSDKDVSHVUFEDKAPRKDLYEVLRHH RH。仅仅依靠这 57 个密文字母，要分析破解仿射密码，对我们来说已经足够了。

解　对获取的 57 个密文字母，进行概率统计分析，如表 2-6 所示。

由表 2-6 可知，出现频率最高的密文字母是 R（8 次），D（7 次），E，H，K（各 5 次），F，V（各 4 次），S（3 次）。

首先，我们可以假定 R 是 E 的加密且 D 是 T 的加密（因为 E 和 T 分别是两个最常见的字母）。数值化后，可得 $E_{k_0, k_1}(4) = 17$ 且 $E_{kk_0, k_1}(19) = 3$。

解方程 $\begin{cases} 4k_1 + k_0 = 17 \\ 19k_1 + k_0 = 3 \end{cases}$，得到 $k_1 = 6$，$k_0 = 19$。

但这是一个非法的密钥，因为 k_1 与 26 不互质，所以我们的假设有误。

表 2-6　26 个英文字母的概率分布

字母	概率	字母	概率	字母	概率
A	0.082	J	0.002	S	0.063
B	0.015	K	0.008	T	0.091
C	0.028	L	0.040	U	0.028
D	0.043	M	0.024	V	0.010
E	0.127	N	0.067	W	0.023
F	0.022	O	0.075	X	0.001
G	0.020	P	0.019	Y	0.020
H	0.061	Q	0.001	Z	0.001
I	0.070	R	0.060		

重新假定 R 是 E 的加密且 K 是 T 的加密，经过计算可以得到 $k_1 = 3$，$k_0 = 5$；然后解密密文看是否得到了有意义的英文串。容易证明这是一个有效的密钥。

最后的明文是：algorithms are quite general definitions of arithmetic processes。

2.6　扩展阅读

1. 神奇连环诗①

古代文字游戏到底可以多么令人拍手叫绝？下面这首连环诗，或许会刷新我们的认知。

---

① 蓝梦岛主. 连环诗[EB/OL]. https://baijiahao.baidu.com/s?id=1682299725690424176&wfr=spider&for=pc.

秦观，字少游，北宋文学家、儒客大家、著名词人，被尊为婉约派一代词宗，不仅写婉约词厉害，玩起文字游戏更是水平一流。据说，他曾在一次外出游玩后，寄给苏轼一封非常有趣的"怪信"。苏轼打开信件，却见纸上只写着 14 个字，首尾相连，绕成一圈（见图 2-1），乍一看可能会不解其意，苏轼却一眼看破玄机，进而拍手称绝。

图 2-1　连环诗《赏花归去》

原来，秦观信中写的是一首典型的连环诗，虽然只有 14 个字，却能读出一首 28 个字的七言绝句。怎么做到的呢？需要两步：第一步，找到起始字；第二步，把每一句的后四个字作为下一句的前四个字重复使用。成诗如下：

> 赏花归去马如飞，去马如飞酒力微。
> 酒力微醒时已暮，醒时已暮赏花归。

注：连环诗又称叠字回文诗，顾名思义就是将文字排列成圆圈形状，然后按顺时针或递时针方向，每五字或七字一断，可有若干字重复使用，便能读出五言诗或七言诗。《赏花归去》是连环诗中非常著名的一首，关于此诗的来历说法不尽相同，除了说是秦观所作，也有说法认为是苏轼的酒后游戏之作。

2. 藏头诗①

藏头诗，是一种隐藏秘密的重要表达形式，既可以抒情，又可以把秘密含蓄隐藏。在 1999 TVB 版《雪山飞狐》中，演绎了胡一刀寻找宝藏的过程。胡一刀作为胡家的后人，他是怎么破解宝藏秘密，如何找到闯王宝藏所在地的？当时胡一刀受到胡夫人的启发，突然想到宝藏的地点，可能与闯王留下的诗词有关。诗词共 4 句：

> 本乘 玉 龙飞九天，
> 谁料天 笔 改青史。
> 百万哀兵 西 尽殁，
> 山河梦断恨 北 狼。

普通藏头诗只看每句的第一个字，组成一句话就行了。而这首诗词的宝藏秘密，显然比普通的藏头诗更有难度，需要从中间斜着读取其中的四个字：玉笔西北，玉笔峰的西北方也就是宝藏的所在地。

注：小说《雪山飞狐》中有一个著名的地点"玉笔山庄"，里面有个玉笔峰。

3. 红色电波中的隐秘战线英雄②

"滴答滴答"的发报声，急促有力，扣人心弦，地下情报员奉命潜伏，通过电台传递红色情报，与敌人展开了一场场斗智斗勇、险象环生的生死较量……让我们一起聆听历史，珍惜当下，奋斗未来。

---

① 十里春风侠客行. 雪山飞狐：一首藏头诗 [EB/OL]. https：// baijiahao. baidu. com/s? id=1736058535322366053&. wfr=spider&for=pc.

② 美好的城市圈. 聆听红色印记｜红色电波中的隐秘战线英雄 [EB/OL]. https：//www. sohu. com/a/470023637_121123704。

（1）第三国际电台秘密设立，妙计躲重兵共唱红色浪漫。

在上海弄堂里石库门房子内，当年曾经设立过不少秘密电台，这些秘密电台为建立上海与延安和苏区的联系，推进革命斗争的胜利，作出了重要贡献。1937 年，中共党员秦鸿钧接受组织的安排，在上海瑞金二路 148 号设立了第三国际电台（见图 2-2）。为了有个公开的身份作掩护，秦鸿钧开了一个永益水果公司，但一个单身"老板"从事地下活动，很容易引起敌人注意，经党内同志介绍，秦鸿钧与做小学教师的韩慧如结为夫妇。两人在这里开展了地下活动，一次又一次及时发出共产党的重要情报，无数次的电波声暗藏在地下，为革命的成功做出了重要的贡献。

图 2-2　1937 年设立第三国际电台

（2）秦鸿钧第二次设电台，深藏情报英勇就义。

1940 年 8 月，秦鸿钧在上海中正南二路新新里 315 号阁楼设立电台（见图 2-3）。1948 年 12 月 30 日凌晨，另一部秘密电台负责人李白被捕。当时正值渡江战役前夕，秦鸿钧的电台便承担起渡江战役准备等情报的传递工作。不幸的是，频繁的电台联络被敌人察觉。

图 2-3　1940 年再次设立电台

　　1949 年 3 月 17 日深夜 11 时，秦鸿钧正在全神贯注地发报，敌特锁定其位置后上门抓捕。秦鸿钧在阁楼电台室接到妻子韩慧如从楼下发出的警报，急迫发出最后一组电码后毁掉电台、密电稿，随即被蜂拥而入的敌特抓住。两个月后的夜晚，秦鸿钧与李白、张困斋等12 位共产党员遭到集体枪杀。在英雄赴难的上海浦东戚家庙附近，当地群众听到那一晚刑场上空响起勇士们高唱的《国际歌》。让人惋惜的是，那天离上海解放只剩 20 天。

　　秦鸿钧烈士二十余年革命生涯中，大都是在敌占区担任秘密电台通信工作，环境非常恶劣，处境非常危险。但他从未动摇过对革命的坚定信念。他的牺牲，我们务必永远铭记，以一往无前的进取精神，延续前辈的初心，继续写下新时代隐秘战线工作者的故事。

习　题　2

　　1. 什么是隐写术？如何区分隐写术与密码编码学？

　　2. 当 $k_1 = 3$，$k_0 = 5$ 时，用仿射密码加密明文 wo shi xuesheng，求明文对应的密文。

　　3. 使用 Vigenèree(维吉尼亚)密码算法对明文"blockchain technology"进行加密，密钥为 cuitbin，求明文对应的密文。

　　4. 分析 Vigenere 密码算法的安全性，并编程实现 Vigenere 密码算法。

　　5. 用 Hill 密码算法加密明文"pay more money"，密钥为 $k = \begin{bmatrix} 17 & 17 & 5 \\ 21 & 18 & 21 \\ 2 & 2 & 19 \end{bmatrix}$，求明文对应的密文。

　　6. 分析 Hill 密码算法的安全性，并编程实现 Hill 密码算法。

　　7. 英文字母 a, b, c, ⋯, z 分别编码为 0, 1, 2, 3, 4, ⋯, 25，已知 Hill(希尔)密码中的明文分组长度为 2，密钥 K 是 Z_{26} 上的一个二阶可逆方阵，假设密钥为 hell，明文 welcome，求明文对应的密文。

　　8. 求用 Playfair 算法加密明文"playfair cipher was actually invented by wheatstone"，密钥为 fivestars，求明文对应的密文。

　　9. 代替与换位的区别是什么？

　　10. 统计分析法(或频率分析法)的基本处理方法分为哪几个步骤？

第 3 章　分组密码算法

 知识点

☆ 对称密码算法概述；

☆ 数据加密标准（DES）；

☆ 高级加密标准（AES）；

第三单元

☆ SM4 加密算法；

☆ 分组密码的工作模式；

☆ 分组密码尾组填充方法；

☆ 扩展阅读——轻量级密码算法国际标准与全国密码算法设计竞赛。

本章导读

　　本章首先介绍对称密码算法基本概念；接着以 DES、AES、SM4 三种最常用的分组密码为例，详细介绍了这三种分组密码算法的加密、解密过程和算法的相关特点；然后介绍了分组密码算法五种工作模式和分组密码尾组填充方法；最后在扩展阅读部分介绍了美国国家标准与技术研究院（National Institute of Standards and Technology，NIST）的轻量级密码标准、全国密码算法设计竞赛。通过对本章的学习，读者在理解分组密码算法的基本原理和概念的基础上，掌握 DES、AES、SM4 分组密码算法的实现原理及应用和分组密码算法的工作模式，这对读者未来进一步学习对称密码算法及应用都具有重要的指导作用。

3.1　对称密码算法概述

3.1.1　对称密码算法基本概念

　　对称密码算法最主要的特点就是加密和解密所使用的密钥是相同的，具有速度快、效率高的优势，适用于大批量的数据加密场合，是现代密码学的主流方向之一。图 3-1 所示是基于对称密码算法的保密通信模型。

　　按照基于密码算法输入的明文形式，现代对称密码算法可分为分组密码算法和序列密码算法两大类。分组密码算法就是将明文分割成固定长度的对称密码算法，每个分组片段称为明文分组（或明文块），因此分组密码算法又称为块状密码算法，最常见的明文块长度通常为 64 bit、128 bit 或者 256 bit。序列密码算法输入明文通常以 1 bit 或者 1 Byte 为单位进行加解密。本章主要介绍分组密码算法，序列密码算法在第 4 章中介绍。

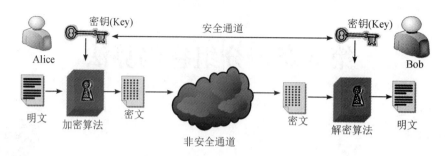

图 3-1 基于对称密码算法的保密通信模型

3.1.2 分组密码算法概述

分组密码算法是现代对称密码算法中最重要的一个分支,在信息安全和网络通信领域发挥着重要的作用。目前常见的分组密码算法有 DES、AES、IDEA、RC6、MARS、Twofish、Serpent、MISTY1、SHACAL-2、Camellia、FOX、CLEFIA、韩国加密标准 ARIA、国密 SM4 等。

若某分组密码算法的 1 明文块长度为 64 bit,即 1 明文块为 8 Byte(1 Byte(字节)=8 bit),则该分组密码算法的基本构成如图 3-2 所示。

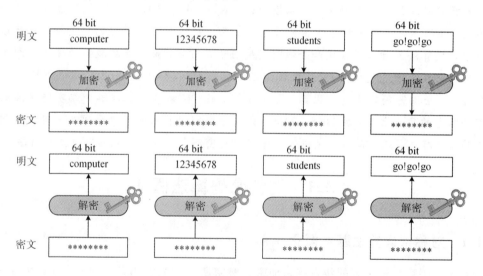

图 3-2 分组密码算法的基本构成

根据图 3-2 所示,一个分组密码系统(block cipher system,BCS)可以用一个五元组来表示,BCS=$\{P, C, K, E, D\}$。其中,P、C、K、E、D 分别代表明文空间、密文空间、密钥空间、加密算法、解密算法。

假设已知明文经过编码后的二元消息序列为 $x_1 x_2 \cdots$(0,1 二进制序列),分组密码首先将二元序列按照固定长度进行分组,不妨设 1 明文块的固定长度为 n bit,则明文二元消息序列 $x_1 x_2 \cdots$ 划分为长度为 n bit 的明文块 p_1,p_2,$\cdots$,即

$$\underbrace{x_1 x_2 \cdots x_n}_{p_1} \underbrace{x_{n+1} x_{n+2} \cdots x_{2n}}_{p_2} \cdots$$

各明文块依次在密钥 $k=\{k_1 k_2 \cdots k_t\}$ 控制下按照加密算法 E 进行加密，得到密文块 c_1，c_2，…，即

$$c_1 = E_k(p_1) = E_k(x_1 x_2 \cdots x_n) = y_1 y_2 \cdots y_m \tag{3-1}$$

$$c_2 = E_k(p_2) = E_k(x_{n+1} x_{n+2} \cdots x_{2n}) = y_{m+1} y_{m+2} \cdots y_{2m} \tag{3-2}$$

$$\vdots$$

解密过程则是将密文块 $c_1 c_2 \cdots$ 在密钥 $k=\{k_1 k_2 \cdots k_t\}$ 控制下按照解密算法 D 进行解密，得到明文块 p_1，p_2，…，即

$$p_1 = D_k(c_1) = D_k(y_1 y_2 \cdots y_m) = x_1 x_2 \cdots x_n \tag{3-3}$$

$$p_2 = D_k(c_2) = D_k(y_{m+1} y_{m+2} \cdots y_{2m}) = x_{n+1} x_{n+2} \cdots x_{2n} \tag{3-4}$$

$$\vdots$$

其中，x_i，$y_i \in \mathrm{GF}(2)$。分组密码算法的解密过程是加密过程的逆过程。因此根据分组密码系统描述，分组密码模型框图如图 3-3 所示。

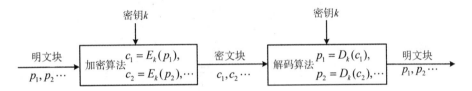

图 3-3　分组密码模型框图

上述分组密码系统中，明文块长度为 n bit，密文块长度为 m bit，密钥长度为 t bit。若 $n>m$，即明文块长度大于密文块长度，则称其为有数据压缩的分组密码；若 $n<m$，即明文块长度小于密文块长度，则称之为有数据扩展的分组密码；若 $n=m$，即明文块长度等于密文块长度，则称之为无数据扩展和压缩的分组密码。事实上，通常分组密码均取为 $n=m$。例如，DES、AES、SM4 等常见分组密码算法的明文块与密文块长度相同。

3.1.3　分组密码算法原理

20 世纪 40 年代末，Claude Shannon(香农)在遵循 Kerckhoff(柯克霍夫)原则的前提下，提出了设计密码系统的两种基本方法——扩散和混淆，目的是抵抗攻击者对密码系统的统计分析。

1. 扩散

扩散的含义是将明文和密钥的统计特性散布到密文中去，使得明文和密钥每一比特在密文中都得到充分扩散，使得密文不再显示出任何形式的规律。

扩散使得明文和密钥的每一位都影响密文中多位的值，等价于密文中每一位均受明文和密钥中多位的影响。也就是说，一比特的明文或者密钥发生变化，每个密文比特都可能发生变化。

在分组密码中，对数据重复执行某个置换，再对这一置换作用于一函数，可获得扩散。

2. 混淆

混淆的含义是使密文和对应的明文和密钥之间的统计关系变得尽可能复杂，使得攻击

者无法得到密文和明文及密钥之间的统计规律,从而使攻击者无法得到明文或密钥。

密码破译主要采用解析法和统计法两种方法。为了保证明文和密钥的任何信息不能由密文和已知明文密文通过解析法和统计法破译出来,则要求分组密码算法应有足够的非线性因素。

在分组密码中,对数据重复执行某个 S 盒代替(非线性变换),可获得混淆。

扩散和混淆是分组密码的两种最本质的操作,是设计现代分组密码算法的基础。

3. 代替-置换网络(S-P 结构)

代替-置换网络是由多重非线性代替(substitution,S)和比特置换(permutation,P)构成的,如图 3-4 所示。S 起到混淆的作用,P 起到扩散的作用。

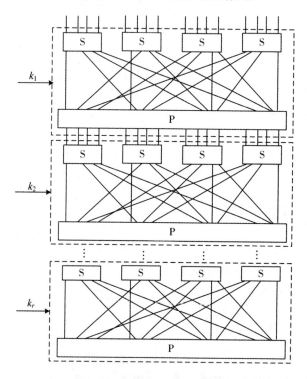

图 3-4　代替-置换网络(S-P 结构)

在 S-P 网络中,对明文和子密钥,利用非线性代替 S 得到分组小块的混淆和扩散,再利用比特置换 P 错乱非线性变换后输出比特,以实现整体扩散的作用。这样经过若干次局部的混淆和整体扩散,使得输入的明文和密钥得到足够的混淆和扩散。

目前很多分组密码采用 S-P 网络结构,如 AES、SM4、SHARK 等算法。

4. Feistel 密码结构

20 世纪 60 年代末,Feistel 提出了一种最常见的乘积密码结构,整个处理过程包括多个阶段的代替和置换,主密钥生成一个子密钥集,每个阶段使用一个子密钥。明文首先分为左右两部分,分别记为 L_0 和 R_0,在进行完 r 轮迭代之后,左右两半合并在一起再产生密文。每轮迭代的运算逻辑关系可表示如下:

$$L_i = R_{i-1} \qquad\qquad\qquad (3-5)$$

$$R_i = L_{i-1} \oplus F(R_{i-1}, K_i) \tag{3-6}$$

其中，K_i 表示第 i 轮用的子密钥，L_i 表示第 i 轮的左半部，R_i 表示第 i 轮的右半部，F 表示轮函数。图 3-5 所示为 Feistel 密码结构。

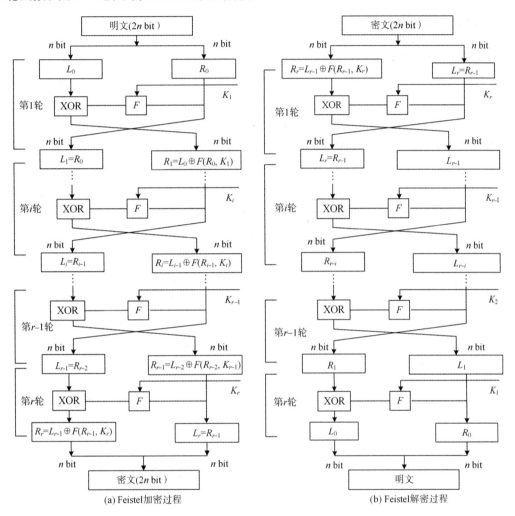

图 3-5　Feistel 密码结构示意图

Feistel 密码结构一个最显著的特点就是其逆向操作和正向操作实质具有相同的结构，二者唯一的不同就是子密钥使用次序不同，即 Feistel 解密过程所在的变换与加密过程完全一样，只是输入不一样。加密输入的数据为明文块，子密钥的顺序为 K_1，K_2，…，K_{r-1}，K_r，而 Feistel 解密过程输入的数据为密文块，子密钥的顺序为 K_r，K_{r-1}，…，K_2，K_1，与加密过程刚好相反。这就使得采用 Feistel 密码结构设计的分组密码算法，加解密可采用同一种算法。

Feistel 密码结构是分组密码算法最常用的密码结构，如 DES 算法、Camellia 算法设计就是以最典型的 Feistel 结构设计的。

3.2　数据加密标准(DES)

3.2.1　DES算法概述

数据加密标准(Data Encryption Standard，DES)是由美国 IBM 公司的研究人员 Horst Feistel 和 Walter Tuchman 于 20 世纪 70 年代中期提出的密码算法 LUCIFER 算法(金星算法)发展而来，并于 1977 年 1 月 15 日由美国国家标准局 NBS 正式公布实施的数据加密标准，是第一公开的商用密码算法标准，并得到了 ISO 的认可。在 DES 算法提出的 20 多年的时间里，其被广泛应用于美国联邦和各种商业信息的安全保密工作中，经受住了各种密码分析和攻击，体现出了令人满意的安全性。但随着密码分析技术和计算能力的提高，在 1994 年美国决定从 1998 年 12 月以后不再使用 DES 算法，目前 DES 已被更为安全的 AES 算法取代。虽然 DES 算法已被停用，但 Feistel 密码结构仍然是现代分组密码算法结构的基础，DES 是一种基于 Feistel 密码结构设计的分组密码算法，对它的学习和讨论仍具有教学意义，理解 DES 算法有助于其他分组密码的学习。

3.2.2　DES算法描述

DES 算法是一种将 64 bit 明文块加密成 64 bit 密文块的分组密码算法，密钥长度为 64 bit，其中密钥有固定位置的 8 bit 作为奇偶校验位，因此有效密钥长度为 56 bit。DES 算法加密过程大体可分为 3 大部分：首先，输入 64 bit 明文块和 64 bit 密钥，进行 IP 初始置换；然后进行 16 轮迭代变换；最后进行 IP 逆初始置换得到 64 bit 密文块。DES 加密过程如图 3-6 所示。

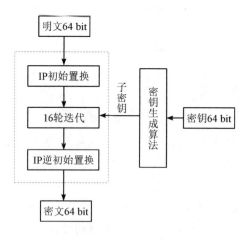

图 3-6　DES 加密过程

DES 算法 16 轮迭代采用 Feistel 密码结构对明文和密钥进行混淆和扩散，图 3-7 的左半部分是每个 64 bit 的明文块的加密处理过程，右边为 DES 的 16 个子密钥的生成过程。

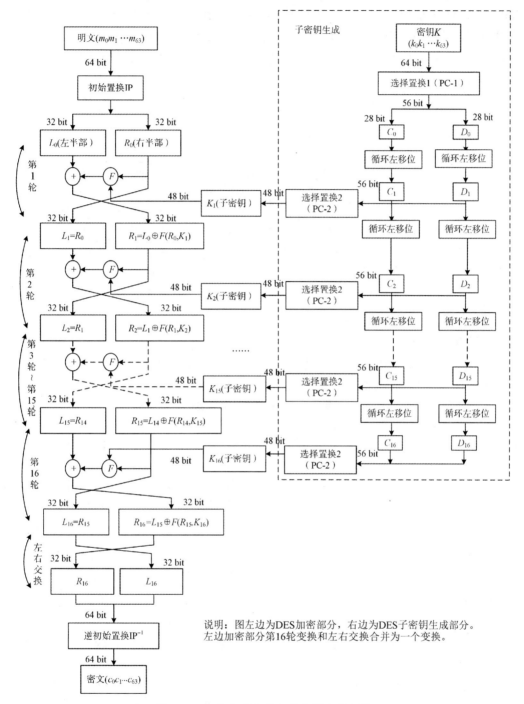

图 3-7　DES 加密流程和子密钥生成流程

下面以输入明文"computer"和密钥"01234567"为例,详细介绍 DES 加密各个阶段的具体过程。

DES 算法加密和解密变换以 bit 为单位(0,1 二进制)进行变换。首先将字符串根据 ASCII 码表转换为二进制。例如,字符"c"对应 ASCII 十进制值为 99,则对应十六进制值为

0X63，二进制值为 0110 0011。具体转换如图 3-8 所示。明文字符串"computer"通过 ASCII 码表转换为十六进制码，再转换为二进制码"01100011 01101111 01101101 01110000 01110101 01110100 01100101 01110010"，刚好 64 bit，为 1 明文块。下面给出 DES 一轮详细的变换过程。

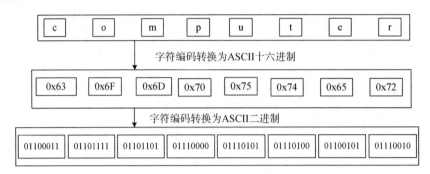

说明：图中 0x 表示十六进制，字符串先转换为十六进制，再转换为二进制，是为了更清楚了解字符编码二进制转换，实际可直接从字符编码转换为二进制。

图 3-8　字符转换为二进制

1. 初始置换(IP)

DES 算法加密第一阶段变换为 IP 初始置换，IP 初始置换表是一个 8×8 的矩阵，如表 3-1 所示。表 3-1 中的数值是输入的 64 bit 明文块下标 1 到 64。

表 3-1　IP 初始置换表

58	50	42	34	26	18	10	2
60	52	44	36	28	20	12	4
62	54	46	38	30	22	14	6
64	56	48	40	32	24	16	8
57	49	41	33	25	17	9	1
59	51	43	35	27	19	11	3
61	53	45	37	29	21	13	5
63	55	47	39	31	23	15	7

IP 初始置换规则：表 3-1 所示，将明文块 64 bit 使用 IP 初始置换表进行重排。例如，IP 初始置换表中第 5 行第 8 列位置的值为 1，即表示输入数据块第 1 个位置的比特位"0"被放入到第 5 行第 8 列的位置(二维空间)，也是输出数据的第 40 位放置输入第 1 个比特位"0"(一维空间)。

注：在密码学中置换是指在保持数据不变的情况下打乱数据的位置顺序的操作，在 DES 算法中每个置换处理都会按照相应的置换表进行操作，DES 算法有多个置换处理，通过置换处理可以打乱输入数据的顺序，使输入的数据变得面目全非，当然也会造成雪崩效应，因此只要有一位数据位发生变化，就会影响到多个位置的数据，使其发生变化。

【例 3-1】　假设 IP 初始置换输入值为 636F6D7075746572(十六进制)，求 IP 初始置换后的输出值(十六进制)。

解　IP 初始置换输入的值转换为二进制为 01100011 01101111 01101101 01110000

01110101 01110100 01100101 01110010，首先将输入的 64 bit 数据块以行优先形成 8×8 矩阵，然后按照 IP 初始置换表进行重排，再将重排输出矩阵以行优先展开，输出的 64 bit 数据为 11111111 10111000 01110110 01010111 00000000 11111111 00000110 10000011，则最后转换为十六进制值为 FF D8 76 57 00 FF 06 83（十六进制），具体置换过程如图 3-9 所示。

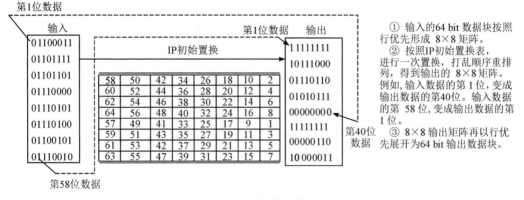

图 3-9 IP 初始置换过程

2. 轮结构

经过 DES 第一阶段的 IP 初始置换之后得到 64 bit 输出，然后进入 16 轮轮变换。轮变换首先将 64 bit 的输入分为左右两半部分，前 32 bit 为左半部分，记为 L_0，后 32 bit 为右半部分，记为 R_0，每轮轮变换结构如图 3-10 所示，左右两部分数据在每一轮中被独立处理。

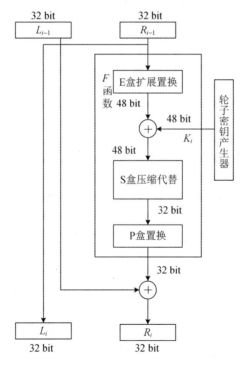

图 3-10 DES 算法的一轮结构变换图

轮变换的变换原理：下一轮左半部分的 32 bit 数据是上一轮右半部分 32 bit 数据，而下一轮右半部分 32 bit 数据则先由上一轮右半部分与轮子密钥 K_i 进行一次 F 函数的变换,变换的结果与上一轮左半部分 32 bit 数据进行异或运算而获得,因此每一轮变换由下面的公式表示:

$$L_i = R_{i-1} \tag{3-7}$$
$$R_i = L_{i-1} \oplus F(R_{i-1}, K_i) \tag{3-8}$$

在式(3-7)和式(3-8)中,$1 \leqslant i \leqslant 16$,轮密钥 K_i 为 48 bit。

F 函数主要包括 E 盒扩展置换、轮子密钥异或、S 盒代替压缩和 P 盒置换,其计算过程如图3-11所示。下面根据 F 函数给出下一轮右半部分 32 bit 的详细计算过程。

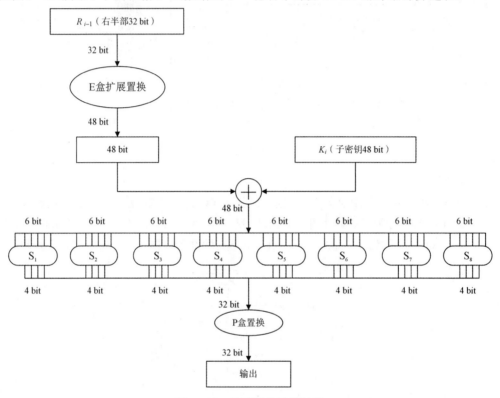

图 3-11　F 函数的计算过程

(1) E 盒扩展置换:F 函数第一个变换为 E 盒扩展,对输入的某些位进行扩展和置换,按照 E 盒扩展置换表将 32 bit 扩展置换为 48 bit。表3-2所示是 E 盒扩展置换表,与 IP 初始置换表的使用方式类似。

表 3-2　E 盒扩展置换

32	1	2	3	4	5
4	5	6	7	8	9
8	9	10	11	12	13
12	13	14	15	16	17
16	17	18	19	20	21
20	21	22	23	24	25
24	25	26	27	28	29
28	29	30	31	32	1

　　E 盒扩展置换可以看作将输入的 32 bit 按照 8 行 4 列方式依次排列，形成一个 8×4 的二维矩阵，在该矩阵的前后各增加 1 列向量，即在第 1 列左边增加 1 列，而在最后 1 列右边增加 1 列，最后构成 8×6 的矩阵。

　　（2）与子密钥异或：E 盒扩展之后，得到的 48 bit 输出作为输入与对应的 48 bit 轮子密钥进行异或运算操作。

　　（3）S 盒压缩代替：S 盒代替是 DES 算法中唯一的非线性变换，是保证 DES 算法安全性的源泉。DES 算法总共有 8 个固定 S 盒，其定义如图 3-12 所示。每个 S 盒有 4 行 16 列。表 3-12 中的每个元素都是 4 bit，通常用十进制表示。

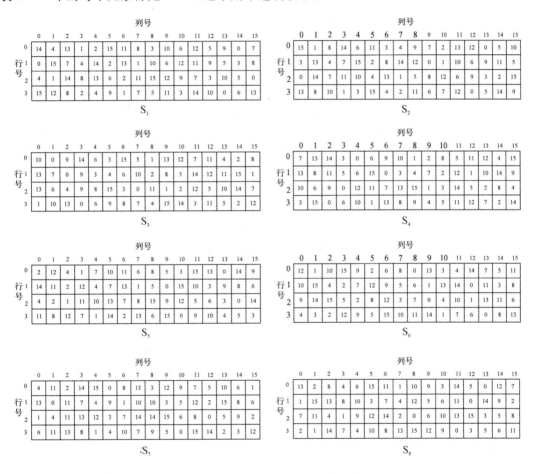

图 3-12　DES 算法的 8 个 S 盒

　　E 盒扩展置换输出与轮子密钥异或之后得到 48 bit 作为 S 盒的输入。首先将 48 bit 分成 8 组，每组 6 bit，分别依次进入 8 个 S 盒，按照 S 盒压缩代替原理代替，将输入的 48 bit 压缩为输出的 32 bit。

　　每个 S 盒的使用方法为 S 盒接收 6 bit 的输入，6 bit 中的第一个 bit 和最后一个 bit 构成 2 位二进制数为该 S 盒的行号，6 bit 中的中间 4 bit 为该 S 盒的列号，然后根据行号和列号查 S 盒定义表，得到对应的值（一般为十进制），该值就是该 S 盒代替压缩的输出，并转化为二进制。具体变换过程为

若输入第 i 个 S 盒的 6 bit 记为 $B_i = b_1 b_2 \cdots b_6$，那么列号 c 和行号 r 的计算公式如下：

$$c = 2^3 \times b_2 + 2^2 \times b_3 + 2 \times b_4 + b_5 \tag{3-9}$$

$$r = 2 \times b_1 + b_6 \tag{3-10}$$

其中，c，r 分别为 S_i 的列号和行号，然后查 S_i 盒定义表，得到表中行号和列号的对应值。

【例 3 - 2】 若输入 DES 第一个 S 盒 6bit 数据为 $B_1 = 111010$，求 S 盒输出值 $S_1(111010)$。

解 根据 S 盒替代规则可知，输入 6 bit 中首位和末尾组成"10"，即行号 $r = 2$，而中间 4 位组成"1101"，即列号 $c = 13$，则查第 1 个 S 盒定义表，第 2 行第 13 列对应数值为 10(十进制)，最后将其转换为二进制 1010，如图 3 - 13 所示。

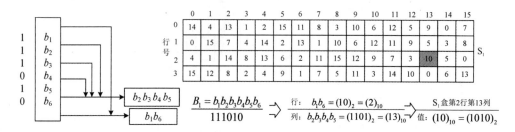

图 3 - 13 　DES 算法 S 盒使用方法

（4）P 盒置换：S 盒压缩代替之后，输出 32 bit 作为 F 函数最后一个变换 P 盒置换的输入，P 盒置换如表 3 - 3 所示。P 盒置换表的用法类似于之前的 IP 初始置换表。

表 3 - 3　P 盒置换表

16	7	20	21
29	12	28	17
1	15	23	26
5	18	31	10
2	8	24	14
32	27	3	9
19	13	30	6
22	11	4	25

经过 P 盒置换之后，F 函数结束，最后输出 32 bit。

F 函数运算结束后，每轮变换最后一步：下一轮左半部分 32 bit 为上一轮右半部分的 32 bit，而下一轮右半部分 32 bit 为 F 函数的输出与上一轮左半部分异或运算的结果。

【例 3 - 3】 已知 DES 算法输入轮变换的数据为 $L_0 = $ FF D8 76 57，$R_0 = $ 00 FF 06 83，假设第一轮的轮子密钥 $K_1 = $ 50 2C AC 54 23 47(十六进制)，求第一轮变换后的 L_1 和 R_1。

解 首先，左半部分和右半部分分别转换为二进制，记为 $L_0 = $ 11111111 10111000 01110110 01010111，$R_0 = $ 00000000 11111111 00000110 10000011。

（1）右半部分 $R_0 = $ 0000 0000 1111 1111 0000 0110 1000 0011 作为 E 盒输入，经过 E

盒变换输出 48 bit，具体数据变换过程如图 3 - 14 所示。

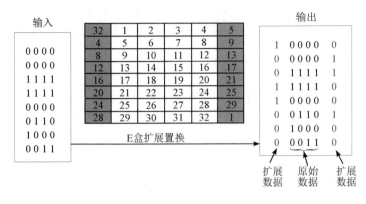

图 3 - 14 E 盒扩展置换过程

经过 E 盒扩展置换之后，输出 48 bit 为 100000 000001 011111 111110 100000 001101 010000 000110。

(2) 上一步 E 盒的输出与轮密钥异或。已知 K_1 为 50 2C AC 54 23 47，转换为二进制 $K_1=$0101000000101 100101011000101010000010001101 000111，则异或操作如下：

输入：100000 000001 011111 111110 100000 001101 010000 000110。

子密钥 K_1：010100 000010 110010 101100 010101 000010 001101 000111。

异或输出：110100 000011 101101 010010 110101 001111 011101 000001。

(3) 第(2)步的输出 48 bit 进入 S 盒进行压缩，输出 32 bit。可知 S 盒输入的 48 bit 为 110100000011101101010010110101001111011101000001，则分成 8 组，每组 6 bit，计算各 S 盒对应的行号和列号，然后查 S 盒表结果如表 3 - 4 所示。

表 3 - 4 S 盒的输入输出变换

S 盒	1	2	3	4	5	6	7	8
输入	110100	000011	101101	010010	110101	001111	011101	000001
行	2	1	3	0	3	1	1	1
列	10	1	6	9	10	7	14	0
查表值	9	13	8	2	0	5	8	1
二进制输出	1001	1101	1000	0010	0000	0101	1000	0001

因此经过 S 盒压缩替代之后，输出 32 bit 为 10011101100000100000010110000001。

(4) S 盒压缩替代之后，进行 P 盒置换。P 盒置换的输入为 10011101100000100 000010110000001，根据 P 盒置换表，重排 32 bit，最后得到的 32 bit 输出为 00000000110010000110100100011011，如图 3 - 15 所示。至此，一轮 F 函数计算结束。

(5) F 变换之后进入轮变换最后一步，根据规则可知下一轮左半部分 $L_1=R_0=$ 00000000 11111111 00000110 10000011。

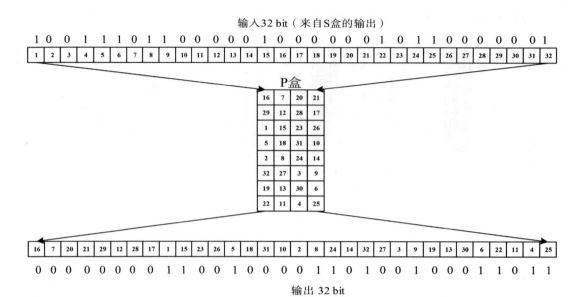

图 3-15　P盒置换过程

已知 F 函数输出为 0000000011001000011010010001011，上一轮左半部分 $L_0 =$ 11111111 10111000 01110110 01010111，那么下一轮右半部分 R_1 如下计算：

$R_1 =$ 11111111 10111000 01110110 01010111 $\oplus$ 0000000011001000011010010001011

　　 $=$ 1111111101110000000111110101001100

经过一轮完整变换之后，左半部分 L_1、右半部分 R_1，作为下一轮的输入，重复上述变换过程。DES 总共完成了如图 3-7 所示的 16 轮次的迭代运算，然后左半部分 32 bit 与右半部分 32 bit 进行左右交换，合并得到 64 bit，进入逆初始置换，最终得到 64 bit 密文块。

3. 逆初始置换（IP^{-1}）

DES 完成 16 轮变换后，得到 64 bit 数据作为 IP^{-1} 逆初始置换的输入，经过 IP^{-1} 逆初始置换表（如表 3-5 所示），64 bit 输入数据位置重排，得到输出的 64 bit 数据，为最终密文。IP^{-1} 逆初始置换跟 IP 初始置换类似。

表 3-5　IP^{-1} 逆初始置换表

40	8	48	16	56	24	64	32
39	7	47	15	55	23	63	31
38	6	46	14	54	22	62	30
37	5	45	13	53	21	61	29
36	4	44	12	52	20	60	28
35	3	43	11	51	19	59	27
34	2	42	10	50	18	58	26
33	1	41	9	49	17	57	25

逆初始置换（IP^{-1}）正好是初始置换（IP）的逆，若输入 64 bit 数据进行初始置换之后，再进行一次逆初始置换，最后输出结果刚好为初始置换输入的 64 bit。

4. DES 算法子密钥生成过程

DES 算法规定密钥长度为 64 bit，其中有效密钥长度为 56 bit，在 DES 轮子密钥生成算法中直接使用。另外，8 bit 在算法中并不直接使用，可作为校验位。若初始密钥为 56 bit，则每 7 bit 添加 1 bit 校验位，8 bit 校验位数据分别放在 8、16、24、32、40、48、56 和 64 位置上（位的序号为 8 的倍数）。校验位可以用奇偶校验码产生，即每 8 bit 的密钥中保证有奇数个"1"（"1"的个数为奇数）。若初始密钥为 64 bit，则可直接输入。

用户将 64 bit 输入轮子密码生成器中，首先按照置换选择 PC-1 表 3-6，将 8、16、24、32、40、48、56 和 64 位置的数据去掉，并重排，留下真正的 56 bit 有效密钥。接着将密钥分为两部分，每部分 28 bit，记为 C_0 和 D_0，接着，每部分循环左移（每轮次循环左移位数如表 3-7 所示），记为 C_1 和 D_1，然后连接成 56 bit 数据 $C_1 \parallel D_1$，再按置换选择 PC-2 做重排，进行置换选择，抛弃 8 bit 后，输出第一个 48 bit 轮子密钥 K_1，作为函数 F 的轮子密钥的输入部分。而 C_1 和 D_1 各部分继续循环左移，记为 C_2 和 D_2，连接成 56 bit 数据 $C_2 \parallel D_2$，再按置换选择 PC-2 做重排，输出第二个 48 bit 轮子密钥 K_2，依次生成 16 个 48 bit 的轮子密钥。DES 的轮子密钥生成过程如图 3-16 所示。

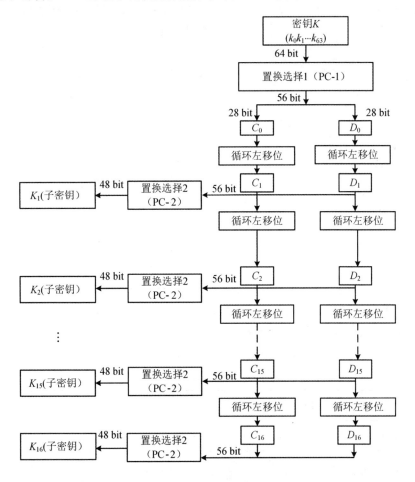

图 3-16　DES 的轮子密钥的生成过程

要注意的是，密钥置换 PC-1 的输入为 64 bit，输出为 56 bit；而密钥置换 PC-2 的输入和输出分别为 56 bit 和 48 bit。

若用户输入初始密钥长度为 56 bit，则可分别在 8、16、24、32、40、48、56 和 64 位置上插入 8 bit 校验位，变成 64 bit 密钥再进行子密钥产生。例如，输入 56 bit 密钥为 01110000011100100110111101100111011100100110000101101101，则需要在 8、16、24、32、40、48、56 和 64 位置上插入奇偶校验位，即 01110000 00111000 10011011 11101100 01110110 10010010 10000101 11011010。

若用户输入初始密钥字符串为"01234567"，则类似于明文，首先将字符转换为二进制位 00110000 00110001 00110010 00110011 00110100 00110101 00110110 00110111。输入初始密钥若为 64 bit，则可以不插入奇偶校验位。下面就以初始密钥"01234567"为例，给出轮子密钥 K_1 的生成过程。

(1) 根据图 3-16，输入 64 bit 密钥首先进行置换选择 PC-1，按照选择置换表 3-6 进行重排和压缩。

输入：00110000 00110001 00110010 00110011 00110100 00110101 00110110 00110111。

PC-1 输出：0000 0000 0000 0000 1111 1111 1111 1100 1100 1111 0000 0000 0000 1111。

表 3-6　置换选择 PC-1

57	49	41	33	25	17	9
1	58	50	42	34	26	18
10	2	59	51	43	35	27
19	11	3	60	52	44	36
63	55	47	39	31	23	15
7	62	54	46	38	30	22
14	6	61	53	45	37	29
21	13	5	28	20	12	4

(2) 经过置换选择 PC-1，输出的 56 bit 分为两半，前 28 bit 为 $C_0 = 0000\ 0000\ 0000\ 0000\ 1111\ 1111\ 1111$，后半部分的 28 bit 为 $D_0 = 1100\ 1100\ 1111\ 0000\ 0000\ 0000\ 1111$。然后循环左移位，则各轮循环左移位位数如表 3-7 所示。

表 3-7　循环左移位位数

轮序	1	2	3	4	5	6	7	8	9	10	11	12	13	14	15	16
移位数	1	1	2	2	2	2	2	2	1	2	2	2	2	2	2	1

根据表 3-8 所示，C_0 和 D_0 分别左循环 1 位得到 $C_1 = 000\ 0000\ 0000\ 0000\ 1111\ 1111\ 1111\ 0$，$D_1 = 100\ 1100\ 1111\ 0000\ 0000\ 0000\ 1111\ 1$。

表 3 - 8　置换选择 PC-2

14	17	11	24	1	5
3	28	15	6	21	10
23	19	12	4	26	8
16	7	27	20	13	2
41	52	31	37	47	55
30	40	51	45	33	48
44	49	39	56	34	53
46	42	50	36	29	32

（3）根据图 3 - 16，将 C_1 和 D_1 连接成 56 bit 数据，为 000 0000 0000 0000 1111 1111 1111 0 100 1100 1111 0000 0000 0000 1111 1，作为置换选择 PC-2 的输入，根据表 3 - 8 进行置换选择，得到 48 bit 子密钥 K_1。而 C_1 和 D_1 作为下一轮子密钥的输入。

输入：000 0000 0000 0000 1111 1111 1111 0 100 1100 1111 0000 0000 0000 1111 1。

PC-2 输出：010100000010110010101100010101000010001101000111。

通过 PC-2 置换选择输出的就是 DES 第 1 轮的轮密钥 K_1，即 010100000010110010101 1000101010000100011101000111，其作为 DES 轮结构变换 F 函数的其中一个输入。DES 总共有 16 轮变换，因此轮子密钥也有 16 个。

另外，DES 算法是典型的 Feistel 密码结构，因此解密过程与加密过程完全一样，只是输入不一样。加密输入的数据为明文，轮子密钥的顺序为 K_1，K_2，…，K_{15}，K_{16}，而 DES 算法解密过程输入的数据为密文，轮子密钥的顺序与加密过程刚好相反，即 K_{16}，K_{15}，…，K_2，K_1，本书就不详细介绍解密算法的过程了。

3.2.3　三重 DES(3DES)

随着计算机的进步，现在 DES 算法已经能够被暴力破解了。在 1997 年"向 DES 挑战"的竞技赛 DES Challenge Ⅰ中，罗克·维瑟用了 96 天时间破译密钥，1998 年的 DES Challenge Ⅱ-1 中他用了 41 天破译密钥，同年 DES Challenge Ⅱ-2 中他用了 56 小时破译密钥。1999 年 12 月 22 日，RSA 公司发起"第三届 DES 挑战赛（DES Challenge Ⅲ）"，2000 年 1 月 19 日，由电子边疆基金会组织研制的价值 25 万美元的 DES 解密机以 22.5 h 的战绩，成功地破解了 DES 加密算法。为了支持现有 DES 产品继续使用，NIST 提出了 3DES(Triple DES)算法，将每个数据块使用三次 DES 加密算法，3DES 算法已在因特网的许多应用（如 PGP 和 S/MIME）中被采用。3DES 根据密钥个数使用方式的不同，有最常用的四种不同模式的使用方式：DES-EEE3 模式、DES-EDE3 模式、DES-EEE2 模式和 DES-EDE2 模式。

1. DES-EEE3 模式

DES-EEE3 模式使用了三个互不相同的密钥，有效密钥长度为 168 bit，如图 3 - 17 所示。加密实现方式为加密(E)-加密(E)-加密(E)，密钥分别为 K_1、K_2，K_3，其加密过程为

$$C = E_{K_3}(E_{K_2}(E_{K_1}(P))) \qquad (3-11)$$

解密实现方式为解密(D)-解密(D)-解密(D)，密钥顺序正好与加密密钥顺序相反，其解密过程为

$$P = D_{K_1}(D_{K_2}(D_{K_3}(C))) \qquad (3-12)$$

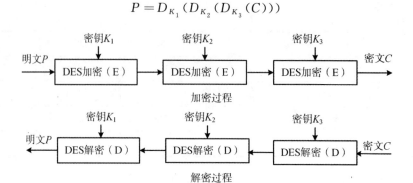

图 3-17　三重 DES-EEE3 模式

2. DES-EDE3 模式

DES-EDE3 模式同样使用了三个互不相同的密钥，有效密钥长度为 168 bit，如图 3-18 所示。加密实现方式为加密(E)-解密(D)-加密(E)，密钥分别为 K_1、K_2，K_3，其加密过程为

$$C = E_{K_3}(D_{K_2}(E_{K_1}(P))) \qquad (3-13)$$

解密时，密钥顺序正好与加密密钥顺序相反，依次采用解密(D)-加密(E)-解密(D)的顺序，其解密过程为

$$P = D_{K_1}(E_{K_2}(D_{K_3}(C))) \qquad (3-14)$$

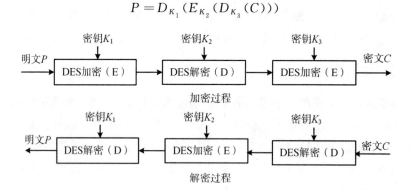

图 3-18　三重 DES-EDE3 模式

3. DES-EEE2 模式

DES-EEE2 模式使用了二个互不相同的密钥 K_1、K_2，有效密钥长度为 112 bit，如图 3-19 所示。加密实现方式为加密(E)-加密(E)-加密(E)，其中第 1 次和第 3 次加密采用相同的密钥，即 $K_1 = K_3$，其加密过程为

$$C = E_{K_1}(E_{K_2}(E_{K_1}(P))) \qquad (3-15)$$

解密时，密钥顺序正好与加密密钥顺序一样，其解密过程为

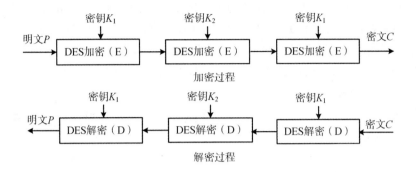

图 3 - 19　三重 DES-EEE2 模式

$$P = D_{K_1}(D_{K_2}(D_{K_1}(C))) \tag{3-16}$$

4. DES-EDE2 模式

DES-EDE2 模式使用了二个互不相同的密钥 K_1、K_2，实现方式为加密(E)-解密(D)-加密算法(E)，简记为 EDE，如图 3 - 20 所示。此方案已在密钥管理标准 ANS X.917 和 ISO 8732 中被采用，是三重 DES 最常使用的模式。其加密过程为

$$C = E_{K_1}(D_{K_2}(E_{K_1}(P))) \tag{3-17}$$

解密时，密钥顺序正好与加密密钥顺序一样，依次采用解密(D)-加密(E)-解密(D)的顺序，解密过程为

$$P = D_{K_1}(E_{K_2}(D_{K_1}(C))) \tag{3-18}$$

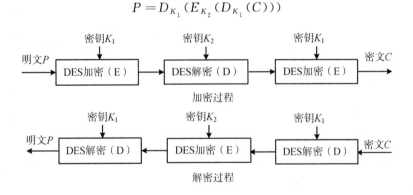

图 3 - 20　三重 DES-EDE2 模式

四种三重 DES 算法中，前两种模式的有效密钥长度为 168 bit，而后两种模式的有效密钥长度为 112 bit。

3.3　高级加密标准(AES)

1997 年 4 月 15 日，美国 NIST 发起征集 AES(Advanced Encryption Standard)的活动，并为此成立了 AES 工作小组。此次活动的目的是确定一个非保密的、可以公开技术细节的、全球免费使用的分组密码算法，以作为新的数据加密标准。1997 年 9 月 12 日，美国联邦登记处公布了正式征集 AES 候选算法的通告。对 AES 的基本要求是比三重 DES 快、至

少与三重 DES 一样安全、数据分组长度为 128 bit、密钥长度为 128/192/256 bit、可应用于公共领域并免费提供、应至少在 30 年内是安全的。1998 年 8 月 20 日 NIST 召开了第一次 AES 候选会议,并公布了满足候选要求的 15 个 AES 候选算法。随后,NIST 又从这 15 个算法中筛选出了 5 个 AES 候选算法:IBM 提交的 MARS,RSA 实验室提交的 RC6,Joan Daemen 博士和 Vincent Rijmen 博士提交的 Rijndael,Anderson、Biham 和 Knudsen 提交的 SERPENT,Schneier 和 Kelsy、Whiting、Wagner、Hall 以及 Ferguson 提交的 Twofish。2000 年 10 月,Rijndael 凭借其安全性、高效率、可实现和使用灵活等优点成为美国新的高级加密标准 AES,这一标准的问世取代了 DES 成为 21 世纪保护敏感信息的数据加密标准。Rijndael 算法可以给出密码算法的最佳差分特征,并能分析算法抵抗差分密码分析及线性密码分析的能力,另外 Rijndael 对内存的需要非常低,也使它很适合用于受限制的环境中;同时,Rijndael 的操作简单,并可以抵抗强大和实时的攻击。Rijndael 算法设计者是两位比利时的密码专家 Joan Daemen 博士和 Vincent Rijmen 博士,他们建议将 Rijndael 读作 "rain-doll""Reign Dahl"或者"Rhine Dahl"。

3.3.1 AES 算法描述

Rijndael 密码算法是一种使用灵活、明文分组长度可变,密钥长度也可变的分组密码算法。明文分组长度和密钥长度彼此独立地确定为 128 bit、192 bit 或 256 bit,因而 Rijndael 算法有 9 种不同的版本,而迭代次数与明文分组长度和密钥长度有关(见表 3-9)。

表 3-9 Rijndael 算法明文分组长度和密钥长度的加密轮次

轮数(Round)	明文分组长度 ＝128 bit	明文分组长度 ＝192 bit	明文分组长度 ＝256 bit
密钥长度＝128 bit	10	12	14
密钥长度＝192 bit	12	12	14
密钥长度＝256 bit	14	14	14

Rijndael 算法不像 DES 算法,不采用 Feistel 密码结构,而是进行多轮的代替、行移位、列混合和轮密钥加操作,因此 Rijndael 算法本质上是采用代替-置换网络(S-P)的分组密码算法。

NIST 选中 Rijndael 算法作为 AES 算法,限定了明文分组大小为 128 bit,而密钥长度可为 128 bit、192 bit 或 256 bit。因而实际上 AES 有三个版本:AES-128、AES-192、AES-256,相应的迭代轮数为 10 轮、12 轮、14 轮。可以看出,AES 算法是 Rijndael 算法的子集,但实际在很多教材中,术语 AES 和 Rijndael 视为等价,可以交替使用。

AES 的基本运算单位是字节(Byte),加密和解密过程都是在一个 4×4 的字节矩阵上运作,这个矩阵又称为"体(state)"或者"状态"。字节矩阵初始值是一个明文块。

1. AES 加密过程

当 AES 加密时,明文块与子密钥首先进行一次轮密钥加,然后各轮 AES 加密循环(除最后一轮外)均包含 4 个步骤,其结构如图 3-21 所示。

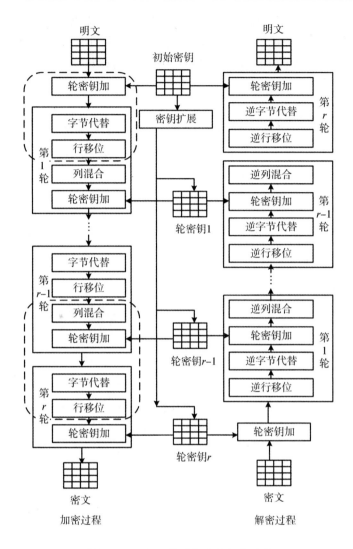

图 3 - 21　AES 算法加密和解密过程

（1）字节代替（Sub Bytes）：一个非线性的替换函数，用查找表的方式把每个字节替换成对应的字节。

（2）行移位（Shift Rows）：将矩阵中的每行以字节为单位进行循环左移位。

（3）列混合（Mix Columns）：为了充分混合矩阵中各个直行的操作，这个步骤使用线性转换来混合每行内的四个字节。

（4）轮密钥加（Add Round Key）：矩阵中的每一个字节都与该次循环的子密钥（Round Key）做异或（XOR）逻辑运算；每个子密钥由密钥扩展算法产生。

2. AES 解密过程

AES 解密过程是加密过程的逆过程，如图 3 - 21 所示。解密过程中的基本运算，除了轮密钥与 AES 加密算法中一样以外，其均为加密过程中的基本运算如字节代替、行移位、列混合的逆，因此解密过程中的基本运算为逆字节代替（InvSub Bytes）、逆行移位（InvShift Rows）、逆混合（InvMix Columns）。

AES 解密过程中,轮密钥的次序与加密过程正好相反,解密过程输入密文,先做一次轮密钥加,然后进行 r 轮变换。 前 $r-1$ 轮中,每轮基本操作为逆行移位、逆字节代替、轮密钥加和逆列混合,而最后一轮操作逆行移位、逆字节代替和轮密钥加。

3.3.2　基本运算

AES 算法的基本运算是在有限域 $GF(2^8)$ 上的加与乘运算。AES 算法构造有限域 $GF(2^8)$ 选择的不可约多项式是 $p(x)=x^8+x^4+x^3+x+1$,余式的次数至多是 7 次,共 $2^8=256$ 个余式多项式,这 256 个余式构成了一个有限域。

1. 字节在 $GF(2^8)$ 上的表示

有限域 $GF(2^8)$ 上的域元素,用十进制表示则是 $0\sim255$,用二进制表示则是 8 bit,即 1 byte,可记为 $b=b_7b_6b_5b_4b_3b_2b_1b_0$。若用多项式表示,$b_i$ 可看作多项式的系数,$b_i\in\{0,1\}$,则 1 byte b 对应多项式为

$$b_7x^7+b_6x^6+b_5x^5+b_4x^4+b_3x^3+b_2x^2+b_1x+b_0 \qquad (3-19)$$

例如,1 byte"0x57"(0x 表示十六进制数)对应的二进制为 01010111,为 $GF(2^8)$ 上域元素,字节"0x 57"对应的多项式为 $x^6+x^4+x^2+x+1$。

2. $GF(2^8)$ 上两个域元素的加法

$GF(2^8)$ 上两个域元素的和对应的多项式仍然是一个次数不超过 7 的多项式,其多项式系数等于两个元素对应多项式系数的模 2 加,即域元素对应的二进制按位异或运算。如两域元素 $\{a_7a_6a_5a_4a_3a_2a_1a_0\}$ 和 $\{b_7b_6b_5b_4b_3b_2b_1b_0\}$,两域元素的和为 $\{c_7c_6c_5c_4c_3c_2c_1c_0\}$,则 $c_i=a_i\oplus b_i(c_7=a_7\oplus b_7,c_6=a_6\oplus b_6,\cdots,c_0=a_0\oplus b_0)$。

【例 3-4】 求两域元素加法 $\{57\}+\{83\}$(十六进制)。

解　下面给出三种不同表示方式的求和过程。

(1) 用二进制表示求和:$01010111\oplus10000011=11010100$。

(2) 用多项式表示求和:$(x^6+x^4+x^2+x+1)+(x^7+x+1)=x^7+x^6+x^4+x^2$。

(3) 用十六进制表示求和:$\{57\}+\{83\}=\{D4\}$。

备注:由于 $GF(2^8)$ 上每个元素的加法逆元等于自己,故 $GF(2^8)$ 上减法和加法的结果相同。

3. $GF(2^8)$ 上两个域元素的乘法

要计算 $GF(2^8)$ 上两个域元素的乘法,必须先确定构造 $GF(2^8)$ 有限域的 8 次不可约多项式;$GF(2^8)$ 上两个域元素的乘积就是这两个多项式的模乘(以这个 8 次不可约多项式为模)。

在 Rijndael 密码中,这个 8 次不可约多项式确定为

$$p(x)=x^8+x^4+x^3+x+1 \qquad (3-20)$$

此不可约多项式的十六进制表示为 $\{01\}\{1B\}$。

【例 3-5】 求两域元素乘法 $\{57\}\cdot\{83\}$ 的值,$\{57\}$ 和 $\{83\}$ 为十六进制。

解　先给 $\{57\}$ 和 $\{83\}$ 对应等价多项式:

$\{57\}$ 对应二进制 0101 0111,对应等价多项式 $x^6+x^4+x^2+x+1$;

{83}对应二进制 1000 0011，对应等价多项式 x^7+x+1；

接着两多项式在 GF(2)域上相乘：

$$(x^6+x^4+x^2+x+1)(x^7+x+1)$$

$$=(x^{13}+x^{11}+x^9+x^8+x^7)+(x^7+x^5+x^3+x^2+x)+$$

$$(x^6+x^4+x^2+x+1)$$

$$=x^{13}+x^{11}+x^9+x^8+x^6+x^5+x^4+x^3+1$$

然后计算：

$$x^{13}+x^{11}+x^9+x^8+x^6+x^5+x^4+x^3+1 \bmod (x^8+x^4+x^3+x+1)$$

$$\equiv x^5(x^8+x^4+x^3+x+1)+x^3(x^8+x^4+x^3+x+1)+x^7+x^6+1 \bmod p(x)$$

$$\equiv x^7+x^6+1 \bmod p(x)$$

两域元素乘法结果为 x^7+x^6+1，对应二进制为 11000001，对应十六进制为{C1}。

4. GF(2^8)上域元素的 x 乘法

GF(2^8)上还定义了一种运算，称之为 x 乘法，其定义为

$$x \cdot b(x) \equiv b_7 x^8+b_6 x^7+b_5 x^6+b_4 x^5+b_3 x^4+b_2 x^3+b_1 x^2+b_0 x \bmod p(x)$$

$$(3-21)$$

其中，域元素 x 用十六进制表示为{02}，用二进制表示为{0000 0010}，实际 x 乘也称为{02}乘。

根据 $b(x)$ 多项式的最高位的取值，分两种情况来讨论相乘的过程。

(1)若 $b_7=0$，$x \cdot b(x)$ 模 $p(x)$ 的结果为

$$x \cdot b(x) \equiv b_6 x^7+b_5 x^6+b_4 x^5+b_3 x^4+b_2 x^3+b_1 x^2+b_0 x$$

其结果对应的二进制可表示为 $b_6 b_5 b_4 b_3 b_2 b_1 b_0 0$，因此若 $b_7=0$，则可知 $x \cdot b(x)$ 的结果就是 $b(x)$ 对应的 8 bit 二进制向左移一位，最后一位补 0。

(2)若 $b_7=1$，$x \cdot b(x)$ 模 $p(x)$ 的结果为

$$x \cdot b(x) \equiv x^8+b_6 x^7+b_5 x^6+b_4 x^5+b_3 x^4+b_2 x^3+b_1 x^2+b_0 x \bmod p(x)$$

$$\equiv (x^8+x^4+x^3+x+1)+(x^4+x^3+x+1)+(b_6 x^7+b_5 x^6+b_4 x^5+b_3 x^4+$$

$$b_2 x^3+b_1 x^2+b_0 x) \bmod p(x)$$

$$\equiv (b_6 x^7+b_5 x^6+b_4 x^5+b_3 x^4+b_2 x^3+b_1 x^2+b_0 x)+(x^4+x^3+x+1) \bmod p(x)$$

因此可知若 $b_7=1$，则 $x \cdot b(x)$ 的结果就是 $b(x)$ 对应的 8 bit 二进制向左移一位，最后一位补 0，再与{1B}(其二进制为 00011011，多项式表示为 x^4+x^3+x+1)做逐比特异或来实现。x 乘的二进制表示：

$$\{00000010\} \cdot \{b_7 b_6 b_5 b_4 b_3 b_2 b_1 b_0\} = b_6 b_5 b_4 b_3 b_2 b_1 b_0 0 \oplus 00011011 \quad (3-22)$$

【例 3-6】　求 GF(2^8)上，{02}·{54}和{02}·{D4}的结果。

解　{02}·{54}可以采用两种方法求解。

(1)采用多项式相乘求解，先把域元素转换为对应多项式，然后多项式在 GF(2)域下做模乘，{02}·{54}的计算过程如下：

$$\{02\} \cdot \{54\} = \{00000010\} \cdot \{0101\ 0100\}$$

$$= (x) \cdot (x^6+x^4+x^2) = x^7+x^5+x^3$$

$$x^7+x^5+x^3 \equiv x^7+x^5+x^3 \bmod p(x)=\{1010\ 1000\}=\{A8\}$$

$\{02\} \cdot \{D4\}$的计算过程如下：

$$\{02\} \cdot \{D4\}=\{00000010\} \cdot \{11010100\}$$
$$=(x) \cdot (x^7+x^6+x^4+x^2)=x^8+x^7+x^5+x^3$$
$$\equiv(x^8+x^4+x^3+x+1)+(x^4+x^3+x+1)+x^7+x^5+x^3 \bmod p(x)$$
$$\equiv(x^4+x^3+x+1)+x^7+x^5+x^3 \bmod p(x)$$
$$\equiv x^7+x^5+x^4+x+1 \bmod p(x)$$
$$=\{00011011\} \oplus \{10101000\}=\{1B\} \oplus \{A8\}$$
$$=\{1011\ 0011\}=\{B3\}$$

（2）也可以使用前面总结的 x 乘规则：$\{02\} \cdot \{54\}$，就是域元素$\{54\}$的 x 乘，$\{54\}$对应的二进制 0101 0100，即 $b_7=0$，则把（0101 0100）左移一位，然后最后一位补 0，即得（1010 1000）为相乘结果。

$\{02\} \cdot \{D4\}$则是域元素$\{D4\}$的 x 乘，$\{D4\}$对应的二进制 1101 0100，可知最高位 $b_7=1$，因此相乘计算过程为先把（1101 0100）向左移一位，然后最后一位补 0，即得（10101000），最后（1010 1000）再与（0001 1011）异或得（1011 0011），为相乘结果。

【例 3-7】　求 $GF(2^8)$ 上域元素$\{57\} \cdot \{13\}$相乘的值。

解　按照 x 乘方法分解依次计算：

$$\{57\} \cdot \{02\}=\{01010111\} \cdot \{00000010\}=\{10101110\}=\{AE\}$$
$$\{57\} \cdot \{04\}=\{AE\} \cdot \{02\}=\{10101110\} \cdot \{00000010\}$$
$$=\{01011100\} \oplus \{00011011\}=\{01000111\}=\{47\}$$
$$\{57\} \cdot \{08\}=\{47\} \cdot \{02\}=\{01000111\} \cdot \{00000010\}=\{10001110\}=\{8E\}$$
$$\{57\} \cdot \{10\}=\{8E\} \cdot \{02\}=\{10001110\} \cdot \{00000010\}$$
$$=\{00011100\} \oplus \{00011011\}=\{00000111\}=\{07\}$$
$$\{57\} \cdot \{13\}=\{57\} \cdot (\{01\} \oplus \{02\} \oplus \{10\})$$
$$=(\{57\} \cdot \{01\}) \oplus (\{57\} \cdot \{02\}) \oplus (\{57\} \cdot \{10\})$$
$$=\{01010111\} \oplus \{10101110\} \oplus \{00000111\}$$
$$=\{57\} \oplus \{AE\} \oplus \{07\}=\{FE\}$$

从该实例中可以看出，有限域任意两元素乘法都可以转换为某些域元素乘以 x，然后中间结果相加来实现。

5. $GF(2^8)$ 上域元素的乘法逆元

在有限域 $GF(2^8)$ 中，域元素的乘法满足交换律，且有单位元，并且每个域元素都有乘法逆元。在 $GF(2^8)$ 中求乘法逆元可利用多项式的扩展欧几里得算法计算。

求次数小于 8 的非零多项式 $b(x)$ 的乘法逆元，首先利用多项式的扩展欧几里得算法得出两个多项式 $a(x)$ 和 $b(x)$，使得满足 $b(x)a(x)+p(x)c(x)=1$，即满足 $b(x)a(x) \equiv 1(\bmod p(x))$，因此 $a(x)$ 是 $b(x)$ 的乘法逆元。

【例 3-8】　求 $GF(2^8)$ 上域元素，$\{F5\}$（十六进制）的乘法逆元。

解　（1）$\{F5\}$对应的二进制为 11110101，则用多项式表示为

$$b(x)=x^7+x^6+x^5+x^4+x^2+1$$

然后计算两个多项式 $a(x)$ 和 $c(x)$ 满足

$$(x^7+x^6+x^5+x^4+x^2+1)a(x)+p(x)c(x)=1$$

（2）采用多项式的扩展欧几里得算法按照如下步骤计算：

因为

$$x^8+x^4+x^3+x+1=(x^7+x^6+x^5+x^4+x^2+1)(x+1)+x^2$$
$$(x^7+x^6+x^5+x^4+x^2+1)=x^2(x^5+x^4+x^3+x^2+1)+1$$

所以

$$
\begin{aligned}
1 &= (x^7+x^6+x^5+x^4+x^2+1)-x^2(x^5+x^4+x^3+x^2+1)\\
&= (x^7+x^6+x^5+x^4+x^2+1)-[(x^8+x^4+x^3+x+1)-\\
&\quad (x^7+x^6+x^5+x^4+x^2+1)(x+1)](x^5+x^4+x^3+x^2+1)\\
&= (x^7+x^6+x^5+x^4+x^2+1)[1+(x+1)(x^5+x^4+x^3+x^2+1)]-\\
&\quad (x^8+x^4+x^3+x+1)(x^5+x^4+x^3+x^2+1)\\
&= (x^7+x^6+x^5+x^4+x^2+1)(x^6+x^2+x)-\\
&\quad (x^8+x^4+x^3+x+1)(x^5+x^4+x^3+x^2+1)
\end{aligned}
$$

故等式两边同时模 $p(x)=x^8+x^4+x^3+x+1$，可得

$$(x^7+x^6+x^5+x^4+x^2+1)(x^6+x^2+x)\equiv 1 \bmod p(x)$$

即 $(x^7+x^6+x^5+x^4+x^2+1)$ 模 $p(x)$ 的乘法逆元为 (x^6+x^2+x)，对应二进制为 01000110（十六进制为 {46}），即 {F5} 的乘法逆元为 {46}。

3.3.3　基本变换

AES算法中，加密和解密操作都是在一个 4×4 的字节矩阵上运作，这个矩阵称为状态（state），如图 3-22 所示。状态以字节（8 bit）为基本构成元素，每列 4 byte 数据，即为 32 bit，因而明文列数为分组长度除以 32，通常记为 N_b。

$$N_b=\text{分组长度}(\text{bit})/32(\text{bit}) \tag{3-23}$$

$s_{0,0}$	$s_{0,1}$	$s_{0,2}$	$s_{0,3}$
$s_{1,0}$	$s_{1,1}$	$s_{1,2}$	$s_{1,3}$
$s_{2,0}$	$s_{2,1}$	$s_{2,2}$	$s_{2,3}$
$s_{3,0}$	$s_{3,1}$	$s_{3,2}$	$s_{3,3}$

图 3-22　状态（state）矩阵

Rijndael算法列数 N_b 可以取的值为 4、6、8，对应的明文分组长度为 128 bit、192 bit、256 bit。而 AES 算法的分组长度固定为 128 bit，因此 AES 明文列数等于固定值 $N_b=4$。

AES算法中初始状态矩阵由 128 bit 明文分组构成，以字节为单位，则总共有 16 byte，记为 B_0，B_1，B_2，…，B_{14}，B_{15}。从左到右开始，前 4 个字节组成明文状态矩阵第 1 列，后四个字节组成第 2 列，依次类推，最终构成一个 4×4 的初始字节状态矩阵，如图 3-23 所示。当加密结束时，输出密文 128 bit 也是从密文状态矩阵类似于明文以列优先的方法按相同的顺序提取。

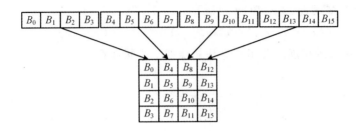

图 3-23 明文初始状态(state)矩阵

AES 算法加密和解密过程中密钥(cipher key)同样以字节为单位进行计算,密钥状态矩阵也是 4 行,每列 4 byte 数据,即 32 bit,因而密钥列数记为 N_k。

$$N_k = 密钥长度(bit)/32(bit) \tag{3-24}$$

AES 算法的密钥长度为 128 bit、192 bit、256 bit 三种不同长度,因此不同密钥长度 N_k 的取值可以分别为 4、6、8。

初始密钥的列数编排类似明文初始状态矩阵,因而密钥构成一个 4×4、4×6、4×8 的密钥字节矩阵。例如,若密钥长度为 192 bit,以字节为单位,则总共有 24 byte,记为 k_0,k_1,k_2,$\cdots$,k_{23}。类似地,每 4 字节为 1 列依次排列,总共 6 列,每列子密钥记为 K_0,K_1,K_2,K_3,K_4,K_5,如图 3-24 所示。

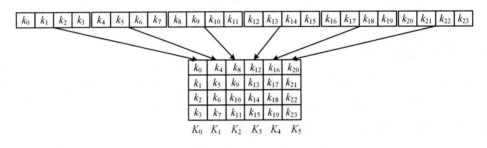

图 3-24 初始密钥矩阵列

下面我们以一组明文分组 128 bit 为例,讲述 AES 加密的过程。输入明文值为 80 5E 6A 36 53 25 3A 66 63 35 69 03 20 6C 28 06(为了表示简洁,采用十六进制表示);初始密钥也为 128 bit,十六进制表示为 75 35 6B 99 05 61 39 56 73 62 05 31 00 55 09 32。

首先把输入明文 128 bit 示例块 80 5E 6A 36 53 25 3A 66 63 35 69 03 20 6C 28 06 按照 AES 算法初始状态矩阵编排构成一个 4×4 字节矩阵,如图 3-25 所示。

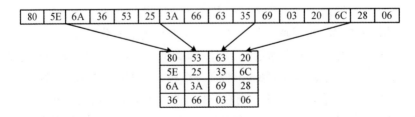

图 3-25 明文初始状态矩阵

AES 加密算法基本变换有:字节代替(Sub Bytes)、行移位(Shift Rows)、列混合(Mix

Columns)、轮密钥加(Add Round Key),下面给出这四个基本变换的具体过程。

1. 字节代替

Rijndael 算法的字节代替使用一个 S 盒(不像 DES 算法使用 8 个 S 盒)进行非线性置换,S 盒是一个 16×16 的矩阵,如表 3 - 10 所示。字节代替将输入的状态矩阵的每一个字节通过一个简单查表操作映射为另外一个字节。映射方法是:输入字节的前 4 bit 指定 S 盒的行值,后 4 bit 指定 S 盒的列值,行和列所确定 S 盒位置的元素作为输出。例如,输入字节"03",行值为 0,列值为 3,根据表 3 - 10 可知第 0 行第 3 列对应的值为"7B",因此输出字节为"7B"。AES 算法的状态矩阵字节代替如图 3 - 26 所示。

表 3 - 10 AES 算法的 S 盒(十六进制)

X	Y															
	0	1	2	3	4	5	6	7	8	9	A	B	C	D	E	F
0	63	7C	77	7B	F2	6B	6F	C5	30	01	67	2B	FE	D7	AB	76
1	CA	82	C9	7D	FA	59	47	F0	AD	D4	A2	AF	9C	A4	72	C0
2	B7	FD	93	26	36	3F	F7	CC	34	A5	E5	F1	71	D8	31	15
3	04	C7	23	C3	18	96	05	9A	07	12	80	E2	EB	27	B2	75
4	09	83	2C	1A	1B	6E	5A	A0	52	3B	D6	B3	29	E3	2F	84
5	53	D1	00	ED	20	FC	B1	5B	6A	CB	BE	39	4A	4C	58	CF
6	D0	EF	AA	FB	43	4D	33	85	45	F9	02	7F	50	3C	9F	A8
7	51	A3	40	8F	92	9D	38	F5	BC	B6	DA	21	10	FF	F3	D2
8	CD	0C	13	EC	5F	97	44	17	C4	A7	7E	3D	64	5D	19	73
9	60	81	4F	DC	22	2A	90	88	46	EE	B8	14	DE	5E	0B	DB
A	E0	32	3A	0A	49	06	24	5C	C2	D3	AC	62	91	95	E4	79
B	E7	C8	37	6D	8D	D5	4E	A9	6C	56	F4	EA	65	7A	AE	08
C	BA	78	25	2E	1C	A6	B4	C6	E8	DD	74	1F	4B	BD	8B	8A
D	70	3E	B5	66	48	03	F6	0E	61	35	57	B9	86	C1	1D	9E
E	E1	F8	98	11	69	D9	8E	94	9B	1E	87	E9	CE	55	28	DF
F	8C	A1	89	0D	BF	E6	42	68	41	99	2D	0F	B0	54	BB	16

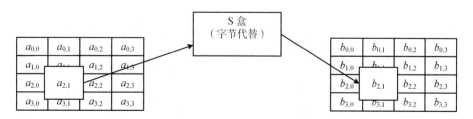

图 3 - 26 AES算法字节代替操作

例如,输入矩阵(用十六进制表示)进入 S 盒代替操作,如输入矩阵第 1 个字节"F5", 对应 S 盒表中行值为"F"、列值为"5",对应位置的值为"E6",其余输出也用相同的方法确定,则相应的输出矩阵如图 3-27 所示。

输入矩阵

F5	56	10	20
6B	44	57	39
01	03	6C	21
AF	30	32	34

S盒字节代替→

输出矩阵

E6	B1	CA	B7
7F	1B	5B	12
7C	7B	50	FD
79	04	23	18

图 3-27 S 盒字节替代结果

2. 行移位

在 Rijndael 算法中,行移位操作在 S 盒代替之后。其中,状态矩阵 4 个行以字节为基本单位进行循环左移,而每 1 行循环移位的偏移量由明文分组的大小和所在行数共同确定,即列数 N_b 和行号确定。设状态矩阵每行用 C_i 来表示,每行偏移量如表 3-11 所示。

表 3-11 行移位偏移量

N_b(列数)	C_0(第 1 行)	C_1(第 2 行)	C_2(第 3 行)	C_3(第 4 行)
4	0	1	2	3
6	0	1	2	3
8	0	1	3	4

AES 算法中 N_b 为 4,即第一行循环左移 0 字节,第二行循环左移 1 字节,第三行循环左移 2 字节,第四行循环左移 3 字节,如图 3-28 所示。从图 3-28 中可以看出,这使得列完全进行了重排。

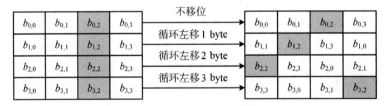

图 3-28 行移位操作

例如,输入矩阵进行行移位操作,则相应的输出矩阵如图 3-29 所示。

输入矩阵

E6	B1	CA	B7
7F	1B	5B	12
7C	7B	50	FD
79	04	23	18

行移位→

输出矩阵

E6	B1	CA	B7
1B	5B	12	7F
50	FD	7C	7B
18	79	04	23

图 3-29 行移位操作结果

3. 列混合

列混合操作可以看作一个固定的 4×4 字节矩阵乘以 4×4 状态矩阵(输入),得到一个 4×4 的字节矩阵(输出),如图 $3-30$ 所示。矩阵中每个字节都是 $GF(2^8)$ 上的域元素,矩阵行列运算则由 $GF(2^8)$ 上域元素乘和加组成,其对应的数学理论本书就不做介绍,这里只讲方法。

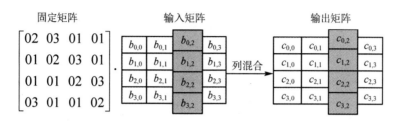

图 $3-30$　列混合操作

例如,输入矩阵(用 16 进制表示)进入列混合操作,则相应的输出矩阵如图 $3-31$ 所示。

$$
\begin{bmatrix} 02 & 03 & 01 & 01 \\ 01 & 02 & 03 & 01 \\ 01 & 01 & 02 & 03 \\ 03 & 01 & 01 & 02 \end{bmatrix}
\times
\begin{bmatrix} E6 & B1 & CA & B7 \\ 1B & 5B & 12 & 7F \\ 50 & FD & 7C & 7B \\ 18 & 79 & 04 & 23 \end{bmatrix}
=
\begin{bmatrix} B2 & 10 & C1 & AC \\ 38 & 62 & 6E & E7 \\ 75 & 80 & 2C & 5B \\ 4A & 9C & 23 & 80 \end{bmatrix}
$$

固定矩阵　　　　　　　输入矩阵　　　　　　　输出矩阵

图 $3-31$　列混合操作结果

输出矩阵第 1 行第 1 列值$\{B2\}$是分别由两矩阵的第 1 行与第 1 列所有元素在有限域 $GF(2^8)$ 上相乘和相加的结果,其计算过程如下:

$$(\{02\}\cdot\{E6\})=\{00000010\}\cdot\{11100110\}=\{11001100\}\oplus\{1B\}$$

$$(\{03\}\cdot\{1B\})=(\{02\}\cdot\{1B\})\oplus(\{01\}\cdot\{1B\})$$
$$=\{00110110\}\oplus\{1B\}$$

$$(\{01\}\cdot\{50\})=\{01010000\}$$

$$(\{01\}\cdot\{18\})=\{00011000\}$$

$$(\{02\}\cdot\{E6\})\oplus(\{03\}\cdot\{1B\})\oplus(\{01\}\cdot\{50\})\oplus(\{01\}\cdot\{18\})$$
$$=\{11001100\}\oplus\{1B\}\oplus\{00110110\}\oplus\{1B\}\oplus\{01010000\}\oplus\{00011000\}$$
$$=\{10110010\}$$
$$=\{B2\}$$

输出状态矩阵中其他元素类似计算。

4. 轮密钥加

最后一项基本操作是轮密钥加,是将列混合的输出状态矩阵与子密钥状态矩阵进行异或运算(子密钥是从初始密钥派生而来的)。子密钥状态矩阵的长度等于明文状态矩阵的长度,如图 $3-32$ 所示。

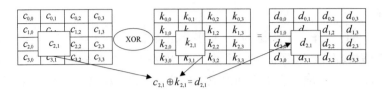

图 3-32　轮密钥加操作

例如，输入矩阵和子密钥矩阵（用 16 进制表示）进入轮密钥加操作，则相应的输出矩阵如图 3-33 所示。

<table>
<tr><td colspan="4" align="center">输入矩阵</td><td></td><td colspan="4" align="center">子密钥矩阵</td><td></td><td colspan="4" align="center">输出矩阵</td></tr>
<tr><td>B2</td><td>10</td><td>C1</td><td>AC</td><td rowspan="4">⊕</td><td>88</td><td>8D</td><td>FE</td><td>FE</td><td rowspan="4">=</td><td>3A</td><td>9D</td><td>3F</td><td>52</td></tr>
<tr><td>38</td><td>62</td><td>6E</td><td>E7</td><td>34</td><td>55</td><td>37</td><td>62</td><td>0C</td><td>37</td><td>59</td><td>85</td></tr>
<tr><td>75</td><td>80</td><td>2C</td><td>5B</td><td>48</td><td>71</td><td>74</td><td>7D</td><td>3D</td><td>F1</td><td>58</td><td>26</td></tr>
<tr><td>4A</td><td>9C</td><td>23</td><td>80</td><td>FA</td><td>AC</td><td>9D</td><td>AF</td><td>B0</td><td>30</td><td>BE</td><td>2F</td></tr>
</table>

图 3-33　轮密钥加操作结果

AES 算法经过这些操作，明文和密钥经过多轮迭代后高度打乱了，使得输入明文、密钥和密文之间的关联也很少，达到了扩散和混淆的作用，从而保证了 AES 算法的安全性。

3.3.4　密钥扩展算法

AES 算法的所有子密钥都由初始密钥扩展而来，同样以字节为单位进行变换，由于密码初始长度有 128 bit、192 bit、256 bit 三种（密钥 N_k 列数不同），则加密和解密的轮数不同，其密钥扩展算法有所不同。下面给出 AES 算法的密钥扩展程序伪代码。

（1）密钥长度为 128 bit 和 192 bit，即 $N_k \leqslant 6$，密钥扩展算法伪代码如下：

```
KeyExpansion(byte Key[4 * Nk], W[Nb * (Nr+1)])
{ for(i=0; i<Nk; i++)
    W[i]=(Key[4 * i], Key[4 * i+1], Key[4 * i+2], Key[4 * i+3]);   //初始密钥赋值
    for(i=Nk; i< Nb * (Nr+1); i++)
    {  temp=W[i-1];
       if(i% Nk==0)
          temp=SubBytes(RotByte(temp)) xor Rcon[i/ Nk];
       W[i]=W[i- Nk] xor temp;
    }
}
```

（2）若密钥长度为 256 bit，则 $N_k > 6$，密钥扩展算法伪代码如下：

```
KeyExpansion(byte Key[4 * Nk], W[Nb * (Nr+1)])
{ for(i=0; i< Nk; i++)
    W[i]=(Key[4 * i], Key[4 * i+1], Key[4 * i+2], Key[4 * i+3]);
    for(i=Nk; i< Nb * (Nr+1); i++)
    {  temp=W[i-1];
       if(i% Nk==0)
```

　　　　　　temp＝SubBytes(RotByte(temp)) xor Rcon[i/ N_k];
　　　　　else if(i% N_k ==4)
　　　　　　　temp＝SubBytes(temp);
　　　　　W[i]＝W[i－ N_k] xor temp;　　　}

　　}

其中，伪代码中 N_k、N_b、N_r 分别表示初始密钥列数、一组明文分组列数、迭代轮数。例如，密钥长度为 128 bit，则 $N_k＝4$，$N_b＝4$，$N_r＝10$；密钥长度为 192 bit，则 $N_k＝6$，$N_b＝4$，$N_r＝12$；密钥长度为 256 bit，则 $N_k＝8$，$N_b＝4$，$N_r＝14$。**K**[]表示初始密钥列向量，**W**[]表示生成子密钥的列向量，Sub Bytes 是字节代替，Rot Word 是以字节为单位的循环左移。Rcon[i]是一个 32 bit 的常量，其计算方法为 Rcon[i]＝(RC[i]，{00} {00} {00})，其中，RC[1]＝{01}，RC[i]＝{02}·RC[$i-1$]，即 RC[i]＝x^{i-1}，即是在 GF(2^8)有限域上的 x 乘。

　　根据 RC 计算方法，前 10 轮 RC[i]的值（用十六进制表示）如表 3－12 所示，对应 Rcon[i]（用十六进制表示）如表 3－13 所示。

表 3－12　RC[i]常数

i	1	2	3	4	5	6	7	8	9	10
RC[i]	01	02	04	08	10	20	40	80	1b	36

表 3－13　Rcon[i]常数

i	1	2	3	4	5
Rcon[i]	01000000	02000000	04000000	08000000	10000000
i	6	7	8	9	10
Rcon[i]	20000000	40000000	80000000	1b000000	36000000

　　下面以密钥长度 128 bit($N_k＝4$)为例，来具体介绍密钥扩展过程，128 bit 长度的密钥扩展如图 3－34 所示。

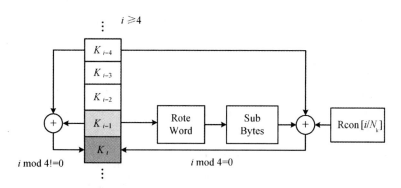

图 3－34　128 bit 长度的密钥扩展示意图($N_k＝4$)

　　输入的 128 bit 初始密钥按图 3－24 构造密钥初始状态矩阵，前 4 列初始密钥为 K_0、K_1、K_2、K_3，那么新的列 K_i($4 \leqslant i < 44$)计算如下：

(1) 若密钥列下标 i 不是 4 的整倍数，那么 i 列密钥 K_i 由如下等式确定：

$$K_i = K_{i-4} \oplus K_{i-1} \tag{3-25}$$

(2) 若 i 是 4 的整倍数，那么 i 列密钥 K_i 由如下等式确定

$$K_i = K_{i-4} \oplus T(K_{i-1}) \tag{3-26}$$

其中，$T(K_i)$ 是对 K_{i-1} 做变换，按以下方式实现：

① 将 K_{i-1} 列密钥以字节为单位循环左移 1 byte，如 FF EE EE AA 变成 EE EE AA FF。

② 将循环左移之后的输出进行 Sub Bytes 字节代替，字节代替参见 3.3.3 小节。

③ 根据 Rocn 常量表查表得到 $\text{Rocn}[i/N_k]$ 值。

④ 将步骤②的结果与步骤③的结果异或。

【例 3 - 9】 若初始 128 bit 密钥用十六进制表示为 75 35 6B 99 05 61 39 56 73 62 05 31 00 55 09 32，则 $K_0 = \{75\ 35\ 6B\ 99\}$，$K_1 = \{05\ 61\ 39\ 56\}$，$K_2 = \{73\ 62\ 05\ 31\}$，$K_3 = \{00\ 55\ 09\ 32\}$，则求下一轮密钥矩阵中列密钥 K_4、K_5、K_6、K_7。

解 由于 i 是 4 的整倍数，所以 K_4 计算如下：

$$K_4 = K_0 \oplus T(K_3) \tag{3-27}$$

则 $T(K_3)$ 的计算步骤如下：

(1) 将 K_3 按照字节为单位循环左移 1 byte，00 55 09 32 变成了 55 09 32 00。

(2) 将 55 09 32 00 作为 S 盒的输入，查表得到输出 FC 01 23 63。

(3) 查找 Rcon 表，$\text{Rcon}[i/N_k] = \text{Rcon}[1] = 01000000$（十六进制）。

(4) 将 01000000 与 FC 01 23 63 异或运算得 FD 01 23 63。

因此 $T(K_3) = \{FD\ 01\ 23\ 63\}$，则 K_4 计算如下：

$$K_4 = K_0 \oplus T(K_3) = 75\ 35\ 6B\ 99 \oplus FD\ 01\ 23\ 63 = 88\ 34\ 48\ FA$$

其余三个子密钥 K_5、K_6、K_7 的计算如下：

$$K_5 = K_1 \oplus K_4 = 05613956 \oplus 883448FA = 8D5571AC$$
$$K_6 = K_2 \oplus K_5 = 73620531 \oplus 8D5571AC = FE37749D$$
$$K_7 = K_3 \oplus K_6 = 00550932 \oplus FE37749D = FE627DAF$$

因此下一轮轮密钥为 883448FA 8D5571AC FE37749D FE627DAF

按照上述算法依次扩展，128 bit 密钥扩展的密钥列数为 K_4，K_5，…，K_{43}。密钥扩展完成之后，进行轮密钥选取。轮密钥选取非常简单，从扩展密钥中取出轮密钥：第一个轮密钥由扩展密钥的第一个 N_b 列组成，第二个轮密钥由接下来的 N_b 列组成，以此类推。因此，AES 算法第 r 轮的轮密钥状态矩阵由 K_{4r}，K_{4r+1}，K_{4r+2}，K_{4r+3} 组成，其中，$0 \leqslant r \leqslant 10$。若 $N_b = 4$，则轮密钥选取结构如图 3 - 35 所示。

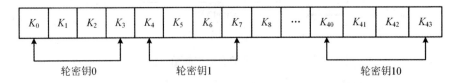

图 3 - 35　轮密钥选择

密钥扩展的列数跟密钥长度和 AES 算法轮数直接关联，其计算公式为

$$密钥扩展列数 = (轮数 Round + 1) \times 4 - N_k \tag{3-28}$$

例如，若密钥长度为 128 bit，可知 $N_k = 4$，加密总共 10 轮，新增密钥列数为 40 列，加上初始密钥 4 列，密钥总共为 44 列；若密钥长度为 192 bit，可知 $N_k = 6$，加密总共 12 轮，新增密钥列数为 46 列，加上初始密钥 6 列，密钥总共为 52 列；若密钥长度为 256 bit，可知 $N_k = 8$，加密总共 14 轮，新增密钥列数为 52 列，加上初始密钥 8 列，密钥总共为 60 列。

3.3.5　解密过程

AES 密码算法采用的是 S-P 网络结构，加密过程与解密过程不同，解密过程是加密过程的逆过程，如图 3-21 所示。下面对逆字节代替、逆行移位、逆列混合简单介绍一下。

1. 逆字节代替

AES 算法的逆字节代替与加密过程字节代替一样，也是将输入的状态矩阵的每一个字节进行简单查表操作，只是查表操作变为查逆 S 盒，如表 3-14 所示，在这就不做具体介绍。

表 3-14　逆 S 盒(十六进制)

逆 S 盒		Y														
		0	1	2	3	4	5	6	7	8	9	a	b	c	d	e	f
X	0	52	09	6a	d5	30	36	a5	38	bf	40	a3	9e	81	f3	d7	fb
	1	7c	e3	39	82	9b	2f	ff	87	34	8e	43	44	c4	de	e9	cb
	2	54	7b	94	32	a6	c2	23	3d	ee	4c	95	0b	42	fa	c3	4e
	3	08	2e	a1	66	28	d9	24	b2	76	5b	a2	49	6d	8b	d1	25
	4	72	f8	f6	64	86	68	98	16	d4	a4	5c	cc	5d	65	b6	92
	5	6c	70	48	50	fd	Ed	b9	da	5e	15	46	57	a7	8d	9d	84
	6	90	d8	ab	00	8c	Bc	d3	0a	f7	e4	58	05	b8	b3	45	06
	7	d0	2c	1e	8f	ca	3f	0f	02	c1	af	bd	03	01	13	8a	6b
	8	3a	91	11	41	4f	67	dc	ea	97	f2	cf	ce	f0	b4	e6	73
	9	96	ac	74	22	e7	Ad	35	85	e2	f9	37	e8	1c	75	df	6e
	a	47	f1	1a	71	1d	29	c5	89	6f	b7	62	0e	aa	18	be	1b
	b	fc	56	3e	4b	c6	d2	79	20	9a	db	c0	fe	78	cd	5a	f4
	c	1f	dd	a8	33	88	07	c7	31	b1	12	10	59	27	80	ec	5f
	d	60	51	7f	a9	19	b5	4a	0d	2d	e5	7a	9f	93	c9	9c	ef
	e	a0	e0	3b	4d	ae	2a	f5	b0	c8	eb	bb	3c	83	53	99	61
	f	17	2b	04	7e	ba	77	d6	26	e1	69	14	63	55	21	0c	7d

2. 逆行移位

在 AES 算法中，逆行移位操作与行移位操作相反，行移位操作循环左移，而逆行移位操作则循环右移。若 AES 算法中 N_b 为 4，即第 1 行循环右移 0 byte，第 2 行循环右移 1 byte，第 3 行循环右移 2 byte，第 4 行循环右移 3 byte，如图 3 – 36 所示。

图 3 – 36　逆行移位操作

3. 逆列混合

逆列混合操作与列混合操作一样，只是选择相乘的固定矩阵不同，如图 3 – 37 所示。

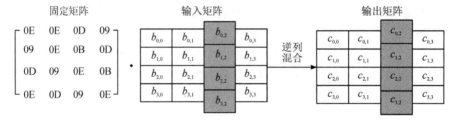

图 3 – 37　逆列混合操作

3.3.6　具体实例

假设 AES 加密的 128 bit 明文为 80 5E 6A 36 53 25 3A 66 63 35 69 03 20 6C 28 06(十六进制)，128 bit 密钥为 75 35 6B 99 05 61 39 56 73 62 05 31 00 55 09 32。现在我们来跟踪 AES 加密算法的一轮加密过程，以观察所有操作对输出的影响。

(1) 128 bit 的明文块 80 5E 6A 36 53 25 3A 66 63 35 69 03 20 6C 28 06 依次排列成 4×4 矩阵为

80	53	63	20
5E	25	35	6C
6A	3A	69	28
36	66	03	06

128 bit 初始密钥 75 35 6B 99 05 61 39 56 73 62 05 31 00 55 09 32 排成 4×4 的矩阵为

75	05	73	00
35	61	62	55
6B	39	05	09
99	56	31	32

（2）明文分组矩阵与初始密钥矩阵进行一次轮密钥加操作，如下所示。

明文矩阵

80	53	63	20
5E	25	35	6C
6A	3A	69	28
36	66	03	06

$\oplus$

初始密钥

75	05	73	00
35	61	62	55
6B	39	05	09
99	56	31	32

$=$

输出矩阵

F5	56	10	20
6B	44	57	39
01	03	6C	21
AF	30	32	34

（3）进入循环迭代操作，具体步骤如下：

第一步，轮密钥加的输出作为 S 盒的输入，进行字节代替操作，如下所示。

输入矩阵

F5	56	10	20
6B	44	57	39
01	03	6C	21
AF	30	32	34

字节代替→

输出矩阵

E6	B1	CA	B7
7F	1B	5B	12
7C	7B	50	FD
79	04	23	18

第二步，S 盒的输出作为行移位的输入，向左循环移位，如下所示。

输入矩阵

E6	B1	CA	B7
7F	1B	5B	12
7C	7B	50	FD
79	04	23	18

行移位→

输出矩阵

E6	B1	CA	B7
1B	5B	12	7F
50	FD	7C	7B
18	79	04	23

第三步，列混合（Mix Columns），在 $GF(2^8)$ 域上进行如下矩阵运算：

固定矩阵

02	03	01	01
01	02	03	01
01	01	02	03
03	01	01	02

$\times$

输入矩阵

E6	B1	CA	B7
1B	5B	12	7F
50	FD	7C	7B
18	79	04	23

$=$

输出矩阵

B2	10	C1	AC
38	62	6E	E7
75	80	2C	5B
4A	9C	23	80

第四步：列混合的输出矩阵与子密钥矩阵进行轮密钥加，在这之前先进行密钥扩展，得到子密钥。设初始密钥扩展之后下一轮子密钥（K_4、K_5、K_6、K_7）如下所示。

75	05	73	00	88	8D	FE	FE
35	61	62	55	34	55	37	62
6B	39	05	09	48	71	74	7D
99	56	31	32	FA	AC	9D	AF
K_0	K_1	K_2	K_3	K_4	K_5	K_6	K_7

故迭代循环操作中第一轮第四步——轮密钥加为

	输入		
B2	10	C1	AC
38	62	6E	E7
75	80	2C	5B
4A	9C	23	80

⊕

	子密钥		
88	8D	FE	FE
34	55	37	62
48	71	74	7D
FA	AC	9D	AF

=

	输出		
3A	9D	3F	52
0C	37	59	85
3D	F1	58	26
B0	30	BE	2F

而子密钥则根据 3.3.4 小节密钥扩展生成，首先计算 K_4：

$$K_4 = K_0 \oplus \text{SubBytes}(\text{RotByte}(K_3)) \oplus \text{Rcon}[1]$$

第一步，对 K_3 执行 RotByte(K_3)，然后进行字节代替 SubBytes(RotByte(K_3))，如下所示。

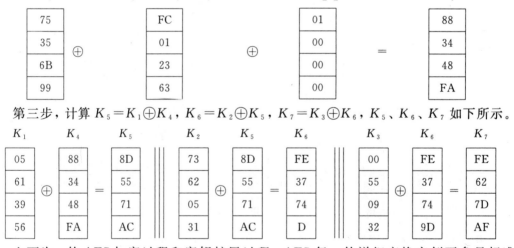

第二步，$K_4 = K_0 \oplus \text{SubByte}(\text{RotByte}(K_3)) \oplus \text{Rcon}[1]$，其中，Rcon[1]值如表 3-13 所示。

K_0		SubByte(RotByte(K_3))		Rcon[1]		K_4
75		FC		01		88
35	⊕	01	⊕	00	=	34
6B		23		00		48
99		63		00		FA

第三步，计算 $K_5 = K_1 \oplus K_4$，$K_6 = K_2 \oplus K_5$，$K_7 = K_3 \oplus K_6$，K_5、K_6、K_7 如下所示。

K_1		K_4		K_5		K_2		K_5		K_6		K_3		K_6		K_7
05		88		8D		73		8D		FE		00		FE		FE
61	⊕	34	=	55		62	⊕	55	=	37		55	⊕	37	=	62
39		48		71		05		71		74		09		74		7D
56		FA		AC		31		AC		D		32		9D		AF

上面为一轮 AES 加密过程和密钥扩展过程，AES 每一轮详细变换实例可参见标准 FIPS-197。

3.4　SM4 加密算法

3.4.1　SM4 描述

S 盒是许多分组密码算法中的唯一非线性部件，因此 S 盒的设计决定了整个分组密码算法的安全强度。然而国外大多数分组密码算法并没有公布 S 盒的设计原理，因此 S 盒很可能存在陷门，使得密码算法的安全强度不高或者强度等级不明确等，都会给系统安全留下潜在的安全隐患。全面采用国产通用算法，这是国家的要求，建立和发展基于国产通用算法的商用密码支撑体系和应用体系是关系国家信息安全的重要措施。

在这种情形下，国家密码管理局于 2012 年将 SM4 分组密码算法确定为国家密码行业标准，标准编号为 GM/T 0002—2012。SM4 的前身是中国无线标准中使用的分组加密算法 SMS4，于 2006 年公开发布，这是国内官方公布的第一个商用密码算法。在 2007 年 12 月 SMS4 算法被宣布为中国可信安全技术平台规范的对称密码算法，并于 2012 年 3 月发布为密码行业标准，并改名为 SM4。2021 年 6 月，SM4 分组密码算法纳入 ISO/IEC 国际标准正式发布。

SM4 算法是一个分组密码算法。该算法的明文分组长度为 128 bit，密钥长度为 128 bit。加密算法与密钥扩展算法都采用 32 轮非线性迭代结构。解密算法与加密算法的结构相同，只是轮密钥的使用顺序相反，解密轮密钥是加密轮密钥的逆序。

1. 基本运算

SM4 算法采用以下基本运算：

(1) $\oplus$ 表示 32 bit 异或。

(2) $\lll i$ 表示 32 bit 循环左移 i 位。

2. 轮函数 F

SM4 算法采用非线性迭代结构，以字(表示为 Z_2^{32} 32 bit)为单位进行加密和解密运算，称一次迭代运算为一轮变换，如图 3-38 所示。

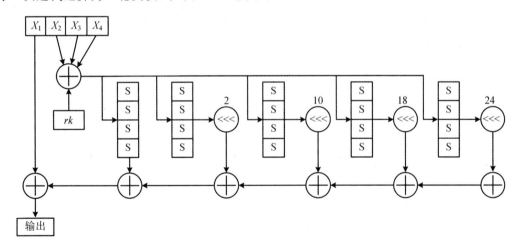

图 3-38　SMS4 轮函数计算

设输入 128 bit 明文为 $(X_0, X_1, X_2, X_3) \in Z_2^{32}$，轮密钥为 $rk \in Z_2^{32}$，则轮函数 F 为

$$F(X_0, X_1, X_2, X_3, rk) = X_0 \oplus T(X_1 \oplus X_2 \oplus X_3 \oplus rk) \qquad (3-29)$$

1) 合成置换 T

合成置换 T 是一个 $Z_2^{32} \to Z_2^{32}$ 的可逆变换，由非线性变换 τ 和线性变换 L 复合而成，即 $T(\cdot) = L(\tau(\cdot))$。

2) 非线性变换 τ

τ 由 4 个并行的 S 盒代替构成,如图 3 - 39 所示。每个 S 盒输入为 8 bit,输出为 8 bit,记为 Sbox()。设非线性变换 τ 的输入为 32 bit,记为 $A = (a_0, a_1, a_2, a_3) \in (Z_2^8)^4$,输出 32 bit 记为 $B = (b_0, b_1, b_2, b_3) \in (Z_2^8)^4$,则非线性变换 τ 如下:

$$(b_0, b_1, b_2, b_3) = \tau(A) = (\mathrm{Sbox}(a_0), \mathrm{Sbox}(a_1), \mathrm{Sbox}(a_2), \mathrm{Sbox}(a_3)) \quad (3 - 30)$$

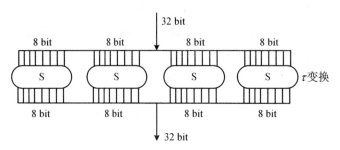

图 3 - 39　非线性变换 τ

SM4 算法中的 S 盒代替与 AES 算法中的 S 盒代替类似。S 盒的代替规则:输入的前 4 位为行号,后 4 位为列号,S 盒列表中行列交叉点处的数据为输出(见表 3 - 15)。例如,输入"2a",则行号为"2",列号为"a",根据表 3 - 15,第 2 行第 a 列的输出值为"0b",即 Sbox(2a) = 0b。

表 3 - 15　SM4 算法 S 盒(十六进制)

S 盒		y														
		0	1	2	3	4	5	6	7	8	9	a	b	c	d	e	f
	0	d6	90	e9	fe	cc	e1	3d	b7	16	b6	14	c2	28	fb	2c	05
	1	2b	67	39	82	9b	2f	ff	87	34	8e	43	44	c4	dc	e9	cb
	2	9c	42	50	f4	91	ef	98	7a	33	54	0b	43	ed	cf	ac	62
	3	e4	b3	1c	a9	c9	08	e8	95	80	df	94	fa	75	8f	3f	a6
	4	47	07	a7	fc	f3	73	17	ba	83	59	3c	19	e6	85	4f	a8
	5	68	6b	81	b2	71	64	da	8b	f8	eb	0f	4b	70	56	9d	35
	6	1e	24	0e	5e	63	58	d1	a2	25	22	7c	3b	01	21	78	87
	7	d4	00	46	57	9f	d3	27	52	4c	36	02	e7	a0	c4	c8	9e
x	8	Ea	bf	8a	d2	40	c7	38	b5	a3	f7	f2	ce	f9	61	15	a1
	9	e0	ae	5d	a4	9b	34	1a	55	ad	93	32	30	f5	8c	b1	e3
	a	1d	f6	e2	2e	82	66	ca	60	c0	29	23	ab	0d	53	4e	6f
	b	d5	db	37	45	de	fd	8e	2f	03	ff	6a	72	6d	6c	5b	51
	c	8d	1b	af	92	bb	dd	bc	7f	11	d9	5c	41	1f	10	5a	d8
	d	0a	c1	7f	a9	19	b5	4a	0d	2d	e5	7a	9f	93	c9	9c	ef
	e	89	69	97	4a	0c	96	77	7e	65	b9	f1	09	c5	6e	c6	84
	f	18	f0	7d	ec	3a	dc	4d	20	79	ee	5f	3e	d7	cb	39	48

3）线性变换 L

非线性变换 τ 的输出是线性变换 L 的输入，如图 3-40 所示。设输入为 $B \in Z_2^{32}$，输出为 $C \in Z_2^{32}$。这里，$C = L(B) = B \oplus (B \lll 2) \oplus (B \lll 10) \oplus (B \lll 18) \oplus (B \lll 24)$。

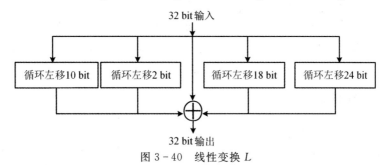

图 3-40　线性变换 L

3.4.2　加密算法流程

设输入 1 组明文 128 bit，分成 4 部分，每部分 32 bit，具体表示如下：
$$(X_0, X_1, X_2, X_3) \in (Z_2^{32})^4$$
则密文输出 128 bit，为 4 部分，每部分 32 bit，具体表示如下：
$$(Y_0, Y_1, Y_2, Y_3) = (X_{35}, X_{34}, X_{33}, X_{32}) \in (Z_2^{32})^4$$
轮密钥总共 32 个，每个轮密钥为 32 bit，具体表示如下：
$$(rk_0, rk_1, \cdots, rk_{30}, rk_{31}) \in Z_2^{32}$$
反序变换 R 定义为 $(X_{32}, X_{33}, X_{34}, X_{35})$ 经反序变换 R 为 $(X_{35}, X_{34}, X_{33}, X_{32})$。

SM4 算法加密流程如图 3-41 所示。每轮每部分 32 bit，具体变换操作如下：

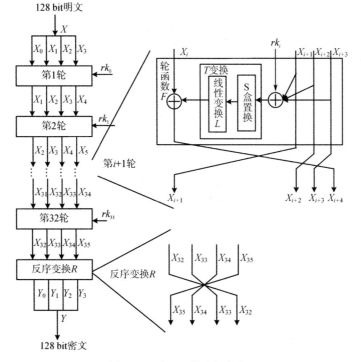

图 3-41　SM4 算法加密流程

$$X_{i+4} = F(X_i, X_{i+1}, X_{i+2}, X_{i+3}, rk_i)$$
$$= X_i \oplus T(X_{i+1} \oplus X_{i+2} \oplus X_{i+3} \oplus rk_i) \quad (i = 0, 1, \cdots, 31) \quad (3-31)$$

经过加密变换，128 bit 密文为

$$(Y_0, Y_1, Y_2, Y_3) = (X_{35}, X_{34}, X_{33}, X_{32})$$

SM4 算法的解密过程与加密过程的结构完全相同，不同的仅是轮密钥的使用顺序。加密时轮密钥的使用顺序为 $rk_0, rk_1, \cdots, rk_{30}, rk_{31}$，而解密时轮密钥的使用顺序为加密时的反序 $rk_{31}, rk_{30}, \cdots, rk_1, rk_0$，与 DES 算法类似。

3.4.3　密钥扩展算法

SM4 算法中的轮密钥由输入 128 bit 的初始密钥通过密钥扩展算法扩展生成，总共生成 32 个轮子密钥 $(rk_0, rk_1, \cdots, rk_{30}, rk_{31}) \in Z_2^{32}$，每个轮子密钥为 32 bit。SM4 算法密钥扩展流程如图 3-42 所示。

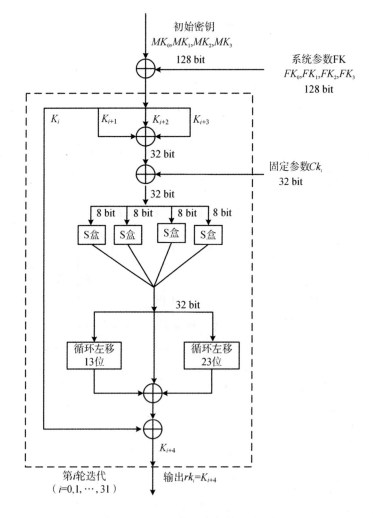

图 3-42　SM4 算法密钥扩展流程图

设输入 128 bit 初始密钥，分为 4 部分，每部分为 32 bit，记为

$$MK = (MK_0, MK_1, MK_2, MK_3), \quad MK_i \in Z_2^{32} \quad (i = 0, 1, 2, 3)$$

令 $K_i \in Z_2^{32}$，$i = 0, 1, \cdots, 35$，则轮密钥生成方法为

首先：

$$(K_0, K_1, K_2, K_3) = (FK_0 \oplus MK_0, FK_1 \oplus MK_1, FK_2 \oplus MK_2, FK_3 \oplus MK_3)$$

$$(3-32)$$

然后，对 $i = 0, 1, \cdots, 31$，有

$$rk_i = K_{i+4} = K_i \oplus T'(K_{i+1} \oplus K_{i+2} \oplus K_{i+3} \oplus CK_i) \tag{3-33}$$

其中：

（1）T' 变换与加密算法轮函数中的 T 基本相同，只将其中的线性变换 L 修改为 L' 如下：

$$L'(B) = B \oplus (B \lll 13) \oplus (B \lll 23) \tag{3-34}$$

（2）系统参数 FK 的取值，采用 16 进制表示为 $FK_0 = (A3B1BAC6)$，$FK_1 = (56AA3350)$，$FK_2 = (677D9197)$，$FK_3 = (B27022DC)$。

（3）固定参数 CK_i 的取值方法为

设 $ck_{i,j}$ 为 CK_i 的第 j 个字节（$i = 0, 1, \cdots, 31$；$j = 0, 1, 2, 3$），即 $CK_i = (ck_{i,0}, ck_{i,1}, ck_{i,2}, ck_{i,3}) \in (Z_2^{32})^4$，则 $ck_{i,j} = (4i + j) \times 7 \pmod{256}$。因此，32 个固定参数 CK_i（十六进制）如下：

00070e15、1c232a31、383f464d、545b6269、

70777e85、8c939aa1、a8afb6bd、c4cbd2d9、

e0e7eef5、fc030a11、181f262d、343b4249、

50575e65、6c737a81、888f969d、a4abb2b9、

c0c7ced5、dce3eaf1、f8ff060d、141b2229、

30373e45、4c535a61、686f767d、848b9299、

a0a7aeb5、bcc3cad1、d8dfe6ed、f4fb0209、

10171e25、2c333a41、484f565d、646b7279。

3.4.4　具体实例

以下给出 SM4 算法在 ECB 工作方式的运算实例，用户可以根据以下实例用以验证 SM4 密码算法实现的正确性。其中，数据均采用 16 进制表示。

实例一：对一组明文用密钥加密一次。

明文：01 23 45 67 89 ab cd ef fe dc ba 98 76 54 32 10。

加密密钥：01 23 45 67 89 ab cd ef fe dc ba 98 76 54 32 10。

轮密钥与每轮输出状态：

$rk[0] = $ f12186f9，$X[0] = $ 27fad345；

$rk[1] = $ 41662b61，$X[1] = $ a18b4cb2；

$rk[2] = $ 5a6ab19a，$X[2] = $ 11c1e22a；

$rk[3] = $ 7ba92077，$X[3] = $ cc13e2ee；

$rk[4] = $ 367360f4，$X[4] = $ f87c5bd5；

$rk[5] = 776a0c61, X[5] = 33220757;$

$rk[6] = b6bb89b3, X[6] = 77f4c297;$

$rk[7] = 24763151, X[7] = 7a96f2eb;$

$rk[8] = a520307c, X[8] = 27dac07f;$

$rk[9] = b7584dbd, X[9] = 42dd0f19;$

$rk[10] = c30753ed, X[10] = b8a5da02;$

$rk[11] = 7ee55b57, X[11] = 907127fa;$

$rk[12] = 6988608c, X[12] = 8b952b83;$

$rk[13] = 30d895b7, X[13] = d42b7c59;$

$rk[14] = 44ba14af, X[14] = 2ffc5831;$

$rk[15] = 104495a1, X[15] = f69e6888;$

$rk[16] = d120b428, X[16] = af2432c4;$

$rk[17] = 73b55fa3, X[17] = ed1ec85e;$

$rk[18] = cc874966, X[18] = 55a3ba22;$

$rk[19] = 92244439, X[19] = 124b18aa;$

$rk[20] = e89e641f, X[20] = 6ae7725f;$

$rk[21] = 98ca015a, X[21] = f4cba1f9;$

$rk[22] = c7159060, X[22] = 1dcdfa10;$

$rk[23] = 99e1fd2e, X[23] = 2ff60603;$

$rk[24] = b79bd80c, X[24] = eff24fdc;$

$rk[25] = 1d2115b0, X[25] = 6fe46b75;$

$rk[26] = 0e228aeb, X[26] = 893450ad;$

$rk[27] = f1780c81, X[27] = 7b938f4c;$

$rk[28] = 428d3654, X[28] = 536e4246;$

$rk[29] = 62293496, X[29] = 86b3e94f;$

$rk[30] = 01cf72e5, X[30] = d206965e;$

$rk[31] = 9124a012, X[31] = 681edf34。$

密文：68 1e df 34 d2 06 96 5e 86 b3 e9 4f 53 6e 42 46。

实例二：利用相同的加密密钥对一组明文反复加密 1 000 000 次。

明文：01 23 45 67 89 ab cd ef fe dc ba 98 76 54 32 10。

加密密钥：01 23 45 67 89 ab cd ef fe dc ba 98 76 54 32 10。

密文：59 52 98 c7 c6 fd 27 1f 04 02 f8 04 c3 3d 3f 66。

3.5　分组密码的工作模式

即使有了安全的分组密码算法，也需要采用适当的工作模式来隐蔽明文的统计特性、数据格式等，以及降低对数据删除、重放、插入和伪造成功的机会，以提高分组密码使用整体的安全性。美国在 NIST-SP800 标准中定义了五种运行模式：电码本（electronic code-book mode，ECB)、密码分组链接(cipher block chaining，CBC)、计数器模式(counter，CTR)、输出反馈(output feedback，OFB)、密码反馈(cipher feedback，CFB)。这些运行模式并没有与特定的分组密码算法的实现捆在一起，任何分组密码算法都可以根据不同的应用场合使用五种模式之一。下面将以 DES 算法为例分别进行介绍。

3.5.1　ECB(电码本)模式

ECB 模式是最简单的模式，直接利用加密算法对各明文分组加密，每个分组用同一密钥加密，由同样的明文分组得到相同的密文，图 3-43 演示了 ECB 模式的加密解密过程。

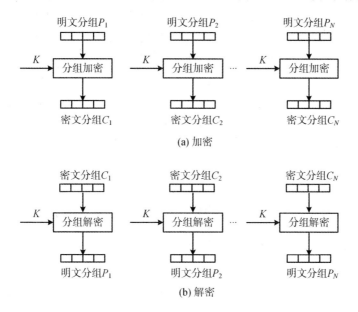

图 3-43　ECB 模式的加密解密过程

假设输入密钥为 K，明文分组为 $P_1,\cdots,P_N$，输出密文为 $C_1,\cdots,C_N$。

$$\text{ECB 操作模式加密：} C_j = E_K(P_j), 1 \leqslant j \leqslant N \tag{3-35}$$

$$\text{ECB 操作模式解密：} P_j = D_K(C_j), 1 \leqslant j \leqslant N \tag{3-36}$$

ECB 模式的特性如下：

(1) ECB 运行模式在给定的密钥下，同一明文组总产生同样的密文组。

(2) 无链接依赖性。各组的加密独立于其他分组，重排密文分组，将导致相应的明文分组重排。

(3) 无错误传播。单个密文分组中有一个或多个比特错误只会影响该分组的解密结果。

(4) 安全性有限。由于同一明文产生同样的密文，这会暴露明文数据的格式和统计特征。特别是若明文数据都有固定的格式(如图像)或者并需要以协议的形式定义数据，一些重要的数据常常在同一位置上出现，则密码分析者可以对其进行统计分析、重传和代换攻击。因此当消息长度超过一个组或者重复使用密钥加密多个单组消息时，不建议使用 ECB 模式。

3.5.2　CBC(密码分组链接)模式

　　CBC 模式比 ECB 模式实现起来更复杂,但更具安全性,因此它是最常用的分组密码运行模式。CBC 模式中加密过程是首先第一组明文分组与初始变量(initial vector, IV)进行异或运算,而后面的明文分组和前一密文分组做异或运算,再使用相同的密钥送至加密算法加密,形成一条链。这样使得分组加密函数每次的输入与明文分组之间不再有固定的关系,即使明文分组相同,分组加密的输入也不同,图 3 - 44 所示为 CBC 模式的加密解密过程。

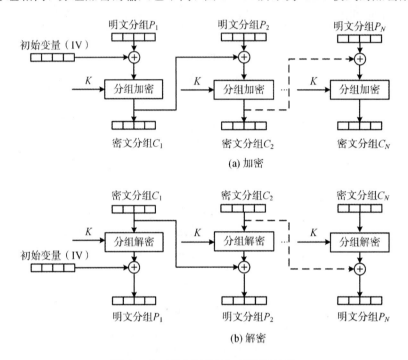

图 3 - 44　CBC 模式的加密解密过程

　　假设输入密钥为 K,明文分组为 $P_1, \cdots, P_N$,输出为 $C_1, \cdots, C_N$,初始变量 IV 为 C_0。

　　CBC 操作模式加密:$C_j = E_K(C_{j-1} \oplus P_j), 1 \leqslant j \leqslant N$　　　　　　(3 - 37)

　　CBC 操作模式解密:$P_j = C_{j-1} \oplus D_K(C_j), 1 \leqslant j \leqslant N$　　　　　　(3 - 38)

CBC 模式的特性如下:

　　(1) 能够隐蔽明文数据的格式规律和统计特性,相同的明文分组产生不同的密文分组。

　　(2) 在一定程度上能够识别攻击者在密文传输中是否对数据进行了篡改,如密文组的重放、嵌入和删除等。

　　(3) CBC 模式各密文分组不仅与当前明文组有关,通过反馈作用还与以前的明文组有关。在 CBC 模式下,最好是每发一个消息都改变 IV,如将其值加 1,这样即使是两个相同的明文使用相同的密钥,也将产生不同的密文。这样大大提供了安全性,但会产生另外一个问题,接收端(解密方)如何知道使用的 IV 呢? 实际上,IV 的完整性要比其保密性更为重要。

　　(4) 具有错误传播。在 CBC 模式中,若明文有一组 P_j 中单个比特有错,会使以后的密文组都受影响,但经解密后的恢复结果,除原有误的一组外,其后各组明文都正确地恢复。

若在传送过程中，当某组密文组 C_j 出错时，则会影响到密文分组 C_j 和 C_{j+1} 的解密（因为 P_j 依赖 C_{j-1} 和 C_j，P_{j+1} 依赖 C_j 和 C_{j+1}），即该密文组恢复的明文 P_j 和下一组 P_{j+1} 的数据都会出错。但后面的密文分组解密将不会受密文组 C_j 中错误比特的影响。因此一组密文出错，会导致两组密文都无法正确解密，即 CBC 模式错误传播长度为 2，如图 3-45 所示。

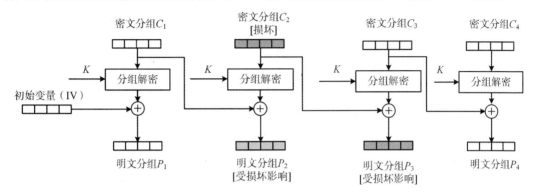

图 3-45　CBC 模式的差错传播

3.5.3　CFB(密码反馈)模式

　　分组密码算法除了对数据加密最常用的使用方式外，还可用于提供复杂的非线性逻辑的密钥流生成器的作用（第 4 章内容），CFB 模式实际上是一种自同步序列密码。在这种模式下，数据加密和解密采用与密钥流异或的方式，图 3-46 所示是 CFB 模式的加密解密过程。分组密码算法用于产生 j bit 长的密钥流，通常取 $j=1$ 或 8，因此 CFB 模式称为 j bit CFB 模式。与 CBC 模式一样，CFB 模式的密文分组连接在一起，使得密文分组 C_i 不仅仅依赖当前分组 P_i，还依赖之前分组明文的分组。

　　DES-CFB 加密时，加密算法的输入是 64 bit 移位寄存器，其初值为某个 64 bit 初始变量 IV。初始变量 IV 无须保密，但需要随消息更换。加密算法输出的最左（最高有效位）j bit 与明文的第一组 P_1 进行异或，产生出 1 组 j bit 密文 C_1，然后将移位寄存器的内容左移 j 位，并传送 C_1，并将 C_1 送入移位寄存器最右边（最低有效位）j 位。这一过程循环到明文的所有单元都被加密为止。

　　DES-CFB 解密时，将收到的密文分组与密钥流（加密函数的输出）进行异或。

　　假设输入密钥为 K，j bit 的明文分组为 P_1，P_2，$\cdots$，P_N，输出 j bit 的密文为 C_1，C_2，$\cdots$，C_N，n bit 的初始变量 IV，其中，$1 \leqslant j \leqslant n$。加密和解密算法流程如下：

　　CFB 模式加密：I_i 是移位寄存器的值，其中 $I_1 = $ IV 对于 $1 \leqslant i \leqslant n$，有

　　（1）$O_i = E_K(I_i)$（计算分组密文的输出）。

　　（2）$t_i \leftarrow O_i$ 最左侧的 j bit（O_i 向左移位 j bit 移出的比特位）。

　　（3）$C_i = t_i \oplus P_i$（输出 j bit 的密文组 C_i）。

　　（4）$I_{i+1} = 2^j \cdot I_i + C_i \bmod 2^n$（将 C_i 移入寄存器的最右端）。

　　CFB 模式解密：I_i 是移位寄存器的值，其中 $I_1 = $ IV 对于 $1 \leqslant i \leqslant n$，有

$$P_i = t_i \oplus C_i$$

其中，t_i、C_i 的计算过程与加密过程相同。

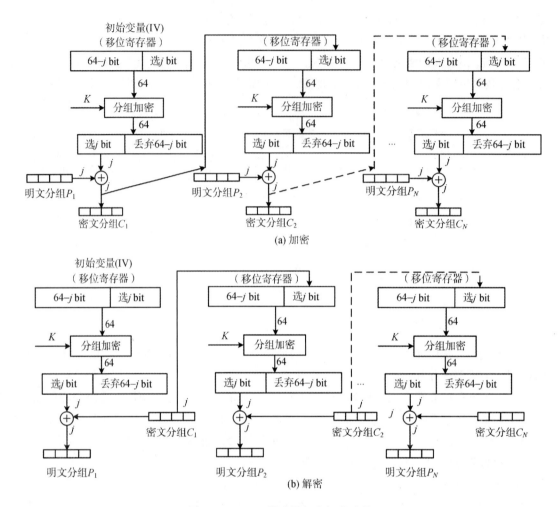

图 3-46　CFB 模式的加密解密过程

CFB 模式的特性如下：

(1) 输入相同明文，改变 IV 会导致相同的明文输入得到不同的加密输出，IV 无须保密。若待加密消息必须按字符(如电传电报)或按比特处理，则可采用 CFB 模式。CFB 实际上是将分组密码作为一个密钥流产生器，CFB 模式除能获得保密性外，对错误差错比较敏感，还能用于认证。

(2) CFB 与 CBC 的区别是，CFB 反馈的密文长度为 j，且不是直接与明文操作，而是反馈至密钥产生器。解密采用相同的方案，都使用加密函数而非解密函数。密文分组 C_i 依赖 P_i 和前面的所有明文分组，因此正确地解密一个正确的密文分组需要之前的 $\lceil n/j \rceil$ 个密文分组也都正确(确保移位寄存器是正确的)。

(3) 在 CFB 模式中，明文有一组 P_i 中单个比特有错，会使以后的密文组都受影响，但经解密后恢复的结果，除原有误的一组外，其后各组明文都能正确地恢复。若在传送过程中，一个或多个比特错误出现在 j 比特的密文组 C_i 中，则会影响到分组 C_i 和后续 $\lceil n/j \rceil$ 个密文分组的解密(直到 n bit 的密文被处理，在此之后出错的分组 C_i 完全移出移位寄存器)。例如，对于 8 bit(1 byte)的加密，则会产生 9 byte 的错误。

3.5.4　OFB(输出反馈)模式

OFB 模式的结构类似于 CFB,将分组密码算法作为一个密钥流产生器,输出的 j bit 密钥直接反馈至分组密码的输入端,同时这 j bit 密钥和输入的 j bit 明文块进行异或运算,见图 3-47。不同之处如下:OFB 模式是将加密算法的输出反馈到移位寄存器,而 CFB 模式是将密文单元反馈到移位寄存器,OFB 克服了 CBC 和 CFB 的错误传播所带来的问题。但是同时也带来了同步序列密码的缺点,即密文被篡改难以检测。

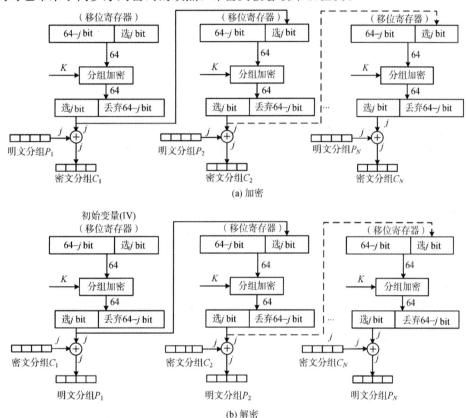

图 3-47　OFB 模式的加密解密过程

假设输入密钥为 K,j bit 的明文分组为 P_1,P_2,…,P_N,输出 j bit 的密文为 C_1,C_2,…,C_N,n bit 的初始变量 IV,其中 $1 \leqslant j \leqslant n$。下面简要描述 OFB 模式的加密和解密算法流程。

OFB 模式加密:I_i 是移位寄存器的值,其中 $I_1 =$ IV 对于 $1 \leqslant i \leqslant n$,有

(1) $O_i = E_K(I_i)$(计算分组密文的输出)。

(2) $t_i \leftarrow O_i$ 最左侧的 j bit(O_i 向左移位 j bit 移出的比特位)。

(3) $C_i = t_i \oplus P_i$(输出 j bit 的密文组 C_i)。

(4) $I_{i+1} = 2^j \cdot I_i + t_i \bmod 2^n$(将 t_i 移入寄存器的最右端)。

OFB 模式解密:I_i 是移位寄存器的值,其中 $I_1 =$ IV 对于 $1 \leqslant i \leqslant n$,有

$$P_i = t_i \oplus C_i$$

其中,t_i、C_i 的计算过程与加密过程相同。

OFB 模式的特性如下：

(1) 与 CFB、CBC 相同，输入相同明文，改变 IV 会导致相同的明文输入得到不同的密文输出。

(2) OFB 模式的传输过程中比特错误不会被传播。例如，C_i 中出现一个或多个比特错误，在解密结果中只有 P_i 受到影响，以后各明文分组则不受影响。但与 CFB 模式相比，更易受到对消息流的篡改攻击，比如在密文中取 1 bit 的补，那么在恢复的明文中相应位置的比特也为原比特的补。因此使得敌手有可能通过对消息校验部分和数据部分同时进行的篡改，没法使用纠错码消息校验方法测出消息流被篡改，因此 OFB 模式对于密文被篡改难以进行检测，无法实现完整性检测。

3.5.5　CTR(计数器)模式

与 CFB、OFB 模式类似，CTR 计数器模式中的分组密码也是起到密钥流生成器的作用，每次使用与明文分组规则相同的计数器长度产生密钥流，与明文分组进行异或。CTR 模式加密和解密采用相同的方案，都使用加密函数而非解密函数。CTR 模式实际就是一种通过逐次累加的计数器进行加密来产生密钥流的序列密码。CTR 模式的加密解密过程如图 3-48 所示。

假设输入密钥为 K，明文分组为 P_1，P_2，…，P_N，计数器的值分别为 CTR，CTR+1，…，CTR+$N-1$，输出为 C_1，C_2，…，C_N。

CTR 操作模式加密：$O_i = E_K(\text{CTR}+i-1)$，$C_i = O_i \oplus P_i$

CTR 操作模式解密：$O_i = E_K(\text{CTR}+i-1)$，$P_i = O_i \oplus C_i$

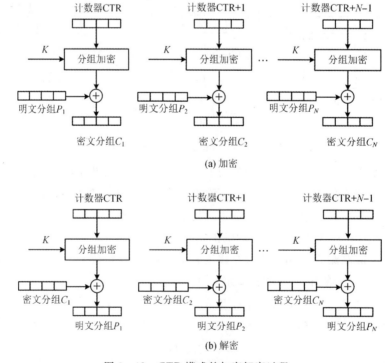

图 3-48　CTR 模式的加密解密过程

在 CTR 模式中，计数器的生成方式可以有多种。为了保证计数器的值每次不同，可以以如下方式生成。每次加密时，都生成一个不同的值作为计数器的初始值。例如，分组长度为 64 bit，计数器可为如下形式：45 1F DA E2 00 00 00 00。前面 4 字节是初始值，每次加密不一样，后面 4 字节是分组序号，这部分是逐次累加的。在加密过程中，计数器的值就会产生如下变化：

45 1F DA E2 00 00 00 01 明文分组 1 的计数器（初始值）；

45 1F DA E2 00 00 00 02 明文分组 2 的计数器；

45 1F DA E2 00 00 00 03 明文分组 3 的计数器；

　　　　……

根据这种计数器生成方法，可以保证每次加密时计数器的值不同，实际上这种方法就是用分组密码来模拟产生随机的比特序列。

CTR 模式的特性如下：

(1) CTR 模式能够对多个分组的加密、解密进行并行处理，进行异或之前的基本加密处理不依赖明文和密文的输入。

(2) 密文分组的处理与其他密文无关，实现方式简单。

下面我们简单比较一下对称密码算法的五种不同工作模式的适应场合，其主要优缺点及用途如表 3-16 所示。

表 3-16　五种工作模式的优缺点及用途

模式	优　点	缺　点	用　途
ECB	实现简单；不同明文分组可并行运算，特别是硬件实现速度快；无差错传播，密文分组丢失或传输错误不影响其他分组解密	无法隐蔽明文数据格式规律和统计特性，无法抵抗重放、嵌入和删除等攻击	传送短数据（如一个加密密钥）
CBC	可以隐蔽明文数据格式的规律和统计特性；一定程度抵抗重放、嵌入和删除等攻击	具有有限差错传播，不能纠正传输中的同步差错。不同明文分组无法并行运算	传输数据分组，认证传输的数据
CTR	可以隐蔽明文数据格式规律和统计特性；分组密码算法作为一个密钥流产生器；具有同步序列密码优点；实现简单、可预处理，并行处理；无差错传播	具有同步序列密码的缺点，密文篡改难以检测，无法实现完整性检测	实时性和速度要求比较高的加密场合
OFB	可以隐蔽明文数据格式规律和统计特性；分组密码算法作为一个密钥流产生器；具有同步序列密码优点；无差错传播	对于密文被篡改难以进行检测，速度慢	有搅信道上（如卫星通信）传送数据流
CFB	可以隐蔽明文数据的格式规律和统计特性；分组密码算法作为一个密钥流产生器；具有自同步序列密码的优点；具有差错传播；一定程度抵抗重放、嵌入和删除等攻击	有差错传播；速度慢	传送数据流，认证传送的数据流

3.6　分组密码尾部分组填充方法

分组密码明文分组长度都是固定值(一般为 64 bit 和 128 bit),明文在进行分组时,最后一组长度不一定刚好等于分组长度,即尾部分组长度不足 64 bit 或 128 bit。此时,出现尾分组长度不足的情况,则需要对尾部分组进行填充,使得尾分组长度凑够一个分组长度。

填充方法主要有以下两种,通常采用的方法是直接对明文进行数字填充。

1. 直接扩充方法

直接对明文尾分组进行数字填充,凑够一个分组长度。例如,添全 0 比特或其他固定比特值。此方法需要在最后一个明文分组中指定明文长度,直接扩充方法有多种。

下面我们以 DES 算法加密为例讲解直接填充的各种方法。若明文最后一分组为"are",可知"are"按照 ASCII 转换值为"61 72 65",如图 3-49 所示。则明文块为 24 bit,而 DES 算法中每个明文块为 64 bit,因此最后一组明文还缺 40 bit,即缺 5 byte,则可以如下进行填充。

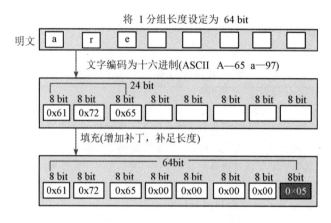

图 3-49　直接扩充填充实例

(1) 第一种方法(ISO10126 Padding):除最后一个字节外均以 0x00 填充,填充的最后一个字节记录填充序列的长度,这种方法也称为 ISO10126 Padding 填充法,是最常用的一种填充方法。如图 3-49 实例,原数据"61 72 65",填充后的数据为"61 72 65 00 00 00 00 05"。

(2) 第二种方法(Zero Padding):填充字符串的第一个字节数是 0x80,后面的每个字节是 0x00。若原数据为"61 72 65",则填充后的数据为 "61 72 64 80 00 00 00 00"。

(3) 第三种方法:填充的所有字节值都为空格 0x20。若原数据为"61 72 65",则填充后的数据为"61 72 64 20 20 20 20 20"。

(4) 第四种方法(PKCS5 Padding):也是最常用填充方法之一,只适用于分组块大小固定为 8 byte。将数据填充到 8 的倍数,填充数据计算公式是,假如原数据长度为 len 字节,利用该方法填充后的长度是 len + [8−(len % 8)],填充的数据长度为 8 − (len % 8),填充数据为填充字节的长度。例如,若原数据为"61 72 65",则填充后的数据为"61 72 64 05 05 05 05 05"。

（5）第五种方法（PKCS7 Padding）：也是最常用的填充方法之一，PKCS7 填充字节的范围在 1～255 之间。假设需要填充 n（$n>0$）个字节才对齐，填充 n 个字节，填充的每个字节都是 n 值；如果数据本身就已经对齐了，则填充一块长度为块大小的数据，填充的每个字节都是块大小。例如，若原数据为"61 72 65"，块固定长度为 8 byte，则填充后的数据为"61 72 64 05 05 05 05 05"。可以看出来，填充方法 PKCS5 Padding 是 PKCS7 Padding 的子集。

2. 密文挪用填充

直接扩充方法简单、易实现，但有些应用不允许密文长度比明文长，而密文挪用填充法刚好满足这一要求，比起直接扩充方法更安全。

假设分组密码算法明文分组长度为 l bit，待加密明文总共分为 n 组，第 n 组长度不足，假设第 n 组长度为 i bit，尾组需要填充补足 $l-i$ bit。对明文前 $n-1$ 组可以按照给定工作模式进行加密，得到相应的 $n-1$ 组密文。对最后一组不够长度尾组进行填充，密文挪用填充方法是将得到的第 $n-1$ 组密文中 l bit 的后 $l-i$ bit 填充到尾组，补足 $l-i$ bit，然后进行加密。则传输密文数据为密文分组 1，密文分组 2，…，密文分组 $n-2$，密文分组 $n-1$ 的前 i bit，密文分组 n，如图 3-50 所示。

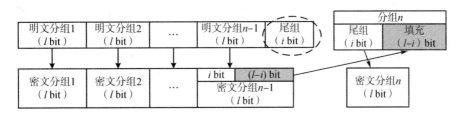

图 3-50　密文挪用填充

接收方接收到密文数据，首先对密文分组的第 n 组进行解密，将解密得到的数据的最后 $l-i$ bit 直接移到未解密的密文数据后，然后按照给定的工作模式进行解密。

3.7　扩展阅读

1. 轻量级密码算法国际标准[①]

随着互联网的发展，受限设备的应用越来越广泛，而许多应用会涉及一些敏感的金融交易、健康监控或生物统计数据，为了给这类受限设备所存取、传输的信息提供合适的安全保护，轻量级密码（lightweight cryptography，LWC）应运而生。轻量级密码是依据密码的应用环境、实现时的资源需求而提出的一个概念。轻量级是相对于普通密码提供的安全保护级别和实现所需资源而言的。

自轻量级密码概念提出来后，密码研究者提出了许多分组密码算法，目前公开的算法有 HIGHT、SEA、PRESENT、KATAN/KTANTAN、MIBS、LBlock、LED、Klein 和 Piccolo 等。为了推动和进一步规范轻量级密码算法的发展，2018 年 8 月，美国 NIST 发布

① LightWeight Cryptography[EB/OL]. https://csrc.nist.gov/Projects/lightweight-cryptography/.

了一项以征集、评估和标准化适用于当前 NIST 加密标准性能不可接受的受限环境的轻量级加密算法的呼吁,要求申请者考虑采用具有关联数据认证加密(AEAD)和可选哈希功能的轻量级加密标准。2019 年 3 月,NIST 收到了 57 份标准化申请,2019 年 4 月宣布其中 56 个算法为第一轮候选;同年 8 月,NIST 宣布了 32 名第二轮候选算法。2021 年 3 月,NIST 宣布了 10 名入围者,分别是 ASCON、Elephant、GIFT-COFB、Grain128 AEAD、ISAP、Photon、Romulus、Sparkle、TinyJambu 和 Xoodyak。针对 10 个候选算法 NIST 轻量级密码团队已在软硬件实现(包括防止侧信道攻击的实现)、第三方安全分析文件、算法的应用和用例以及安全性能等方面进行评估,在 2023 年 2 月 7 日,NIST 宣布最终选择 ASCON 算法作为轻量级密码算法标准。

2. 全国密码算法设计竞赛①

为了推动密码算法设计和实现技术的进步,促进密码人才成长,中国密码学会 2018 年 12 月 31 日举办了第一届全国密码算法设计竞赛,全国高校、研究机构和企业的密码学研究者积极参加,经公开评议、检测评估和专家评选,总共 22 个分组密码算法,38 个公钥密码算法进入竞赛第一轮。在 2019 年年底,公布了第二轮竞赛结果,其中 10 个分组密码算法、15 个公钥密码算法进入第二轮。10 个分组密码算法获奖列表如表 3-17 所示。

表 3-17　第一届全国密码算法设计竞赛分组密码获奖名单

排名	算法名称	第一设计者	参与设计者
1	uBlock	吴文玲(中国科学院软件研究所)	张蕾(中国科学院软件研究所)、郑雅菲(中国科学院软件研究所)、李灵琛(中国科学院软件研究所)
2	Ballet	崔婷婷(杭州电子科技大学)	王美琴(山东大学)、樊燕红(山东大学)、胡凯(山东大学)、付勇(山东大学)、黄鲁宁(山东大学)
3	FESH	贾珂婷(清华大学)	董晓阳(清华大学)、魏琼洛(清华大学)、李铮(山东大学)、周海波(山东大学)、丛天硕(清华大学)
4	TANGRAM	张文涛(中国科学院信息工程研究所、信息安全国家重点实验室)	季福磊(中国科学院信息工程研究所、信息安全国家重点实验室)、丁天佑(中国科学院信息工程研究所、信息安全国家重点实验室)、杨博翰(清华大学微电子研究所)、赵雪锋(中国科学院信息工程研究所、信息安全国家重点实验室)、向泽军(湖北大学数学与统计学学院)
5	ANT	王美琴(山东大学)	陈师尧(山东大学)、樊燕红(山东大学)、付勇(山东大学)、黄鲁宁(山东大学)
6	NBC	徐洪(战略支援部队信息工程大学)	段明(战略支援部队信息工程大学)、谭林(战略支援部队信息工程大学)、戚文峰(战略支援部队信息工程大学)、王中孝(战略支援部队信息工程大学)

---

① 中国密码学会. 第一轮算法评选结果的通知[EB/OL]. https://sfjs. cacrnet. org. cn/site/content/404. html。

排名	算法名称	第一设计者	参 与 设 计 者
7	FBC	冯秀涛(中国科学院数学与系统科学研究院)	曾祥勇(湖北大学)、曾光(战略支援部队信息工程大学)、唐灯(西南交通大学)、张凡(兴唐通信科技有限公司)、甘国华(北京太一云科技有限公司)
8	SMBA	王克 (兴唐通信科技有限公司)	贾文义(兴唐通信科技有限公司)、黄念念(兴唐通信科技有限公司)
9	Raindrop	王美琴(山东大学)	李永清(山东大学)、李木舟(山东大学)、付勇(山东大学)、樊燕红(山东大学)、黄鲁宁(山东大学)
10	SPRING	田甜(战略支援部队信息工程大学)	戚文峰(战略支援部队信息工程大学)、叶晨东(战略支援部队信息工程大学)、谢晓锋(战略支援部队信息工程大学)

习　题　3

1. 简述分组密码算法的基本工作原理。

2. 名词解释混淆和扩散。

3. 分组密码主要优点是什么？其设计原则应考虑哪些问题？

4. DES 和 AES 算法的中英文全称、明文分组长度、密钥长度、轮数是多少？

5. 简述 DES 的算法。

6. 对 DES 的第 3 个 S 盒，输入 100100，请指出有多少个输出位(用二进制表示)。

7. 若已知 DES 算法的 E 盒的输入 32 比特为 0X89ABCDEF(十六进制)，求经过 E 盒扩展后的输出，用十六进制表示，写出转换的完成过程。

8. 假设 DES 算法输入的 L_0=5F5F5F5F，R_0=FFFFFFFF，K_1=555555555555(均为十六进制)，则回答以下三个问题：

(1) 求 $F(R_0, K_1)$ 的值；

(2) 求第一轮的输出值 L_1 和 R_1。

9. 请给出三重 DES 算法 EDE2 模式的加密和解密示意图。

10. AES 的基本变换有哪些？

11. AES 算法中，字节基本运算是在有限域上的加法和乘法。

(1) 求字节"08·F4"的值(十六进制)。

(2) 求字节"08+F4"的值(十六进制)。

12. AES 的解密算法和 AES 的加密算法有什么不同？

13. 对 DES 和 AES 进行比较，说明两者的特点和优缺点。

14. 在 AES 算法中，若给定 128 bit 密钥的十六进制为：$K0$：FF 0F F0 00，$K1$：00 F0 0F FF，$K2$：f2 39 0e 09，$K3$：55 44 33 22，求密钥 $K4$、$K5$(十六进制)。

15. 简述 SM4 算法的加密过程。

16. 请列举分组密码工作模式。

17. 若采用 CBC 工作模式,例如图 3-45 中若密文组 C_2 出错,则:

(1) 明文组 P_1 和 P_2 分别会受到什么影响?

(2) 明文组 P_3 后的分组是否会受到影响?

(3) 在 CFB 工作模式(反馈值可以设定 j bit 为 8 bit)中,若图 3-46 中的密文组 C_2 中有 3 bit 的数据出错,则会对哪些明文造成影响?

18. 假设目前有一台高性能密钥搜索设备每秒钟能够检测 2^{30} 个密钥,试计算当同时使用 2^{10} 台密钥搜索设备时,三重 DES 算法进行暴力破解,若三重 DES 采用 EEE3 模式,检测完所有可能的密钥需要多少时间?若三重 DES 采用 EDE2 模式,检测完所有可能的密钥需要多长时间?(要求:给出详细计算过程,时间单位为秒。)

19. 以 DES 为例,8 bit 的分组密码的输出反馈(OFB)模式中,若加密时明文的一个比特错误,对密文造成什么影响?在传输过程中,密文的一个比特发生错误,对接收方解密会造成什么影响?

20. 以 DES 为例,画出分组密码的 CBC、CFB、OFB 工作模式的加密解密示意图,并比较三者不同运行模式有何区别。

第 4 章　序列密码算法

第四单元

知识点

☆ 序列密码的基本原理；

☆ 线性反馈移位寄存器；

☆ 密钥序列的伪随机性；

☆ 非线性反馈移位寄存器；

☆ 随机数与伪随机序列；

☆ 常用序列密码算法；

☆ 扩展阅读——插入攻击与已知明文攻击。

本章导读

　　序列密码是目前世界各国的军事和外交等领域中使用的主要密码算法之一。本章首先介绍序列密码的基本原理；接着介绍线性反馈移位寄存器和密钥序列的随机性；然后介绍非线性反馈移位寄存器、随机数与伪随机序列；最后介绍几种常用的序列密码算法，并在扩展阅读部分对 ZUC 算法的发展历程做了简要介绍。通过本章的学习，读者可理解和掌握序列密码算法的概念、基本原理、常用序列密码算法，对未来进一步学习序列密码算法及应用具有重要的指导作用。

4.1　序列密码的基本原理

4.1.1　序列密码算法的概念

　　序列密码算法（也称为流密码算法）将明文逐位转换成密文，其模型如图 4-1 所示。在序列密码中，明文按一定长度分组后表示成一个序列，称为明文流（序列中的每一项称为明文字）。加密时，先由种子密钥（或称为主密钥）通过密钥流产生器产生一个密钥流序列，该序列的每一项都和明文字具有相同的比特长度，称为密钥字；然后依次把明文流和密钥流中的对应项做二元加法运算（异或运算），产生相应的密文字，由密文字构成密文流输出。解密过程是将同样的密钥流与密文流中的对应项做二元加法运算，恢复出原来的明文流。

　　假设明文流 $m = m_1, m_2, m_3, \cdots, m_i, \cdots$；密钥流 $k = k_1, k_2, k_3, \cdots, k_i, \cdots$。

　　序列密码的加密算法为

$$c_i = E_{k_i}(m_i) = m_i \oplus k_i \tag{4-1}$$

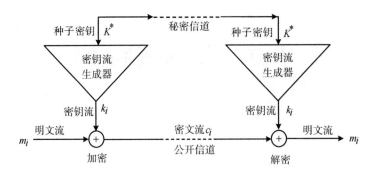

图 4 - 1　序列密码算法模型

序列密码的解密算法为

$$m_i = D_{k_i}(c_i) = c_i \oplus k_i \tag{4-2}$$

由于 $m_i \oplus k_i \oplus k_i = m_i$，所以式(4-2)是正确的。

【例 4 - 1】　假设当前的明文字为 01101010，密钥流生成器生成的当前密钥字为 10110111，加解密均为按位异或加运算，则得到的密文字为

$$01101010 \oplus 10110111 = 11011101$$

解密时用相同的密钥字为

$$11011101 \oplus 10110111 = 01101010$$

实际的序列密码算法其安全性依赖密钥生成器所产生的密钥流的性质。如果密钥流是无周期的(真正随机的)无限长随机序列，那么此时的序列密码算法即为"一次一密"的密码算法。

4.1.2　序列密码算法的分类

在序列密码中，根据状态函数是否独立于明文或密文，可以将序列密码分为同步序列密码和自同步序列密码两类。

1. 同步序列密码

在同步序列密码中密钥流是独立于消息流而产生的，可用如下函数表示：

$$s_{i+1} = f(s_i, k^*) \quad (i = 0, 1, 2, 3, \cdots) \tag{4-3}$$

$$k_i = g(s_i, k^*) \quad (i = 0, 1, 2, 3, \cdots) \tag{4-4}$$

在式(4-3)和式(4-4)中，s_i 是第 i 时刻的状态(s_0 是初始状态)，k^* 为种子密钥，$f(\cdot)$ 为状态转移函数，$g(\cdot)$ 为密钥流产生函数，k_i 是第 i 时刻的密钥。

图 4 - 2 所示为同步密钥流生成器模型，它具有以下特点：

(1) 同步要求：在一个同步序列中，发送方和接收方必须是同步的，即用同样的密钥且

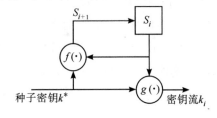

图 4 - 2　同步密钥流生成器模型

该密钥操作在同样的位置(状态)才能保证正确解密。若在传输过程中密文字符(或位)有插入或删除导致同步丢失,则解密将失败,且只能通过重建同步来继续进行解密。重建同步技术包括重新初始化、在密文的规则间隔中设置特殊记号。如果明文包含足够的冗余度,那么可以尝试密钥流的所有可能偏移。

(2) 无错误传播:在传输期间,一个密文字(或位)被改变(不是删除和插入)只能影响该密文字(或位)的恢复,不会对后续密文字(或位)产生影响。

(3) 主动攻击破坏同步:按照同步要求,一个主动攻击对密文进行插入、删除或重放操作都会立即破坏其同步,从而可能被解密器检测出来。作为无错误传播的结果,主动攻击者可能有选择地对密文进行改动,并准确地知道这些改动对明文的影响,这时可以采用为数据源提供认证并保证数据完整性的技术。

2. 自同步序列密码

自同步序列密码也称为异步流密码,其密钥流的产生不是独立于明文流和密文流的,与种子密钥和其前面已产生的若干密文字有关。自同步序列密码的密钥流的生成可用如下函数表示:

$$s_i = (c_{i-t}, c_{i-t+1}, \cdots, c_{i-1}) \quad (i = 0, 1, 2, 3, \cdots) \tag{4-5}$$

$$k_i = g(s_i, k^*) \quad (i = 0, 1, 2, 3, \cdots) \tag{4-6}$$

在式(4-5)和式(4-6)中,$s_1 = (c_{1-t}, c_{1-t+1}, \cdots, c_0)$ 是非秘密的初始状态,c_{i-t} 是前 t 时刻的密文字,k^* 为种子密钥,$g(\cdot)$ 为密钥流产生函数,k_i 是第 i 时刻的密钥。

图 4-3 所示是自同步密钥流生成器模型,它具有以下特点:

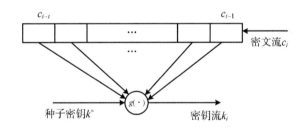

图 4-3　自同步密钥流生成器模型

(1) 自同步:自同步的实现依赖密文字被删除或插入,这是因为解密只取决于先前固定数量(如图 4-1 所示的 t 个)的密文字。自同步序列密码在同步丢失后能够自动重新建立同步,并正确地解密,只有固定数量的明文字不能解密。

(2) 有限的错误传播:因为自同步序列的状态取决于 t 个已有的密文字符,所以若一个密文字(或位)在传输过程中被修改(插入或删除),则解密时最多只影响到后续 t 个密文字的解密,即只发生有限的错误传播。

(3) 难检测主动攻击:与同步相比,自同步使得主动攻击者发起的对密文字的插入、删除、重放等攻击只会产生非常有限的影响,正确的解密能很快地自动重建。因此,自同步序列密码对主动攻击来说是很困难的,可能需要采用为数据源提供认证并保证数据完整性的技术。有限的错误传播特性使得主动攻击者对密文字的任何改动都会引起一些密文字解密出错。

（4）密文统计扩散：每个明文字都会影响其后的整个密文，即密文的统计特性被扩散到密文中。所以，自同步序列密码算法在抵抗利用明文冗余度而发起的攻击方面要强于同步序列密码。

4.1.3　序列密码与分组密码的比较

由前面的讨论可知，分组密码和序列密码的不同主要表现在以下两个方面：

（1）分组密码是以一定的固定长度的分组作为每次处理的基本单元；而序列密码则以一个元素（一个字符或一个比特位）作为基本处理单元。

（2）分组密码使用的是一个不随时间变化的固定变换，具有扩散性好、插入敏感等优势，其缺点是加密处理速度慢，存在错误传播；而序列密码用的是一个随时间变换的加密变换，具有传播速度快、错误传播少和硬件实现电路简单等优势，其缺点是低扩散（意味着混乱程度不够）、插入及修改不敏感。

序列密码涉及大量的理论知识，目前也提出了众多设计原理，得到了广泛分析，但许多研究成果并没有完全公开（目前公开的有 RC4、SEAL 等序列密码算法），这或许是因为序列密码目前主要应用于军事、外交等机密部门。

序列密码算法的安全性取决于密钥流的性能，当密钥流是完全的随机序列时，序列密码是不可破的。随机序列的主要特点表现为无规律性和不可预测性。如果密钥流能做到真正的随机，此时的序列密码算法就是"一次一密"的密码算法，是绝对安全的。在实际应用中，密钥流都是用有限存储和有限复杂逻辑的电路来产生的，此时的密钥流只有有限个状态。这样的密钥流生成器迟早要回到初始状态而使其呈现出周期性。但如果密钥流的周期足够长，且随机性好，其安全强度是可以得到保证的。因此，序列密码的安全强度取决于密钥流生成器的设计。目前，产生密钥流最重要的部件是线性反馈移位寄存器（linear feedback shift register，LFSR），这是因为 LFSR 非常适合硬件实现，能产生具有较大周期和统计特性良好的序列，并能够用代数方法对产生的序列进行很好的分析。

4.2　线性反馈移位寄存器

4.2.1　线性反馈移位寄存器

移位寄存器是流密码产生密钥流的一个主要组成部分。GF(2)上一个 n 级反馈移位寄存器由 n 个二元存储器与一个反馈函数 $f(a_1, a_2, \cdots, a_n)$ 组成，如图 4-4 所示。

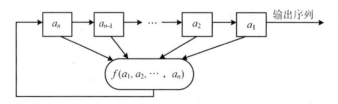

图 4-4　GF(2)上的 n 级反馈移位寄存器

在图 4-4 中，每一存储器称为移位寄存器的一级，在任一时刻，这些级的内容构成该反馈移位寄存器的状态，每一状态对应于 GF(2) 上的一个 n 维向量，共有 2^n 种可能的状态。每一时刻的状态可用 n 长序列"$a_1, a_2, \cdots, a_n$"的 n 维向量"$(a_1, a_2, \cdots, a_n)$"来表示，其中，a_i 是第 i 级存储器的内容。

初始状态由用户确定，当第 i 个移位时钟脉冲到来时，每一级存储器 a_i 都将其内容向下一级 a_{i-1} 传递，并计算 $f(a_1, a_2, \cdots, a_n)$ 作为下一时刻的 a_n。反馈函数 $f(a_1, a_2, \cdots, a_n)$ 是 n 元布尔函数，即 n 个变元 $a_1, a_2, \cdots, a_n$ 可以独立地取 0 和 1 两个可能的值，函数中的运算有逻辑与、逻辑或、逻辑补等运算，最后的函数值也为 0 或 1。

【**例 4 - 2**】　图 4 - 5 所示是一个 3 级反馈移位寄存器，其初始状态为 $(a_1, a_2, a_3) = (1, 0, 1)$，输出可由表 4 - 1 求出。

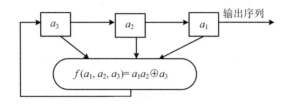

图 4 - 5　一个 3 级反馈移位寄存器

表 4 - 1　一个 3 级反馈移位寄存器的状态和输出

状态 (a_3, a_2, a_1)	输出 (a_1)
1　　0　　1	1
1　　1　　0	0
1　　1　　1	1
0　　1　　1	1
1　　0　　1	1
1　　1　　0	0

即输出序列为 1011101110111011$\cdots$，周期为 4（见表 4 - 1）。

如果 $f(a_1, a_2, \cdots, a_n)$ 是 $(a_1, a_2, \cdots, a_n)$ 的线性函数，则称之为线性反馈移位寄存器，否则称为非线性移位寄存器。此时 f 可写为

$$f(a_1, a_2, \cdots, a_n) = c_n a_1 \oplus c_{n-1} a_2 \oplus \cdots \oplus c_1 a_n \qquad (4-7)$$

式 (4-7) 中常数 $c_i = 0$ 或 1，$\oplus$ 是模 2 加法。$c_i = 0$ 或 1 可用开关的断开和闭合来实现，如图 4 - 6 所示。这样的线性函数共有 2^n 个。

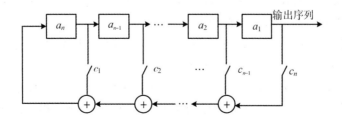

图 4 - 6　GF(2) 上的 n 级线性反馈移位寄存器

在图 4-6 中，输出序列 $\{a_t\}$ 满足：

$$a_{n+t} = c_n a_t \oplus c_{n-1} a_{t+1} \oplus \cdots \oplus c_1 a_{n+t-1} \tag{4-8}$$

式(4-8)中 t 为非负正整数。线性反馈移位寄存器因其实现简单、速度快、理论成熟等优点而成为构造密钥流生成器最重要的部件之一。

【例 4-3】 图 4-7 所示是一个 5 级线性反馈移位寄存器，其初始状态为 $(a_1, a_2, a_3, a_4, a_5) = (1, 0, 0, 1, 1)$，可求出输出序列为 1001101001000010101110110001111100110 …，周期为 31。

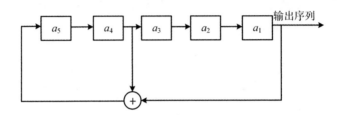

图 4-7 一个 5 级线性反馈移位寄存器

在线性反馈移位寄存器中总是假定 $c_1, c_2, \cdots, c_n$ 中至少有一个不为 0，否则 $f(a_1, a_2, \cdots, a_n) = 0$。这样的话，在 n 个脉冲后状态必然是 00…0，且这个状态必将一直持续下去。若只有一个系数不为 0，设仅有 c_j 不为 0，实际上是一种延迟装置。一般对于 n 级线性反馈移位寄存器，总是假定 $c_n = 1$。

n 级线性反馈移位寄存器的状态周期小于或等于 $2^n - 1$。输出序列的周期与状态周期相等，也小于或等于 $2^n - 1$。只要选择合适的反馈函数便可使序列的周期达到最大值 $2^n - 1$。

4.2.2 密钥序列的伪随机性

为了保证序列密码算法的安全强度，密钥序列的伪随机性还需要满足一定的条件，以近似地实现理想序列密码算法。周期、游程和自相关函数常被用于度量或检测密钥序列的伪随机性或随机程度。

【定义 4-1】 对于无穷序列 $\{a_i\}$，若存在正整数 T 使得

$$a_{i+T} = a_i, \ i = 1, 2, \cdots \tag{4-9}$$

则称该序列为周期序列，满足式(4-9)的最小正整数 T 被称为该序列的周期。若除了前面的有限项外，后面剩余的所有项构成一个周期序列，即存在 N 使得 $a_{N+1}, a_{N+2}, \cdots$ 为周期序列，则称该序列是终归周期的。

由密钥流生成器生成的密钥伪随机序列都是周期序列或终归是周期序列，但要满足一定的随机性(伪随机性)需要有足够长的周期。

【定义 4-2】 序列中存在一段连续相等的元素构成的子序列称为序列的一个游程。比如序列 $\{a_i\}$ 中存在 $a_{t-1} \neq a_t = a_{t+1} = \cdots = a_{t+l-1} \neq a_{t+l}$，则 $(a_t, a_{t+1}, \cdots, a_{t+l-1})$ 为序列 $\{a_i\}$ 的一个长为 l 的游程。若 $a_{t-1} \neq a_t \neq a_{t+1}$，则 (a_t) 为一个长为 1 的游程。

例如，称形如 01…10 或 10…01 的序列段为 1 个 1 游程或 0 游程，游程中所含 1 或 0 的个数称为该游程的长度，如 0110 为一个长为 2 的 1 游程，101 为一个长为 1 的 0 游程；再如序列 00110111，其前两个数字是 00，是长为 2 的 0 游程；接着是 11，是长为 2 的 1 游程；

再下来是长为 1 的 0 游程和长为 3 的 1 游程。

由定义 4-2 可知，游程是一串相同的序列元素，其前导和后继都与之不同。很显然，序列中的游程数越多，可预测性越强，则随机性越差。

序列的随机性还体现在同一序列的不同项之间的相关程度上，可以用自相关函数来描述。

【定义 4-3】　周期为 T 的二元序列 $\{a_i\}$ 的自相关函数为

$$R(j) = (X - Y)/T, \ j = 0, 1, 2, \cdots, T - 1 \tag{4-10}$$

在式（4-10）中，$X = |\{0 \leqslant i \leqslant T-1 : k_i = k_{i+j}\}|$ 表示序列 $\{a_i\}$ 及其平移 $\{a_{i+j}\}$ 序列在一个周期内的相同位数之和，$Y = |\{0 \leqslant i \leqslant T-1 : k_i = k_{i+j}\}|$ 为对应位相异的位数之和。因此，自相关函数为序列与其平移序列在一个周期内的相同位数与相异位数之差。显然，对于所有的 j 有 $R(j + T) = R(j)$，因此只需考虑 $[0, T-1]$ 区间内的 j 就足够了。

自相关函数的值越大，反映序列的不同项之间的相关性越强，则随机性越差。对于真正的随机序列，如独立均匀分布的二元随机序列，其自相关函数的期望值仅在 $j = 0$ 时为 1，称为同向相关；在 $j \neq 0$ 时均为 0，称为异向相关。

基于以上三个定义，Golomb 提出了三条随机性假设（用于度量二元周期序列的随机性）来定义伪随机序列：

（1）在序列的一个周期中，0 与 1 的个数相差不超过 1 个。

（2）在序列的一个周期中，长度为 k 的游程占游程总数的 $1/2^k$（这里假定至少有两个长为 k 的游程），且在等长的游程中，0 和 1 的游程数各占一半或至多相差 1 个。

（3）序列自相关函数是二值函数（为双值），即所有异向相关函数的值相等（为常数）。

凡满足这三条随机性假设的序列，被 Golomb 称为伪随机序列或者伪噪声序列。条件（1）表明序列中 0 与 1 出现的概率基本相等。条件（2）表明已知前若干位置的值的前提下，后续位置上出现 0 或 1 的概率基本相等。条件（3）说明通过对序列的不断平移进行分析，并不能获取关于序列周期等实质性信息。

实际上，满足 Golomb 的三条随机性假设的周期序列还不能满足密钥序列的安全方面的要求。为了保证密钥序列的安全，对序列的随机性还有更高的要求，应使其尽可能接近真随机序列的特征。除了具有 Golomb 的三条随机性假设中提出的良好统计特性以外，密钥流还应有极大的周期、不可预测性等性质。其实，真正的随机序列是非周期的，而按照任何确定性算法产生的序列都是周期或终归周期的，为了使其更接近于随机序列，要求其有尽可能大的周期。二元随机序列的各项之间是相互独立的，即在已知前面有限项的情况下，后面是不可预测的，用条件概率公式可表示为

$$P(a_i \mid a_0, a_1, \cdots, a_{i-1}) = P(a_i)$$

要求已知部分密钥的情况下，不能推导出整个密钥序列。

线性不可预测性就是要求不能从部分密钥通过线性关系简单地推导出整个密钥序列，这就要求产生密钥序列的最短线性反馈移位寄存器有足够的长度。

【定义 4-4】　n 级线性反馈移位寄存器产生的序列 $\{a_i\}$ 的周期达到最大值 $2^n - 1$ 时，称 $\{a_i\}$ 为 n 级 m 序列。

根据密码学的需要，对于线性移位寄存器主要考虑下面两个问题：

(1) 如何利用级数尽可能小的线性移位寄存器产生周期长、统计性能好的序列。

(2) 已知一个序列$\{a_i\}$，如何构造一个尽可能短的线性移位寄存器来产生它。

这里，我们需要介绍一些相关的代数学知识，因篇幅有限，部分定理不做证明。因为 n 级线性移位寄存器的输出序列$\{a_i\}$满足递推关系：

$$a_{n+k}=c_1 a_{n+k-1}\oplus c_2 a_{n+k-2}\oplus \cdots \oplus c_n a_k，对任何 k\geqslant 1 成立。$$

这种递推关系可用一个一元高次多项式 $p(x)=1+c_1 x+\cdots+c_{n-1}x^{n-1}+c_n x^n$ 表示，称这个多项式为 LFSR 的特征多项式。

由于 $a_i\in GF(2)$ $(i=1,2,\cdots,n)$，因此共有 2^n 组初始状态，即有 2^n 个递推序列。其中，非恒零的有 2^n-1 个，记 2^n-1 个非零序列的全体为 $G(p(x))$。

【定义 4-5】 给定序列$\{a_i\}$，幂级数 $A(x)=\sum\limits_{i=1}^{\infty}a_i x^{i-1}$，称为该序列的生成函数。

【定理 4-1】 设 $p(x)=1+c_1 x+\cdots+c_{n-1}x^{n-1}+c_n x^n$ 是 GF(2) 上的多项式，$G(p(x))$ 中任一序列$\{a_i\}$的生成函数 $A(x)$ 满足：$A(x)=\Phi(x)/p(x)$，其中

$$\phi(x)=\sum_{i=1}^{n}\left(c_{n-i}x^{n-i}\sum_{j=1}^{i}a_j x^{j-1}\right)$$
$$=(a_1+a_2 x+\cdots+a_n x^{n-1})+c_1 x(a_1+a_2 x+\cdots+a_{n-1}x^{n-2})+$$
$$c_2 x(a_1+a_2 x+\cdots+a_{n-2}x^{n-3})+\cdots+c_{n-1}x^{n-1}a_1 \qquad (4-11)$$

定理 4-1 说明了 n 级线性移位寄存器的特征多项式和它的生成函数之间的关系。

【定义 4-6】 设 $p(x)$ 是 GF(2) 上的多项式，使 $p(x)|(x^p-1)$ 的最小 p 称为 $p(x)$ 的周期或阶。

【定理 4-2】 若序列$\{a_i\}$的特征多项式 $p(x)$ 定义在 GF(2) 上，p 是 $p(x)$ 的周期，则 $\{a_i\}$的周期为 $r|p$。

n 级 LFSR 输出序列的周期 r 不依赖初始条件，而依赖特征多项式 $p(x)$。我们感兴趣的是 LFSR 遍历 2^n-1 个非零状态，这时序列的周期达到最大值 2^n-1，这种序列就是 m 序列。

下面讨论特征多项式满足什么条件时，LFSR 的输出序列为 m 序列。

【定义 4-7】 仅能被非零常数或者本身的常数倍除尽，不能被其他多项式整除的多项式称为不可约多项式。

【定理 4-3】 n 级 LFSR 产生的序列有最大周期 2^n-1 的必要条件是其特征多项式为不可约多项式。

该定理的逆命题不成立，即 LFSR 产生的特征多项式为不可约多项式，但其输出序列不一定是 m 序列。下面的例 4-4 就说明特征多项式为不可约多项式，但其输出序列不一定是 m 序列。

【例 4-4】 设 $f(x)=x^4+x^3+x^2+x+1$ 是 GF(2) 上的不可约多项式，但是它的输出序列是 $000110001100011\cdots$，周期是 5，不是 m 序列。

解 $f(x)$ 的不可约性由多项式 x、$x+1$、x^2+x+1 不能整除 $f(x)$ 而得。对于 $k\geqslant 5$，输出序列用 $a_k=a_{k-1}\oplus a_{k-2}\oplus a_{k-3}\oplus a_{k-4}$ 检验即可。

【定义 4-8】　若 n 次不可约多项式 $p(x)$ 的阶为 2^n-1，则称其为 n 次本原多项式。

【定理 4-4】　$\{a_i\}$ 为 n 级 m 序列的充要条件是其特征多项式 $p(x)$ 为 n 次本原多项式。

【例 4-5】　设 $p(x)=x^4+x+1$ 是 4 次本原多项式，以其为特征多项式的线性移位寄存器的输出是 $100100011110101100100001111010\cdots$，周期是 $2^4-1=15$ 的 m 序列。

解　$p(x)\mid(x^{15}-1)$，但是不存在 $l<15$，使得 $p(x)\mid(x^l-1)$，所以 $p(x)$ 的阶为 15。

$p(x)$ 的不可约性由 x、$x+1$、x^2+x+1 不能整除 $p(x)$ 而得，因此 $p(x)$ 是本原多项式。

对于 $k\geq5$，输出序列用 $a_k=a_{k-1}\oplus a_{k-4}$ 检验即可。

虽然 n 级线性移位寄存器产生的 m 序列具有良好的伪随机性，但是直接用其构造密钥流序列是极不安全的。因为利用 $2n$ 个输出位可以找到它的起始状态和特征多项式，具体分析见 4.6.2 小节。

4.3　非线性反馈移位寄存器

线性移位寄存器序列密码在已知明文攻击下是可破译的这一事实促使人们向非线性领域探索。目前研究的比较充分的是非线性移位寄存器、对线性移位寄存器进行非线性组合等。例如，图 4-4 中的 $f(a_1,a_2,\cdots,a_n)$ 为非线性函数，则该移位寄存器就构成 NLFSR（nonlinear feedback shift register）。

为了使密钥流生成器输出的二元序列尽可能复杂，应保证其周期尽可能大、线性复杂度和不可预测性尽可能高，因此常使用多个 LFSR 来构造二元序列，称每个 LFSR 的输出序列为驱动序列，显然密钥流生成器输出序列的周期不大于各驱动序列周期的乘积。因此，提高输出序列的线性复杂度应从极大化其周期开始。

1. Geffe 序列生成器

Geffe 序列生成器由 3 个 LFSR 组成（见图 4-8），其中，LFSR2 作为控制生成器使用。当 LFSR2 输出 1 时，LFSR2 与 LFSR1 相连接；当 LFSR2 输出 0 时，LFSR2 与 LFSR3 相连接。若设 LFSRi 的输出序列为 $\{a_k^{(i)}\}$（$i=1,2,3$），则输出序列 $\{b_k\}$ 可以表示为

$$b_k=a_k^{(1)}a_k^{(2)}+a_k^{(3)}\overline{a_k^{(2)}}=a_k^{(1)}a_k^{(2)}+a_k^{(3)}a_k^{(2)}+a_k^{(3)} \tag{4-12}$$

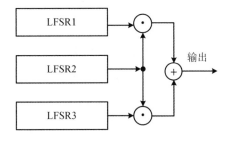

图 4-8　Geffe 序列生成器图

设 LFSRi 的特征多项式分别为 n_i 次本原多项式，且 n_i 两两互素，则 Geffe 序列的周期为 $\prod\limits_{i=1}^{3}(2^{n_i}-1)$，线性复杂度为 $(n_1+n_3)n_2+n_3$。

2. J-K 触发器

J-K 触发器如图 4-9 所示。它的两个输入端分别用 J 和 K 表示，其输出 c_k 不仅依赖输入，还依赖前一个输出位 c_{k-1}，即

$$c_k = \overline{(x_1+x_2)}c_{k-1}+x_1 \tag{4-13}$$

其中，x_1 和 x_2 分别是 J 和 K 端的输入。

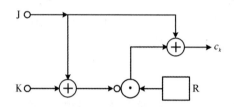

图 4-9 J-K 触发器

在图 4-10 中，令驱动序列 $\{a_k\}$ 和 $\{b_k\}$ 分别为 m 级和 n 级 m 序列，则有

$$c_k = \overline{(a_k+b_k)}c_{k-1}+a_k = (a_k+b_k+1)c_{k-1}+a_k \tag{4-14}$$

如果令 $c_{-1}=0$，则输出序列的最初 3 项为

$$\begin{cases} c_0 = a_0 \\ c_1 = (a_1+b_1+1)a_0+a_1 \\ c_2 = (a_2+b_2+1)[(a_1+b_1+1)a_0+a_1]+a_2 \end{cases} \tag{4-15}$$

当 m 与 n 互素且 $a_0+b_0=1$ 时，序列 $\{c_k\}$ 的周期为 $(2^m-1)(2^n-1)$。

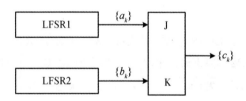

图 4-10 利用 J-K 触发器的非线性序列生成器

3. Pless 生成器

Pless 生成器由 8 个 LFSR、4 个 J-K 触发器和 1 个循环计数器构成，由循环计数器进行选通控制，如图 4-11 所示。假定在时刻 t 输出第 $t\,(\bmod\,4)$ 个单元，则输出序列为 $a_0b_1c_2d_3\,a_4b_5d_6$。

4. 钟控发生器

钟控发生器是由控制序列(由一个或多个移位寄存器来控制生成)的当前值来决定被采样的序列寄存器的移动次数，即由控制序列的当前值来确定采样序列寄存器的时钟脉冲数

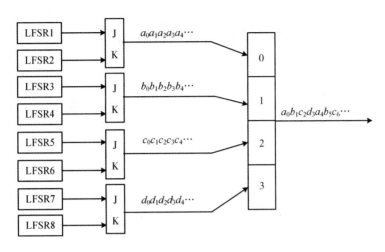

图 4-11 Pless 生成器

目。控制序列和被采样序列可以源于同一个 LFSR（称为自控），也可以源于不同的 LFSR（称为他控），还可以相互控制（称为互控）。钟控发生器模型如图 4-12 所示。

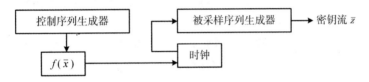

图 4-12 钟控发生器模型

钟控发生器模型中典型的是 (k, d) 钟控发生器。设控制序列为 $\bar{x}$，被采样的序列为 $\bar{y}$，则输出序列 $\bar{z}_i$ 表示为

$$\bar{z}_i = \begin{cases} \bar{y}_{i+k} & (a_i = 1) \\ \bar{y}_{i+d} & (a_i = 0) \end{cases} \tag{4-16}$$

当控制序列当前值为 1 时，被采样序列生成器被时钟驱动 k 次后输出；当控制序列当前值为 0 时，被采样序列生成器被时钟驱动 d 次后输出。

另外，停走式发生器也是一种钟控模型，它由 2 个 LFSR 组成。其中，LFSR-1 控制 LFSR-2 的时钟输入。当且仅当 LFSR-1 在 $t-1$ 时刻的输出为 1 时，LFSR-2 在 t 时刻改变状态，也即 LFSR-1 输出时钟脉冲，使 LFSR-2 进行输出并反馈以改变移位寄存器的状态。

5. 收缩和自收缩发生器

收缩发生器由控制序列的当前值决定被采样序列移位寄存器是否输出。该发生器由 2 个 LFSR 组成。LFSR-1、LFSR-2 分别按各自的时钟运行，LFSR-1 在 $t-1$ 时刻的输出为 1 时，LFSR-2 在 t 时刻的输出为密钥流，否则舍去。

自收缩发生器从一个 LFSR 抽出 2 条序列，其中一条为控制序列，另一条为采样序列。当控制序列输出为 1 时，采样序列输出为密钥流，否则舍去。

此外，还有多路复合序列，这类序列也归结为非线性组合序列。

4.4　随机数与伪随机序列

为什么在密码学中要讨论随机数的产生？很多密码算法都需要使用随机数，因而随机数在密码学中起着重要的作用。例如，在密钥分配中，使用随机数产生会话密钥或使用一次性随机数可以防止重放攻击；在公钥密码算法中，使用随机数作为公钥密码算法中的密钥或以随机数产生器来产生公钥密码算法中的密钥，产生 DES 加密算法中的密钥，产生 RSA 加密和数字签名中的素数。所有这些方案都需要足够长度并且"随机"的数，即使得任何特定值被选中的概率足够小，防止对方根据概率来优化搜索策略。例如，DES 密钥空间大小为 2^{56}，如果密钥 k 是随机产生的，那么对方要尝试 2^{56} 个可能的密钥值。但是如果密钥 k 这样产生：选取一个 16 位随机密钥 s，然后利用一个复杂但是公开的函数 f 将其扩展为 56 位密钥 k，这时对方只要尝试 2^{16} 个可能的密钥值就能找到真正的密钥。

4.4.1　随机数及其性质

序列密码的保密性完全取决于密钥的随机性。如果密钥是真正的随机数，那么这种体制在理论上是不可破译的。但这种方式所需的密钥量大得惊人，在实际中是不可行的。因此，目前一般采用伪随机序列来代替随机序列作为密钥序列，也就是序列存在着一定的循环周期性。这样序列周期的长短就成为保密性的关键。如果周期足够长，就会有比较好的保密性。现在周期小于 10^{10} 的序列很少被采用，周期长达 10^{50} 的序列也并不少见。

1. 随机数

关于随机数，在不同的领域或从不同的角度有许多不同的说法。目前，通常所讲的随机数是指没有规律的数据。

2. 随机数的性质

1）随机性

随机数在密码学的应用中，要求无规律性，这种无规律性主要体现在以下两个方面：

（1）具有均匀分布、总体良好的随机统计特征，能通过均匀性检验、独立性检验、游程检验等基本的统计特性检验。

（2）不能重复产生，即在完全相同的条件下，将得到两个不相关的随机序列。

2）不可预测性

不可预测性是指即使给出的产生序列的硬件和所有以前产生序列的全部知识，也不能预测下一个随机位是什么，因而随机序列是非周期的。在实际的双向认证或会话密钥产生等的应用中，不仅要求随机序列具有随机性，还要求序列中的数也是不可预测的。

4.4.2　随机数的生成方法

计算机上的随机数产生器并不是随机的，因为计算机一直是具有完全确定性的机器，特别在行为随机性方面的表现不尽如人意。所以当程序员需要一个或一组真正的随机数时，他们必须通过各种方式近似地生成随机数。目前，随机数的生成有以下两类方法：

（1）物理方法。物理方法是指利用自然界的一些真的随机物理量来生成随机数。比如，放射性衰变、电子设备的噪声、宇宙射线的触发时间等。一般来说，用物理方法得到的随机数具有很好的随机性，但是由于具有不可重复性，统计模拟和验证十分困难。此外，该方法产生随机数的速度和物理随机数发生器的稳定性也使得此方法的应用受到限制。

（2）利用计算机来产生随机数，即数学方法。这类方法由一个初始状态（称为种子）开始，通过一个确定的算法来生成随机数。一旦给定算法和种子，输出的序列就是确定的了，因而产生的序列具有周期性、规律性和重复性，不是真正的随机数，而是伪随机数（pseudo random numbaer，PRN），产生伪随机数的算法或硬件一般称为伪随机数生成器（pseudo random numbaer generator，PRNG）。PRNG 是一个生成完全可预料的数列（称为流）的确定性程序。

一个编写得很好的 PRNG 程序可以创建一个序列，而这个序列的属性与许多真正随机数的序列的属性是一样的。例如，PRNG 可以以相同的概率在一个范围内生成任何数字；PRNG 可以生成带任何统计分布的流；由 PRNG 生成的数字流不具备可辨别的模。

PRNG 实现简单、速度快、性价比高，而且在目前的许多应用中并不一定必须使用真正的随机数，只要产生的伪随机数的随机性能满足应用需求就可以了。因此，目前应用的随机数都是通过 PRNG 产生的、满足一定随机性要求的伪随机数。但是在应用中，往往要求伪随机数应尽可能地接近真的随机数的特性，比如具有良好的统计分布特性（能通过基本的被认可的统计检验）、具有足够长的周期等。一般来说，只要产生的伪随机数能够通过足够多的、良好的统计检验，就可以放心地将伪随机数当随机数来使用了。

＊4.4.3　伪随机数产生器

由于 PRNG 都是使用某种确定的算法来产生随机数的，因而伪随机数生成器需要种子将算法初始化，所产生的序列会重复，即具有周期性。目前，常用的伪随机数的产生方法有：线性同余算法构造、加密算法构造，使用 BBS 伪随机比特或硬件方法产生伪随机数。

1. 使用线性同余算法构造伪随机数产生器

目前，使用最为广泛的伪随机数产生方法是线性同余算法，其数学公式为

$$X_{n+1} = (aX_n + b) \bmod c \qquad\qquad (4-17)$$

式（4-17）中有 4 个参数：模数 $c>0$、乘子 $a(0{\leqslant}a<c)$、增量 $b(0{\leqslant}b<c)$、初始值即种子 X_0。由式（4-17）可知，第 $n+1$ 个数等于第 n 个数乘以某个常数 a，再加上常数 b。如果结果大于或等于某个常数 c，那么通过除以 c，并取它的余数来将这个值限制在一定范围内（注意：a、b 和 c 通常是质数）。Donald Knuth 在 *The Art of Computer Programming* 一书中详细介绍了关于这些常数选择的问题以及如何挑选好的值（有兴趣的读者可以进一步查阅相关资料）。

【例 4-6】　在 $X_{n+1}=(aX_n+b)\bmod c$ 中，取 $a=b=1$，则产生的随机数序列中的每一个数都是在前一个数上加 1，结果显然不是很满意；取 $a=7$，$b=0$，$c=32$，$X_0=1$，则产生的随机数序列为 $\{1, 7, 17, 23, 1, 7, \cdots\}$，在 32 个可能的取值中只有 4 个数出现，序列的周期为 4，因此产生的序列不能令人满意；取 $a=7$，$b=0$，$c=32$，$X_0=1$，则产生的随机

数序列为$\{1, 5, 25, 27, 17, 21, 9, 13, 1, \cdots\}$，序列周期为 8。

为了使随机序列的周期尽可能大，c 应尽可能大。普遍原则是选 c 接近或等于计算机能表示的最大正数，比如接近或等于 2^{63}。

用线性同余算法来构造伪随机数产生器的强度取决于模数和乘数的选取，选择产生的序列和从 $1, 2, \cdots, m-1$ 中随机选取的数列是不可区分的。但除了初值 X_0 的选取具有随机性以外，算法本身不具有随机性(因为当 X_0 被选取后，以后的数就被确定性地产生了)。这个性质可用于对该算法进行密码分析：如果敌手知道正在使用线性同余算法来构造伪随机数，则一旦获得序列中一个数，就可得到序列中的所有数；甚至若敌手只知道正在使用线性同余算法以及产生的随机序列中的极少一部分，就可以确定出算法的参数。

2. 使用加密算法构造伪随机数产生器

利用加密算法来构造伪随机数产生器，例如，选定密钥 k，对自然数 $1, 2, \cdots$ 加密可产生伪随机序列：

$$X_n = E_k(n) \tag{4-18}$$

式(4-18)中，若使用的密钥相同，则产生的伪随机序列是相同的。因此，伪随机数生成器的初始值(种子)应也是随机数。由种子产生的序列不可能是无穷长的，但可以是非常长的。

图 4-13 所示是使用 DES 算法构造伪随机数产生器的流程，其中：

$$R_i = \text{DES}_{k_1}(V_i),\ Y_i = \text{DES}_{z_i}^{-1}(R_i)$$
$$V_{i+1} = \text{DES}_{k_2}(Y_i),\ W_i = \text{DES}_{z_i}^{-1}(V_i)$$
$$X_i = \text{DES}_{k_2}(W_i),\ V_i = \text{Date}(64\ \text{bit})$$

X_i 即是所求的随机数。

在图 4-13 中，k_1 和 k_2 是 64 bit 的密钥，z_i 的产生过程如图 4-14 所示。$z_{i+1} = \text{DES}_{k_1}^{-1}(z_i)$，$z_1 = \text{Time}(64\ \text{bit})$。

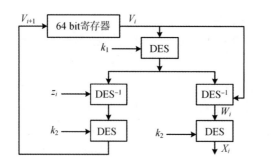

图 4-13　使用 DES 算法构造伪随机数产成器的流程图

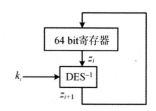

图 4-14　z_i 的产生过程

3. 使用 BBS 伪随机比特方法的随机数产生器

BBS(Blum-Blum-Shub)是已经证明过的强度最强的使用伪随机比特方法的随机数产生器，简称伪随机序列产生器。BBS 产生器首先是选择两个素数 p 和 q，满足：

$$p \equiv q \equiv 3 \pmod{4}$$

令 $n = pq$，再选择一个随机数 t，使得 t 与 n 互质，则 BBS 产生器产生伪随机序列的算法如下：

$R_0 = t^2 \bmod n$

for $i = 1$　to ∞ do

$\{ \quad R_i = R_{i-1}^2 \bmod n$

$\qquad X_i = R_i \bmod 2 \}$

【例 4 - 7】　假设 $n = 383 \times 503 = 192\ 649$，种子 $t = 101\ 355$，则 BBS 产生器产生的伪随机数序列如表 4 - 2 所示。

表 4 - 2　BBS 产生器产生的伪随机序列

i	R_i	X_i	i	R_i	X_i	i	R_i	X_i
0	20 749		7	45 663	1	14	114 386	0
1	143 135	1	8	69 442	0	15	14 863	1
2	177 671	1	9	186 894	0	16	133 015	1
3	97 048	0	10	177 046	0	17	106 065	1
4	89 992	0	11	137 922	0	18	45 870	0
5	174 051	1	12	123 175	1	19	137 171	1
6	80 649	1	13	8630	0	20	48 060	0

由前面的算法描述可知，BBS 的安全性基于大整数分解的困难性，因此它是密码上安全的伪随机序列产生器。如果伪随机序列产生器能通过下一比特检验，则称之为密码上安全的伪随机比特产生器，具体思路是：以伪随机比特产生器的输出序列的前 k bit 作为输入，如果不存在多项式时间算法，能以大于 $1/2$ 的概率预测第 $(k+1)$ bit，即已知一个序列的前 k bit，不存在实际可行的算法能以大于 $1/2$ 的概率预测下一比特是 0 或者 1。

4. 使用硬件方法的随机数产生器

真正的随机数发生器是非确定的，在计算机上执行非确定性事情的唯一方法是从一些自然的随机过程中收集数据。最好的一种方法涉及使用电子 Geiger 计数器，每次当它检测到放射性衰变时，它就会生成一个脉冲。衰变之间的时间是一个十足的、纯粹的随机部分。尤其是，没有人可以预测到下一次衰变的时间大于还是小于自上次衰变以来的时间，那就产生了一位随机信息。

目前生成随机数的几种硬件设备都是用于商业用途的。得到广泛使用的设备是 ComScire QNG，其使用并行端口连接到 PC 的外部设备，可以在每秒钟生成 20 000 位随机数，这对于大多数注重安全性的应用程序来说已经足够了。

另外，Intel 公司宣布他们将开始在其芯片组中添加基于热能的硬件随机数发生器，而且基本上不会增加客户的成本。迄今为止，已经交付了一些带有硬件 RNG 的 CPU。

4.4.4　伪随机数的评价标准

如果一序列产生器是伪随机的，它应有下面的性质：

(1) 看起来是随机的，表明它可以通过所有随机性统计检验。

现在有许多统计测试，它们采用了各种形式，但它们的共同思路是全都以统计方式检查来自发生器的数据流，尝试发现数据是否是随机的。

确保数据流随机性的最广为人知的测试套件是 George Marsaglia 的 DIEHARD 软件包(请参阅 http://www.stat.fsu.edu/pub/diehard/)。另一个适合此类测试的合理软件包是 pLab(请参阅 http://random.mat.sbg.ac.at/tests/)。

(2) 是不可预测的，即使给出产生序列的算法或硬件和所有以前产生的比特流的全部知识，也不可能通过计算来预测下一随机比特是什么。

(3) 不能可靠地重复产生。如果用完全同样的输入对序列产生器操作两次将得到两个不相关的随机序列。

4.5　常用的序列密码算法

基于 LFSR 的序列密码非常适合于硬件实现，但是不特别适合软件实现。这导致出现了一些关于序列密码被计划用于快速软件实现的新建议，因为这些建议大部分具有专利，所以这里不讨论它们的技术细节。

比较常用的序列密码是祖冲之序列密码算法(ZUC 算法)及 A5、SEAL 和 RC4 序列密码算法。ZUC 算法和 A5 是典型的基于 LFSR 的序列密码算法(A5 算法曾广泛应用于 GSM 系统中，目前应用已较少)，SEAL 和 RC4 不是基于 LFSR 的序列密码算法，而是基于分组密码的输出反馈模式(OFB)和密码反馈模式(CFB)来实现的。其他不基于 LFSR 的序列密码生成器的安全性基于数论问题的难解性，这些生成器比基于 LFSR 的生成器要慢很多。本节主要介绍祖冲之序列密码算法和 RC4 算法。

4.5.1　祖冲之序列密码算法

祖冲之序列密码算法是我国发布的商用密码算法中的序列密码算法，该算法以中国古代数学家祖冲之的拼音(ZU Chongzhi)首字母命名，英文简称"ZUC"，由冯登国等中国密码学家自主设计，可用于数据机密性保护、完整性保护等。ZUC 算法的密钥长度为128 bit，包括加密算法 128-EEA3 和完整性保护算法 128-EIA3。该算法在 128 bit 种子密钥和 128 bit 初始向量控制下输出 32 bit 的密钥字流。

ZUC 算法由线性反馈移位寄存器 LFSR、比特重组 BR、非线性函数 F 三个基本部分组成，成功结合了模($2^{31}-1$)素域、模 2^{32} 域以及模 2 高维向量空间这三种不同代数范畴的运算，采用了线性驱动加有限状态自动机的经典流密码构造模型。公开文献表明，该算法具有很高的理论安全性，能够有效抵抗目前已知的攻击方法，具有较高的安全冗余。

ZUC 算法最初是面向 4G LTE 空口加密设计的序列密码算法，2009 年 5 月 ZUC 算法获得了 3GPP 安全算法组 SA 立项，正式申请参加 3GPP LTE 第三套机密性和完整性算法标准的竞选工作。2011 年 9 月，在第 53 次第三代合作伙伴计划(3GPP)系统架构组会议上，我国以 ZUC 算法为核心的加密算法 128-EEA3 和完整性保护算法 128-EIA3，与美国 AES、欧洲 SNOW 3G 共同成为了 4G 移动通信密码算法国际标准(3GPP TS 33.401)。这是我国商用密码算法首次走出国门参与国际标准竞争，并取得重大突破。2012 年 3 月，祖冲之序列密码算法被颁布为国家密码行业标准(祖冲之序列密码算法,标准号:GM/T 0001—2012);2016 年 10 月,祖冲之序列密码算法的算法描述部分被颁布为国家标准(信息安全技术 祖冲之序列密码算法 第 1 部分:算法描述,标准号:GB/T 33133.1—2016);2021 年10 月,祖冲之序列密码算法的保密性算法部分被颁布为国家标准(信息安全技术 祖冲之序列密码算法 第 2 部分:保密性算法,标准号:GB/T 33133.2—2021),完整性算法部分被颁布为国家标准(信息安全技术 祖冲之序列密码算法 第 3 部分:完整性算法,标准号:GB/T 33133.3—2021)。

目前,我国正推动 256 bit 版本的 ZUC 算法进入 5G 通信安全标准,这一版本算法采用256 bit 密钥与 184 bit 的初始向量,可产生 32 bit、64 bit、128 bit 三种不同长度的认证标签,从而保障后量子时代较长时期内的移动通信的机密性与完整性。ZUC 算法的成功设计、标准国际化及应用,是中国在国际商用密码算法领域取得的一次重大突破,体现了中国商用密码应用的开放性和商用密码设计的高能力,提高了我国在移动通信领域的国际地位和影响力,对我国移动通信产业和商用密码产业的发展具有重大而深远的意义。

ZUC 算法是一种基于字设计的同步序列密码算法,种子密钥 SK 和初始向量 IV 的长度均为 128 bit,在 SK 和 IV 的控制下,每拍输出一个 32 bit 字。ZUC 算法结构由三部分组成,首先是一个 496 bit 长的线性反馈移位寄存器(LFSR),其次是比特重组(BR),最后是有限状态自动机(FSM),如图 4-15 所示。

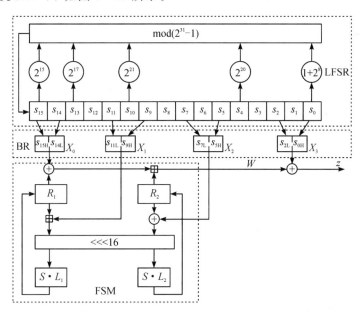

图 4-15 ZUC 算法的结构

1. 线性反馈移位寄存器

该线性反馈移位寄存器 LFSR 定义在域 GF($2^{31}-1$)上,由 16 个 31 bit 寄存器单元(s_{15},s_{14},$\cdots$,s_2,s_1,s_0)构成,这些单元均定义在代表元集合 { 1,2,$\cdots$,$2^{31}-1$ }上。LFSR 的运行模式有 2 种:初始化模式和工作模式。

1) 初始化模式

LFSR 接收 1 个 31 比特字 u 的输入，对寄存器单元变量 s_0，s_1，$\cdots$，s_{15} 进行更新，计算过程如下：

LFSRWithInitialisationMode(u)

{

　① $v = 2^{15}s_{15} + 2^{17}s_{13} + 2^{21}s_{10} + 2^{20}s_4 + (1+2^8)s_0 \bmod (2^{31}-1)$；

　② $s_{16} = (v+u) \bmod (2^{31}-1)$；

　③ 如果 $s_{16}=0$，则置 $s_{16}=2^{31}-1$；

　④ $(s_1, s_2, \cdots, s_{15}, s_{16}) \to (s_0, s_1, \cdots, s_{14}, s_{15})$（"$\to$"表示赋值）。

}

2) 工作模式

LFSR 无输入，直接对寄存器单元变量 s_0，s_1，$\cdots$，s_{15} 进行更新，计算过程如下：

LFSRWithWorkMode()

{

　① $s_{16} = 2^{15}s_{15} + 2^{17}s_{13} + 2^{21}s_{10} + 2^{20}s_4 + (1+2^8)s_0 \bmod (2^{31}-1)$；

　② 如果 $s_{16}=0$，则置 $s_{16}=2^{31}-1$；

　③ $(s_1, s_2, \cdots, s_{15}, s_{16}) \to (s_0, s_1, \cdots, s_{14}, s_{15})$。

}

2. 比特重组

比特重组(BR)主要用来从 LFSR 中抽取一些存储内容，从寄存器单元变量 s_0、s_2、s_5、s_7、s_9、s_{11}、s_{14}、s_{15} 输入，并拼接成 4 个 32 比特字(X_0, X_1, X_2, X_3)，用于下面的有限状态自动机(FSM)和输出处理，计算过程如下：

BitReconstruction()

{

　① $X_0 = s_{15H} \parallel s_{14L}$

　② $X_1 = s_{11L} \parallel s_{9H}$

　③ $X_2 = s_{7L} \parallel s_{5H}$

　④ $X_3 = s_{2L} \parallel s_{0H}$

}

3. 有限状态自动机

有限状态自动机(FSM)包含 2 个 32 bit 的记忆单元变量 R_1 与 R_2，输入为 3 个 32 bit X_0、X_1、X_2，输出为一个 32 比特字 W。计算过程如下：

$F(X_0, X_1, X_2)$

{

　① $W = (X_0 + R_1) \boxplus R_2$（"$\boxplus$"表示模 2^{32} 加法运算）

　② $W_1 = R_1 \boxplus X_1$

　③ $W_2 = R_2 \oplus X_2$

　④ $R_1 = S(L_1(W_{1L} \parallel W_{2H}))$

⑤ $R_2 = S(L_2(W_{2L} \parallel W_{1H}))$

　　}

其中，S 为 32 bit 的 S 盒变换，S 盒的定义如下：

　　32 bit S 盒由 4 个小的 8×8 的 S 盒并置而成，即 $S = (S_0, S_1, S_2, S_3)$。其中，$S_0 = S_2$，$S_1 = S_3$。S_0 和 S_1 的定义分别见表 4 - 3 和表 4 - 4。设 S_0（或 S_1）的 8 bit 输入为 x。将 x 视作两个十六进制数的连接，即 $x = h \parallel l$，则表 4 - 3（或表 4 - 4）中第 h 行和第 l 列交叉的元素即为 S_0（或 S_1）的输出 $S_0(x)$［或 $S_1(x)$］。

　　设 S 盒的 32 bit 输入 X 和 32 bit 输出 Y 分别为

$$X = x_0 \parallel x_1 \parallel x_2 \parallel x_3, \quad Y = y_0 \parallel y_1 \parallel y_2 \parallel y_3$$

其中，x_i 和 y_i 均为 8 bit，$i = 0, 1, 2, 3$。则有 $y_i = S_i(x_i)$，$i = 0, 1, 2, 3$。

　　L_1 和 L_2 为 32 bit 的线性变换，定义如下：

$$L_1(X) = X \oplus (X \lll 2) \oplus (X \lll 10) \oplus (X \lll 18) \oplus (X \lll 24)$$
$$L_2(X) = X \oplus (X \lll 8) \oplus (X \lll 14) \oplus (X \lll 22) \oplus (X \lll 30)$$

其中，$\lll k$ 表示 32 bit 循环左移 k 位。详细变换过程可参考 GB/T33133—2016。

表 4 - 3　S_0 盒

	0	1	2	3	4	5	6	7	8	9	A	B	C	D	E	F
0	3E	72	5B	47	CA	E0	00	33	04	D1	54	98	09	B9	6D	CB
1	7B	1B	F9	32	AF	9D	6A	A5	B8	2D	FC	1D	08	53	03	90
2	4D	4E	84	99	E4	CE	D9	91	DD	B6	85	48	8B	29	6E	AC
3	CD	C1	F8	1E	73	43	69	C6	B5	BD	FD	39	63	20	D4	38
4	76	7D	B2	A7	CF	ED	57	C5	F3	2C	BB	14	21	06	55	9B
5	E3	EF	5E	31	4F	7F	5A	A4	0D	82	51	49	5F	BA	58	1C
6	4A	16	D5	17	A8	92	24	1F	8C	FF	D8	AE	2E	01	D3	AD
7	3B	4B	DA	46	EB	C9	DE	9A	8F	87	D7	3A	80	6F	2F	C8
8	B1	B4	37	F7	0A	22	13	28	7C	CC	3C	89	C7	C3	96	56
9	07	BF	7E	F0	0B	2B	97	52	35	41	79	61	A6	4C	10	FE
A	BC	26	95	88	8A	B0	A3	FB	C0	18	94	F2	E1	E5	E9	5D
B	D0	DC	11	66	64	5C	EC	59	42	75	12	F5	74	9C	AA	23
C	0E	86	AB	BE	2A	02	E7	67	E6	44	A2	6C	C2	93	9F	F1
D	F6	FA	36	D2	50	68	9E	62	71	15	3D	D6	40	C4	E2	0F
E	8E	83	77	6B	25	05	3F	0C	30	EA	70	B7	A1	E8	A9	65
F	8D	27	1A	DB	81	B3	A0	F4	45	7A	19	DF	EE	78	34	60

表 4 - 4　S_1 盒

	0	1	2	3	4	5	6	7	8	9	A	B	C	D	E	F
0	55	C2	63	71	3B	C8	47	86	9F	3C	DA	5B	29	AA	FD	77
1	8C	C5	94	0C	A6	1A	13	00	E3	A8	16	72	40	F9	F8	42
2	44	26	68	96	81	D9	45	3E	10	76	C6	A7	8B	39	43	E1
3	3A	B5	56	2A	C0	6D	B3	05	22	66	BF	DC	0B	FA	62	48
4	DD	20	11	06	36	C9	C1	CF	F6	27	52	BB	69	F5	D4	87
5	7F	84	4C	D2	9C	57	A4	BC	4F	9A	DF	FE	D6	8D	7A	EB
6	2B	53	D8	5C	A1	14	17	FB	23	D5	7D	30	67	73	08	09
7	EE	B7	70	3F	61	B2	19	8E	4E	E5	4B	93	8F	5D	DB	A9
8	AD	F1	AE	2E	CB	0D	FC	F4	2D	46	6E	1D	97	E8	D1	E9
9	4D	37	A5	75	5E	83	9E	AB	82	9D	B9	1C	E0	CD	49	89
A	01	B6	BD	58	24	A2	5F	38	78	99	15	90	50	B8	95	E4
B	D0	91	C7	CE	ED	0F	B4	6F	A0	CC	F0	02	4A	79	C3	DE
C	A3	EF	EA	51	E6	6B	18	EC	1B	2C	80	F7	74	E7	FF	21
D	5A	6A	54	1E	41	31	92	35	C4	33	07	0A	BA	7E	0E	34
E	88	B1	98	7C	F3	3D	60	6C	7B	CA	D3	1F	32	65	04	28
F	64	BE	85	9B	2F	59	8A	D7	B0	25	AC	AF	12	03	E2	F2

4. 密钥装入

将初始密钥 k 和初始向量 iv 分别扩展为 16 个 31 bit 字作为 LFSR 寄存器单元变量 s_0，s_1，…，s_{15} 的初始状态，步骤如下：

（1）设 k 和 iv 分别为 $k_0 \parallel k_1 \parallel \cdots \parallel k_{15}$ 和 $iv_0 \parallel iv_1 \parallel \cdots \parallel iv_{15}$，其中，$k_i$ 和 iv_i 均为 8 bit，$0 \leqslant i \leqslant 15$。

（2）对 $0 \leqslant i \leqslant 15$，有 $s_i = k_i \parallel d_i \parallel iv_i$，其中，$d_i$ 为 16 bit 的常量串，定义如下：

$d_0 = 1000100110010111_2$，　$d_1 = 0100110101111100_2$，

$d_2 = 1100010011010111_2$，　$d_3 = 0010011010111110_2$，

$d_4 = 1010111100010011_2$，　$d_5 = 0110101111000010_2$，

$d_6 = 1110001001101011_2$，　$d_7 = 0001001101011110_2$，

$d_8 = 1001101011110000_2$，　$d_9 = 0101110000100111_2$，

$d_{10} = 1101011110000100_2$，　$d_{11} = 0011010111100011_2$，

$d_{12} = 1011110001001101_2$，　$d_{13} = 0111100010011010_2$，

$d_{14} = 1111000100110101_2$，　$d_{15} = 1000111101011000_2$。

5. 算法运行

祖冲之算法的输入参数为初始密钥 k、初始向量 iv 和正整数 L，输出参数为 L 个密钥

字 Z。算法运行过程包含初始化步骤和工作步骤。

1）初始化步骤

（1）将初始密钥 k 和初始向量 iv 装入 LFSR 寄存器单元变量 s_0，s_1，…，s_{15} 中，作为 LFSR 的初态。

（2）令 32 bit 记忆单元变量 $R_1 = 0$ 和 $R_2 = 0$。

（3）重复执行下列过程 32 次。

① BitReconstruction（）;

② $W = F(X_0, X_1, X_2)$;

③ 输出 32 bit W;

④ LFSRWithInitialisationbitMode（$W \gg 1$）。

2）工作步骤

（1）执行下述过程：

① BitReconstruction（）;

② $F(X_0, X_1, X_2)$;

③ LFSRWithWorkMode（）。

（2）重复执行 L 次下述过程：

① BitReconstruction（）;

② $Z = F(X_0, X_1, X_2) \oplus X_3$;

③ 输出 32 比特字 W;

④ LFSRWithWorkMode（）。

4.5.2　RC4 序列密码算法

RC4 是美国 RSA 数据安全公司 1987 年设计的一种序列密码，广泛应用于 SSL/TLS 标准等商业密码产品中，是目前所知应用最广泛的对称序列密码算法之一。该算法以 OFB 方式工作，密钥流与明文相互独立。RSA 数据安全公司将其收集在加密工具软件 BSAFE 中。最初并没有公布 RC4 算法，人们通过软件进行逆向分析得到了算法，在这种情况下，RSA 数据安全公司于 1997 年公布了 RC4 密码算法。

RC4 与基于 LFSR 的序列密码不同，它是以随机置换为基础、基于非线性数据表变换的序列密码，面向字节操作。它以一个足够大的数据表为基础，对表进行非线性变换，产生非线性的密钥序列。

RC4 使用了 256 byte 的 S 表和两个指针（I 和 J），算法步骤如下：

Step1：初始化 S 表。

初始化过程如下：

（1）对 S 表进行填充，即令

$$S[0] = 0, S[1] = 1, S[2] = 2, \cdots, S[255] = 255。$$

（2）用密钥 $k(k[0], k[1], \cdots, k[\text{len}(k)] - 1)$ 填充另一个 256 byte 的 R 表。若密钥的长度小于 R 表的长度，则依次重复填充，直至将 R 表填满 $R[i] = k[i \bmod \text{len}(k)]$。

（3）$J = 0$。

（4）对于 $I = 0:255$，重复以下操作：

$$J = (J + S[I] + R[I]) \bmod 256;$$
交换 $S[I]$ 和 $S[J]$。

Step2：生成密钥序列。

• RC4 的下一状态函数定义如下：

(1) $I = 0$，$J = 0$。

(2) $I = (I + 1) \bmod 256$。

(3) $J = (J + S[I]) \bmod 256$。

(4)交换 $S[I]$ 和 $S[J]$。

• RC4 的输出函数定义如下：

(1) $h = (S[I] + S[J]) \bmod 256$。

(2) $z = S[h]$。

RC4 算法的优点是：算法简单、高效，特别适合软件实现。目前，RC4 初始密钥至少为 128 位。RC4 被广泛应用于商业密码产品中，如已经用于 Microsoft Windows、Lotus Notes 和 Oracle 的 SQL 数据库中，成为网络浏览器和服务器之间的通信定义的安全套接字层(secure socket layer，SSL)；还用于无线系统以及保护无线连接的安全，如应用于 IEEE802.11 无线 LAN 标准的 WEP(wired equivalent privacy)协议和 WiFi 保护访问协议等。

4.6　扩　展　阅　读

对于序列密码算法，目前有两种最典型的攻击方法：插入攻击和已知明文攻击。

4.6.1　插入攻击

插入攻击的原理是：在明文流中插入 1 位，并截获密文，具体过程见下面的分析。

假设原始明文、密钥流和密文分别为

$$m_1 m_2 m_3 \cdots, m_i \cdots;\ k_1 k_2 k_3 \cdots k_i \cdots;\ c_1 c_2 c_3 \cdots c_i \cdots$$

若已知在明文流的已知位(如第 1 位的后面)插入一个 m，然后利用同样的密钥加密后发送，其结果是：

$$m_1 m m_2 m_3 \cdots m_i \cdots;\ k_1 k_2 k_3 \cdots k_i \cdots;\ c_1' c_2' c_3' \cdots c_i' \cdots$$

若攻击者已经知道插入位和两个密文流，则可以构建如下方程组：

$$k_2 = c_2' \oplus m,\ m_2 = k_2 \oplus c_2,\ k_3 = c_3' \oplus m_2,\ m_3 = k_3 \oplus c_3$$

这样就可以按照 $k_2 \to m_2 \to k_3 \to m_3 \to \cdots$ 的顺序破译出明文。

【**例 4 - 8**】　如果原始明文、密钥流分别为 $10011\cdots$，$11001\cdots$，则密文为 $01010\cdots$。

若攻击者获取了这段密文，并在明文的第二个位置插入 1，得到明文为 110011，仍用相同的密钥流 110010…进行加密，则得到密文 000001，同时攻击者也截取了这段密文。

攻击者由明文的第二位的 1 和密文可以破译出：

$$k_2 = 1 \oplus 0 = 1,\ m_2 = 1 \oplus 1 = 0,\ k_3 = 0 \oplus 0 = 0,\ m_3 = 0 \oplus 0 = 0,\ k_4 = 0 \oplus 0 = 0,\ m_4 = 01 \oplus 1 = 1,\ \cdots$$

从上面的分析可以看出，该种攻击不仅要求攻击者知道在明文中的插入位置，还要求插入前后两个明文流以同样的密钥流加密，并且攻击者能够获取这两个密文流。这在现实中是难以实现的，下面介绍的已知明文攻击更容易实现。

4.6.2　已知明文攻击

产生二元序列级数最少的 LFSR 的级数称为该序列的线性复杂度。n 级 m 序列的线性复杂度为 n。对于一个线性复杂度为 n 的二元周期序列来说，只要知道了该序列中任意相继的 $2n$ 位就可以确定整个序列以及产生该序列的 LFSR 结构（LFSR 的特征多项式或反馈函数），由此破解应用此 LFSR 的二元加法序列密码算法。

根据 LFSR 的输出序列 $\{a_i\}$ 的递推关系：

$$a_{n+i} = c_n a_i \oplus c_{n-1} a_{t+1} \oplus \cdots \oplus c_1 a_{n+t-1}$$

如果以输出流 $\{a_i\}$ 直接作为密钥流，即

$$k_{n+i} = c_n k_i \oplus c_{n-1} k_{t+1} \oplus \cdots \oplus c_1 k_{n+t-1}$$

在此方程中，将反馈系数 $c_n, c_{n-1}, \cdots, c_1$ 看作未知数，如果能够利用已知的密钥流 k_i 构建一个关于 $c_n, c_{n-1}, \cdots, c_1$ 的线性方程组，则有可能解出 n 个反馈系数，从而得到反馈函数。要使这个线性方程组有唯一解，则需要如下 n 个方程构成方程组：

$$\begin{cases} k_{n+1} = c_n k_1 + c_{n-1} k_2 + \cdots + c_1 k_n \\ k_{n+2} = c_n k_2 + c_{n-1} k_3 + \cdots + c_1 k_{n+1} \\ \quad\quad\vdots \\ k_{2n} = c_n k_n + c_{n-1} k_{n+1} + \cdots + c_1 k_{2n-1} \end{cases}$$

用矩阵表示为

$$\begin{bmatrix} k_1 & k_2 & \cdots & k_n \\ k_2 & k_3 & \cdots & k_{n+1} \\ \vdots & \vdots & & \vdots \\ k_n & k_{n+1} & \cdots & k_{2n-1} \end{bmatrix} \begin{bmatrix} c_n \\ c_{n-1} \\ \vdots \\ c_1 \end{bmatrix} = \begin{bmatrix} k_{n+1} \\ k_{n+2} \\ \vdots \\ k_{2n} \end{bmatrix} \Rightarrow \begin{bmatrix} c_n \\ c_{n-1} \\ \vdots \\ c_1 \end{bmatrix} = \begin{bmatrix} k_1 & k_2 & \cdots & k_n \\ k_2 & k_3 & \cdots & k_{n+1} \\ \vdots & \vdots & & \vdots \\ k_n & k_{n+1} & \cdots & k_{2n-1} \end{bmatrix}^{-1} \begin{bmatrix} k_{n+1} \\ k_{n+2} \\ \vdots \\ k_{2n} \end{bmatrix}$$

由以上分析可知，要确定反馈关系，需要知道 LFSR 的维数 n 及 $2n$ 个密钥位串。对于二元序列密码算法来说，只要知道 $2n$ 位明文及其对应的 $2n$ 位密文，就可以破译出 $2n$ 位密钥，即 $k_i = m_i \oplus c_i$。

【例 4 - 9】　已知一个 3 位的 LFSR，明文为 01101001100001$\cdots$，密文为 11001110100100$\cdots$，计算出来的密钥为 10100111000101$\cdots$，则利用密钥的前 6 位可建立如下矩阵方程式：

$$\begin{bmatrix} k_1 & k_2 & k_3 \\ k_2 & k_3 & k_4 \\ k_3 & k_4 & k_5 \end{bmatrix} \begin{bmatrix} c_3 \\ c_2 \\ c_1 \end{bmatrix} = \begin{bmatrix} k_1 \\ k_2 \\ k_3 \end{bmatrix} \Rightarrow \begin{bmatrix} 1 & 0 & 1 \\ 0 & 1 & 0 \\ 1 & 0 & 0 \end{bmatrix} \begin{bmatrix} c_3 \\ c_2 \\ c_1 \end{bmatrix} = \begin{bmatrix} 0 \\ 0 \\ 1 \end{bmatrix}$$

解　由矩阵方程式可解得 $c_3 = 1, c_2 = 0, c_1 = 1$。从而得到特征多项式：

$$p(x) = x^3 + x + 1$$

习　题　4

1. 什么是序列密码？什么是同步序列密码？什么是自同步序列密码？

2. 同步序列密码和自同步序列密码各有什么特点？

3. 简述密钥流生成器在序列密码中的重要作用。

4. 序列密码和分组密码有何区别？

5. 在序列密码中为什么要使用线性反馈移位寄存器(LFSR)？

6. 3 级线性反馈移位寄存器在 $c_3 = 1$ 时可有 4 种线性反馈函数，设其初始状态为 $(a_1, a_2, a_3) = (1, 0, 1)$，求各线性反馈函数的输出序列及周期。

7. 序列密码中使用的随机效应具备哪些性质？

8. 设 $n = 4$，$f(a_1, a_2, a_3, a_4) = a_1 \oplus a_4 \oplus 1 \oplus a_2 a_3$，初始状态为 $(a_1, a_2, a_3, a_4) = (1, 1, 0, 1)$，求此非线性反馈移位寄存器的输出序列及周期。

9. 已知流密码的密文串 1010110110 和相应的明文串 0100010001，而且已知密钥流是使用 3 级线性反馈移位寄存器产生的，试破译该密码系统。

10. 请简述 RC4 算法的特点。

11. ZUC 算法非线性函数 F 部分使用的非线性运算包括哪些？算法结构的核心部分包括哪些？

第5章　非对称密码算法

 知识点

☆ 非对称密码算法概述；

☆ RSA 密码算法；

☆ ElGamal 密码算法；

☆ 椭圆曲线密码算法；

☆ 其他非对称密码算法简介；

☆ 扩展阅读——中国剩余定理。

第五单元

 本章导读

本章首先介绍非对称密码算法的原理、设计准则及分类；然后在此基础上，介绍 RSA、ElGamal 及 ElGamal 椭圆曲线密码算法和 SM2 等非对称密码算法，并对 RSA、ElGamal 及椭圆曲线密码算法等进行比较；最后对其他非对称密码算法做简要介绍，并在扩展阅读部分中对中国剩余定理的由来做简单介绍。通过对本章的学习，读者可在理解非对称密码算法设计思想的基础上掌握 RSA、ElGamal、SM2 等非对称密码算法的实现原理及应用，为本课程后续的数字签名、身份认证等知识的学习做好铺垫。

5.1　非对称密码算法概述

前面学习的分组密码和序列密码都属于对称密码算法。两个用户在用对称密码算法进行保密通信时，必须要有一个双方共享的加密密钥。那么，如何才能让两个不在同一个地方的用户安全地拥有共享密钥呢？我们可能想到的方式包括：

（1）派一个人来把密钥从一方送到另外一方；

（2）通过邮件或快递传递密钥；

（3）通过电子邮件、电话或电报等方式传递密钥。

首先，通过方式（3）传递是不安全的。因为在没有共享密钥前，双方只能用明文的方式进行通信。如果是重要的信息，电子邮件、电话和电报等往往都处于被窃听的状态，所以是不安全的。方式（2）的时间需求比较多，这也曾经是商业用途的密钥传递的重要方式之一。如果信息非常重要，比如涉及国家安全的机密信息，通过这种方式也是不安全的。方式（1）从时间和代价上来看，都难以符合需要。在非对称密码算法产生前，对于很多不是很重要的信息，用得较多的解决办法就是方式（2），但效率是比较低的。

英国科普作家 Simon Singh（西蒙·辛格）的作品 *the code book*（中文译为《密码故事》）中介绍了二战时，德国高级指挥部每个月都需要分发《每日密钥》月刊给所有的"恩格玛"机的操作员。即使 U 型潜艇大多数时间都远离基地，艇长也不得不想办法去获得最新的密钥。无论某种对称密码算法从理论上讲是多么安全,在实际运用中,都不可避免地会遇到密钥分发的问题,这就大大限制了它的可实施性和安全性。

假设一个公司包含 N 个距离较远的机构,各个分支机构之间能相互进行秘密通信,他们每一个月要更换一次相互通信用的加密密钥。容易计算出每次更换密钥的数量是 $N(N-1)/2$。当 N 较大时,比如 $N=50$,这个事情完成起来代价不菲。从某种程度上讲,政府和军队可以通过花费大笔的金钱来解决密钥分发的问题。美国政府的密钥是 COMSEC(通信安全局的缩写)掌管和分发的。20 世纪 70 年代,COMSEC 每天分发的密钥数以吨计。当装载着 COMSEC 密钥的船靠港时,密码分发员会接收各种储存密钥的介质,然后把它们分发给客户。

密钥分发成了战后密码学家要解决的最重要的问题。如果两个组织需要安全通信,却需要第三方来传送密钥,这就成了安全通信中最薄弱的环节之一。那如何才能用较小的代价,较高的效率实现通信双方的密钥传递呢?正是这个需求促使了非对称密码算法的产生。

计算机网络的快速发展,电子商务的兴起,也给网络通信的安全带来了更多的挑战。网上银行、电子邮箱、论坛和及时聊天软件的广泛使用,如果没有良好的保密机制,会给用户和商家带来巨大的经济损失。我们知道,用户在登录和使用网上银行、电子邮箱、论坛或者即时聊天软件时,和服务器端是没有预先协商好加密密钥的,那么如何在网络上保护用户的账户信息及密码不被别人使用嗅探器之类的软件探测到呢?非对称密码算法的提出和使用解决了上面的这些问题。

1976 年,Diffie 和 Hellman 发表了非对称密码的奠基性论文《密码学的新方向》,建立了公钥密码的概念,引起了人们的广泛关注。随后,密码学家们很快构造出了满足条件的非对称密码算法,包括斯坦福大学的 Merkle 和 Hellman 提出的基于陷门背包的公钥密码算法和麻省理工学院的 Rivest、Shamir 和 Adleman 提出的 RSA 算法。由于基于陷门背包的公钥密码系统及其变体大都被后来的研究者破解,故在一些密码学书籍中已经看不到了;而 RSA 算法则经过深入的研究和广泛使用,到现在为止都认为在计算上是安全的。

5.1.1　非对称密码算法的原理

在对称密码算法中,除了加密及解密算法是公开的,一个重要的特点是加密算法与解密算法的密钥相同,或者容易从其中一个得到另一个,这要求通信双方要有共享的加密密钥。要让通信双方共享密钥这件事情曾经代价高昂。20 世纪 70 年代,非对称密码算法的提出,很好地解决了这个难题。接下来,我们介绍非对称密码算法的原理。

相信很多人都见过一种挂锁,当挂锁处于打开状态时,不需要钥匙,我们就可以轻松锁上,但锁上后只有用与该锁匹配的钥匙才能将锁打开。

假设 Alice 是保密消息的接收方,那么 Bob 通过下面的过程就可以实现给 Alice 发送保密消息。

Alice 定制了很多相同的挂锁,这些挂锁可以用同一把钥匙打开。Alice 把处于打开状态的挂锁寄存于各地邮局,则任何想给她发送保密消息的人都可以把消息放到一个坚固的箱子里,然后用她的挂锁锁上箱子,寄给 Alice。Alice 收到带锁的箱子后,用钥匙打开挂锁得到消息。这个流程可以用图 5-1 表示。由于只有 Alice 有对应的钥匙,故只有 Alice 才能打开箱子查看信息。

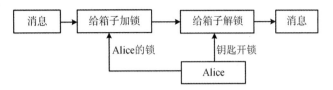

图 5 - 1　Alice 接收保密消息的过程示意图

正是基于这种思想，密码学家提出了非对称密码算法的模型。假设 B 想给 A 发送秘密消息，参考保密通信模型，非对称密码算法的模型可以用图 5 - 2 表示。

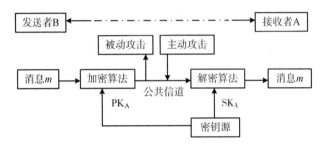

图 5 - 2　非对称密码算法的保密通信模型

根据图 5 - 2 所示的模型，描述利用非对称密码算法进行保密通信的过程如下：

（1）Alice 先生成一对密钥，其中一个用于加密，另一个用于解密。

用于加密的密钥在非对称密码算法中称为公开密钥，也称为公开钥或者公钥。Alice 的公开密钥通常表示为 PK_A（public key of A）。这里的 A 是 Alice 的首字母，代表 Alice。公开密钥，顾名思义，就是对所有人公开的信息。任何人想得到 Alice 的公开钥 PK_A，都可以通过公开的渠道获得。

用于解密的密钥称为秘密密钥，简称为秘密钥或私钥。需要解密方 Alice 严格保密，Alice 的秘密钥表示为 SK_A（secret key of A）。这里的 A 是 Alice 的首字母，代表 Alice。

在知道密码算法和公开密钥的情况下，要得到秘密密钥在计算上是不可行的。

（2）Bob 若要向 Alice 发送保密消息，则先通过公开渠道获得 Alice 的公开密钥，然后用这个公开密钥加密消息，得到消息对应的密文，再把密文通过公共信道发送给 Alice。设要加密的消息为 m（message），对应的加密后的密文为 c（cipher），则 Alice 用公开密钥 PK_A加密消息 m 表示为

$$c = E_{PK_A}(m) \tag{5-1}$$

其中，E（encrypt）表示对消息进行加密的加密算法，$E_{PK_A}(m)$表示用加密算法 E 和公开密钥 PK_A 对消息 m 进行加密。

（3）Alice 在收到密文 c 后，用自己的私钥进行解密，恢复消息 m。Alice 用秘密密钥 SK_A 解密密文 c 的过程表示为

$$m = D_{SK_A}(c) \tag{5-2}$$

其中，D（decrypt）表示对密文进行解密的解密算法，$D_{SK_A}(c)$表示用解密算法 D 和秘密密钥 SK_A 对密文 c 进行解密。

至此，Bob 完成了向 Alice 发送保密消息。

在上述过程中,密文可以在公共信道上进行传输。虽然所有人都可以获取在公共信道上传输的密文,但只有 Alice 有解密密钥,可以对密文进行解密得到 Bob 发送的消息。其他人则无法由获得的密文得到对应的消息。

如果 Bob 发送给 Alice 的消息是对称密码算法中使用的密钥,那么,这个过程就实现了对称密码算法使用双方的密钥共享。

5.1.2　非对称密码算法的设计准则

现在应用的非对称密码算法,其安全指的是在计算上是安全的。以著名的 RSA 算法所基于的大数分解难题为例,它假定 n 是两个大素数 p 和 q 的乘积。现在一般认为,p 和 q 的长度都是 512 bit 左右,则 n 的长度是 1024 bit 左右。以人们现有的计算能力,在知道 n 的情况下,在短时间内是不能分解 n 的,也就是说,这在计算上是安全的。从理论上讲,如果有足够的计算能力,是可以分解 n 的。但如果分解 n 的时间超过了消息的保密期,或者投入的物力超过了消息本身的价值,对消息保密的目的就达到了。

假设 Alice 是密码消息的接收方,由他产生公开钥 PK_A 和秘密钥 SK_A,通常认为,一个实用的非对称密码算法应该满足如下的性质:

(1) 接收方 Alice 产生密钥对(公开钥 PK_A 和秘密钥 SK_A)在计算上是容易的。

(2) 消息发送方 Bob 用接收方 Alice 的公开钥对消息 m 加密以产生密文 c 是容易的,即计算 $c = E_{PK_A}(m)$ 是容易的。

(3) 接收方 Alice 用自己的秘密钥 SK_A 对 c 解密是容易的,即计算 $m = D_{SK_A}(c)$ 是容易的。

(4) 密码分析者由 Alice 的公开钥 PK_A 求秘密钥 SK_A 在计算上是不可行的。

(5) 密码分析者由密文 c 和 Alice 的公开钥 PK_A 恢复明文 m 在计算上是不可行的。

如果还满足下面的性质,则该非对称密码算法可以用于数字签名。

(6) 加、解密次序可换,即

$$E_{PK_A}(D_{SK_A}(m)) = D_{SK_A}(E_{PK_A}(m)) \qquad (5-3)$$

在上面的描述中,在计算上是容易的可以理解为在物力上的投入少且计算时间短。同理,在计算上是不可行的也就是“在计算上是安全的”。

一个密码算法要进入实用阶段,除了在理论上是安全的,在使用过程中,比如用到电子商务中,在投入上应该是商家能够接受的;对用户来说,接受商家的服务,无论是由于网络的原因,还是算法计算需要时间的原因,所等待的时间是要可以容忍的。密码算法的使用是透明的,因为不可能每个用户都去掌握密码理论。只有这样,这个算法投入商业使用才会有市场。

5.1.3　非对称密码算法分类

经过三十多年的研究和应用,非对称密码算法的研究取得了很大的进展,研究者们创建了多种不同的密码算法。通常,非对称密码算法根据其所基于的数学基础的不同,主要分成如下几类:

(1) 基于大数分解难题的,包括 RSA 密码算法、Rabin 密码算法等。在理论上,RSA 的安全性取决于大数因子分解的困难性,但在数学上至今还未证明分解模 n 就是攻击 RSA

的最佳方法，也未证明分解大整数就是 NP 问题，可能有尚未发现的多项式时间分解算法。以大数分解难题为数学基础的密码学应用，还包括后面要提到的 RSA 数字签名，RSA 盲签名以及 Fiat-Shamir 身份认证方案等。

（2）基于离散对数难题的，如 ElGamal 密码算法等。有限域上的离散对数问题的难度和大整数因子分解问题的难度相当。基于离散对数难题的最著名的算法是 NIST 于 1994 年通过的数字签名标准（DSS）中使用的数字签名算法 DSA，它是 ElGamal 签名的变型。

（3）基于椭圆曲线离散对数的密码算法。严格说来，它可以归为基于离散对数难题的密码算法中。不过由于有限域上的椭圆曲线有它的一些特殊性，人们往往把它单独归为一个类别。NIST 在标准 FIPS 186-2 中，推荐了美国政府使用的 15 个不同安全级别的椭圆曲线。为满足电子认证服务系统等应用需求，中国国家密码管理局发布了 SM2 椭圆曲线公钥密码算法标准，该标准推荐了一条 256 位的随机椭圆曲线。

另外，还有基于格理论的公钥密码算法，颇受关注的如 NTRU，它是建立在网格中寻找最短向量的数学难题的基础上的，而且具有一些比较好的性质。目前，美国 IEEE 标准化组织起草了专门针对 NTRU 的标准 P1363.1，并取得了较大的进展。

除了上述公钥密码算法外，人们研究的还有基于背包问题的 MH 背包算法、基于代数编码理论的 MeEliece 算法、基于有限自动机理论的公钥密码算法、基于双线性配对理论的身份标识公钥密码算法、基于多变量问题的公钥密码算法等。

5.2　RSA 密码算法

5.2.1　RSA 发展简史

1976 年，Diffie 和 Hellman 发表了非对称密码的奠基性论文《密码学的新方向》，建立了公钥密码的概念。很多密码学家加入到了解决这个问题的行列。1978 年，麻省理工学院的 Rivest、Shamir 和 Adleman 在他们的论文《获得数字签名和公钥密码系统的一种方法》中，实现了 Diffie 和 Hellman 提出的思想的一种算法，简称 RSA 算法。这三个人中，Rivest 和 Shamir 是计算机学家，负责提出解决方案；Adleman 是数学家，负责指出方案的不足，让他们在错误的道路上少浪费时间；Rivest 和 Shamir 花了一年的时间尝试各种想法，Adleman 也花了一年时间一一击破。当他们非常失望的时候，Rivest 终于找到了一种解决方案，这种方案就是我们现在看到的 RSA 算法。他们获得了 2002 年的图灵奖。图灵奖是计算机界最负盛名、最崇高的一个奖项，有计算机界的诺贝尔奖之称。

据英国政府声称，他们在切尔特汉姆的政府通信总部很早就发明了公开密钥密码术。这个最高机密的密码术是由战后的布莱切里庄园的余部发明的。在那里，Ellis 于 1969 年提出了与 Diffie 和 Hellman 相类似的非对称密码的思想，接下来的三年中，政府通信总部最聪明的头脑努力寻找一个能满足 Ellis 要求的单向函数，但毫无结果。接着，1973 年 9 月，一个年轻的数学家 Cocks 加入了这个小组。六个星期后，上司告诉了 Cocks 非对称密码的思想，Cocks 很快提出了与 RSA 算法一致的公钥密码算法。

在公钥密码算法思想提出不久，RSA 密码算法就被提出。该算法在非对称密码算法发展史上有着重要的地位，也是至今为止理论上最为成熟完善的公钥密码算法，到现在还被广泛应用。

从 RSA 算法的产生到现在，密码学家对算法的安全性进行了广泛的研究和讨论，并在实践中有了广泛的应用。后面介绍的数字签名算法和身份认证算法中，基于大数分解难题的算法，也是以 RSA 算法为基础的。

5.2.2 RSA 算法描述

1. 密钥产生

（1）选择两个满足需要的大素数 p 和 q，计算 $n = p \times q$，$\varphi(n) = (p-1) \times (q-1)$。其中，$\varphi(n)$ 是 n 的欧拉函数值。

（2）选一个整数 e，满足 $1 < e < \varphi(n)$，且 $\gcd(\varphi(n), e) = 1$。通过 $d \times e \equiv 1 \bmod \varphi(n)$，计算出 d。

（3）以 (e, n) 为公开密钥，(d, n) 为秘密密钥。

假设 Alice 是秘密消息的接收方，则只有 Alice 知道秘密密钥 (d, n)，所有人都可以知道公开密钥 (e, n)。

2. 加密

如果发送方想发送需要保密的消息 m 给 Alice，就选择 Alice 的公钥 (e, n)，然后计算：

$$c \equiv m^e \bmod n \tag{5-4}$$

然后把密文 c 发送给接收方 Alice。

3. 解密

接收方 Alice 收到密文 c，根据自己掌握的私钥 (d, n) 计算：

$$m \equiv c^d \bmod n \tag{5-5}$$

所得结果 m 即为发送方欲发送的消息。

把该算法放入保密通信模型中，可以有如图 5-3 所示的保密通信示意图。

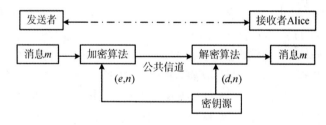

图 5-3　RSA 算法的保密通信示意图

对算法的几点说明：

（1）对算法的理解，要放到保密通信模型中去。开始学习时，读者容易陷入去记忆和理解算法而忽视了算法应用的背景。

（2）按现在的计算能力，大素数 p 和 q 的大小，按二进制计算长度，应该在 1024 bit 左右，且 p 和 q 只相差几比特。

（3）大素数 p 和 q 是奇数，$\varphi(n) = (p-1) \times (q-1)$ 是偶数，因为要求 $\gcd(\varphi(n), e) = 1$，所以 e 一定是奇数。

（4）因为满足 $\gcd(\varphi(n), e) = 1$，即 $\varphi(n)$ 与 e 互素，所以 e 模 $\varphi(n)$ 的逆一定存在，可

以通过辗转相除法求得。

（5）加密的时候，要求明文 m 要小于 n。若 $m>n$，由于计算时使用了模运算，则不能通过解密算法正确求得明文 m，只能得到比 n 小且与 $m \bmod n$ 同余的整数。

（6）至于密钥生成过程中的 p、q、$\varphi(n)$，一般的说法是安全地销毁。由孙子定理可知，p、q 也可用于提高 RSA 算法的解密速度。

（7）这里介绍的只是理论上的 RSA，在实践中使用 RSA 算法时，在参数选择和算法使用上还有一些注意事项，本书后面的内容也有一些相关的讨论。

（8）在公钥密码算法中，通常认为公钥具有较长的使用周期，如一年或三五年，就像学生证或者工作证一样，在一定时间内可以认为代表了公钥持有者的身份。

下面是 RSA 算法解密的正确性证明。

证明　由加密过程知 $c \equiv m^e \bmod n$，所以

$$c^d \bmod n \equiv m^{ed} \bmod n \equiv m^{1 \bmod \varphi(n)} \bmod n \equiv m^{k\varphi(n)+1} \bmod n, \ k \ \text{为整数} \qquad (5-6)$$

下面分两种情况：

（1）m 与 n 互素。由 Euler 定理得

$$m^{\varphi(n)} \equiv 1 \bmod n, \ \text{则} \ m^{k\varphi(n)} \equiv 1 \bmod n, \ \text{故} \ m^{k\varphi(n)+1} \equiv m \bmod n \qquad (5-7)$$

即 $c^d \bmod n \equiv m$。

（2）$\gcd(m, n) \neq 1$，即 m 与 n 不互素。m 与 n 不互素且 $m<n$，意味着 m 要么是 p 的倍数，要么是 q 的倍数，不可能既是 p 的倍数也是 q 的倍数（否则 m 也是 q 的倍数，从而是 pq 的倍数，与 $m<n=pq$ 矛盾）。不妨设 $m=jp$，其中，j 为正整数。此时 $\gcd(m, q)=1$。由 $\gcd(m, q)=1$ 及 Euler 定理得 $m^{\varphi(q)} \equiv 1 \bmod q$，所以

$$m^{k\varphi(q)} \equiv 1 \bmod q, \ [m^{k\varphi(q)}]^{\varphi(p)} \equiv 1 \bmod q, \ m^{k\varphi(n)} \equiv 1 \bmod q \qquad (5-8)$$

因此存在一整数 r，使得 $m^{k\varphi(n)}=1+rq$，两边同乘以 $m=jp$ 得

$$m^{k\varphi(n)+1}=m+rjpq=m+rjn \qquad (5-9)$$

即 $m^{k\varphi(n)+1} \equiv m \bmod n$，所以 $c^d \bmod n \equiv m$。

通过以上证明过程，可以清楚地知道为什么 RSA 算法能够对消息正确进行解密。

5.2.3　RSA 算法举例

【例 5-1】　在 RSA 算法密钥产生过程中，设 $p=13$，$q=23$，取公钥参数 $e=29$。

（1）求私钥参数 d。

（2）当消息 $m=9$ 时，计算加密后得到的密文。

（3）对所得密文进行解密。

解　（1）可以用欧几里得扩展算法求出。

由已知可得 $n=p \times q=13 \times 23=299$，$\varphi(n)=(p-1) \times (q-1)=12 \times 22=264$。

$$264=29 \times 9+3 \quad 29=3 \times 9+2 \quad 3=2+1$$

$$1=3-2=3-(29-3 \times 9)=3 \times 10-29=(264-29 \times 9) \times 10-29=264 \times 10-29 \times 91$$

即

$$1=264 \times 10-29 \times 91$$

等式两端模 264 得 $d=-91 \equiv 173 \bmod 264$。

（2）加密过程：设 RSA 算法的参数选择如上所述，消息 $m=9$ 所对应的密文的计算过

程：$9^{29} \bmod 299 = 211$。

(3) 解密过程：$211^{173} \bmod 299 \equiv 9$。这个过程可以采用平方乘算法或者模重复平方算法进行运算。

在完成算法运算的过程中，要把这个过程放到保密通信模型中去理解(见图 5-4)，清楚加密方(发送方)知道哪些信息，解密方(接收方)知道哪些信息，这有助于对算法的理解，以及对公钥密码算法的理解。读者刚开始学习算法时容易对如此大的计算量产生畏惧心理，从而忽视了把算法放到保密通信模型中去理解它的应用。实际上，采用任何一种编程语言(比如 C 语言)去实现上面的计算都是非常简单的事情。

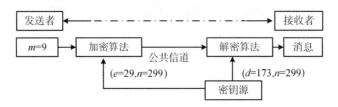

图 5-4 保密通信模型示例

5.2.4 RSA 算法的安全性及常用攻击

通过对 RSA 算法的学习，我们可以看到，因为 (e, n) 为公开密钥，所以破解 RSA 算法最直接的方法就是：分解 n，计算 $n = p \times q$ 中 p 和 q 的值，然后计算 $\varphi(n) = (p-1) \times (q-1)$，通过 $d \times e \equiv 1 \bmod \varphi(n)$ 求出 d。所以说，RSA 算法的安全性是基于分解大整数难题的。

随着科学技术的不断发展、人类计算能力的提高，大整数分解的理论和实现也取得了很大进展。截至 2021 年 3 月，RSA-250 已经被分解，也就是 n 的值是十进制的 250 位，相当于 829 bit，两个质数都是 125 位的十进制数。因此在使用 RSA 的时候要注意密钥的大小，估计在未来一段比较长的时间里，n 的长度为 2048 bit 是安全的。

因为基于大整数分解的公开密钥算法的安全性依赖大整数(大合数分解)问题，所以 RSA 的安全性依赖大数分解问题。但这只是一个推测，目前，还未能从数学上证明由 c 和 e 计算出 m 一定需要分解 n。然而，如果新方法能使密码分析者推算出 d，它也就成为大数分解的一种新方法。这种方法并不比分解 n 容易。

除此之外，为保证算法的安全性，还有如下注意事项。

1. 不同的用户不能用相同的模数 n

假设有两个不同的用户选择了相同的模数 n，他们的加密密钥和解密密钥分别为 (e_i, d_i) 和 (e_j, d_j)，且 e_i 和 e_j 互素，对于同一明文 m 加密，则

$$\begin{cases} c_i = m^{e_i} (\bmod n) \\ c_j = m^{e_j} (\bmod n) \end{cases} \tag{5-10}$$

由于 e_i 和 e_j 互素，故必存在整数 s 和 t，满足 $se_i + te_j = 1$，从而 $c_i^s c_j^t = m^{se_i + te_j} = m(\bmod n)$。

如果不同的用户选择不同的模数 n，那么素数会不会被用完呢？通过一个简单的例子可以明白大素数的个数是十分庞大的资源，不用担心会被用完。

根据素数个数定理的结论可知，小于 n 的素数的总数近似为 $n/(\ln n)$。下面给出一个例题，说明素数的规模。

【例 5 - 2】 小于 10^{100} 的素数个数 x 大概为多大？

解 由素数个数定理知 $x=10^{100}/\ln 10^{100}$。这个数不容易看出值来，下面给出一个逼近过程。由于

$$\ln 10^{100} < \text{lb}\, 10^{100} = 100 \times \text{lb}\, 10 < 100 \times 4 = 400(\text{实际上，} \ln 10^{100} \approx 230) \quad (5\text{-}11)$$

故

$$x = \frac{10^{100}}{\ln 10^{100}} > \frac{10^{100}}{400} \quad (5\text{-}12)$$

可以看到，这是非常可观的数量。事实上，素数的分布是数字越大越稀，所以没有上面估计得这么乐观，但也没有必要杞人忧天到去担心是不是会用完的这种状况。

那么，两个不同的用户，选择到相同的素数的概率是多大呢？由生日悖论：在一个随机选择的 23 个成员的组里面，至少有两个人生日相同的概率至少为 1/2。由此得到一个结论，从 M 个素数中选出 q 个素数，至少有两个素数相同的概率至少为 1/2，则 $q \geqslant 1.17 M^{1/2}$，可见，不需要担心有两个不同的用户选择了相同的素数的问题。

2. p 与 q 的差值要大

比如要求 n 为 1024 bit，p 与 q 的大小都为 512 bit 左右，最好相差几比特，如 p 取 508 bit，q 取 516 bit。下面给出证明，并以较小的整数为例，说明为什么 p 与 q 的差值要大。

设 $q-p=k$，则

$$(q+p)^2 - (q-p)^2 = 4pq = 4n \quad (5\text{-}13)$$

$$(q+p)^2 = (q-p)^2 + 4n = k^2 + 4n \quad (5\text{-}14)$$

如果 k 的值小，由于 n 的值已知，则可以容易找到这样的 k，使得 k^2+4n 是一个完全平方数，从而得出 $q+p$ 和 $q-p=k$ 的值，联立求解可得到 q 和 p。

【例 5 - 3】 $q=313$，$p=311$，则 $n=97\,343$，$(q+p)^2=389\,376$，$4n=389\,372$，则 $(q+p)^2-4n=4$，很简单就得到了 k 的值。

所以，q、p 的差必须很大，最好差几比特。

3. $p-1$ 和 $q-1$ 都应有大的素因子

一般是选择两个大素数 p_1 与 q_1，使得 $p=2p_1+1$ 与 $q=2q_1+1$ 也是素数。

当 P_1 是素数时，形如 $p=2p_1+1$ 的素数通常称为安全素数。满足这个要求的 n 能够抵抗 Pollard 的 $p-1$ 算法的攻击。

4. 私钥 d 的选择

如果私钥 d 的值比较小，由 RSA 的解密算法可知，对数据进行解密的速度就较快。但是，私钥 d 的值不能太小，一般要求 $d \geqslant n^{1/4}$。

如果私钥 d 的值太小，则不能抵御选择明文攻击。假设用户选择明文 m，他可以得到对应的密文 c，然后用穷尽搜索的方式去寻找 $c^t (\text{mod}\, n)$ 是否等于 m. 如果相等，则 $t=d$。另外，Wiener 1990 年利用连分数理论，证明了利用解密密钥 $d \leqslant n^{1/4}$，很容易分解模数 n。

5. 更换密钥

我们知道 $ed \equiv 1 \bmod \varphi(n)$，也即 $ed=k\varphi(n)+1$，k 为整数。但是知道 e、d 并不能立即

求得 $\varphi(n)$，因为 k 的取值范围也很大。

【例 5 - 4】　设 $p=9103$，$q=9871$，则 $n=pq=89\ 855\ 713=9871\times9103$

取 $e=34\ 986\ 517$，则 $d=82\ 330\ 933$

$ed=2\ 880\ 472\ 587\ 030\ 361$

$ed-1=2\ 880\ 472\ 587\ 030\ 360$

$\varphi(n)=9870\times9102=89\ 836\ 740$

$(ed-1)/\varphi(n)=32\ 063\ 414$

由此例可以看出，知道 d 的值并不能很快地求出 $\varphi(n)$ 的值，也就不能很快分解 n，但有算法已经证明知道 d 是可以分解 n 的，成功的概率为 $1/2$。因而，如果私钥 d 被泄露，则在模 n 的情况下重新计算一对密钥是不够的，而是必须选择一个新的公钥 n。

6. e 不可太小（否则不安全）

例如，D 欲向 A、B、C 三人送去信息 m，A、B、C 三人的 $e_A=e_B=e_C=e$，n_A、n_B、n_C 无公因数。因为若 n_A、n_B 有公因数，则求 n_A、n_B 的公因数便可将 n_A 和 n_B 进行因数分解。对密文：

$$c_1\equiv m^e\bmod n_A,\quad c_2\equiv m^e\bmod n_B,\quad c_3\equiv m^e\bmod n_C \qquad (5-15)$$

利用中国剩余定理可得 $m^e\bmod(n_A\,n_B\,n_C)$ 的值。

当 $e=3$ 时，因为 $m^3<n_A\times n_B\times n_C$，所以只要对 m^3 开立方即可求得 m。

根据 PKCS♯1 的建议，公钥指数 e 可以选取较小的素数 3 或 65 537（$=2^{16}+1$）。当选用 $e=3$ 作为 RSA 的公钥指数时，如果在实现上遵循 PKCS♯1 v2.1 描述的填充方法（optimal asymmetric encryption padding，OAEP），目前仍然是安全的。

这里介绍的内容只是在实现 RSA 时需要注意的事项中很基础很简单的一部分，其他的要求请参阅参考书和书中提到的标准。

5.2.5　RSA 算法的实现

在 RSA 算法的实现过程中，还需要考虑以下的问题：

（1）如何判定一个大的整数是不是素数，产生素数困难吗？

（2）从 RSA 算法可以看到，算法中的主要运算都集中在指数运算以及模运算上。有效提高这两种运算，可以加快算法的加解密速度。

另外，具体实现 RSA 算法时，还要参考 RSA 的加密标准（PKCS ♯1，IEEE P1363 等），确保算法实现的安全性。

（1）大整数是否素数的判定，产生素数困难吗？

大整数是否素数可以通过 Miller-Rabin 素性检测算法进行判定。由素数个数定理，如果在 $1\sim N$ 之间任取一个数，其为素数的概率为 $1/\ln N$。如果取 $N=2^{512}$，约为 10^{160}，则 $1/\ln N$ 约为 $1/355$，如果再去掉 2、3、5、7 等的倍数，则使用 Miller-Rabin 检测算法尝试的次数就不会很多了。

（2）加速运算的方法。

在实现 RSA 算法时，在提高指数运算速度上，可以采用模重复平方计算法，或者平方乘算法。在具体实现时，还常采用蒙哥马利算法来提高模乘运算的速度。由于蒙哥马利算法不容易理解，这里不再详述。模重复平方计算法和平方乘算法这两种算法的实现思路、时间和空间代价等相似，这里只介绍平方乘算法。

求 $m^e \bmod n$ 可如下进行，其中，m，e 是正整数。

将 e 表示为二进制形式 $b_k b_{k-1} \cdots b_0$，即

$$e = b_k 2^k + b_{k-1} 2^{k-1} + \cdots + b_1 2 + b_0 \tag{5-16}$$

因此，

$$m^e = ((\cdots ((m^{b_k})^2 m^{b_{k-1}})^2 \cdots)^2 m^{b_1})^2 m^{b_0} \tag{5-17}$$

例如，$19 = 1 \times 2^4 + 0 \times 2^3 + 0 \times 2^2 + 1 \times 2^1 + 1 \times 2^0$，所以

$$m^{19} = ((((m^1)^2 m^0)^2 m^0)^2 m^1)^2 m^1$$

其程序实现为

```
/ * * * 令 e＝bk2^k+b(k-1)2^(k-1)+…+b12+b0，求 m^e mod n ＝? * * * /
    s＝1;
    for i＝k downto 0
    {s ≡(s×s) mod n;
        if bi＝1 then {
    s ≡(s×m) mod n        }
    }
    return s
```

注：在 RSA 中，运算的形式一般是 $m^e \bmod n$，则在程序或算法中，所有的乘法或乘方运算之后都有一个模运算。

【**例 5 - 5**】　求 $9726^{3533} \bmod 11\,413$。

解　$3533 = (110111001101)_2$，使用平方乘算法的计算过程如表 5-1 所示。

表 5 - 1　平方乘算法的计算过程

i	b_i	z
11	1	$1 \times 9726 \equiv 9726$
10	1	$9726^2 \times 9726 \equiv 2659$
9	0	$2659^2 \equiv 5634$
8	1	$5634^2 \times 9726 \equiv 9167$
7	1	$9167^2 \times 9726 \equiv 4958$
6	1	$4958^2 \times 9726 \equiv 7783$
5	0	$7783^2 \equiv 6298$
4	0	$6298^2 \equiv 4629$
3	1	$4629^2 \times 9726 \equiv 10\,185$
2	1	$10\,185^2 \times 9726 \equiv 105$
1	0	$105^2 \equiv 11\,025$
0	1	$11\,025^2 \times 9726 \equiv 5761$

在计算过程中，如果使用简单循环来实现，需要执行 3533 次循环，即乘法和模运算都

要运行 3533 次。由表 5-1 可以看到，用平方乘算法，循环的次数只有 12 次，最多只需要执行 12 次平方、12 次乘法和模运算，计算量大大减少。

在上面的例子中，由于 9726 的平方在计算机能够表示的范围内，所以用任何编程语言都可以轻松完成。在实际使用时，RSA 算法中模数 n 的大小，我们前面提到过，大约有 1024 位，十进制大约为 300 位。如果使用 C 语言一步步完成 RSA 算法，需要自己去实现大整数运算，则比较麻烦。可以考虑现有的函数库，如 openssl 等。有的编程语言比如 Java 和 Python 等提供了大整数运算的相关函数和大整数素性检测的函数，实现起来比较容易。

5.3　ElGamal 密码算法

ElGamal 密码算法是基于离散对数难题的公钥密码算法。后面介绍的椭圆曲线公钥密码算法是基于椭圆曲线离散对数难题的，是 ElGamal 密码算法在椭圆曲线上的应用。

5.3.1　ElGamal 算法描述

设 $\mathbf{Z}$ 是整数集，$Z_n = \{0, 1, 2, \cdots, n-1\}$ 是模 n 的整数集，令 $Z_n^* = \{x \in Z_n \mid \gcd(x, n) = 1\}$。$Z_n^*$ 其实就是模 n 的最小非负简化剩余系。

例如，令 $n = 10$，则 $Z_{10} = \{0, 1, 2, \cdots, 9\}$，$Z_{10}^* = \{1, 3, 7, 9\}$。当 n 是奇素数时，$Z_n = \{0, 1, 2, \cdots, n-1\}$，$Z_n^* = \{1, 2, 3, \cdots, n-1\}$。

1. 密钥产生

设 p 是一个大素数，使得求解 $(Z_p^*, \times)$ 上的离散对数问题在计算上是困难的。令 $g \in Z_p^*$ 是一个本原元。选择 x，$1 < x < p-1$，计算

$$y \equiv g^x \bmod p \tag{5-18}$$

则 (g, y, p) 是公开密钥，(g, x, p) 是秘密密钥。

2. 加密算法

对于消息 m，发送方选择一个秘密的随机数 k，$1 < k < p$，计算可得

$$C_1 \equiv g^k \bmod p, \quad C_2 \equiv m y^k \bmod p \tag{5-19}$$

然后把 C_1，C_2 发送给接收方。

3. 解密算法

接收方接收到 C_1，C_2 后，计算可得

$$C_1^{-x} C_2 \bmod p \equiv m \tag{5-20}$$

即为发送方的秘密消息。因为

$$(c_1^{-x}) c_2 \equiv g^{-xk} \times m \times g^{xk} \equiv m \bmod p \tag{5-21}$$

关于 ElGamal 算法的说明如下：

(1) 如同 RSA 算法一样，对本算法的理解，要放到保密通信模型中去。读者容易陷入去记忆和理解算法而忽视了算法应用的背景。清楚加密方知道哪些信息，解密方知道哪些信息，这有助于对算法的理解，以及对公钥密码算法的理解。

(2) 对于 Z_p^*，若 p 为素数，则 $1, 2, 3, \cdots, p-1$ 都是与 p 互素的。

(3) 在密钥产生过程中，要求 $1 < x < p-1$。因为 $g^1 = g$，$g^{p-1} \equiv 1 \bmod p$，1 和 g 显然

是不能用来作为公钥的。

（4）ElGamal 加密算法是一种非确定性的算法。也就是说，对于相同的消息 m，由于随机数 k 的选择不同，所得到的密文也不同。

（5）ElGamal 加密算法的一个缺点是信息扩展，即密文长度是所对应的明文长度的两倍。这对于网络带宽受限的应用尤其不利。

5.3.2　ElGamal 算法举例

这里的举例是为了说明问题，所以 p 的取值很小。在实际应用中，应该考虑当时的计算能力。从现在看，参考美国的数字确定标准中对参数选择的要求，p 至少是 300 位以上的十进制数，也就是二进制的 1024 位。

【例 5 - 6】　用户 A 选取 $p=41$，因 6 是模 41 的一个生成元，取 $g=6$，又取私钥 $x=4$，计算 $y=g^x \bmod p \equiv 25$。公布 $(g, y, p)=(6, 25, 41)$，保密 $x=4$。

若用户 B 向 A 发送秘密信息 $m=13$，他先取得 A 的公钥 $(g, y, p)=(6, 25, 41)$，然后选取随机整数 $k=19$，计算可得：

$c_1 = g^k \bmod p = 6^{19} \bmod 41 \equiv 34$，

$c_2 = m(y)^k \bmod p = 13 \times 25^{19} \bmod 41 \equiv 13 \times 23 \bmod 41 \equiv 299 \bmod 41 \equiv 12$

B 发送 $(c_1, c_2)=(34, 12)$ 给 A。

A 在接收到 B 发送给自己的信息 $(c_1, c_2)=(34, 12)$ 后，计算 $c_1^{-x} c_2 \bmod p = 34^{-4} \times 12 \bmod 41 \equiv 25 \times 12 \bmod 41 \equiv 13$。

从这里可以看到，当 p 取值很大的时候，加密和解密的主要运算还是模幂运算。

5.3.3　ElGamal 算法的安全性及常用攻击方法

在考虑 ElGamal 算法的安全性时，一个方面是考虑该算法所基于的离散对数问题的安全性，这是所有基于离散对数问题的算法都要考虑的问题；另一方面是算法本身的安全性，如算法本身的构造或使用上的安全性。

1. 算法的离散对数问题

对 ElGamal 算法的攻击，主要体现在如何有效地提高解离散对数问题的方法。当然，一个最直接的办法就是穷举搜索。通过计算 $g^1, g^2, g^3, \cdots$ 直到发现 $y \equiv g^x \bmod p$，但 p 是一个足够大的素数，这种方法的计算量是很大的。于是研究者们通过努力，找到了比穷举搜索更好的办法，如 Shanks 算法，Pollard ρ 离散对数算法，Pohlig-Hellman 算法等。在这里，我们介绍 Shanks 算法。

Shanks 算法，又称大步小步法（baby-step giant-step algorithm）。算法描述如下：

设 p 是素数，令 $g \in Z_p^*$ 是一个本原元。对于给定的 y，求 x 的值，使得 $y \equiv g^x \pmod p$，其中，$1 < x < p-1$。

（1）令 $s = \lfloor \sqrt{p} \rfloor$。

（2）计算序列 $(y g^r \pmod p), r)$，$r=0, 1, \cdots, s-1$。

（3）计算序列 $(g^{ts} \pmod p), t)$，$t=1, 2, \cdots, s$。

（4）在两个序列中找到第一个坐标相同的序列。

(5) 由 $yg^r \equiv g^{ts}(\bmod p)$，计算得 $x \equiv ts - r(\bmod p-1)$。

【例 5 - 7】 设 $p=41$，$g=6$，取 $y=26$。求解等式 $6^x \equiv 26 \bmod 41$。

解 (1) $s = \lfloor \sqrt{41} \rfloor = 6$，$6^6 \bmod 41 \equiv 39$。

(2) 序列 $(yg^r(\bmod 41)，r)$ 的取值为 $(26，0)$、$(33，1)$、$(34，2)$、$(40，3)$、$(35，4)$、$(5，5)$。

排序为 L_1：$(5，5)$、$(26，0)$、$(33，1)$、$(34，2)$、$(35，4)$、$(40，3)$。

(3) 序列 $(g^{ts}(\bmod 41)，t)$ 的取值为 $(39，1)$、$(4，2)$、$(33，3)$、$(16，4)$、$(9，5)$、$(23，6)$。

排序为 L_2：$(4，2)$、$(9，5)$、$(16，4)$、$(23，6)$、$(33，3)$、$(39，1)$。

发现 $(33，1)$ 在 L_1 中，$(33，3)$ 在 L_2 中，于是 $x = 6 \times 3 - 1 = 17$，容易验证 $6^{17} \equiv 26(\bmod 41)$。

对于刚涉及密码学理论的读者需要注意的是，不同书籍中的 Shanks 算法表述略有不同，可适当注意其中的差别，但其本质都是一样的。

我们来理解一下为什么这个算法称为大步小步法。序列 $(yg^r(\bmod p)，r)$，$r=0，1，\cdots，s-1$"走"的是小步，从 y 处开始"走"，紧邻的两步的比值为 g，"走"的总长度为 g^s；而序列 $(g^{ts}(\bmod p)，t)$，$t=1，2，\cdots，s$"走"的是大步，从 0 点开始"走"，紧邻的两步的比值为 g^s。在经过适当的步数后，如果两个序列"踩"在同一个"脚印"上，则由此可以解出 x 的值。

不过应该看到，这个算法的代价还是很高的，两个序列的循环次数都是 $p^{0.5}$。实践应用中，p 的取值通常都是 1024 bit 左右，所以用这个算法，对于离散对数问题构不成威胁。

2. 已知明文攻击

对 ElGamal 算法的已知明文攻击，主要利用了对算法的不当使用。

如果发送方使用相同的随机数 k，加密两个明文 m 和 m'，攻击者如果知道 m，就可以求得 m'。设

$$c_2 = m \cdot y^k(\bmod p)，c_2' = m' \cdot y^k(\bmod p) \tag{5-22}$$

则

$$y^k = m^{-1} \cdot c_2(\bmod p)，m' = c_2' \cdot (y^k)^{-1}(\bmod p) \tag{5-23}$$

故加密两个明文 m 和 m' 时，不要使用相同的随机数 k。

5.4　椭圆曲线密码算法

5.4.1　椭圆曲线密码算法简介

1985 年 Neal Koblitz 和 Victor Miller 分别独立地提出了可以在低要求的计算环境里做到高强度加密的公钥算法，即椭圆曲线密码算法(eliptic curve cryptosystem，ECC)。从 1998 年起，一些国际标准化组织开始了对椭圆曲线密码的标准化工作。

椭圆曲线密码算法在与 RSA 算法相同安全性的情况下，其密钥较短，160 bit 长的密钥等同于 RSA 算法中密钥长 1024 bit 的安全性，因而有利于容量受限的存储设备如智能卡等在安全领域的使用。

加拿大的 Certicom 公司是一家 ECC 密码技术公司，Certicom 已经对上百家企业应用 ECC 密码算法进行授权，包括知名企业 Cisco、摩托罗拉等。

在我国，国家密码管理局 2010 年 12 月提出了 SM2 椭圆曲线公钥密码算法，同时，还要求升级并重新修改已有的 RSA 算法的电子认证系统和应用系统等。

中国国家密码管理局发布了 SM2 椭圆曲线公钥密码算法标准。为满足电子认证服务系统等的应用需求，该标准推荐了一条 256 位的随机椭圆曲线。

NIST 在标准 FIPS 186-2 中，推荐了美国政府使用的 15 个不同安全级别的椭圆曲线。其包括 5 条二进制域上的随机椭圆曲线、5 条二进制域上的 Koblitz 曲线和 5 条素域上的随机椭圆曲线。FIPS 186-3 中，对于椭圆曲线的参数选择有进一步的介绍。

5.4.2　椭圆曲线上的 ElGamal 密码算法

下面描述在椭圆曲线上实现 ElGamal 密码算法。先由系统选取一条椭圆曲线，该椭圆曲线上的点形成了循环群 E，$G \in E$ 是椭圆曲线上的一个点，N 是点 G 在循环群 E 的阶，即 $NG = O$。用户选择一个整数 a，$0 < a < N$，计算 $\beta = aG$，a 保密，但将 β 公开，即 (a, G) 是私钥，(β, G) 是公钥，所选择的椭圆曲线也是公开的，加密方知道点 G 的阶为 N。

假定把明文消息 m 嵌入群 E 的点 P_m 上。当消息发送者欲向 A 发送 m 时，可求得一对数偶 (C_1, C_2)。其中：

$$C_1 = kG, \ C_2 = P_m + k\beta \tag{5-24}$$

k 是随机产生的整数，$0 < k < N$。

A 收到 (C_1, C_2) 后，计算 $C_2 - aC_1$ 得到消息 P_m，因为

$$C_2 - aC_1 = (P_m + k\beta) - a(kG) = P_m \tag{5-25}$$

可以看到，如同 ElGamal 密码算法一样，它也是一种不确定性算法。对于一个消息 m，加密过程中 k 的选取不一样，则加密所得的密文也不同。另外，该密码算法也有密文信息扩展问题。

【例 5-8】　设 $p = 11$，E 是由 $y^2 \equiv x^3 + x + 6 \pmod{11}$ 所确定的有限域 Z_{11} 上的椭圆曲线。已知 $G = (2, 7)$ 是椭圆曲线上的点，求 $2G$ 和 $3G$。

解　计算 $2G$。首先计算：

$$k = (3 \times 2^2 + 1)(2 \times 7)^{-1} \bmod 11 \equiv 8$$

于是可得

$$x_3 = 8^2 - 2 - 2 \bmod 11 \equiv 5, \ y_3 = 8 \times (2 - 5) - 7 \bmod 11 \equiv 2$$

因此，$2G = (5, 2)$。

再计算 $3G = 2G + G = (5, 2) + (2, 7)$，首先计算 $k = (7 - 2)(2 - 5)^{-1} \bmod 11 \equiv 2$，于是

$$x_3 = 2^2 - 5 - 2 \bmod 11 \equiv 8, \ y_3 = 2 \times (5 - 8) - 2 \bmod 11 \equiv 3$$

因此，$3G = (8, 3)$。

类似地，还可以计算出 nG，$n \geqslant 1$，计算结果如下：

$G = (2, 7)$	$2G = (5, 2)$	$3G = (8, 3)$	$4G = (10, 2)$
$5G = (3, 6)$	$6G = (7, 9)$	$7G = (7, 2)$	$8G = (3, 5)$
$9G = (10, 9)$	$10G = (8, 8)$	$11G = (5, 9)$	$12G = (2, 4)$
$13G = O$			

因此，$G=(2,7)$是 E 的生成元，E 是一个循环群。

由上面的讨论，可以确定 E 中的所有点，但这只是在例题中。实际应用中，由于给定的椭圆曲线上的点数太多，无法完全列举出 E 中所有的点，也没有必要列举出 E 中所有的点。

【例 5-9】 假设椭圆曲线为 $y^2 \equiv x^3 + x + 6 \pmod{11}$，选取 $G=(2,7)$，消息接收方 B 的私钥是 7，有 $\beta = 7G = (7,2)$。则公钥为 (G, β)，私钥为 $(G, 7)$。

解 加密运算：

$$e(m, k) = (k(2,7), m + k(7,2)), \quad 0 \leqslant k \leqslant 12, m \text{ 是要加密的消息}$$

解密运算：

$$d(c_1, c_2) = c_2 - 7c_1$$

假设 A 要加密明文 $m = (10, 9)$（这是 E 上的一个点），如果随机选择 $k=3$，计算可得 $c_1 = 3G = 3(2,7) = (8,3)$，$c_2 = m + 3\beta = (10,9) + 3(7,2) = (10,9) + (3,5) = 9G + 8G = 17G = 4G = (10,2)$

A 发送 $((8,3),(10,2))$ 给 B。

B 收到密文后，解密计算如下：

$$m = (10,2) - 7(8,3) = (10,2) - 21G = (10,2) - 8G$$
$$= (10,2) + 5G = 4G + 5G = 9G = (10,9)$$

于是恢复了明文。

加密和解密过程参考了例 5-8 中的计算结果。

5.4.3　椭圆曲线密码算法的安全性

椭圆曲线密码算法在理论上和实践上都取得了很大的进展，是代替 RSA 公钥密码算法的强有力的竞争者之一。从现有的研究结果看，RSA 和 ElGamal 密码算法的安全强度是亚指数的，椭圆曲线密码算法的安全强度是指数的。

椭圆曲线密码系统的安全性是基于椭圆曲线离散对数问题的困难性的，目前求解椭圆曲线离散对数问题的方法主要分为两类：通用方法和特殊方法。

通用方法适合所有有限循环群上的离散对数问题，主要包括大步小步法（Shanks 方法）、Pollard rho 算法（Pollard ρ 算法）和 Pohlig-Hellman 算法等。通用方法没有利用具体的椭圆曲线的特征，都是完全指数时间的。

特殊方法主要包括素域异常曲线攻击、MOV 约化攻击和 Weil 下降攻击等，这些攻击方法利用了特殊曲线具有的明显的特征，因而效率较高。但这些特殊曲线在构建椭圆曲线密码系统时很容易被检测出来。比如，fips186-3 就对选择椭圆曲线的参数做了限制，并给出了一些检测算法，防止攻击者利用较弱的参数进行攻击。

对于设计完善的椭圆曲线密码系统，目前最有效的攻击算法是 Pollard rho 算法，该算法基于生日攻击，是由 Pollard 在 1978 年提出的。2001 年以后，Pollard rho 算法在理论上逐渐成熟，攻击效率主要依赖硬件条件及在具体平台上的实现。

为了提高密码学界对椭圆曲线密码系统安全性的认识，加拿大的 Certicom 公司于 1997 年公布了一系列椭圆曲线密码系统挑战，这些挑战分为三个级别：练习级、一级和二级，其中练习级挑战的规模为 79 bit、89 bit 和 97 bit，一级挑战的规模为 109 bit 和 131 bit，二级挑战的规模为 163 bit、191 bit、239 bit 和 359 bit。所有二级挑战被认为在计算上是不可行的。每种规模的挑战有三个：一个是基于素数域上的椭圆曲线，另外两个分别是基于二进制扩域上的一般椭圆曲线和 Koblitz 曲线。

参赛者可以尝试用两个有限域中的一个或两个来解决挑战集。第一个涉及有限域 F_{2^m}（其中有 2^m 个元素的域）上的椭圆曲线，第二个涉及有限域 F_p（奇素数 p 的整数域）上的椭圆曲线。

练习级的挑战在 2000 年之前就被全部解决。一级挑战中 109 bit 规模上的三个挑战截至 2004 年被解决，131 bit 规模上的挑战到 2022 年 3 月都还没有解决。所有二级挑战被认为在计算上是不可行的。预计 ECC 131 挑战赛需要比 ECC p-109 挑战赛多几千倍的计算能力。

2002 年 11 月 6 日，Chris Monico 和他的数学家团队成功地解决了 Certicom ECC p-109 挑战。这项挑战是利用大量的计算能力解决的，包括 1 万台计算机（主要是个人电脑），每天 24 h 运行 549 天。2004 年 4 月 27 日，Chris Monico 和他的数学家团队成功地解决了 Certicom 椭圆曲线密码学 ECC 2-109 挑战。这项工作需要 2600 台计算机，耗时 17 个月。

5.5　国家商用公钥密码标准

早在 20 世纪 80 年代，我国的密码学研究人员就开始了椭圆曲线公钥密码算法的研究。在 2010 年，我国发布了自己的椭圆曲线公钥密码算法 SM2，该算法在 2012 年成为国家商用公钥密码标准，2016 年成为中国国家密码标准。同年，SM9 标识密码算法发布为国家密码行业标准。SM9 公钥密码算法是基于双线性对身份标识的公钥密码算法，也称为标识密码算法（identity-based cryptography，IBC），它可以把用户的身份标识用以生成用户的公私钥对，主要用于数字签名、密钥交换、密钥封装与加解密等，其理论基础是有限域群上的椭圆曲线及双线性对。2021 年 2 月，我国 SM9 标识加密算法作为 ISO/IEC 国际标准，由国际标准化组织（ISO）正式发布。

关于我国密码标准的进展，请参考第 1 章相关内容。由于篇幅的限制，本书只介绍 SM2 算法，对 SM9 算法感兴趣的读者可以查阅相关资料学习。对于 SM2 和 SM9 算法更为详细的介绍，可以参考国家标准全文公开系统网站（https://openstd.samr.gov.cn/bzgk/gb/）。

SM2 算法中提到的密码杂凑函数是 SM3 算法。密码杂凑函数是一个单向函数，其作用是将输入的不固定长度的消息转换成一个固定长度的杂凑值。SM3 杂凑算法输出的杂凑值的长度为 256 bit。在关于 RSA 算法的安全使用标准 PKCS ♯1 中，RSA 算法进行加密时也要使用杂凑算法。

在 SM2 公钥加密算法中，还提到了一个密钥派生函数，该函数的原型为 KDF(Z, klen)。其中，Z 为输入的比特串，klen 为整数，表示要获得的密钥数据的比特长度。函数的输出是长度为 klen 的密钥数据比特串 K。

1. SM2 算法的参数选取

参数要求：在我国的国家标准中，给出了一条素数域 256 位的椭圆曲线 $y^2 = x^3 + ax + b$，包括参数 p、a、b、G(基点，含 x_G 和 y_G)和 n 的值。其中，p 是有限域 GF(p) 中的素数，n 为基点 G 的阶(n 的余因子 h 为可选项)。

通过随机数发生器产生用户 B 的私钥 $d_B \in [1, n-2]$，计算 $P_B = d_B \cdot G$ 得到用户 B 的公钥，(P_B, d_B) 为用户 B 的公私钥对。

2. 密钥派生函数

密钥派生函数是从一个共享的秘密比特串中派生出的密钥数据，需要调用哈希函数(或杂凑函数)。设哈希函数的输出比特长度为 v。在 SM2 算法中，密钥派生函数的参数是比特串 Z 和整数 klen。其中，Z 是输入的比特串，klen 为输出的比特串长度，也就是要加密的数据的长度。哈希函数选用 SM3 算法，密钥派生函数的具体过程如下：

(1) 初始化一个 32 bit 长度的计数器，ct $= 0x00000001$。

(2) i 从 1 到 $\lceil \text{klen}/v \rceil$，循环。

　① $Ha_1 = \text{Hash}(Z \| \text{ct})$。

　② ct++。

(3) 若 klen/v 为整数，则令 $Ha!_{\lceil \text{klen}/v \rceil} = Ha_{\lceil \text{klen}/v \rceil}$，否则令 $Ha!_{\lceil \text{klen}/v \rceil}$ 为 $Ha_{\lceil \text{klen}/v \rceil}$ 最左边的 $(\text{klen} - (v - \lfloor \text{klen}/v \rfloor))$ bit。

(4) 令 $K = Ha_1 \| Ha_2 \| \cdots \| Ha_{\lceil \text{klen}/v \rceil - 1} \| Ha!_{\lceil \text{klen}/v \rceil}$。

3. SM2 的加解密过程

假设加密用户 A 向解密方用户 B 发送数据，其加解密过程如下：

1) 加密过程

假设要发送的消息比特串为 M，klen 为 M 的比特长度。为了对明文消息 M 进行加密，作为加密方 A 应进行以下运算步骤：

(1) 用随机数发生器产生随机数 $k \in [1, n-1]$，其中，n 是椭圆曲线 $E_p(a, b)$ 基点椭圆曲线 $E_p(a, b)$ 的阶。

(2) 计算椭圆曲线上的点 $C_1 = k \cdot G = (x_1, y_1)$。

(3) 计算椭圆曲线上的点 $S = h \cdot P_B$，其中，若 S 为无穷远点 O，则报错并退出。

(4) 计算椭圆曲线上的点 $k \cdot P_B = (x_2, y_2)$。

(5) 计算 $t = \text{KDF}(x_2 \| y_2, \text{klen})$，若 t 为全 0 比特串，则返回第(1)步。

(6) 计算 $C_2 = M \oplus t$。

(7) 计算 $C_3 = \text{Hash}(x_2 \| M \| y_2)$。

(8) 输出密文 $C = C_1 \| C_2 \| C_3$。

2) 解密过程

由上述加密过程可知，密文中 C_2 的比特长度为 klen，解密者 B 对密文 $C = C_1 \| C_2 \| C_3$ 解密，需要完成以下运算：

(1) 从 C 中取出比特串 C_1，验证 C_1 是否满足椭圆曲线方程，若不满足，则报错并退出。

(2) 计算椭圆曲线上的点 $S = h \cdot C_1$，若 S 为无穷远点，则报错并退出。

(3) 计算 $d_B \cdot C_1 = (x_2, y_2)$。

(4) 计算 $t = \text{KDF}(x_2 \parallel y_2, \text{klen})$，若 t 为全 0 比特串，则报错并退出。

(5) 从 C 中取出比特串 C_2，计算 $M' = C_2 \oplus t$。

(6) 计算 $u = \text{Hash}(x_2 \parallel M' \parallel y_2)$，从 C 中取出比特串 C_3，若 $u \neq C_3$，报错并退出。

(7) M' 即为解密后的明文。

事实上，当接收方 B 用自己的私钥 d_B 进行解密时，可得到：

$$d_B \cdot C_1 = d_B \cdot k \cdot G = k \cdot d_B \cdot G = k \cdot P_B = (x_2, y_2)$$

从而保证加密和解密过程中密钥派生函数 KDF( ) 输出的 t 相同，因此可以由 $M' = C_2 \oplus t$ 得到明文 M'。

5.6　RSA、ElGamal 及椭圆曲线密码算法比较

RSA 密码算法是基于大数分解难题的，出现于 20 世纪 70 年代。学者们经过较长时间的使用和研究，确认 RSA 密码算法从算法和计算角度看是安全的。只是随着人类计算能力的提高，RSA 算法中选取的参数 (p, q) 越来越大，现在普遍认为，$n = pq$ 的取值为 2048 bit 是安全的，这相当于 600 位的十进制整数。这也导致了加解密的运算量和存储空间的增加，影响了其在便携产品如手机/掌上电脑等中的使用。

国际上一些标准化组织 ISO、ITU 及 SWIFT 等均已接受 RSA 算法作为标准。在 Internet 中所采用的 PGP 中也将 RSA 作为传送会话密钥和数字签字的标准算法。由于 RSA 是简单且比较成熟的一种公钥密码算法，许多公司及研究团体按照自己的研究成果实现了该算法。

ElGamal 密码算法是基于离散对数难题的，很多密码算法如著名的密钥交换算法——DH(Diffie-Hellman) 密钥交换算法，以及后面学到的美国的数字签名标准(DSA)就是基于离散对数问题的。ElGamal 密码算法在加密的时候要完成两次模幂运算，密文的长度是消息长度的两倍，在一定程度上影响了其被广泛使用。

椭圆曲线密码的优点是在同等安全程度下，其密钥比 RSA 和 ElGamal 要短得多。由现有的资料可知，ECC 的密钥长度为 160 bit 时的安全强度与 RSA 的密钥长度为 1024 bit 时相当，这对于存储和通信带宽受限时的应用是一个很重要的优点，比如 PDA、IC 卡、无线设备等，而且 160 bit 的 ECC 的运算速度比 1024 bit 的模运算快。

基于椭圆曲线离散对数的加密算法和签名算法被很多标准所采用。

5.7　其他非对称密码算法简介

除了前面介绍的基于大数分解难题的 RSA 密码算法、基于离散对数难题的 ElGamal 密码算法、基于椭圆曲线离散对数难题的椭圆曲线密码算法外，在密码学的发展历史上，还有一些其他的非对称密码算法，也对非对称密码算法的发展产生了重大的影响。

1. 背包算法

公钥密码算法的第一个算法是由 Mercle 和 Hellman 开发的背包算法，其安全性是基于背包难题的，这是一个 NP 完全问题。尽管这个算法后来发现是不安全的，但由于它证明了如何将 NP 完全问题用于公钥密码学，曾经在公钥密码学的发展史上有过重大的影响。

2. Rabin 算法

Rabin 算法的安全性是基于求合数的模平方根的难度的，等价于因子分解问题。但是其在解密时信息有冗余，需要明文在加密前进行适当的处理，以便解密者知道哪个解是明文消息。

3. McEliece 算法

McEliece 算法由 McEliece 在 1978 年提出，是一种基于代数编码理论的公开密钥密码系统。其思想是构造一个 Goppa 码并将其伪装成普通的线性码。不过该算法的公开密钥太庞大，加密后的密文长度为明文的两倍，在一定程度上影响了它的广泛应用，故而研究的人也比较少。

4. 基于有限自动机的公钥密码算法

基于有限自动机的公钥密码算法是由中国密码学家陶仁冀提出的，该算法基于有限自动机理论。如同分解两个大素数的乘积很困难一样，要分解两个有限自动机的合成也很困难。

除了这些公钥密码算法外，近年来，学者们又相继提出了其他的非对称密码算法。如 NTRU(number theory research unit)算法、基于辫群的密码算法等，也受到了研究者们的广泛关注。

值得一提的是，在量子计算模型下，基于大整数分解和基于离散对数问题的密码算法（包括基于椭圆曲线离散对数问题的密码算法）将不再安全。目前有四类公钥密码算法被认为在量子计算模型下是安全的：基于纠错码的公钥密码算法、基于多变量的公钥密码算法、基于哈希树的公钥密码算法和基于格问题的公钥密码算法。这类密码算法的缺陷是密钥规模比较大，人们希望能够设计出更安全且高效的抗量子计算的密码算法。

由于 NTRU 算法有非常多的优点，研究者们对 NTRU 算法甚为青睐，认为该算法能在众多抗量子计算的密码算法中胜出。NTRU 算法是一种新的公钥密码算法，它是在 1996 年的美洲密码学会上由 Brown 大学数学系的三位美国数学家 Jeffrey Hoffstein、Jill Pipher 和 Joseph H. Silverman 共同提出的。经过多年的迅速发展与完善，该算法在密码学领域受到了高度的重视。自 2000 年开始，美国 IEEE 标准化组织起草了专门针对 NTRU 算法的标准 P1363.1。NTRU 算法的安全性基于多项式、不同模混合运算的相互作用和从一个非常大的维数格中寻找最短向量的困难性。对现有的 RSA 和 DSA 等公钥密码算法而言，由于涉及大数的模指运算，因此运算所需存储空间大、速度慢。NTRU 算法只使用了简单的模乘法和模求逆运算，因而它具有密钥产生容易，加解密速度快等特点。就目前来说，NTRU 算法和目前最有影响的 RSA 算法、椭圆曲线密码算法(ECC)等算法是一样安全的，且具有与 RSA 同等程度的安全性，能抵抗量子运算攻击。

5.8　扩 展 阅 读

中国剩余定理的由来[①]

据说汉代大将韩信每次集合部队，都要求部下报三次数：第一次按 1～3 报数，第二次

---

① 韩信点兵数学竞赛题(中国剩余定理)[EB/OL]. https://www.doc88.com/p-502837297211.html?r=1.

按 1～5 报数，第三次按 1～7 报数，每次报数后都要求最后一个人报告他报的数是几，这样韩信就知道一共到了多少人。他的这种巧妙算法，人们称其为"鬼谷算""隔墙算""秦王暗点兵"等，这也是民间传说的韩信点兵问题。

这类问题在《孙子算经》中也有记载："今有物不知其数：三三数之余二，五五数之余三，七七数之余二，问物几何？"它的意思就是，有一些物品，如果 3 个 3 个的数，最后剩 2 个；如果 5 个 5 个的数，最后剩 3 个；如果 7 个 7 个的数，最后剩 2 个；求这些物品一共有多少？到现在，这个问题已成为世界数学史上非常闻名的问题。

到了明代，数学家程大位把这个问题的算法编成了四句歌诀：三人同行七十稀，五树梅花廿一枝；七子团圆正半月，除百零五便得知。用现在的话来说就是：一个数用 3 除，所得的余数乘以 70；用 5 除，所得的余数乘以 21；用 7 除，所得的余数乘以 15。最后把这些乘积加起来再减去 105 的倍数，就知道这个数是多少。

《孙子算经》中这个问题的算法是 $70 \times 2 + 21 \times 3 + 15 \times 2 = 233$、$233 - 105 - 105 = 23$，所以这些物品最少有 23 个。

根据上面的算法，韩信点兵时，必须先知道部队的大约人数，否则他也是无法准确算出人数的。你知道这是怎么回事吗？

由于被 3、5 整除且被 7 除余 1 的最小正整数是 15，被 3、7 整除且被 5 除余 1 的最小正整数是 21，被 5、7 整除，且被 3 除余 1 的最小正整数是 70，所以这三个数（15、21、70）的和 $15 \times 2 + 21 \times 3 + 70 \times 2$，必然具有被 3 除余 2，被 5 除余 3，被 7 除余 2 的性质。

上述解法的缘由在于：被 3、5 整除且被 7 除余 2 的最小正整数是 $15 \times 2 = 30$，被 3、7 整除且被 5 除余 3 的最小正整数是 $21 \times 3 = 63$，被 5、7 整除且被 3 除余 2 的最小正整数是 $70 \times 2 = 140$，所以这三个数的和 $15 \times 2 + 21 \times 3 + 70 \times 2 = 233$，必然满足被 3 除余 2、被 5 除余 3、被 7 除余 2 的性质。

但所得结果 233（$30 + 63 + 140 = 233$）不一定是满足上述性质的最小正整数，故将其减去 3、5、7 的最小公倍数 105 的若干倍，直至差小于 105 为止，即 $233 - 105 - 105 = 23$。所以 23 就是被 3 除余 2、被 5 除余 3、被 7 除余 2 的最小正整数。

我国古算书中给出的上述四句歌诀，实际上是在特殊情况下给出了一次同余式组解的定理。1247 年，秦九韶在著作《数书九章》中首创"大衍求一术"，给出了一次同余式组的一般求解方法。在欧洲，直到 18 世纪，法国数学家欧拉、拉格朗日等，都曾对一次同余式问题进行过研究；德国数学家高斯，在 1801 年出版的《算术探究》中，才明确地写出了一次同余式组的求解定理。当《孙子算经》中的"物不知数"问题的解法于 1852 年经英国传教士伟烈亚力传到欧洲后，1874 年德国人马提生指出孙子的解法符合高斯的求解定理。

因为中国古代数学家对一次同余式方程组求解作出的贡献，所以在西方数学著作中就将一次同余式方程组求解定理誉称中国剩余定理；由于一次同余式方程组求解问题也出自《孙子算经》，因此也称之为"孙子定理"。利用中国剩余定理，可极大地提高 RSA 算法解密或签名运算的效率。已经证明的结论有：如果不考虑中国剩余定理的计算代价，则改进后的解密运算速度是原解密运算速度的 4 倍；如果考虑中国剩余定理的计算代价，则改进后的解密运算速度是原解密运算速度的 3.47 倍（模为 2048 bit/h）。

习　题　5

1. 描述非对称密码算法的设计准则。

2. 简述非对称密码算法的设计准则。

3. 简述 RSA 算法的参数选择及加密解密过程。

4. 以对称密码算法 AES 和非对称密码算法 RSA 为例，辨析对称密码算法和非对称密码算法的差别与联系。

5. 非对称密码算法都有哪些分类?

6. 选择一种程序设计语言实现 RSA 算法和 ElGamal 算法。

7. 假设 RSA 算法中，接收方选取的参数 p 为 13，q 为 19，加密的公钥 e 为 17。

(1) 求私钥 d。

(2) 若加密方的消息 m 为 18，求通过 RSA 算法加密后的密文。

(3) 说明密码分析者在整个通信过程中可以知道哪些内容。

(4) 理解 RSA 算法能够抵御已知明文攻击和选择明文攻击。

8. 设在 ElGamal 公钥加密算法的密钥产生过程中，当选取的素数 $p=97$，生成元 $g=26$，私钥 $r=8$，加密消息 $m=64$ 时选取的随机数 $k=3$，求加密消息 m 所得到的密文。

9. 设在 ElGamal 公钥加密算法的密钥产生过程中，当选取的素数 $p=41$，生成元 $g=6$，私钥 $r=22$，加密消息 $m=30$ 时选取的随机数 $k=5$，求加密消息 m 所对应的密文。

10. 设 ElGamal 算法的密钥产生过程中，选取的素数 $p=97$，生成元 $g=26$，私钥 $x=8$，加密消息 $m=64$ 时选取的随机数 $k=3$，求加密消息 m 所得到的密文，并给出密文接收者的解密过程。

11. 编程实现平方乘算法。

12. 编程实现 Miller-Rabin 概率检测算法，完成对小于 2^{32} 的奇数的素性检测。

13. 设椭圆曲线为 $y^2 \equiv x^3 + x + 6 \pmod{11}$，选取 $G=(2,7)$，消息接收方 B 的私钥是 11。

(1) 求接收方 B 的公钥。

(2) 设消息为 $(3,5)$，选取的随机数为 5，求对应的密文。

14. 查阅资料，了解世界重要经济体如美国、欧盟、俄罗斯和日本等的公钥密钥算法的标准并比较其异同。

15. 查询资料，对比椭圆曲线密码算法和 RSA 算法，各自有哪些优点和缺点。

第 6 章　Hash 算法

知识点

　　☆ Hash 算法概述；

　　☆ SHA 系列算法；

　　☆ SM3 算法；

　　☆ Hash 算法的攻击现状分析；

　　☆ 扩展阅读——Hash 实例。

第六单元

 本章导读

　　本章首先介绍 Hash 算法基本概念及基本属性和结构、Hash 算法的发展现状；然后详细介绍 SHA-1、SHA-256、SHA-512 和 SHA-3 等最常用的国际 Hash 算法；接着介绍我国的 Hash 算法标准 SM3；最后分析 Hash 算法的攻击现状，并在扩展部分中介绍 SHA-1 碰撞实例及密码学家王小云的事迹。通过本章的学习，读者可在理解 Hash 算法的概念及结构的基础上，掌握常用的国际 Hash 算法及我国的 SM3 算法，为学好本书后续数字签名和认证技术等知识奠定坚实的基础。

6.1　Hash 算法概述

　　Hash 算法又称为哈希算法、Hash 函数、杂凑函数、散列函数和散列算法等，在现代密码学中扮演着重要角色。Hash 算法是公开函数，通常记为 H 或 h，本章使用 H 表示 Hash 算法。Hash 算法可以将任意长的消息 m 映射为较短的、固定长度的一个值，记作 $H(m)$，经常称 $H(m)$ 为 Hash 值、散列值、杂凑值、杂凑码或消息摘要、数字指纹。本章 $H(m)$ 称为 Hash 值。

　　从密码算法的角度看，Hash 算法也可以看作一种单向密码算法，即它从一个明文到密文是不可逆映射，只有加密过程，不能解密。Hash 值是消息中所有比特的函数，因此提供了一种错误检测能力，即改变消息中任何比特都会使 Hash 值发生改变。在密码学和数据安全技术中，Hash 算法是实现有效、安全可靠数字签名和认证的重要工具，是安全认证协议中的重要模块。

6.1.1　Hash 算法的概念及结构

1. Hash 算法的概念及一般安全特性

　　Hash 算法 H 是公开算法，不需要密钥，用于将任意长的消息 m 映射为较短的、固定长度的一个值 $H(m)$，如图 6-1 所示。

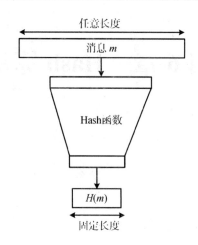

图 6 - 1　Hash 算法一般模型

安全的 Hash 算法有下面六个基本要求：

(1) 能够接受任意长度的消息作为输入。

(2) 能够生成较短的固定长度的输出。

(3) 对任何消息输入都应该能够容易和快速地计算出 Hash 值。

(4) 应该具有单向性，也就是说，给定 $H(m)$，恢复消息 m 在计算上是不可行的。

(5) 应该能够抗弱碰撞，即给定消息 m 和 $H(m)$，找到另外一个消息 $m \neq m'$，使 $H(m) = H(m')$ 在计算上是不可行的。

(6) 应该能够抗强冲突，即找到两个有意义的消息 m 和 m'，使得 $H(m) = H(m')$ 在计算上是不可行的。

从上面 Hash 算法基本要求的第(4)～第(6)条要求可以推导出 Hash 算法应该满足的一般安全特性如下：

(1) 单向性：由消息的 Hash 值倒推出消息在计算上不可行，即给定 $H(m)$，想要计算出 m 在计算上是不可行的。

(2) 抗弱碰撞性：对于任何给定消息及其 Hash 值，找到另一个能映射出该 Hash 值的消息在计算上是不可行的，即给定的 $H(m)$，找到一个 $m \neq m'$，使得 $H(m) = H(m')$ 在计算上不可行。

(3) 抗强碰撞性：找到任何两个不同的消息，它们的 Hash 值不同在计算上是不可行的，即找到两条消息 m 和 m'，使得 $H(m) = H(m')$ 在计算上不可行。

Hash 算法碰撞性是指对于两个不同的消息 m 和 m'，如果它们的 Hash 值相同，则表明发生了碰撞。弱碰撞性是在给定消息 m 的前提下，考察与特定消息 m 的碰撞性。强碰撞性是考察输入任意两个消息的碰撞性。显然强碰撞要容易实现。

目前 Hash 算法在满足一般安全性要求的前提下，NIST 在征集 SHA-3 时，为避免二次碰撞对 Hash 算法的安全性威胁，还要求 Hash 算法满足抗长度扩展攻击，即给定 $H(m)$ 和消息的长度 $|m|$，找到 h' 和 z 满足 $H(m \parallel z) = h'$ 在计算上不可行。此外，在进行 SHA-3 筛选时，还有增强目标抗碰撞特性(enchanced Target Collision Resistance，eTCR)、伪随机函数攻击(PFR-attack)等安全属性要求。

2. MD 迭代结构

1979 年，Merkle 和 Damgard 等提出了安全 Hash 算法的基本结构，如图 6 - 2 所示，也称之为 MD(Merkle-Damgard)迭代结构。目前 MD(message digest)系列、SHA(security hash algorithm)系列等大多数 Hash 算法都在使用该结构。

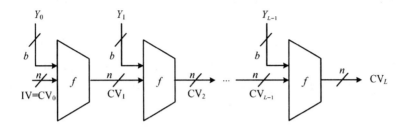

图 6 - 2　Hash 算法基本结构

MD 迭代结构中，Hash 算法输入消息 m，并将其分为 L 个固定长度的分组，若最后一个数据块不满足输入分组长度要求，则按照一定的规则进行填充。重复使用一个压缩函数 f，压缩函数 f 有两个输入，一个是前一阶段的 n bit 输入，另外一个是源于消息的 b bit 分组，并产生一个 n bit 的输出，算法开始时需要一个 n bit 初始变量 IV，最终的输出值通过函数 f 的作用得到 Hash 值，通常 $b > n$，故称 f 为压缩函数。

MD 迭代结构的 Hash 算法是建立在压缩函数的基础上的密码技术，许多研究者认为设计安全 Hash 算法最重要的就是要设计具有抗碰撞能力的压缩函数。

6.1.2　Hash 算法的发展现状

最初，Hash 算法主要是为了验证数据完整性，可以说是早期校验算法(如奇偶校验，CRC 循环冗余校验)的一种扩展，用于保证网络上传输的信息不会因为物理介质的原因变得不可信赖，但后来用来保证某个信息的合法性，并用在非交互零知识证明、现有的数字签名算法和区块链技术中。目前，安全领域越来越离不开 Hash 算法的研究，计算科学及其应用领域也越来越离不开 Hash 算法的应用。

目前在信息安全中，最常用的 Hash 算法有两大系列：MD 系列和 SHA 系列，最常用的 Hash 算法主要可分为如下几类。

1. MD 系列

MD 系列是由国际著名密码学家图灵奖获得者兼公钥加密算法 RSA 的创始人 Rivest 设计的，包括 MD2(于 1989 年在针对 8 位计算机上实现)、MD4(于 1990 年在针对 32 位计算机上实现)和 MD5(1991 年提出的，是对 MD4 的改进版，包括其 Hash 值为 128 位)。由于 MD5 算法已不安全，不再推荐使用。

2. SHA 系列

NIST 和 NSA(National Security Agency，美国国家安全局)于 1993 年在 MD5 的基础上首先提出 SHA-0，由于这个算法发布之后不久被发现存在漏洞，因此 NSA 将其撤回。

1995 年 SHA-1 被提出(美国的 FIPS PUB 180-1 标准),该 Hash 算法消息 Hash 值为 160 bit,现今 SHA-1 是被应用到 DSA 数字签名的标准,但随着 Hash 攻击技术的发展,其安全性受到挑战,多个国家已建议停止使用 SHA-1。2003 年,研究者相继对 SHA 系列算法进行扩展,提出了 SHA-256、SHA-384、SHA-512(美国的 FIPS PUB 180-2 标准),并于 2004 年加入了额外的变种——SHA-224,其被统称为 SHA-2,目前 SHA-256 已成为最广泛使用的 Hash 算法之一。

2007 年,NIST 发起了 SHA-3 竞赛以征集新的 Hash 算法。最终经过三轮的评选,2012 年 10 月 2 日,Keccak 作为竞赛的胜利者,SHA-3 标准被发布,即美国的 FIPS PUB 202,标准给出 4 个 Hash 算法 SHA3-224,SHA3-256,SHA3-384 和 SHA3-512,可完全替换 SHA-2。

3. 其他算列算法

HAVAL 是由澳大利亚 Yuliang Zheng、Josef Pieprzyk 和 Jennifer Seberry 提出的一种可变长的 Hash 算法,RIPEMD-128、RIPEMD-160 是欧洲研究者提出的 Hash 算法,可替代 MD5 和 MD4 算法。TigerHash 算法是在 1995 年由 Ross Anderson 和 Eli Biham 设计提出的,是在 64 位和 32 位计算机上能够很好地运行的 Hash 算法。2010 年,我国提出了 Hash 算法标准 SM3 算法,替代 SHA-256。

虽然 SHA-1 算法已经出现安全隐患,但目前很多场合仍在使用,因此本书接下来的章节将详细介绍 SHA-1、SHA-256、SHA-3 以及国密 SM3 算法。

6.2　SHA 系列算法

6.2.1　SHA-1 算法

NIST 在 1993 年发布了一个 Hash 算法(称为安全 Hash 算法),1995 年该算法被修改,修改后的版本是 SHA-1。SHA-1 在算法设计上很大程度上模仿 MD5,它接收输入消息的最大长度为 $(2^{64}-1)$ bit,生成 160 bit 的 Hash 值。与 MD5 相似,SHA-1 算法操作首先将输入消息划分为 512 bit 块,若最后一个数据块不满足长度要求,则按照一定的规则填充为 512 bit 块,然后每个 512 bit 块重复使用分块处理函数(压缩函数),最终输出 160 bit Hash 值。每 512 bit 块以 32 bit 字为处理单位进行压缩,压缩函数包含 4 个回合运算,每个回合 20 步,总共 80 步。SHA-1 算法处理过程如图 6-3 所示。

1. SHA-1 算法预处理

SHA-1 算法的预处理包括三步:填充消息、填充后的消息分组和初始化变量。

1) 填充消息

假设输入消息 M,首先应该填充消息,保证输入 SHA-1 计算的整个消息长度是 512 bit 的倍数。

假设二进制消息 M 的长度为 l bit,在原始消息 M 尾部增加 1 个"1"和 k 个"0",l 和 k

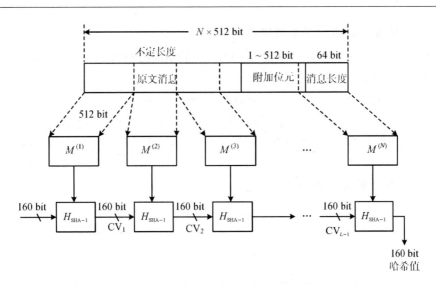

图 6-3　SHA-1 算法处理过程

满足 $l+1+k\equiv448(\mathrm{mod}\ 512)$，并且 k 为最小的非负整数。然后在填充消息的末尾添加 64 bit 的块，该 64 bit 是记录二进制原始消息的长度，如果消息长度 l 值转换为二进制后长度小于 64，则在左边补 0，使得块的长度刚好等于 64 bit。

【例 6-1】　假设输入消息"abc"，采用 SHA-1 计算其 Hash 值，求填充后的消息。

解　填充过程分为如下两步：

第一步，输入消息"abc"为字符串，数据格式是 8 bit ASCII 码，因此消息长度 $l=8\times3=24$ bit，在原始消息后首先添加 1 个"1"，然后添加 $k\equiv448-(24+1)(\mathrm{mod}\ 512)=423$ 个"0"。

第二步，$l=24$ 对应的二进制值为 11000，左边补 0 得到数据为 000…011000，长度刚好为 64 bit。将此 64 bit 数据连接在第一步的数据之后得到填充之后的消息，填充之后的消息比特位的长度值是 512 的整数倍。

$$\underbrace{01100001}_{\text{"a"}}\ \underbrace{01100010}_{\text{"b"}}\ \underbrace{01100011}_{\text{"c"}}1\ \overbrace{000\cdots000}^{423}\ \overbrace{\underbrace{000\cdots011000}_{40(\text{补}0)\ \ell=24}}^{64}$$

2）填充后的消息分组

把填充后的整个消息按 512 bit 块进行分组，若刚好分为 N 个 512 bit 块，则依次记为 $M^{(0)}$，$M^{(1)}$，…，$M^{(N)}$，而每个 512 bit 块又可分为 16 个 32 bit 字，第 i 个 512 bit 块的第一个 32 bit 字记为 $M_0^{(i)}$，第二个 32 bit 字记为 $M_1^{(i)}$，因此 16 个 32 bit 字依次为 $M_0^{(i)}$，$M_1^{(i)}$，…，$M_{15}^{(i)}$。

3）初始化变量

SHA-1 的初值变量 IV 是 SHA-1 标准中给定的固定值，为 160 bit 的数据块，即 5 个 32 bit 的字，依次为 $H_0^{(0)}$、$H_1^{(0)}$、$H_2^{(0)}$、$H_3^{(0)}$、$H_4^{(0)}$，5 个初值变量（十六进制）为

$$H_0^{(0)}=67452301$$
$$H_1^{(0)}=\mathrm{EFCDAB89}$$
$$H_2^{(0)}=98\mathrm{BA\ DCFE}$$
$$H_3^{(0)}=10325476$$
$$H_4^{(0)}=\mathrm{C3D2E1F0}$$

2. SHA-1 算法 512 bit 分块处理过程

假设输入 512 bit 的消息分块为 $M^{(i)}$，160 bit 的中间值记为 $H^{(i-1)}$，而每个 512 bit 分块处理如图 6-4 所示。具体过程如下：

首先给 5 个寄存器 A、B、C、D、E 赋值，$A=H_0^{(i-1)}$，$B=H_1^{(i-1)}$，$C=H_2^{(i-1)}$，$D=H_3^{(i-1)}$，$E=H_4^{(i-1)}$。这 5 个寄存器随后将用于保存 Hash 算法的中间结果和最终结果。

然后每个分块处理包含 4 个回合，每个回合 20 步，总共 80 步。5 个寄存器 A、B、C、D、E 进行 80 步变换之后的值再依次与 $H_0^{(i-1)}$，$H_1^{(i-1)}$，…，$H_4^{(i-1)}$ 做模 2^{32} 加操作，再将 5 个寄存器的值依次连接得到 160 bit，记为 H^i。

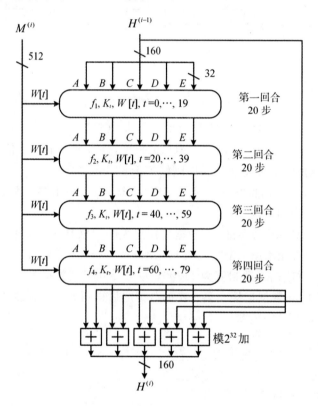

图 6-4　SHA-1 512 bit 分块处理

1）逻辑函数

分块处理中需要使用结构相似的 4 个基本逻辑函数，即 f_1，f_2，f_3，f_4，每个回合使用不同的逻辑函数，f_1，f_2，f_3，f_4 逻辑函数的定义如下：

$$f_1 = f(t, B, C, D) = (B \wedge C) \vee (\bar{B} \wedge D), \quad 0 \leqslant t \leqslant 19$$
$$f_2 = f(t, B, C, D) = B \oplus C \oplus D, \quad 20 \leqslant t \leqslant 39$$
$$f_3 = f(t, B, C, D) = (B \wedge C) \vee (B \wedge D) \vee (C \wedge D), \quad 40 \leqslant t \leqslant 59$$
$$f_4 = f(t, B, C, D) = B \oplus C \oplus D, \quad 60 \leqslant t \leqslant 79$$

其中，t 表示步数，$\wedge$ 表示按位与操作，$\vee$ 表示按位或操作，$\oplus$ 表示异或操作，$-$ 表示非运算。

2）常量值 K_t

分块处理中还需要使用一个常量值 K_t，$0 \leqslant t \leqslant 79$，$K_t$ 值定义如表 6-1 所示。每个回合中使用的 K_t 值相同。

表 6-1　SHA-1 算法 K_t 4 个常量的取值

回合	步骤	输入常数	取值方式（整数）
1	$0 \leqslant t \leqslant 19$	$K_t = 5A827999$	$\left[2^{30} \times \sqrt{2} \right]$
2	$20 \leqslant t \leqslant 39$	$K_t = 6ED9EBA1$	$\left[2^{30} \times \sqrt{3} \right]$
3	$40 \leqslant t \leqslant 59$	$K_t = 8F1BBCDC$	$\left[2^{30} \times \sqrt{5} \right]$
4	$60 \leqslant t \leqslant 79$	$K_t = CA62C1D6$	$\left[2^{30} \times \sqrt{10} \right]$

3）数据扩展

分块处理中还需要使用 $W[t]$，$t = 0, 1, \cdots, 79$。$W[t]$ 是由输入 512 bit 分块通过混合和移动扩充而来的。对输入 512 bit $M^{(i)}$ 分组，分为 16 个 32 bit 字 $M_0^{(i)}$，$M_1^{(i)}$，$\cdots$，$M_{15}^{(i)}$，然后将 16 个字扩充为 80 个 32 bit 字，如图 6-5 所示。扩充方法定义如下：

$$W[t] = \begin{cases} M_t^{(i)} & (0 \leqslant t \leqslant 15) \\ \mathrm{ROTL}^1(W[t-3] \oplus W[t-8] \oplus W[t-14] \oplus W[t-16]) & (16 \leqslant t \leqslant 79) \end{cases}$$

$$(6-1)$$

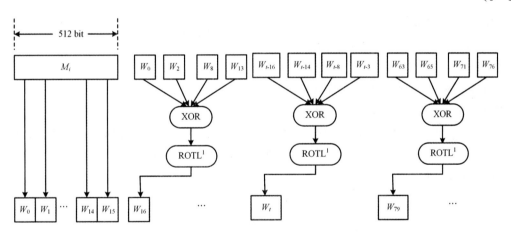

图 6-5　SHA-1 分组处理 80 个字产生过程

根据数据扩充方法可知：

$$W[0] = M_0^{(i)}$$
$$W[1] = M_1^{(i)}$$
$$\vdots$$
$$W[15] = M_{15}^{(i)}$$
$$W[16] = \mathrm{ROTL}^1(W[13] \oplus W[8] \oplus W[2] \oplus W[0])$$
$$W[17] = \mathrm{ROTL}^1(W[14] \oplus W[9] \oplus W[3] \oplus W[1])$$
$$\vdots$$
$$W[79] = \mathrm{ROTL}^1(W[76] \oplus W[71] \oplus W[65] \oplus W[63])$$

其中，ROTL^x 表示循环左移 x bit，ROTL^1 表示循环左移 1 bit。

4）压缩函数

处理一个 512 bit 分组的 4 个回合中，寄存器 A、B、C、D、E 数据通过压缩函数变换，如图 6-6 所示。

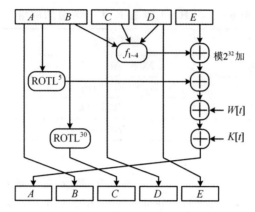

图 6-6　SHA-1 算法压缩函数

从图 6-6 可知，每经过一次压缩函数，寄存器 A、B、C、D、E 的值变换为

$$T = \mathrm{ROTL}^5(A) + f_t(B, C, D) + E + W[t] + K_t (\mathrm{mod}\ 2^{32})$$

$$E = D,\ D = C,\ C = \mathrm{ROTL}^{30}(B),\ B = A,\ A = T$$

3. SHA-1 算法伪代码

SHA-1 算法伪代码如下：

/ *　　SHA-1 算法　 * /

输入：待 Hash 消息 M，加常量 K_t，$0 \leqslant t \leqslant 79$。

输出：160 bit Hash 值（$H_0 \parallel H_1 \parallel H_2 \parallel H_3 \parallel H_4$）。

(1) $M' = $ SHA-1-PAD(M)，SHA-1-PAD 是填充函数，填充方法参见 SHA-1 算法预处理。

(2) 对 M' 分组，得到 N 个 512 bit 子块 $M^{(1)}$，$M^{(2)}$，…，$M^{(N)}$。

(3) 初始变量赋值：

$$H_0 = 67452301,\ H_1 = \mathrm{EFCDAB89},\ H_2 = 98\mathrm{BA\ DCFE},$$
$$H_3 = 10325476,\ H_4 = \mathrm{C3D2E1F0}$$

(4) For $i = 1$ to N

对 512 bit 块 $M^{(i)}$ 进行每 32 bit 分组，得到 16 个字 $M_0^{(i)} M_1^{(i)} \cdots M_{15}^{(i)}$。

For $t = 0$ to 15

　　$W[t] = M_t^{(i)}$

End For

For $t = 16$ to 79

　　$W[t] = \mathrm{ROTL}^1(W[t-3] \oplus W[t-8] \oplus W[t-14] \oplus W[t-16])$；

End For

对寄存器 A、B、C、D、E 赋值：

$$A = H_0;\ B = H_1;\ C = H_2;\ D = H_3;\ E = H_4;$$

For $t = 0$ to 79

$$T = \text{ROTL}^5(A) + f_t(B, C, D) + E + W[t] + K[t];$$

$$E = D; D = C; C = \text{ROTL}^{30}(B); B = A; A = T;$$

End For

$$H_0 = A + H_0; H_1 = B + H_1; H_2 = H_2 + C; H_3 = H_3 + D; H_4 = H_4 + E;$$

End For

(5) return Hash 值($H_0 \parallel H_1 \parallel H_2 \parallel H_3 \parallel H_4$)。

注：伪代码中"$+$"表示模 2^{32} 加。

4. SHA-1 算法实例

【例 6-2】 对字符串"abc"，运用 SHA-1 算法求 Hash 值。

解　第一步，填充消息。

字符串"abc"转换为二进制为 01100001 01100010 01100011，共 24 bit，按照 SHA-1 算法要求，填充数据：

$512 - 64 - 24 = 424$（填充 1 位"1"，423 位"0"，即 1000…000）的数据长度为 24，对应二进制为 11000。

填充后 512 bit 数据为

$$\underbrace{01100001}_{\text{"a"}}\underbrace{01100010}_{\text{"b"}}\underbrace{01100011}_{\text{"c"}}1 \quad \overbrace{000\cdots000}^{423}\overbrace{\underbrace{000\cdots}_{40(\text{补}0)}\underbrace{011000}_{\ell=24}}^{64}$$

对应二进制为

$$61626380\ 00000000, \cdots, 00000018 （十六进制表示）$$

而 $W_0 = 61626380$，$W_1 = W_2 = \cdots = W_{14} = 00000000$，$W_{15} = 00000018$。

第二步，A、B、C、D 与 E 寄存器的值初始化，如下：

$A = 67452301$，$B = \text{EFCDAB89}$，$C = 98\text{BADCFE}$，$D = 10325476$，$E = \text{C3D2E1F0}$。

第三步，第一回合运算执行一次后，第一回合中的逻辑函数为

$$f_1 = f(t, B, C, D) = (B \wedge C) \vee (\overline{B} \wedge D) \quad (0 \leqslant t \leqslant 19)$$

$$f(t, \text{efcdab89}, 98\text{badcfe}, 10325476) = (\text{efcdab89} \wedge 98\text{badcfe}) \vee$$
$$(\overline{\text{efcdab89}} \wedge 10325476)$$
$$= 98\text{badcfe}$$

$$\text{ROTL}^5(A) = \text{ROTL}^5(67452301) = \text{e8a4602c}$$

$$W[0] = 61626380$$

$$K_1 = 5\text{a827999}$$

$$T = \text{ROTL}^5(A) + f_t(B, C, D) + E + W[t] + K_t (\text{mod } 2^{32})$$
$$= \text{e8a4602c} + 98\text{badcfe} + \text{c3d2e1f0} + 61626380 + 5\text{a827999} (\text{mod } 2^{32})$$
$$= 0116\text{fc33}$$

寄存器 A、B、C、D、E 的值为

$$E = D = 10325476$$

$$D = C = 98\text{badcfe}$$

$$C = \text{ROTL}^{30}(B) = \text{ROTL}^{30}(\text{efcdab89}) = 7\text{bf36ae2}$$

$$B = A = 67452301$$

$$A = T = 0116\mathrm{fc}33$$

此实例中 SHA-1 散列算法每一步的详细值可参见 FIPS-180-2 标准，本书就不再给出详细计算过程。由标准可知，若输入字符串"abc"，SHA-1 算法 160 bit Hash 值（十六进制）为 a9993e36 4706816aba3e2571 7850c26c 9cd0d89d。

6.2.2　SHA-256 算法

在 2002 年，NIST 相继对 SHA 系列算法进行扩展，提出了 SHA-256、SHA-384、SHA-512，它们并称为 SHA-2。SHA-256 与 SHA-1 的算法结构非常类似，以 512 bit 分块为基本处理单位，每分块又划分为 16 个 32 bit 字进入压缩函数中进行处理操作。下面首先介绍 SHA-256 算法。

1. SHA-256 算法逻辑函数

SHA-256 使用 6 个逻辑函数，以 32 bit 字进行操作，每个逻辑函数操作得到一个新的 32 bit 字，每个逻辑操作输入 x，y，z 三个 32 bit 字，逻辑函数定义如下：

$$\mathrm{Ch}(x, y, z) = (x \wedge y) \oplus (\bar{x} \wedge z) \tag{6-2}$$

$$\mathrm{Maj}(x, y, z) = (x \wedge y) \oplus (x \wedge z) \oplus (y \wedge z) \tag{6-3}$$

$$\Sigma_0^{\{256\}}(x) = \mathrm{ROTR}^2(x) \oplus \mathrm{ROTR}^{13}(x) \oplus \mathrm{ROTR}^{22}(x) \tag{6-4}$$

$$\Sigma_1^{\{256\}}(x) = \mathrm{ROTR}^6(x) \oplus \mathrm{ROTR}^{11}(x) \oplus \mathrm{ROTR}^{25}(x) \tag{6-5}$$

$$\delta_0^{\{256\}} = \mathrm{ROTR}^7(x) \oplus \mathrm{ROTR}^{18}(x) \oplus \mathrm{SHR}^3(x) \tag{6-6}$$

$$\delta_1^{\{256\}} = \mathrm{ROTR}^{17}(x) \oplus \mathrm{ROTR}^{19}(x) \oplus \mathrm{SHR}^{10}(x) \tag{6-7}$$

符号说明：$\wedge$ 表示按位与操作；$\vee$ 表示按位或操作；$\mathrm{ROTR}^t(x)$ 表示 x 数据循环右移 t 位；$\mathrm{SHR}^t(x)$ 表示 x 数据右移 t 位（左边补零）。

2. SHA-256 算法常量

SHA-256 中使用 64 个 32 bit 字作为加常量，记作 $K_0^{\{256\}}$，$K_1^{\{256\}}$，…，$K_{63}^{\{256\}}$，这些常量定义如下（十六进制表示）：

428a2f98	71374491	b5c0fbcf	e9b5dba5	3956c25b	59f111f1	923f82a4	ab1c5ed
5d807aa98	12835b01	243185be	550c7dc3	72be5d74	80deb1fe	9bdc06a7	c19bf174
e49b69c1	efbe4786	0fc19dc6	240ca1cc	2de92c6f	4a7484aa	5cb0a9dc	76f988da
983e5152	a831c66d	b00327c8	bf597fc7	c6e00bf3	d5a79147	06ca6351	14292967
27b70a85	2e1b2138	4d2c6dfc	53380d13	650a7354	766a0abb	81c2c92e	92722c85
a2bfe8a1	a81a664b	c24b8b70	c76c51a3	d192e819	d6990624	f40e3585	106aa070
19a4c116	1e376c08	2748774c	34b0bcb5	391c0cb3	4ed8aa4a	5b9cca4f	682e6ff3
748f82ee	78a5636f	84c87814	8cc70208	90befffa	a4506ceb	bef9a3f7	c67178f2

3. SHA-256 算法初始变量

SHA-256 初始变量 IV 为 256 bit 的数据块，即 8 个 32 bit 的字，依次为 $H_0^{(0)}$，$H_1^{(0)}$，$H_2^{(0)}$，$H_3^{(0)}$，$H_4^{(0)}$，$H_5^{(0)}$，$H_6^{(0)}$，$H_7^{(0)}$，初值变量设置为

$$H_0^{(0)} = 6\mathrm{a}09\mathrm{e}667, \ H_1^{(0)} = \mathrm{bb}67\mathrm{ae}85, \ H_2^{(0)} = 3\mathrm{c}6\mathrm{ef}372, \ H_3^{(0)} = \mathrm{a}54\mathrm{ff}53\mathrm{a}$$

$$H_4^{(0)} = 510\mathrm{e}527\mathrm{f}, \ H_5^{(0)} = 9\mathrm{b}05688\mathrm{c}, \ H_6^{(0)} = 1\mathrm{f}83\mathrm{d}9\mathrm{ab}, \ H_7^{(0)} = 5\mathrm{be}0\mathrm{cd}19$$

4. SHA-256 算法伪代码

/ *　　SHA-256 算法 * /

输入：待 Hash 消息 M，加常量 $K_0^{\{256\}}$，$K_1^{\{256\}}$，$\cdots$，$K_{63}^{\{256\}}$。

输出：256 bit Hash 值（$H_0 \parallel H_1 \parallel H_2 \parallel H_3 \parallel H_4 \parallel H_5 \parallel H_6 \parallel H_7$）。

（1）$M' = $SHA-256-PAD$(M)$　　填充方法参见 6.2.1 小节 SHA-1 算法预处理。

（2）对 M' 分组，得到 N 个 512 bit 子块 $M^{(1)}$，$M^{(2)}$，$\cdots$，$M^{(N)}$。

（3）初始变量赋值：

$H_0 = $6a09e667；$H_1 = $bb67ae85；$H_2 = $3c6ef372；$H_3 = $a54ff53a；

$H_4 = $510e527f；$H_5 = $9b05688c；$H_6 = $1f83d9ab；$H_7 = $5be0cd19。

（4）For $i = 1$ to N

对 512 bit 块 $M^{(i)}$ 进行每 32 bit 分组，得到 16 个字 $M_0^{(i)} M_1^{(i)} \cdots M_{15}^{(i)}$

For $t = 0$ to 15

$W[t] = M_t^{(i)}$

End For

For $t = 16$ to 63

$W[t] = \delta_1^{\{256\}}(W[t-2]) + W[t-7] + \delta_0^{\{256\}}(W[t-15]) + W[t-16])$；

End For

给寄存器 A、B、C、D、E、F、G、H 赋值：

$A = H_0$；$B = H_1$；$C = H_2$；$D = H_3$；$E = H_4$；$F = H_5$；$G = H_6$；$H = H_7$；

For $t = 0$ to 63

$T_1 = H + \Sigma_1^{\{256\}}(E) + \mathrm{Ch}(E, F, G) + K_t^{\{256\}} + W[t]$；

$T_2 = \Sigma_0^{\{256\}}(A) + \mathrm{Maj}(A, B, C)$；

$H = G$；$G = F$；$F = E$；$E = D + T_1$；$D = C$；$C = B$；$B = A$；$A = T_1 + T_2$；

End For

$H_0 = A + H_0$；$H_1 = B + H_1$；$H_2 = H_2 + C$；$H_3 = H_3 + D$；$H_4 = H_4 + E$；

$H_5 = H_5 + F$；$H_6 = H_6 + G$；$H_7 = H_7 + H$；

End For

（5）return 256 bit Hash 值（$H_0 \parallel H_1 \parallel H_2 \parallel H_3 \parallel H_4 \parallel H_5 \parallel H_6 \parallel H_7$）。

5. SHA-256 算法实例

下面给出 SHA-256 算法实例。

【例 6 - 3】　对消息长度 448 bit 的 ASCII 字符串"abcdbcdecdefdefgefghfghighi-jhijkijkljklmklmnlmnomnopnopq"，运用 SHA-256 算法求 Hash 值。

解　首先进行填充，数据长度为 448 bit，l 和 k 满足 $l + 1 + k \equiv 448 \bmod 512$，$\ell = 448$，$448 + 1 + k \equiv 448 \bmod 512$，$k \equiv -1 \bmod 512$，$k = 511$。

因此，尾部填充 1 位"1"，511 位"0"，则添加表示数据长度的 64 bit，消息长度 448 转换二进制 0000$\cdots$1000 1100 0000（64 bit），用十六进制表示为 00000000 000001c0。最后经过填充，消息由两个 512 bit 分组构成。

SHA-256 初始 IV 变量值为

$$H_0 = 6\text{a}09\text{e}667,\ H_1 = \text{bb}67\text{ae}85,\ H_2 = 3\text{c}6\text{ef}372,\ H_3 = \text{a}54\text{ff}53\text{a}$$
$$H_4 = 510\text{e}527\text{f},\ H_5 = 9\text{b}05688\text{c},\ H_6 = 1\text{f}83\text{d}9\text{ab},\ H_7 = 5\text{be}0\text{cd}19$$

第一个 512 bit 分组消息 $M^{(1)}$ 划分为 16 个 32 bit 字 $W[0]$，…，$W[15]$ 为

$$W[0] = 61626364,\quad W[1] = 62636465,\quad W[2] = 63646566,\quad W[3] = 64656667$$
$$W[4] = 65666768,\quad W[5] = 66676869,\quad W[6] = 6768696\text{a},\quad W[7] = 68696\text{a}6\text{b}$$
$$W[8] = 696\text{a}6\text{b}6\text{c},\quad W[9] = 6\text{a}6\text{b}6\text{c}6\text{d},\quad W[10] = 6\text{b}6\text{c}6\text{d}6\text{e},\quad W[11] = 6\text{c}6\text{d}6\text{e}6\text{f}$$
$$W[12] = 6\text{d}6\text{e}6\text{f}70,\quad W[13] = 6\text{e}6\text{f}7071,\quad W[14] = 80000000,\quad W[15] = 00000000$$
$$\vdots$$

SHA-256 算法后续结果每一步详细步骤可参见 FIPS-180-2 标准。由标准可知输入字符串"abcdbcdecdefdefgefghfghighijhijkijkljklmklmnlmnomnopnopq"，经过 SHA-256 Hash 算法处理后，Hash 值为 248d6a61 d20638b8 e5c02693 0c3e6039 a33ce459 64ff2167 f6ecedd4 19db06c1。

6.2.3　SHA-512 算法

与 SHA-1 和 SHA-256 算法不同，SHA-512 消息每分块的长度是 1024 bit，以 1024 bit 分块为基本处理单位，Hash 计算中以 64 bit 字为单位进行操作处理，而不以 32 bit 字为单位。

1. SHA-512 算法逻辑函数

SHA-512 算法使用 6 个逻辑函数，以 64 bit 字为单位进行操作，每个逻辑函数操作得到一个新的 64 bit 字，每个逻辑操作输入 x，y，z 三个 64 bit 字，逻辑函数定义如下：

$$\mathrm{Ch}(x,y,z) = (x \wedge y) \oplus (\bar{x} \wedge z) \tag{6-8}$$
$$\mathrm{Maj}(x,y,z) = (x \wedge y) \oplus (x \wedge z) \oplus (y \wedge z) \tag{6-9}$$
$$\Sigma_0^{\{512\}}(x) = \mathrm{ROTR}^{28}(x) \oplus \mathrm{ROTR}^{34}(x) \oplus \mathrm{ROTR}^{39}(x) \tag{6-10}$$
$$\Sigma_1^{\{512\}}(x) = \mathrm{ROTR}^{14}(x) \oplus \mathrm{ROTR}^{18}(x) \oplus \mathrm{ROTR}^{41}(x) \tag{6-11}$$
$$\delta_0^{\{512\}} = \mathrm{ROTR}^{1}(x) \oplus \mathrm{ROTR}^{8}(x) \oplus \mathrm{SHR}^{7}(x) \tag{6-12}$$
$$\delta_1^{\{512\}} = \mathrm{ROTR}^{19}(x) \oplus \mathrm{ROTR}^{61}(x) \oplus \mathrm{SHR}^{6}(x) \tag{6-13}$$

2. SHA-512 算法常量

SHA-512 使用 80 个 64 bit 字作为加常量 $K_0^{\{512\}}$，$K_1^{\{512\}}$，…，$K_{79}^{\{512\}}$，这些常量定义如下(十六进制表示)：

428a2f98d728ae22	7137449123ef65cd	b5c0fbcfec4d3b2f	e9b5dba58189dbbc
3956c25bf348b538	59f111f1b605d019	923f82a4af194f9b	ab1c5ed5da6d8118
d807aa98a3030242	12835b0145706fbe	243185be4ee4b28c	550c7dc3d5ffb4e2
72be5d74f27b896f	80deb1fe3b1696b1	9bdc06a725c71235	c19bf174cf692694
e49b69c19ef14ad2	efbe4786384f25e3	0fc19dc68b8cd5b5	240ca1cc77ac9c65
2de92c6f592b0275	4a7484aa6ea6e483	5cb0a9dcbd41fbd4	76f988da831153b5
983e5152ee66dfab	a831c66d2db43210	b00327c898fb213f	bf597fc7beef0ee4
c6e00bf33da88fc2	d5a79147930aa725	06ca6351e003826f	142929670a0e6e70
27b70a8546d22ffc	2e1b21385c26c926	4d2c6dfc5ac42aed	53380d139d95b3df
650a73548baf63de	766a0abb3c77b2a8	81c2c92e47edaee6	92722c851482353b

a2bfe8a14cf10364	a81a664bbc423001	c24b8b70d0f89791	c76c51a30654be30
d192e819d6ef5218	d69906245565a910	f40e35855771202a	106aa07032bbd1b8
19a4c116b8d2d0c8	1e376c085141ab53	2748774cdf8eeb99	34b0bcb5e19b48a8
391c0cb3c5c95a63	4ed8aa4ae3418acb	5b9cca4f7763e373	682e6ff3d6b2b8a3
748f82ee5defb2fc	78a5636f43172f60	84c87814a1f0ab72	8cc702081a6439ec
90befffa23631e28	a4506cebde82bde9	bef9a3f7b2c67915	c67178f2e372532b
ca273eceea26619c	d186b8c721c0c207	eada7dd6cde0eb1e	f57d4f7fee6ed178
06f067aa72176fba	0a637dc5a2c898a6	113f9804bef90dae	1b710b35131c471b
28db77f523047d84	32caab7b40c72493	3c9ebe0a15c9bebc	431d67c49c100d4c
4cc5d4becb3e42b6	597f299cfc657e2a	5fcb6fab3ad6faec	6c44198c4a475817

3. 初始变量

SHA-512 的初始变量 IV 为 512 bit 的数据块，即 8 个 64 bit 的字，依次为 $H_0^{(0)}$，$H_1^{(0)}$，$H_2^{(0)}$，$H_3^{(0)}$，$H_4^{(0)}$，$H_5^{(0)}$，$H_6^{(0)}$，$H_7^{(0)}$，SHA-512 初值变量 8 个 64 bit 的字设置为

$H_0^{(0)} = $ 6a09e667f3bcc908，$H_1^{(0)} = $ bb67ae8584caa73b，$H_2^{(0)} = $ 3c6ef372fe94f82b

$H_3^{(0)} = $ a54ff53a5f1d36f1，$H_4^{(0)} = $ 510e527fade682d1，$H_5^{(0)} = $ 9b05688c2b3e6c1f

$H_6^{(0)} = $ 1f83d9abfb41bd6b，$H_7^{(0)} = $ 5be0cd19137e2179

4. 消息填充方法

SHA-512 消息每分块的长度是 1024 bit，因此填充之后的消息总长度应该是 1024 的倍数，消息填充方式与 SHA-1 和 SHA-256 不完全一样。假设输入消息 M，则需保证消息填充之后是 1024 bit 的倍数。

假设消息 M 的长度为 ℓ bit，在消息 M 尾部增加 1 个"1"和 k 个"0"，ℓ 和 k 满足 $\ell + 1 + k \equiv$ 896 mod 1024，并且 k 为最小的非负整数。然后在填充消息的末尾添加 128 bit 的块，该 128 bit 块是用来记录输入的消息长度，若输入消息长度的值比特位小于 128，则在左边补 0，使得块的长度的值比特位刚好等于 128。

【例 6 - 4】 若输入消息"abc"，数据格式是 8 bit ASCII，则可知输入消息的长度为 $8 \times 3 = 24$，在原始消息后首先添加 1 个"1"，然后添加 $k \equiv 896 - (24 + 1) \bmod 1024 = 871$ 个 "0"；再把 24 转换为 11000，左边补 0，补足到长度的值比特位刚好等于 128，最后添加到填充数据的后面，填充之后消息长度是 1024 的整数倍。

$$\underbrace{01100001}_{\text{"a"}} \quad \underbrace{01100010}_{\text{"b"}} \quad \underbrace{01100011}_{\text{"c"}} 1 \quad \overbrace{\underbrace{000\cdots000}}^{871} \quad \overbrace{\underbrace{000\cdots011000}_{\ell=24}}^{128}$$

5. SHA-512 算法伪代码

下面给出 SHA-512 算法伪代码。

/ * SHA-512 算法 * /

输入：待 Hash 消息 M，加常量 $K_0^{\{512\}}$，$K_1^{\{512\}}$，…，$K_{80}^{\{512\}}$。

输出：512 bit Hash 值（$H_0 \parallel H_1 \parallel H_2 \parallel H_3 \parallel H_4 \parallel H_5 \parallel H_6 \parallel H_7$）。

（1）$M' = $ SHA-512-PAD(M)　SHA-512-PAD 是填充函数，参见 6.2.2 节填充方法。

（2）对 M' 分组，每组 1025 bit，得 N 个子块 $M^{(1)}$，$M^{(2)}$，…，$M^{(N)}$。

（3）初始变量赋值：

$H_0 = 6a09e667f3bcc908$；$H_1 = bb67ae8584caa73b$；$H_2 = 3c6ef372fe94f82b$；

$H_3 = a54ff53a5f1d36f1$；$H_4 = 510e527fade682d1$；$H_5 = 9b05688c2b3e6c1f$；

$H_6 = 1f83d9abfb41bd6b$；$H_7 = 5be0cd19137e2179$；

（4）For $i = 1$ to N

对 1024 bit 块 $M^{(i)}$ 进行分组，64 bit 一组，得到 16 个字 $M_0^{(i)} M_1^{(i)} \cdots M_{15}^{(i)}$。

  For $t = 0$ to 15

  $W[t] = M_t^{(i)}$；

  End For

  For $t = 16$ to 79

  $W[t] = \delta_1^{\{512\}}(W[t-2]) + W[t-7] + \delta_0^{\{512\}}(W[t-15]) + W[t-16])$；

  End

给寄存器 A、B、C、D、E、F、G、H 赋值：

  $A = H_0$；$B = H_1$；$C = H_2$；$D = H_3$；$E = H_4$；$F = H_5$；$G = H_6$；$H = H_7$；

  For $t = 0$ to 79

  $T_1 = H + \sum_1^{\{512\}}(E) + \text{Ch}(E, F, G) + K_t^{\{512\}} + W[t]$；

  $T_2 = \sum_0^{\{512\}}(A) + \text{Maj}(A, B, C)$；

  $H = G$；$G = F$；$F = E$；$E = D + T_1$；$D = C$；$C = B$；$B = A$；$A = T_1 + T_2$

  End For

  $H_0 = A + H_0$；$H_1 = B + H_1$；$H_2 = H_2 + C$；$H_3 = H_3 + D$；$H_4 = H_4 + E$；

  $H_5 = H_5 + F$；$H_6 = H_6 + G$；$H_7 = H_7 + H$；

End For

（5）return 512 bit Hash 值（$H_0 \parallel H_1 \parallel H_2 \parallel H_3 \parallel H_4 \parallel H_5 \parallel H_6 \parallel H_7$）

注：伪代码中"＋"表示模 2^{64} 加。

6. SHA-512 算法伪代码

下面给出 SHA-512 算法实例。

【例 6-5】 对 ASCII 字符串"abc"，运用 SHA-512 算法，求 Hash 值。

解 第一步：填充，填充过程参见例 6-4，填充后的消息为

$$\underbrace{01100001}_{\text{"a"}} \; \underbrace{01100010}_{\text{"b"}} \; \underbrace{01100011}_{\text{"c"}} \; 1 \; \overbrace{\underbrace{000\cdots000}}^{871} \; \overbrace{\underbrace{000\cdots011000}_{\ell=24}}^{128}$$

第二步：初始变量赋值，8 个 64-bit 的初始 IV 变量值为

$H_0^{(0)} = 6a09e667f3bcc908$，$H_1^{(0)} = bb67ae8584caa73b$，$H_2^{(0)} = 3c6ef372fe94f82b$

$H_3^{(0)} = a54ff53a5f1d36f1$，$H_4^{(0)} = 510e527fade682d1$，$H_5^{(0)} = 9b05688c2b3e6c1f$

$H_6^{(0)} = 1f83d9abfb41bd6b$，$H_7^{(0)} = 5be0cd19137e2179$

第三步：第一个 1024 bit 分组消息 $M^{(1)}$ 划分为 16 个 64 bit 字 $W[0]$，…，$W[15]$ 为

  $W[0] = 6162638000000000$

  $W[1] = W[2] = \cdots = W[14] = 0000000000000000$

$$W[15] = 0000000000000018$$
$$\vdots$$

实例中 SHA-512 算法的每一步可参见 FIPS-180-2 标准。由标准可知，输入字符串"abc"，经过 SHA-512 算法的 Hash 值为 ddaf35a193617aba cc417349ae204131 12e6fa4e89a97ea2 0a9eeee64b55d39a 2192992a274fc1a8 36ba3c23a3feebbd 454d4423643ce80e 2a9ac94fa54ca49f。

6.2.4　SHA-3 算法

自 2007 年起，NIST 发起了 SHA-3 竞赛以征集新的 Hash 算法，截止到 2010 年 10 月，第二轮遴选结束，共有五种算法进入最终轮遴选，入选的五种算法是 BLAKE、Grøstl、JH、Keccak、Skein。到 2012 年，NIST 最终选择 Keccak 算法作为 SHA-3 标准（美国的 FIPS PUB 202）。为了与 SHA-2 完全兼容，SHA-3 中也提出了 4 个 Hash 算法，即 SHA3-224、SHA3-256、SHA3-384、SHA3-512，可完全替换 SHA-2。

Keccak 算法是由 Guido Bertoni、Joan Daemen、Michaël Peeters 以及 Gilles Van Assche 合作设计的。作为 SHA 家族中最新的算法，其采用了不同于传统 MD（Merkle-Damgard）的迭代结构，而选择了海绵构造（Sponge 结构）。通过采用这种结构，常用于 MD 迭代结构的攻击方法就难以进行，增加了其算法的安全性。

1. Keccak 算法的总体描述

Keccak 算法总体基于海绵结构（sponge construction），区别于多数 Hash 算法所采用的经典的 MD 迭代结构。如图 6-7 所示，其处理过程分为吸收阶段（absorbing）和挤压阶段（squeezing）两个部分，经过处理后的消息被分为长度为 r bit 的若干消息块（假设为 N 组：p_1，p_2，…，p_N）依次进入吸收部分，总共进行 N 次 Keccak-f 置换。Keccak-f 置换输入包括两部分：前 r bit 和后 c bit 的数据块。其中前 r bit 数据块称为外部状态，后 c bit 的数据块称为内部状态，前 r bit 和后 c bit 的数据块共同组成一次置换的输入。Keccak-f 置换输入的前 r bit 的数据块是由前一次经过 f 函数置换后输出的前 r bit 的数据块与 r bit 的消息块进行异或得到的，后 c bit 保持不变。这样重复进行 N 次置换后进入挤压部分，在这部分将提取每一次 Keccak-f 置换的输出值的前 r bit，分别为 $z_1, z_2, \cdots$，将这些子串连

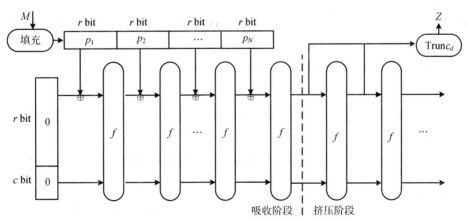

图 6-7　Keccak 算法的处理过程

接后形成输出的 Hash 值。可以看出置换所需的次数由算法的输出 Hash 值的长度决定,利用海绵构造可以产生任意长度的 Hash 值。

1) SHA3 中 Keccak 算法相关参数的说明

Keccak 轮函数表示为 Keccak-$f[b]$,b 称为轮函数的宽度,即为 Keccak 轮函数的输入和输出的二进制的比特位的长度,$b=25\times2^l$,$l\in\{0,1,2,3,4,5,6\}$,即 $b\in\{25,50,100,200,400,800,1600\}$。则 $b=r+c$。其中,r 称为外部部分,又称为比特率(bitrate),长度等于输入的消息块分组的长度。c 称为内部部分,又称为容量。最后输出长度为 n bit 的 Hash 值,且满足 $c=2n$。

根据 NIST 要求,参赛的算法至少需要支持 4 种 Hash 值长度的输出,分别是 224 bit、256 bit、384 bit 和 512 bit。在 Keccak 算法中,消息块 r 的长度是由输出 Hash 值的长度决定的。将输出长度为 n、容量 c 的长度设置为输出 Hash 值大小的 2 倍,即 $2n$,因此 $r=b-c$。SHA3 标准中,算法取 $b=1600$,因为 $r=1600-c$,于是可得以下 4 种不同 Hash 长度的 SHA3 算法:

$n=224$:$r=1152$,$c=448$,即 SHA3-224$=[\text{Keccak}[r=1152,c=448]]_{224}$;

$n=256$:$r=1088$,$c=512$,即 SHA3-256$=[\text{Keccak}[r=1088,c=512]]_{256}$;

$n=384$:$r=832$,$c=768$,即 SHA3-348$=[\text{Keccak}[r=832,c=768]]_{348}$;

$n=512$:$r=576$,$c=1024$,即 SHA3-512$=[\text{Keccak}[r=576,c=1024]]_{512}$。

2) Keccak 算法消息填充方法

Keccak 算法的输入消息填充利用了多速率填充(multi-rate padding)的方式,记为 pad(r, m),其中,r 为消息分组长度,m 为输入消息的比特数长度。填充规则为首先向输入的消息比特串后并联一个"1",然后并联 j 个"0",最后并联一个"1",且满足 $j=-m-2$ (mod r),j 为满足同余式最小正整数,填充后的消息长度为消息分组长度 r 的整数倍。

Keccak 算法要求输入原始消息比特串的字节顺序是第 0 位为最低有效位(LSB),第 7 位为最高有效位(MSB),按由低到高的顺序排列;而 NITS 标准规定输入的 ASCII 字符串消息则按从高到低的顺序排列,即第 0 位对应最高有效位(MSB),第 7 位对应最低有效位(LSB)。因此为了使算法内部与 API 外部约定的顺序能够兼容,输入 Keccak 算法的比特串需要重新进行编码排序。

【例 6-6】 SHA3-256 算法中,如输入消息为 ASCII 字符串"abc",则求 Keccak 算法的输入消息比特串和填充后比特串。

解 按照 NIST 中 ASCII 编码转换规定,如图 6-8 所示。

$$61 \qquad 62 \qquad 63$$

$$\underbrace{b_{07}b_{06}\cdots b_{01}b_{00}}_{\text{"a"}} \quad \underbrace{b_{17}b_{16}\cdots b_{11}b_{10}}_{\text{"b"}} \quad \underbrace{b_{27}b_{26}\cdots b_{21}b_{20}}_{\text{"c"}}$$

$$\underbrace{01100001} \qquad \underbrace{01100010} \qquad \underbrace{01100011}$$

图 6-8 字符串 ASCII 编码转换二进制

"abc"转换比特串为

$b_{07}b_{06}\cdots b_{01}b_{00}b_{17}b_{16}\cdots b_{11}b_{10}b_{27}b_{26}\cdots b_{21}b_{20}=01100001\ 01100010\ 01100011$

而 Keccak 算法输入消息比特串字节转换与 NIST 正好相反,比特串顺序应该是

$b_{00}b_{01}\cdots b_{06}b_{07}b_{10}b_{11}\cdots b_{16}b_{17}b_{20}b_{21}\cdots b_{26}b_{27}=10000110\ 01000110\ 11000110$

然后填充。SHA3-256 中，$r=1088$，$m=24$，填充"0"的个数 $j=-24-2(\mathrm{mod}\ 1088)=$ 1062，因此消息尾部填充的比特串为 $1\parallel 0^{1062}\parallel 1$。Keccak 算法中输入消息比特串为 "10000110 01000110 11000110 1 $\parallel$ 0^{1062} $\parallel$ 1"。

2. Keccak 算法流程

下面给出 Keccak 算法的具体流程。

/ * 算法 Sponge $[f,\mathrm{pad},r](M,d)$ * /

输入：消息二进制 M 和 Hash 值的长度 d。

输出：长度为 d 的 Hash 值(二进制)。

步骤：

(1) $P=M\parallel\mathrm{pad}(r,\mathrm{len}(M))$　　// 按照 Keccak 算法填充方法填充消息

(2) $n=\mathrm{len}(P)/r$

(3) $c=b-r$

(4) $P_0P_1P_2\cdots P_{n-1}$ 是长度为 r 的二进制串，$P=P_0\parallel P_1\parallel P_2\parallel\cdots\parallel P_{n-1}$

(5) $S=0^b$

(6)　for $i=0$ to $n-1$

　　　$S=f(S\bigoplus(P_i\parallel 0^c)$

　　end for

(7) Z 为空字串

(8) $Z=Z\parallel\mathrm{Trunc}_r(S)$

(9) if $d\leqslant|Z|$

　　then　return Trun $c_d(Z)$

　　else　countinue

(10) $S=f(S)$，转到第(8)步

算法中，len()表示求二进制消息长度，pad()表示填充算法，$\parallel$ 表示字串连接符，0^x 表示 x 个 0 二进制串，$\mathrm{Trunc}_x(Z)$ 表示在 Z 字串中从左向右取 x 个二进制串。f 函数是 Keccak-$f[b]$ 函数。

在 SHA-3 算法中，规定 $b=1600$，即采用 Keccak-$f[1600]$，算法轮数为 $n_r=12+2l$，而且满足 $b=25\times 2^l$，因此 SHA-3 算法标准中 $l=6$，$n_r=24$。Keccak-$f[1600]$算法中总共执行 24 轮，而每轮置换包含五个变换，表示为 $R=\iota\circ\chi\circ\pi\circ\rho\circ\theta$，五个变换均是在 GF(2)上的 $5\times 5\times w$ 三维数组运算，其中 $w=2^l=64$。

3. Keccak 算法中一维消息字符串到三维数组的转换

Keccak-$f[b]$为 SHA3 的压缩函数，算法的迭代在 GF(2)上，三维数组 $A[5][5][w]$ 操作的一个序列。SHA3 算法中 $b=1600$，$w=64$，即三维数组 $A[5][5][64]$。1600 bit 称为一个状态，状态中每 bit 可以看作三维数组中的一个元素，状态更新整体可看作在一维矩阵 S 上进行迭代，但实际是在三维数组 A 上进行的，其映射关系如下：

$$A[x][y][z]=S[w(5y+x)+z] \tag{6-14}$$

式中，$x\in z^5$，$y\in z^5$，$z\in z^w$，每个位置(x,y,z)表示 1 bit，x 坐标和 y 坐标采取模 5 运算，z 坐标应采取模 w 运算。

Keccak-$f[b]$的三维空间如图 6-9 所示。为了方便描述，算法将三维状态数组(state)分为六个部分。在一维空间上沿 x 轴方向的 5 bit 称为一行(row)，沿 y 轴方向的 5 bit 称为一列(column)，沿 z 轴方向的 64 bit 称为一道(lane)；在二维空间上 xoy 面上的 $5 \times 5 =$ 25 bit 称为一个片(slice)，yoz 面上的 $5 \times 64 = 320$ bit 称为一个板(sheet)，xoz 面上的 $5 \times 64 = 320$ bit 称为一个面(plane)。

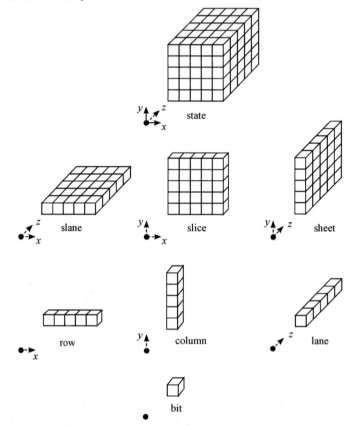

图 6-9　Keccak 算法三维状态阵列各部分

1) 状态矩阵到三维数组的转换

假设 $b = 1600$，$w = 64$，假设输入消息 1600 bit 的一维矩阵 S 如下：

$$S = S[0] \parallel S[1] \parallel \cdots \parallel S[b-2] \parallel S[b-1]$$

三维空间坐标(x, y, z)满足 $0 \leqslant x < 5$，$0 \leqslant y < 5$，$0 \leqslant z < 64$，根据一维矩阵到三维矩阵的关系 $A[x, y, z] = S[64(5y + x) + z]$。具体转换列表如下：

$A[0, 0, 0] = S[0]$　$A[1, 0, 0] = S[64]$ $\cdots$ $A[4, 0, 0] = S[256]$

$A[0, 0, 1] = S[1]$　$A[1, 0, 1] = S[65]$ $\cdots$ $A[4, 0, 1] = S[257]$

$A[0, 0, 2] = S[2]$　$A[1, 0, 2] = S[66]$ $\cdots$ $A[4, 0, 2] = S[258]$

$$\vdots$$

$A[0, 0, 61] = S[61]$　$A[1, 0, 61] = S[125]$ $\cdots$ $A[4, 0, 61] = S[317]$

$A[0, 0, 62] = S[62]$　$A[1, 0, 62] = S[126]$ $\cdots$ $A[4, 0, 62] = S[318]$

$A[0, 0, 63] = S[63]$　$A[1, 0, 63] = S[127]$ $\cdots$ $A[4, 0, 63] = S[319]$

2）三维状态数组到一维数组的转换

对 $0 \leqslant i < 5$，$0 \leqslant j < 5$，字串 Lane(i, j) 表示为

$$\text{Lane}(i, j) = \boldsymbol{A}[i, j, 0] \parallel \boldsymbol{A}[i, j, 1] \parallel \boldsymbol{A}[i, j, 2] \parallel \cdots$$
$$\parallel \boldsymbol{A}[i, j, w-2] \parallel \boldsymbol{A}[i, j, w-1]$$

在 SHA3 标准算法中，$b = 1600$，$w = 64$，因此 Lane(i, j) 如下：

$$\text{Lane}(0, 0) = \boldsymbol{A}[0, 0, 0] \parallel \boldsymbol{A}[0, 0, 1] \parallel \boldsymbol{A}[0, 0, 2] \parallel \cdots \parallel \boldsymbol{A}[0, 0, 62] \parallel \boldsymbol{A}[0, 0, 63]$$
$$\text{Lane}(1, 0) = \boldsymbol{A}[1, 0, 0] \parallel \boldsymbol{A}[1, 0, 1] \parallel \boldsymbol{A}[1, 0, 2] \parallel \cdots \parallel \boldsymbol{A}[1, 0, 62] \parallel \boldsymbol{A}[1, 0, 63]$$
$$\text{Lane}(2, 0) = \boldsymbol{A}[2, 0, 0] \parallel \boldsymbol{A}[2, 0, 1] \parallel \boldsymbol{A}[2, 0, 2] \parallel \cdots \parallel \boldsymbol{A}[2, 0, 62] \parallel \boldsymbol{A}[2, 0, 63]$$
$$\vdots$$

对 $0 \leqslant j < 5$，Plane(j) 表示为

$$\text{Plane}(j) = \text{Lane}(0, j) \parallel \text{Lane}(1, j) \parallel \text{Lane}(2, j) \parallel \text{Lane}(3, j) \parallel \text{Lane}(4, j)$$

因而一维状态 S 可表示为

$$S = \text{Plane}(0) \parallel \text{Plane}(1) \parallel \text{Plane}(2) \parallel \text{Plane}(3) \parallel \text{Plane}(4)。$$

在 SHA3 标准算法中，$b = 1600$，$w = 64$，因此，则 S 如下：

$$
\begin{aligned}
S = \; & \boldsymbol{A}[0, 0, 0] \parallel \boldsymbol{A}[0, 0, 1] \parallel \boldsymbol{A}[0, 0, 2] \parallel \cdots \parallel \boldsymbol{A}[0, 0, 62] \parallel \boldsymbol{A}[0, 0, 63] \parallel \\
& \boldsymbol{A}[1, 0, 0] \parallel \boldsymbol{A}[1, 0, 1] \parallel \boldsymbol{A}[1, 0, 2] \parallel \cdots \parallel \boldsymbol{A}[1, 0, 62] \parallel \boldsymbol{A}[1, 0, 63] \parallel \\
& \boldsymbol{A}[2, 0, 0] \parallel \boldsymbol{A}[2, 0, 1] \parallel \boldsymbol{A}[2, 0, 2] \parallel \cdots \parallel \boldsymbol{A}[2, 0, 62] \parallel \boldsymbol{A}[2, 0, 63] \parallel \\
& \boldsymbol{A}[3, 0, 0] \parallel \boldsymbol{A}[3, 0, 1] \parallel \boldsymbol{A}[3, 0, 2] \parallel \cdots \parallel \boldsymbol{A}[3, 0, 62] \parallel \boldsymbol{A}[3, 0, 63] \parallel \\
& \boldsymbol{A}[4, 0, 0] \parallel \boldsymbol{A}[4, 0, 1] \parallel \boldsymbol{A}[4, 0, 2] \parallel \cdots \parallel \boldsymbol{A}[4, 0, 62] \parallel \boldsymbol{A}[4, 0, 63] \parallel \\
& \boldsymbol{A}[0, 1, 0] \parallel \boldsymbol{A}[0, 1, 1] \parallel \boldsymbol{A}[0, 1, 2] \parallel \cdots \parallel \boldsymbol{A}[0, 1, 62] \parallel \boldsymbol{A}[0, 1, 63] \parallel \\
& \boldsymbol{A}[1, 1, 0] \parallel \boldsymbol{A}[1, 1, 1] \parallel \boldsymbol{A}[1, 1, 2] \parallel \cdots \parallel \boldsymbol{A}[1, 1, 62] \parallel \boldsymbol{A}[1, 1, 63] \parallel \\
& \boldsymbol{A}[2, 1, 0] \parallel \boldsymbol{A}[2, 1, 1] \parallel \boldsymbol{A}[2, 1, 2] \parallel \cdots \parallel \boldsymbol{A}[2, 1, 62] \parallel \boldsymbol{A}[2, 1, 63] \parallel \\
& \boldsymbol{A}[3, 1, 0] \parallel \boldsymbol{A}[3, 1, 1] \parallel \boldsymbol{A}[3, 1, 2] \parallel \cdots \parallel \boldsymbol{A}[3, 1, 62] \parallel \boldsymbol{A}[3, 1, 63] \parallel \\
& \boldsymbol{A}[4, 1, 0] \parallel \boldsymbol{A}[4, 1, 1] \parallel \boldsymbol{A}[4, 1, 2] \parallel \cdots \parallel \boldsymbol{A}[4, 1, 62] \parallel \boldsymbol{A}[4, 1, 63] \parallel \\
& \vdots
\end{aligned}
$$

4. Keccak 算法的五种基本变换

Keccak-$f[b]$ 迭代的每一轮 R 都包含 5 个步骤，$R = \iota \circ \chi \circ \pi \circ \rho \circ \theta$，如图 6-10 所示。下面详细介绍这五种基本变换。

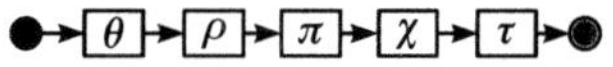

图 6-10　Keccak 算法一轮的 5 个步骤

1）θ 变换的描述

θ 变换是将每比特附近两列（column）的和叠加到该比特上。θ 变换的影响可以描述为将三维数组 $\boldsymbol{A}[x][y][z]$ 中的每个比特逐位与相邻的两列异或，即 $\boldsymbol{A}[x-1][\cdot][z]$ 和 $\boldsymbol{A}[x+1][\cdot][z-1]$。

$$\theta: \boldsymbol{A}[x][y][z] \leftarrow \boldsymbol{A}[x][y][z] \oplus \sum_{y=0}^{4} \boldsymbol{A}[x-1][y][z] \oplus \sum_{y=0}^{4} \boldsymbol{A}[x+1][y][z-1] \tag{6-15}$$

其中，"$\oplus$"是比特异或运算，x 和 y 的坐标都是模 5 运算，z 的坐标是模 w 运算。

θ 变换是线性的，主要是为了达到扩散效果，θ 变换在所有方向上均是不变体转换。若没有 θ 变换，则 Keccak-f 的轮函数将无法提供有效的扩散效果，如图 6-11 所示。

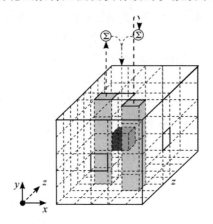

图 6-11　单一比特的 θ 变换

θ 变换的实现步骤如下：

/ * 算法 $\theta(\boldsymbol{A})$ * /

输入：三维数据 $\boldsymbol{A}$。

输出：三维数组 $\boldsymbol{A}'$。

步骤：

(1) for $x=0$ to 4

　　for $z=0$ to $w-1$

　　　　$\boldsymbol{C}[x,z]=\boldsymbol{A}[x,0,z]\oplus\boldsymbol{A}[x,1,z]\oplus\boldsymbol{A}[x,2,z]\oplus\boldsymbol{A}[x,3,z]\oplus\boldsymbol{A}[x,4,z]$

　　end

　end

(2) for $x=0$ to 4

　　for $z=0$ to $w-1$

　　　　$\boldsymbol{D}[x,z]=\boldsymbol{C}[(x-1)\bmod 5,z]\oplus\boldsymbol{C}[(x+1)\bmod 5,(z-1)\bmod w]$

　　end

　end

(3) for $x=0$ to 4

　　for $y=0$ to 4

　　　　for $z=0$ to $w-1$

　　　　　　$\boldsymbol{A}'[x,y,z]=\boldsymbol{A}[x,y,z]\oplus\boldsymbol{D}[x,z]$

　　　　end

　　end

　end

(4) return $\boldsymbol{A}'$

2) ρ 变换的描述

ρ 变换包含一个 lane(道)内部的转换，目的是提供一个 slice(片)内部的离差，其变换如下：

$$\rho: A[x][y][z] \leftarrow A[x][y][z-(t+1)(t+2)/2] \tag{6-16}$$

其中，$t \in [0, 24)$，在 $\mathrm{GF}(5)^{2 \times 2}$ 上有 $\begin{pmatrix} 0 & 1 \\ 2 & 3 \end{pmatrix}^t \begin{pmatrix} 1 \\ 0 \end{pmatrix} = \begin{pmatrix} x \\ y \end{pmatrix}$。

ρ 变换的实现步骤如下：

/ * 算法 $\rho(A)$ * /

输入：三维数据 A。

输出：三维数组 A'。

步骤：

(1) for $z = 0$ to $w-1$

　　　　$A'[0, 0, z] = A[0, 0, z]$

　　　end

(2) $(x, y) = (1, 0)$

(3) for $t = 0$ to 23

　　for $z = 0$ to $w-1$

　　　　$A'[x, y, z] = A[x, y, (z-(t+1)(t+2)/2) \bmod w]$

(4) return A'

ρ 变换的作用是对每个 lane 内部进行循环移位，以便对 lane 内部各个比特位进行置换，实现 slice 直接的扩散效果。图 6-12 展示了 $b = 200$，$w = 8$，即 lane 长度为 8 时的 ρ 变换偏移的情况。图 6-12 中黑点表示 $x = y = 0$，对应 $z = 0$ 时数据的原始位置，深色方块表示移位后的位置。没有 ρ 变换，slice 之间的扩散将会变得非常缓慢。

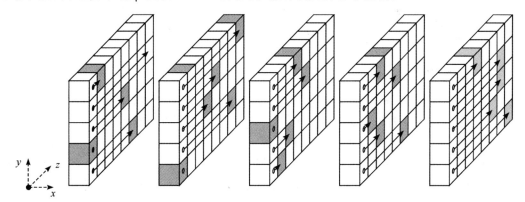

图 6-12　ρ 变换示意图（$w = 8$）

根据偏移量计算式(6-16)，可知 ρ 变换的偏移量由 x 和 y 以及 lane 的长度 w 决定，偏移量和数据无关，对应的是偏移量值模 w 的值。例如，当 $t = 3$ 时，根据 $\begin{pmatrix} 0 & 1 \\ 2 & 3 \end{pmatrix}^3$

$\begin{pmatrix} 1 \\ 0 \end{pmatrix}(\bmod 5) = \begin{pmatrix} 6 \\ 22 \end{pmatrix}(\bmod 5) = \begin{pmatrix} 1 \\ 2 \end{pmatrix}$，计算得：$(x, y) = (1, 2)$，偏移量值 $(t+1)(t+2)/2$

$(\bmod w) = 3$。ρ 的偏移量如表 6-2 所示。表 6-2 中括号内的值是模 64 之后的值。

表 6 - 2 ρ 的偏移量表

	$x=3$	$x=4$	$x=0$	$x=1$	$x=2$
$y=2$	153(25)	231(39)	3(3)	10(10)	171(43)
$y=1$	55(55)	276(20)	36(36)	300(44)	6(6)
$y=0$	28(28)	91(27)	0(0)	1(1)	190(62)
$y=4$	120(56)	78(14)	136(18)	66(2)	253(61)
$y=3$	21(21)	136(8)	105(41)	45(45)	15(15)

3）π 变换的描述

π 变换是一个在坐标$(x，y)$上的线性操作，变换如下：

$$\pi : A[x][y][z] \leftarrow A\big[(2x+3y)(\bmod 5)\big][x][z] \tag{6-17}$$

π 变换的实现步骤如下：

/ ＊算法 $\pi(A)$ ＊/

输入：三维数据 A。

输出：三维数组 A'。

步骤：

(1) for $x=0$ to 4

    for $y=0$ to 4

      for $z=0$ to $w-1$

      $A'[x，y，z]=A[(x+3y)\bmod 5，x，z]$

      end

    end

  end。

(2) return A'。

π 变换的作用是对 lane 进行重排，调换 lane 上各元素的位置，消除水平或垂直的对齐，以提供扩散效应。若没有 π 变换，则 Keccak-f 将展现出周期性的踪迹。π 变换可以看作 slice 平面 5×5 矩阵中各个 lane 的平移变换，在 slice 上的操作是相互独立的，与 ρ 变换一样没有改变活跃比特的数量，只对其进行了相应的平移。每个 slice 中数据的重排结果如图 6-13 所示。其中，$x=y=0$ 对应 slice 的中心位置，黑点表示$(x，y)$的原始位置，深色阴影表示通过 π 变换后的位置$(x'，y')$，即$(x'，y')=(y，x+3y)$。

4）χ 变换的描述

χ 变换是 Keccak-f 中唯一的非线性映射，变换如下：

$$\chi : A[x] \leftarrow A[x] \oplus (\overline{A}[x+1]) \wedge A[x+2] \tag{6-18}$$

式中，"－"表示非运算，"$\wedge$"表示与运算，$\oplus$表示异或运算。

χ 变换的实现步骤如下：

/ ＊算法 $\chi(A)$ ＊/

输入：三维数据 A。

输出：三维数组 A'。

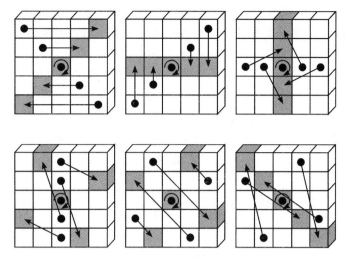

图 6-13　π 变换

步骤：

（1）for $x=0$ to 4

　　for $y=0$ to 4

　　for $z=0$ to $w-1$

　　　　$A'[x, y, z]=A[x, y, z]\oplus((A[(x+1) \bmod 5, y, z])\oplus 1) \cdot$
　　　　　　　　$A[(x+2) \bmod 5, y, z])$

　　　end

　　end

　end

（2）return A'

χ 变换可以看成一个输入输出均为 5 bit 的 S 盒，在所有方向上均是不变体转换。它的代数阶为 2，这对于扩散来说至关重要。同时，χ 变换仅用到了异或、与以及非三个简单的门操作，如图 6-14 所示。若没有 χ 变换，则 Keccak-f 轮函数将变成线性。

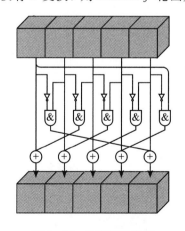

图 6-14　χ 变换示意图

5)ι 变换描述

ι 变换很简单，内部状态矩阵中第一个 lane 与轮常量异或，变换如下：

$$\iota: a \leftarrow a \oplus \mathrm{RC}[i_r] \qquad\qquad (6-19)$$

式中，$\oplus$ 表示异或运算，a 是表示内部状态矩阵第一个 lane，即 $a = \mathrm{Lane}(0,0) = A[0,0,0] \parallel A[0,0,1] \parallel \cdots \parallel A[0,0,w-1]$，$\mathrm{RC}[i_r]$ 是 64 比特的轮常量，i_r 表示轮数，$(0 \leq i_r < n_r)$，n_r 是 Keccak-f 压缩函数的轮数。若 $b=1600$，可知 $l=6$，$n_r=24$，则 $\mathrm{RC}[i_r]$ 各轮常数可以通过 $\mathrm{rc}(t)$ 算法得到，各轮常量计算结果如表 6-3 所示。

表 6-3　轮运算常量 $\mathrm{RC}[i_r]$（十六进制）

i_r	$\mathrm{RC}[i_r]$	i_r	$\mathrm{RC}[i_r]$	i_r	$\mathrm{RC}[i_r]$
0	0000 0000 0000 0001	8	0000 0000 0000 008A	16	8000 0000 0000 8002
1	0000 0000 0000 8082	9	0000 0000 0000 0088	17	8000 0000 0000 0080
2	0000 0000 0000 808A	10	0000 0000 8000 8009	18	0000 0000 0000 800A
3	0000 0000 8000 8000	11	0000 0000 8000 000A	19	8000 0000 8000 000A
4	0000 0000 0000 808B	12	0000 0000 8000 808B	20	8000 0000 8000 8081
5	0000 0000 8000 0001	13	8000 0000 0000 008B	21	8000 0000 8000 8080
6	8000 0000 8000 8081	14	8000 0000 8000 8089	22	00000000 8000 0001
7	8000 0000 0000 8009	15	8000 0000 0000 8003	23	8000 0000 8000 8008

ι 变换的实现步骤如下：

/ * 算法 $\iota(A, i_r)$　* /

输入：三维数据 A 和轮数 i_r。

输出：三维数组 A'。

步骤：

(1) for $x=0$ to 4

　　for $y=0$ to 4

　　　　for $z=0$ to $w-1$

　　　　　　$A'[x, y, z] = A[x, y, z]$

　　　　end

　　end

　end

(2) for $z=0$ to $w-1$

　　　　$\mathrm{RC}'[z]=0$　// 赋初值

　　end

(3) for $j=0$ to l

　　　　$\mathrm{RC}'[2^j-1] = \mathrm{rc}(j+7i_r)$

　　end

（4）for $z=0$ to $w-1$

$$A'[0,0,z]=A'[0,0,z]\oplus RC'[z]$$

　　end

（5）return A'

其中，$RC'[z]$ 由 $rc(j+7i_r)$ 计算出来，即常数 $RC[i_r]$ 的各比特位（可直接查表 6-3）。

$rc(t)$ 是定义在 $GF(2)$ 上的线性反馈移位寄存器（LFSR）的输出，其计算式如下：

$$rc(t)=(x^t \bmod x^8+x^6+x^5+x^4+1)(\bmod x) \qquad (6-20)$$

$rc(t)$ 的实现步骤如下：

/ ＊算法 $rc(t)$ ＊/

输入：整数 t。

输出：1 bit 的数据。

步骤：

（1）if （$t \bmod 255=0$）return 1

（2）$R=10000000$ // 二进制，8 bit

（3）for $i=1$ to （$t \bmod 255$）

　　　　a. $R=0 \parallel R$

　　　　b. $R[0]=R[0]\oplus R[8]$

　　　　c. $R[0]=R[4]\oplus R[8]$

　　　　d. $R[0]=R[5]\oplus R[8]$

　　　　e. $R[0]=R[6]\oplus R[8]$

　　　　f. $R=Trun\ c_8[R]$ // Trun c_8 从左向右取 8 个二进制

　　　　end

（4）Return $R[0]$

ι 变换目的是破坏原有的对称性，通过把一组各不相同的轮常量添加到元素中，以便打破其他 4 个变换的对称性，可以有效地保证各轮的变换不同和防止不动点。若没有 ι 变换，Keccak-f 轮函数则仅在 z 轴方向上时是不变体转换，且所有 Keccak-f 的轮函数都将无法抵抗对称类攻击，如滑块（slide）攻击。在硬件实现时，ι 变换仅需要一些异或门和生成一些线性移位寄存器即可。

6.3　SM3 算 法

SM3 是我国采用的一种密码 Hash 函数标准，由国家密码管理局于 2010 年 12 月 17 日发布。相关标准为 GM/T 0004—2012《SM3 密码杂凑算法》适用于商用密码应用中的数字签名和验证、消息认证码的生成与验证以及随机数的生成，可满足多种密码应用的安全需求。SM3 也在 SM2、SM9 标准中使用，其安全性及效率与 SHA-256 相当。

SM3 算法对输入长度小于 2 的 64 次方的比特消息，经过填充和迭代压缩，生成长度为 256 bit 的 Hash 值，其中，使用了异或、模、模加、移位、与、或、非运算，由填充、迭代过程、消息扩展和压缩函数所构成。其 SM3 算法总体结构如图 6-15 所示。

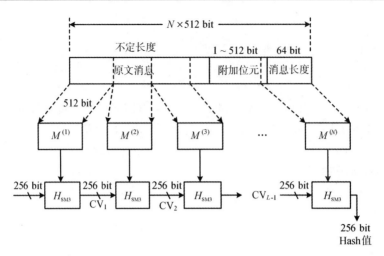

图 6 - 15 SM3 散列算法总体结构

1. 常量和函数

1) 常量

$$T_j = \begin{cases} 79\mathrm{cc}4519 & (0 \leqslant j \leqslant 15) \\ 7\mathrm{a}879\mathrm{d}8\mathrm{a} & (16 \leqslant j \leqslant 63) \end{cases} \tag{6-21}$$

2) 逻辑函数

SM3 算法总共 64 轮,使用 2 个逻辑函数,以 32 bit 字进行操作,每个逻辑函数操作得到一个新的 32 bit 字,每个逻辑函数输入,逻辑函数定义如下:

$$\mathrm{FF}_j(x, y, z) = \begin{cases} x \oplus y \oplus z & (0 \leqslant j \leqslant 15) \\ (x \wedge y) \vee (x \wedge z) \vee (y \wedge z) & (16 \leqslant j \leqslant 63) \end{cases} \tag{6-22}$$

$$\mathrm{GG}_j(x, y, z) = \begin{cases} x \oplus y \oplus z & (0 \leqslant j \leqslant 15) \\ (x \wedge y) \vee (\bar{x} \wedge z) & (16 \leqslant j \leqslant 63) \end{cases} \tag{6-23}$$

式(6-22)和式(6-23)中,x, y, z 是三个 32 bit 字,$\wedge$、$\vee$、$-$、$\oplus$ 分别是逻辑与、逻辑或、逻辑非和逐比特异或运算。

3) 置换函数

SM3 算法定义了两个置换函数:

$$P_0(x) = x \oplus (x \lll 9) \oplus (x \lll 17) \tag{6-24}$$

$$P_1(x) = x \oplus (x \lll 15) \oplus (x \lll 23) \tag{6-25}$$

式(6-24)和式(6-25)中,$\lll t$ 表示 32 bit 循环左移 t bit。

4) 初始值

SM3 初始变量 IV 为 256 bit 的数据块,即 8 个 32 bit 的字,依次记为 $H_0^{(0)}$、$H_1^{(0)}$、$H_2^{(0)}$、$H_3^{(0)}$、$H_4^{(0)}$、$H_5^{(0)}$、$H_6^{(0)}$、$H_7^{(0)}$,其初值变量设置为

$H_0^{(0)} = 7380166\mathrm{F}$,$H_1^{(0)} = 4914\mathrm{b}2\mathrm{b}9$,$H_2^{(0)} = 172442\mathrm{d}7$,$H_3^{(0)} = \mathrm{da}8\mathrm{a}0600$

$H_4^{(0)} = \mathrm{a}96\mathrm{f}30\mathrm{bc}$,$H_5^{(0)} = 163138\mathrm{aa}$,$H_6^{(0)} = \mathrm{e}38\mathrm{dee}4\mathrm{d}$,$H_7^{(0)} = \mathrm{b}0\mathrm{fb}0\mathrm{e}4\mathrm{e}$

2. 算法描述

SM3 算法 Hash 处理过程与 SHA-1 算法结构类似。其填充方法与 6.2.1 节介绍 SHA-1 相同,下面介绍一下 SM3 的数据扩展和压缩函数。

1）数据扩充

SM3 压缩函数需要使用 $W[t]$，$W'[t]$ 是输入 512 bit 分块通过混合和移动扩充而产生的。因此进入压缩函数之前，需要对输入的 512 bit 分块数据进行扩展，如图 6-16 所示。

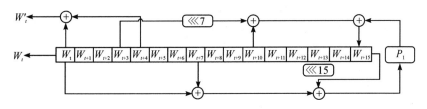

图 6-16　SM3 数据扩充示意图

具体步骤如下：

（1）512 bit 数据分块 $M^{(i)}$ 按照 32 bit 分组，得到 16 个 $M_0^{(i)}$，$M_1^{(i)}$，…，$M_{15}^{(i)}$ 数据块，$W[t]$ 前 16 个字计算如下：

$$W[t] = M_t^{(i)} \quad (0 \leqslant t \leqslant 15) \tag{6-26}$$

（2）令 $16 \leqslant t \leqslant 67$，则 $W[t]$ 后 52 个字计算如下：

$$W[t] = P_1(W[t-16] \oplus W[t-9] \oplus (W[t-3] \lll 15)) \oplus$$
$$(W[t-13] \lll 7) \oplus W[t-6] \tag{6-27}$$

（3）令 $0 \leqslant t \leqslant 63$，则 $W'[t]$ 计算如下：

$$W'[t] = W[t] \oplus W[t+4] \tag{6-28}$$

2）压缩函数

SM3 算法处理一个 512 bit 分块的 64 次迭代中，设 A、B、C、D、E、F、G、H 为 32 bit 字寄存器，压缩函数计算过程如图 6-17 所示。

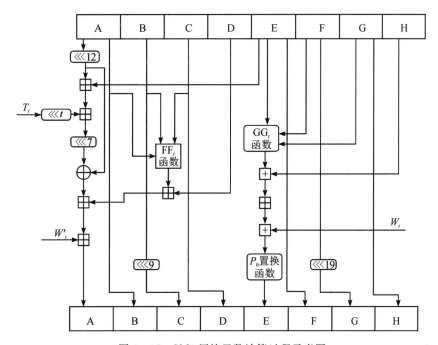

图 6-17　SM3 压缩函数计算过程示意图

具体步骤如下：

$$SS_1 = ((A \lll 12) + E + (T_t \lll t)) \lll 7;$$

$$SS_2 = SS_1 \oplus (A \lll 12);$$

$$TT_1 = FF_t(A, B, C) + D + SS_2 + W'[t]$$

$$TT_2 = GG_t(E, F, G) + H + SS_1 + W[t]$$

$$D = C;$$

$$C = B \lll 9;$$

$$B = A;$$

$$A = TT_1;$$

$$H = G;$$

$$G = F \lll 19;$$

$$F = E;$$

$$E = P_0(TT_2);$$

其中，$+$ 为模 2^{32} 加运算，SS_1、SS_2、TT_1、TT_2 为中间变量，$x \lll t$ 表示 32 bit 字 x 循环左移 t bit，FF 和 GG_t 为逻辑函数，P_0 为置换函数，$\oplus$ 为逐比特异或运算。寄存器中 32 bit 字采用大端格式存储。

3) SM3 算法伪代码

下面给出 SM3 函数伪代码。

/ * SM3 算法伪代码 * /

输入：待 Hash 消息 M，加常量为 T_j，$0 \leq j \leq 63$。

输出：256 bit Hash 值($H_0 \parallel H_1 \parallel H_2 \parallel H_3 \parallel H_4 \parallel H_5 \parallel H_6 \parallel H_7$)。

(1) $M' = $ SHA-256-PAD(M)   // 消息 M 填充，填充方法与 SHA-1 算法相同

(2) 对 M' 按照每 512 bit 一组进行分组，得 N 个子块 $M^{(1)}$，$M^{(2)}$，…，$M^{(N)}$

(3) 初始变量赋值：

　　　$H_0 = $ 7380166f，$H_1 = $ 4914b2b9，$H_2 = $ 172442d7，$H_3 = $ da8a0600

　　　$H_4 = $ a96f30bc，$H_5 = $ 163138aa，$H_6 = $ e38dee4d，$H_7 = $ b0fb0e4e

(4) For $i = 1$ to N

对 512 bit $M^{(i)}$ 块分组，每组 32 bit，得到 16 个字 $M_0^{(i)}$，$M_1^{(i)}$，…，$M_{15}^{(i)}$

For $t = 0$ to 15

　　$W[t] = M_t^{(i)}$

End For

For $t = 16$ to 67

　　$W[t] = P_1(W[t-16] \oplus W[4-9] \oplus (W[t-3] \lll 15)) \oplus (W[t-13] \lll 7) \oplus$
　　　　$W[t-6];$

　　End For

　　For $t = 0$ to 63

　　　$W'[t] = W[t] \oplus W[t+4]$

　　End For

给寄存器 A、B、C、D、E、F、G、H 赋值：

$A=H_0$，$B=H_1$，$C=H_2$，$D=H_3$，$E=H_4$，$F=H_5$，$G=H_6$，$H=H_7$

For $t=0$ to 63

$\quad SS_1=((A\lll 12)+E+(T_t\lll t))\lll 7$；

$\quad SS_2=SS_1\oplus(A\lll 12)$；

$\quad TT_1=FF_t(A,B,C)+D+SS_2+W'[t]$

$\quad TT_2=GG_t(E,F,G)+H+SS_1+W[t]$

$\quad D=C$；

$\quad C=B\lll 9$；

$\quad B=A$；

$\quad A=TT_1$；

$\quad H=G$；

$\quad G=F\lll 19$；

$\quad F=E$；

$\quad E=P_0(TT_2)$

End For

$H_0=A\oplus H_0$；$H_1=B\oplus H_1$；$H_2=H_2\oplus C$；$H_3=H_3\oplus D$；$H_4=H_4\oplus E$；

$H_5=H_5\oplus F$；$H_6=H_6\oplus G$；$H_7=H_7\oplus H$；

End For。

(5) return　256 bit Hash 值($H_0\|H_1\|H_2\|H_3\|H_4\|H_5\|H_6\|H_7$)

4）SM3 算法实例

下面给出一个 SM3-256 算法实例。

【例 6-7】　对消息长度为 24 bit 的 ASCII 字符串"abc"，运用 SM3 算法求 Hash 值。

解　输入字符串"abc"，SM3 算法 Hash 值为 66c7f0f4 62eeedd9 d1f2d46b dc10e4e2 4167c487 5cf2f7a2 297da02b 8f4ba8e0，SM3 算法的每一步详细值可参见标准《SM3 密码杂凑算法》(GM/T 0004—2012)。

6.4　Hash 算法的攻击现状分析

Hash 算法主要用于数据完整性验证，以确定消息是否被修改，因此对 Hash 算法攻击的目标是能够生成与原消息不同的消息，但 Hash 值相等，即碰撞攻击。现有的 Hash 算法的攻击可以分为以下几类：

(1) 原像攻击(preimage attack)：此类攻击即是对给定的 Hash 值 $Y\in\{0,1\}^n$，能够找到一个消息 M，使得 $H(M)=Y$。

(2) 第二原像攻击(2nd preimage attack)：此类攻击也称为弱碰撞攻击，即对给定的消息 M，找到另外一个消息 M'，使得 $M\neq M'$，而 $H(M)=H(M')$。

(3) 碰撞攻击(collision attack)：此类攻击也称为强碰撞攻击，即找到任意两消息 M 和 M'，$M\neq M'$，使得 $H(M)=H(M')$。

(4) 其他攻击方法：主要包括 K 元碰撞攻击(K-collision attack)、K 原像攻击(K-way 2nd preimage attack)针对 SHA3 结构的滑动攻击(slide attack)、反弹攻击(rebound attack)、分割结

合原像攻击(split and cut attack)等。

目前,生日攻击是 Hash 函数碰撞攻击方法中最重要的一种攻击方法。生日攻击的名字起源于所谓的生日悖论,严格来说,它并不是一个真正的悖论,只是一个令人吃惊的概率问题。生日攻击方法没有利用 Hash 算法的结构和任何代数弱性质,它只依赖 Hash 值的长度。这种攻击对 Hash 算法提出了一个必要的安全条件,即 Hash 值必须足够长。因此在介绍生日攻击之前,先介绍一下生日悖论问题。

6.4.1　生日悖论问题

生日悖论是考虑这样一个问题:在 k 个人中至少有两个人的生日相同的概率大于 0.5 时,k 至少多大?

绝大多数人回答这个问题时候会认为 k 是一个很大的数,事实上是非常小的一个数。为了回答这一问题,下面我们给出计算方法:

(1) 对于进入房间的第一个人来说,有 365 个不同的生日。

(2) 对于第二个进入房间的人来说,有 364 个与第一个人不是同一天生日的可能性,因此不匹配概率为 364/365。

(3) 对于第三个进入房间的人来说,有 363 个与前两个人不是一天生日,因此现在不匹配的概率为

$$\frac{363}{365} \times \frac{364}{365}$$

匹配概率为

$$1 - \frac{363}{365} \times \frac{364}{365}$$

(4) 当第 k 个人进入房间时,不匹配概率的一般公式为

$$\frac{365 \times 364 \times \cdots \times (365-k+1)}{365^k}$$

匹配概率的一般公式为

$$1 - \frac{365 \times 364 \times \cdots \times (365-k+1)}{365^k}$$

(5) 当 $k=23$ 时,概率为 0.5073,即在 23 人中至少有两个人的生日相同的概率大于 0.5。人数如此之少。若 k 取 100,则概率为 0.999 999 7,即获得如此大的概率。之所以称这一问题是悖论,是因为当人数 k 给定时,得到的至少有两个人的生日相同的概率比想象的要大得多。这是因为在 k 个人中考虑的是任意两个人的生日是否相同,在 23 个人中可能的情况数为 $C_{23}^2 = 253$。

将生日悖论推广为下述问题:已知一个在 1 到 n 之间均匀分布的整数型随机变量,若该变量的 k 个取值中至少有两个取值相同的概率大于 0.5,则 k 至少多大?

与上类似,$P(n,k) = 1 - \dfrac{n!}{(n-k)!n^k}$,令 $P(n,k) > 0.5$,可得

$$k = 1.18\sqrt{n} \approx \sqrt{n}$$

若取 $n=365$,则 $k = 1.18\sqrt{365} = 22.54$。

6.4.2　生日攻击

生日攻击是基于下述结论：设单向 Hash 算法 $Y = H(X)$，X，Y 都是有限长度的，并且 $|X| \geqslant 2|Y|$，记为 $|X| = n$，$|Y| = m$，那么 Hash 算法 H 有 2^m 个可能的输出（输出长度为 m bit），如果 H 的 k 个随机输入中至少有两个产生相同输出的概率大于 0.5，则 $k \approx \sqrt{2^m} = 2^{m/2}$。寻找 Hash 函数的具有相同输出的两个任意输入的攻击协议，最先是 Gideon Yuval 提出的，称为 Yuval 生日攻击。

【例 6-8】　一个 Yuval 生日攻击实例。假设用户 Alice 采用 Hash 算法作为签名发送给 Bob，Alice 能够利用 Yuval 生日攻击欺骗 Bob，具体过程如下：

（1）设用户 Alice 预先准备了两条不同的消息，例如，一份合同的两种不同版本，一种是对 Bob 有利的合同，另外一种是将使 Bob 破产的合同。

（2）Alice 对这两种不同版本的合同每一份都作一些细微的改变，例如，对文件 Alice 可在文件的单词之间插入很多"空格-退格-空格"字符对，然后将其中的某些字符对替换为"空格-退格-空格"就得到一个变形的消息，并分别计算出 Hash 值。

（3）Alice 比较这两种不同版本的文件的 Hash 值集合，找出相匹配的一组，即 $M \neq M'$，使得 $H(M) = H(M')$。Alice 需要从发送的消息 M 中产生出 $2m/2$ 个变形的消息，每个变形的消息本质上的含义与原消息相同，同时还准备假冒的消息 M' 产生出 $2m/2$ 个变形的消息。由上述生日攻击的讨论可知 Alice 成功的概率大于 0.5，如果不成功，则重新产生一个假冒的消息，并产生 $2m/2$ 个变形，直到找到 Hash 值相同的一对消息为止。

（4）Alice 将对 Bob 有利的合同 M 和 Hash 值提交给 Bob 请求签字，然后返回给 Alice。

（5）Alice 在某个时候，能够让公证人员相信 Bob 签字的是那份可令 Bob 破产的合同 M'，由于 M 与 M' 的 Hash 值相同。

上述攻击中如果 Hash 值的长为 64 bit，则 Alice 攻击成功所需的时间复杂度为 $O(2^{32})$，那么 64 bit 的 Hash 算法对于生日攻击显然太小。大多数 Hash 函数会产生大于 128 bit 的 Hash 值（如 SHA-1），这样试图进行生日攻击的攻击者必须对 2^{64} 个随机消息进行 Hash 运算才能找到 Hash 值相同的消息。目前 NIST 在其安全散列标准（SHS）中用的是 160 bit 的 Hash 值（如 SHA-1），这样生日攻击就更难进行，需要对 2^{80} 个随机消息进行 Hash 运算。

除了上述穷举攻击寻找碰撞，另外攻击 Hash 算法的方法是采用密码分析学的办法，即利用算法逻辑上的缺陷，降低破译算法的代价。模差分碰撞（modular differential collision）攻击方式的核心是寻找一对消息，每一条消息包括两个数据块，被公认为是 MD5 算法最有效的破解办法，其由我国密码学者王小云教授团队最先提出。

6.5　扩 展 阅 读

1. SHA-1 第一个碰撞实例[①]

2017 年 2 月 23 日，荷兰阿姆斯特丹 CWI（Centrum Wiskunde & Informatica）研究所

---

① The first collision for full SHA-1[EB/OL]. https://shattered.io/.

和 Google 公司的研究人员在谷歌安全博客上发布了世界上第一例公开的 SHA-1 Hash 碰撞实例,这次攻破被命名为 SHAttered attack。不同的两个文件(原始文件和恶意文件)使用 SHA-1 算法处理后 Hash 值相同,发生碰撞,如图 6 - 18 所示。研究者在博客中指出:Hash 碰撞本来不应该发生。但事实上,当 Hash 算法存在漏洞时,一个有足够实力的攻击者能够制造出碰撞,进而,攻击者可以用它去攻击那些依靠 Hash 值来校验文件的系统,植入错误的文件造成恶果。

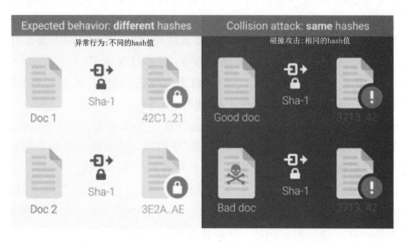

图 6 - 18　SHA-1 Hash 碰撞(图片来源 https://shattered.io/)

　　Google 在公布的结果中提供了两张内容截然不同,在颜色上存在明显差异,但 SHA-1 Hash 值完全相同的 PDF 文件作为证明,如图 6 - 19 所示。两个 PDF 文件可以在 https://shattered.io/网址中下载,并自行进行验证。攻击的更多细节可以参考论文"The first collision for full SHA-1"。

图 6 - 19　SHA-1 PDF 文件 SHA-1 碰撞实例(图片来源 https://shattered.io/)

　　为了这次攻击,Google 花费了超过 9 兆(亿亿)次演算的巨量的算力,总共 9.2×10^{18} 的计算量,若单个 CPU 计算则需要 6500 年,单个 GPU 计算则需要 110 年才能完成。而研究者采用了自行研发的 Shattered 攻击方法,需要耗费 110 块 GPU 一年的运算量,其效率远胜于使用暴力破解,Hash 碰撞攻击效率比较如图 6 - 20 所示。

图 6 - 20　Hash 碰撞攻击效率比较(图片来源 https://shattered.io/static/infographic.pdf)

SHAttered attack 是 CWI Google 团队对 SHA-1 算法进行了十多年研究的成果的展示，使用的技术是由 Marc Stevens 开发的，他是 CWI-Google 联合团队的成员之一，其研究工作是 2005 年王小云、尹一群和余洪波的开创性论文中提出的第一种密码分析技术的后续工作。

SHA-1 碰撞攻击实例的公布，使得 SHA-1 算法的攻击从理论变为现实，意味着继续使用 SHA-1 算法将存在重大的安全风险。早在 2015 年，NIST 要求美国联邦机构应停止使用 SHA-1 生成数字签名、生成时间戳和其他需要抗碰撞的应用程序。我国国家密码管理局在 SHA-1 碰撞攻击实例公布之后，发布通知要求我国相关单位应遵循密码国家标准和行业标准，全面支持和应用 SM3 等国产密码算法，严格按照《商用密码管理条例》等相关法律法规的要求开展商用密码研发、生产、销售、使用等活动。

2. 中国"密码女王"王小云[①]

王小云，生于山东诸城。1993 年获山东大学数学博士学位。2017 年当选中国科学院院士。2019 年当选国际密码协会会士(IACR Fellow)。2019 年获未来科学大奖——数学与计算机科学奖，2020 年获国际密码协会最具时间价值奖(IACR Test-of-Time Awards)、真实世界密码学奖(The Levchin Prize for Real-World Cryptography)。在密码分析领域，王小云提出了密码 Hash 函数的碰撞攻击理论，即模差分比特分析法；破解了包括 MD5、SHA-1 在内的 5 个国际通用 Hash 函数算法；将比特分析法进一步应用于带密钥的密码算法，包括消息认证码、对称加密算法、认证加密算法的分析，给出了系列重要算法 HMAC-MD5、MD5-MAC、Keccak-MAC 等重要分析结果；给出了格最短向量求解的启发式算法二重筛法以及带 Gap 格的反转定理等。在密码设计领域，主持设计的 Hash 函数 SM3 为国家密码算法标准，在金融、交通、国家电网等重要经济领域广泛使用，并于 2018 年 10 月正式成为 ISO/IEC 国际标准。

2004 年 8 月，在美国加州圣巴巴拉召开的国际密码学会议(Crypto'2004)中，我国密码学者王小云教授做了破译 MD5、HAVAL-128、MD4 和 RIPEMD 算法的报告，其在报告中指出，他们已能够较快地找到 MD5、HAVAL-128、MD4 和 RIPEMD 等 Hash 算法碰撞。王小云的研究成果使得世界最通行的密码标准 MD5 被重创，被认为是 2004 年密码学界最具突破性的结果，引发了密码学界的轩然大波。

2007 年，Marc Stevens、Arjen K. Lenstra 和 Benne de Weger 指出利用他们提供的 MD5 碰撞工具，可伪造软件签名，重复性攻击 MD5 算法。2008 年，荷兰埃因霍芬技术大学的科学家成功把 2 个可执行文件进行了 MD5 碰撞，使得这两个运行结果不同的程序被计算出同一个 MD5；同年 12 月一组科研人员通过 MD5 碰撞成功生成了伪造的 SSL 证书，这使得在 https 协议中服务器可以伪造一些根 CA 的签名。可见 MD5 的破译已经不仅仅是

---

① 王小云. 中国科学院院士[EB/OL]. https://www.tsinghua.edu.cn/info/1167/93827.htm.

理论结果，而是可以导致现实问题的攻击。因此，MD5 散列算法已不安全，不再推荐使用。

在 MD5 被王小云教授团队破译之后，世界密码学界仍然认为 SHA-1 是安全的。2005 年 2 月 7 日，美国国家标准技术研究院发表声明，SHA-1 没有被攻破，并且没有足够的理由怀疑它会很快被攻破，并建议开发人员在 2010 年前应该转向更为安全的 SHA-256 和 SHA-512 算法。然而，在一周之后，王小云教授等人发表了对 SHA-1 的完整版攻击，表示只需少于 2^{69} 的计算复杂度，就能找到一组 SHA-1 的碰撞。2005 年，美国《新科学家》杂志发表了一篇标题颇具震撼力的文章——"崩溃！密码学的危机"。

基于王小云等人的攻击和暴力攻击的可能性，2006 年，NIST 颁布了美国联邦机构 2010 年之前必须停止使用 SHA-1 的新政策，NIST 在 2013 年底要求美国政府和行业禁止 SHA-1 用于数字签名。

习 题 6

1. 什么是 Hash 算法？

2. 简述安全的 Hash 算法的基本要求。

3. 简述安全的 Hash 算法应该满足的一般安全特性。

4. 给出 SHA 各 Hash 算法的 Hash 值长度？

5. 针对字符串"12320090909"，用 SHA-1 进行处理，完成在进行 Hash 值计算前的填充，计算 SHA-1 算法中 $W[0]$、$W[1]$、$W[2]$、$W[15]$、$W[16]$ 的值，并把结果用十六进制表示。

6. 简述 SHA-1 算法的压缩函数的基本过程。

7. 简述 SHA-256、SHA-512 的区别。

8. 简述 Keccak 算法与 SHA3 标准的关系。

9. 简述 Keccak 算法海绵结构，以及与 MD 迭代结构的区别。

10. 简述 SM3 哈希算法的压缩函数的基本过程。

11. 简述 Hash 算法生日攻击的过程。

第 7 章　数 字 签 名

知识点

☆ 数字签名概述；

☆ 数字签名的原理及分类；

☆ RSA 及 ElGamal 数字签名方案；

☆ 数字签名标准；

☆ 专用签名方案；

☆ 扩展阅读——中华人民共和国电子签名法。

第七单元

本章导读

　　本章首先介绍数字签名概述、数字签名的原理及分类；然后介绍 RSA 及 ElGamal 等典型的数字签名方案；接着介绍包括美国、俄罗斯和我国的数字签名标准；最后介绍专用的数字签名方案，并在扩展部分中介绍中国的电子签名法。通过本章的学习，读者在理解数字签名原理的基础上，掌握常用的典型数字签名方案及应用，对未来从事数字认证相关工作奠定理论基础。

7.1　数字签名概述

　　在经济生活中，常常会在打印出来的纸质合同、协议等文档上进行手写签名或盖章，以确认签名者阅读过文档，并愿意承担文档中声明的责任和义务，享有相应的权利。一旦在后面执行合同时发生争议，可以根据文档的相关款项，进行责权利的仲裁。

　　由于计算机和网络的快速发展，电子商务日渐兴起，通过在文档上签字或盖章的方式进行商务活动，其效率很低。例如，一个在中国的公司和一个在美国的公司进行合作，双方达成协议后，要签订一个合同，则需要一方签名盖章后，邮寄或派人到另一方去签名盖章。双方已经取得了一致意见，却不得不等合同签字或盖章后才能执行，这是一件浪费时间的事情。于是人们就想，能不能对已经协商好的电子文档进行和手写签名一样具有法律效力的电子签名呢？而且这个签名也要是安全的，即也不能被伪造。这样，一方签名后，可以通过电子邮件发送给另一方签名。如果能够实现这样的电子签名，则文档传递的速度快而且费用低。

　　我们知道，手写文档生效后，对它的任何修改，如果没有足够的证据，比如修改者的签名或者签章，则修改可以看作无效，而且任何修改都是很容易从视觉上看出来的。可是对于电子文档，如何使得经过签名后的文档不被篡改，或者如果篡改了如何进行判定甚至对篡改位置进行定位？如何防范签名被伪造以及如何防范签名被复制？也就是对一个文档的签名，防范被通过非法的方式复制到另外一个文档上呢？

对于上述问题，现在都得到了比较好的解决。解决的办法就是即将介绍的数字签名技术。

数字签名的概念由 Diffie 和 Hellman 于 1976 年提出，目的是通过签名者对电子文件进行电子签名，使签名者无法否认自己的签名，同时别人也不能伪造或复制签名，从而实现与手写签名相同的功能，具有与手写签名相同的法律效力。

数字签名是在密码学理论的基础上发展起来的，基于公钥密码算法和私钥密码算法都可以获得数字签名，每种签名方案都与某一种或多种密码算法紧密联系在一起。目前主要集中在基于公钥密码算法的数字签名技术的研究。

由于数字签名技术在现在和将来社会里对政府、企事业、一般团体和个人的重要影响，世界各国都加强了研究。美国于 2000 年 6 月 30 日正式签署的《电子签名法案》，明确承认了电子签名、电子合同和电子记录的法律效力，被认为是网络时代的重大立法。2000 年到 2001 年之间，爱尔兰、德国、日本、波兰等国政府也先后通过了各自的电子签名法案。我国的电子签名法也于 2005 年 4 月开始实施(见 7.6 节)。

现在，数字签名一个非常广泛的用途就是用于数字证书。各个银行，如中国银行和工商银行等，他们的网上银行使用了数字证书。电子商务的网站，如亚马逊(Amazon)和淘宝也在用数字证书。投资理财类的基金直销网站，如华夏基金和嘉实基金等也使用了数字证书。通过数字证书，人们可以判断当前浏览的网站地址是不是钓鱼网站。同时，利用数字证书和相关的密码协议，对用户浏览的信息进行了加密，从而防止用户信息被泄漏。

图 7-1 所示是一个数字证书的示例，根据这些信息，可以看到证书使用的哈希算法是 SHA256，签名算法是本章要介绍的 RSA。其他信息还包括证书的版本号、发布者、使用期限和公钥等信息，另外还有证书的用途、验证路径以及对证书的约束条件等。关于数字证书的进一步知识，可以通过查看 X.509 标准做进一步的了解。

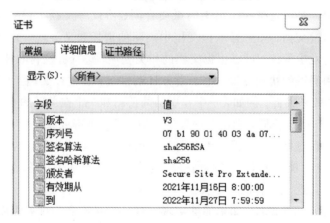

图 7-1　数字证书示例

在不同的浏览器里看到的同一个数字证书，虽然形式上不同，但其内容都是一样的，只是浏览器解析后呈现出来的样式有变化。

数字证书使用的范围非常广泛，在电脑里面有大量这样的证书，如图 7-2 所示。安装浏览器软件的时候，同时会安装很多根证书。

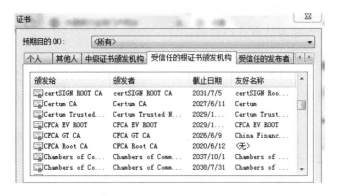

图 7 - 2　电脑中的数字证书示例

7.2　数字签名的原理及分类

随着研究的发展和深入，数字签名由于基于的理论和应用场合的不同，出现了很多种签名算法。下面对数字签名的原理及分类进行介绍。

7.2.1　数字签名的原理

基于非对称密码算法和对称密码算法都可以产生数字签名。不过，基于对称密码算法的数字签名一般都要求有可信任的第三方，在发生纠纷时作为仲裁者。所以，在研究中多以非对称密码算法为基础提出数字签名方案。下面以基于 RSA 签名算法为例子，说明数字签名的原理及过程。

我们知道，在 RSA 加密算法中，假如用户 Alice 的参数选取简单写为 $n=pq$，其中 p 和 q 是大素数。$(d, \varphi(n))=1$ 且 $de \equiv 1 \bmod \varphi(n)$，则 (e, n) 为公开密钥，(d, n) 为秘密密钥。对于一个秘密密钥 (d, n)，在满足 $de \equiv 1 \bmod \varphi(n)$ 的条件下，只有唯一的 (e, n) 与之对应。如同在介绍 RSA 加密算法时所提及的那样，一个用户的公钥会在较长时间内保持不变，故我们可以说，在一定时间内，(e, n) 表示了秘密密钥 (d, n) 的持有者的身份。例如，图 7 - 1 所示公钥证书的使用期限为 2021 年 11 月 16 日到 2022 年 11 月 27 日，在这个有效期内，公钥证书代表了使用证书的个人或机构的身份。

如果秘密密钥 (d, n) 的持有者 Alice 声明了某个信息 m 并将其放于公共媒介如网络之上，那么其他人如何确定这个消息就是其发布的原信息而没有被其他人更改过呢？也就是如何确定消息的完整性呢？

我们可以通过下面这种方式达到目的。让消息发布者 Alice 先计算 $s \equiv m^d \bmod n$，然后把 s 附于消息 m 之后即 (m, s) 一起放到公共媒介上。因为大家都知道 (e, n) 唯一代表了消息发布者 Alice 的身份，故可以通过计算 $m \equiv s^e \bmod n$ 成立与否，来判定消息是不是 Alice 发布的消息以及消息是否被篡改。因为 Alice 是秘密密钥 (d, n) 的唯一持有者，只有他才能通过 $s \equiv m^d \bmod n$ 计算出 s 的值来。其他人如果想算出 s 的值，从目前的研究结果看，他必须要获得 d 的值，或者说要能破解大数分解问题才行。我们知道，到现在为止，当选择合适的参数时，大数分解问题在计算上是安全的，因而别人不能伪造这个签名（关于这个签名算法，7.3 节有详述）。

一个签名方案至少应满足以下三个条件：

（1）签名者事后不能否认自己的签名；

（2）接收者能验证签名，而任何其他人都不能伪造签名；

（3）当双方对于签名的真伪发生争执时，第三方能解决双方之间发生的争执。

基于公钥密码算法的数字签名方案一般都选择私钥签名、公钥验证的模式。由于消息的长度是变化的，同时为了提高签名方案的安全性，数字签名方案里都会使用消息摘要算法。一个普通的数字签名方案通常包括两个算法，即签名算法 sig( )和验证算法 ver( )。在签名阶段，签名者用自己的私钥对消息进行签名。在验证阶段，验证者则通过签名者对应的公开钥进行验证。

7.2.2　数字签名的分类

按数字签名所依赖的理论基础，主要可以分为如下三点：

（1）基于大数分解难题的数字签名，如 7.3.1 小节介绍的 RSA 数字签名方案。

（2）基于离散对数难题的数字签名，如 7.3.2 小节介绍的 ElGamal 数字签名方案、7.4.1 小节介绍的基于离散对数的美国数字签名标准。

（3）基于椭圆曲线离散对数的数字签名，这类签名往往由基于离散对数的数字签名改进而来，如 7.4.1 小节介绍的基于椭圆曲线的美国数字签名标准。

近年来，随着密码理论的发展，人们也提出了基于双线性对的数字签名、量子数字签名、基于网格的数字签名方案等。

从数字签名的用途分，可以把数字签名分为普通的数字签名和特殊用途的数字签名。普通的数字签名往往可以和身份认证相互转换；特殊用途的数字签名，如盲签名、代理签名、群签名、门限签名和前向安全的数字签名等，多在某些特殊的场合下使用。盲签名通常用于需要匿名的小额电子现金的支付和匿名选举，代理签名可以用于委托别人在自己无法签名的时候（如外出开会不方便使用网络等）代替签名等（这部分内容详见 7.5 节）。

随着研究的深入，用途的增多，分类标准的不同，数字签名可能有不同的分类。此处只列举了一些基本的分类。

7.3　典型的数字签名方案

在本节中，我们介绍比较经典的数字签名算法，一种是 RSA 签名算法，另一种是 ElGamal 签名算法。RSA 签名算法提出的时间比较早，并且一直到现在，以其为基础的应用都还在使用，比如前面提到的 X.509 标准。而 ElGamal 签名算法的变型算法之一，就是后来的数字签名算法（DSA）。

7.3.1　RSA 数字签名方案

RSA 数字签名算法建立的基础同 RSA 加密算法一样，都基于大数分解难题。RSA 签名算法简洁易懂，十分清晰地表达了数字签名的原理。下面我们介绍该算法。

1. RSA 数字签名描述

1）参数产生

（1）选择两个满足需要的大素数 p 和 q，计算 $n = p \times q$，$\varphi(n) = (p-1) \times (q-1)$。其中，$\varphi(n)$ 是 n 的欧拉函数值。

（2）选择一个整数 e，满足 $1 < e < \varphi(n)$，且 $\gcd(\varphi(n), e) = 1$。通过 $d \times e \equiv 1 \bmod \varphi(n)$，计算出 d。

（3）以 (e, n) 为公开密钥，(d, n) 为秘密密钥。

2）签名过程

假设签名者为 Alice，则只有 Alice 知道秘密密钥 (d, n)。

设需要签名的消息为 m，则签名者 Alice 通过如下计算对 m 签名：

$$s \equiv m^d \bmod n \tag{7-1}$$

(m, s) 为对消息 m 的签名。Alice 在公共媒体上宣称其发布了消息 m，同时把对 m 的签名 s 置于消息后用于公众验证签名。

3）验证过程

公众在看到消息 m 和对其的签名 s 后，利用 Alice 的公开验证密钥 $\{e, n\}$ 对消息进行验证。公众计算如下：

$$m \equiv s^e \bmod n \tag{7-2}$$

若式（7-2）成立，则 Alice 的签名有效。公众认为消息 m 的确是 Alice 所发布，且消息内容没有被篡改。也就是说，公众可以容易鉴别发布人发布的消息的完整性。

可以看到，RSA 签名算法和加密算法参数的产生过程相同。差别在于，在 RSA 加密算法中，消息发送方是用公钥对数据进行加密，然后消息接收方用私钥对密文进行解密获得消息，也即公钥加密，私钥解密；在 RSA 签名算法中，则是消息发布者用私钥对消息进行签名，消息接收者（往往是公众）用签名者的公钥进行验证，以鉴别消息在传送过程中是否被修改，也即私钥签名，公钥验证。

2. 对上述 RSA 签名算法的一个攻击

前面所描述的 RSA 签名算法是有缺陷的。假设攻击者 Eve 想得到签名者对消息 M 的签名，则攻击者 Eve 可以构造消息 M_1 和 M_2，使 $M = M_1 \times M_2$；然后把消息 M_1 和 M_2 分别发送给签名者 Alice 进行签名。

（1）设 Alice 对消息 M_1 的签名为 S_1，即 $S_1 \equiv M_1^d \bmod n$；

（2）设 Alice 对消息 M_2 的签名为 S_2，即 $S_2 \equiv M_2^d \bmod n$。

如果得到 Alice 的两次对消息的签名后，则攻击者 Eve 很容易构造消息 M 的签名 S，$S = M^d = (M_1 \times M_2)^d \bmod n \equiv S_1 \times S_2$。

虽然在已知 M 的情况下，M_1、M_2 往往只是一个数值，一般来说是没有意义的。但进行签名的往往是一台机器，不会对消息有无意义进行鉴别，故导致了算法的不安全。

上面的缺陷可以通过下面的方式对算法加以改进。

3. 对上述 RSA 签名算法的改进

假设公开的安全哈希函数为 $H(\cdot)$，签名算法的参数选择如前所述，改进后签名方案的签名过程和验证过程如下所示。

1）签名过程

设需要签名的消息为 m，签名者 Alice 通过如下计算完成签名：

$$s \equiv H(m)^d \bmod n \tag{7-3}$$

(m, s) 为对消息 m 的签名。

2）验证过程

在收到消息 m 和签名 s 后，验证：

$$H(m) \equiv s^e \bmod n \tag{7-4}$$

是否成立。若成立，则签名有效。

上述过程可用图 7-3 表示，灰色框部分 $(\mathrm{Sig}_{SK_A}(H(M))$ 表示不能篡改或伪造的内容，也即用私钥对消息的摘要进行签名后得到的签名信息。

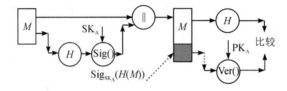

图 7-3　改进算法示意图

在上面的算法中，当 $M = M_1 \times M_2$ 时，$H(M) = H(M_1) \times H(M_2)$ 一般不成立。而且，由消息摘要算法的特性，要找到两个消息 M_1 和 M_2，使 $H(M) = H(M_1) \times H(M_2)$ 成立在计算上是不可行的，从而有效地防止了这类攻击方法。

可以看到，通过使用哈希函数，有效防止了对签名的伪造，增强了签名算法的安全性，这也是现在很多签名算法中使用哈希函数的原因之一。

7.3.2　ElGamal 数字签名方案

ElGamal 数字签名方案在 1985 年提出，其变型之一成为美国国家标准技术研究所 (NIST)提出的 DSA 算法的基础。同 ElGamal 加密算法一样，ElGamal 签名算法也是基于离散对数难题的。

1. ElGamal 数字签名算法的描述

1）密钥产生

设 p 是一个大素数，求解 $(Z_p^*, \cdot)$ 上的离散对数问题在计算上是困难的。令 $g \in Z_p^*$ 是一个本原元。选择 x，且 $1 < x < p - 1$，计算 $y \equiv g^x \bmod p$。

(g, y, p) 是公开密钥，(g, x, p) 是秘密密钥。

2）签名算法

假设签名者为 Alice，则只有 Alice 知道秘密密钥 (g, x, p)。

对于消息 m，签名者 Alice 选择一个秘密的随机数 k，且 $1 < k < p$，计算：

$$\begin{cases} \gamma \equiv g^k \bmod p \\ \delta \equiv (m - x\gamma)k^{-1} \bmod (p - 1) \end{cases} \tag{7-5}$$

(m, γ, δ) 为对消息 m 的签名。

3）验证算法

验证者接收到 (m, γ, δ) 后，计算：

$$y^{\gamma} \gamma^{\delta} \bmod p = g^m \bmod p \tag{7-6}$$

是否成立，若成立，则发送方的签名有效。

因为

$$y^{\gamma} \gamma^{\delta} = g^{x\gamma + k\delta} = g^{x\gamma + k\delta \bmod (p-1)} \bmod p = g^m \tag{7-7}$$

2. ElGamal 签名算法的理解

对于 ElGamal 签名算法的理解，需注意的方面如下：

（1）这个方案还是存在一定的不足，例如，如果消息没有用哈希函数进行处理，则签名容易被伪造。

（2）签名时所使用的随机值 k 不能泄露，否则攻击者可以计算出签名的私钥。通过变换 $\delta \equiv (m - x\gamma)k^{-1} \bmod (p-1)$，可知 $x \equiv (m - k\delta)\gamma^{-1} \bmod (p-1)$。

（3）当对两个不同的消息签名时，不要使用相同的 k，否则容易求得 k 的值，从而知道签名者的私钥。

通过对上面两个算法的学习，我们可以看到，数字签名的一个重要作用，就是保证了被签名文档的完整性。由于用签名者的私钥进行签名，注意到签名者的私钥和公钥的对应关系，进行验证时只能使用对应的公钥。如果一旦被签名的文档内容发生了改变，则不能通过验证，从而防止了文档被篡改和伪造。而且，签名是与文档内容紧密联系的，这样，对一个文档的签名，如果复制到另外一个文档上，就通不过验证，使得签名对该文档无效。

在进行数字签名时，往往需要对消息计算其消息摘要。一般来说，计算消息的消息摘要值有三个作用：① 增强了算法的安全性，如前面我们在 RSA 签名算法中所看到的那样。② 待签名的消息往往比较长，一般会超过其消息摘要值。举例来说，如果采用的消息摘要函数为 SHA-256，则其消息摘要的输出长度为 256 bit。我们知道，一个英文字母的长度为 8 bit，一个汉字的长度为 16 bit，则 256 bit 相当于 32 个字母或者 16 个汉字，而实际应用中的消息如合同、通知等的长度往往都比这个数值大得多，往往是几十 K 甚至几 M 大小，计算其消息摘要值有利于减少在签名时的计算量。③ 消息摘要函数具有的"雪崩效应"，对文档的任何修改，都会使得其消息摘要值发生较大的变化，从而不能通过对文档的签名进行验证。

*7.4　数字签名标准

7.4.1　美国数字签名标准

1. 基于离散对数的美国数字签名标准

1991 年 8 月，NIST 颁发了一个通告，提出将数字签名算法（DSA）用于数字签名标准（Digital Signature Standard, DSS）中。由于 RSA 算法及签名方案的广泛使用等各种原因，DSS 的出现引起了很多的争议。1994 年，在考虑了公众的建议后，该标准最终颁布。

数字签名算法（DSA）的安全性是基于求解离散对数困难性的基础之上的，并使用了安全散列算法。它是 Schnorr 签名算法和 ElGamal 签名算法的变型。

鉴于 fips 186-5 目前(截至 2022 年 6 月)还是 draft 状态，下面的算法来自 fips 186-4，发布于 2013 年 7 月。

1) 算法的参数

设 p 是一个大素数，$2^{L-1}<p<2^L$；q 是为 $p-1$ 的素因子，且 $2^{N-1}<q<2^N$；$1<g<p$，且模 p 的阶为 q。x 是签名者的私钥，是一个随机数，$0<x<q$。$y\equiv g^x \bmod p$ 为签名者的公钥。另外，还有一个秘密的随机数 k，$0<k<q$，要求签名每个消息时选取的 k 是不一样的。在标准中，L 和 N 的取值可以有几种选择，分别是 $(L,N)=(1024,160)$、或者 $(2048,224)$、或者 $(2048,256)$、或者 $(3072,256)$。安全散列算法 $H(\ )$ 的选择参考 fips 180。

签名者公开 (p,q,g,y) 及安全散列算法 $H(\ )$，保密 x。

2) 签名过程

设选取的散列算法的输出长度为 outlen，$\min(N,outlen)$ 表示 N 和 outlen 中较小的整数，对于消息 M，先计算 $r=(g^k \bmod p)\bmod q$，令 $z=H(M)$ 最左边的 $\min(N,outlen)$ 比特对应的十进制数，$s=(k^{-1}(z+xr))\bmod q$。(r,s) 就是对消息 M 的签名。

若出现了 $r=0$ 或者 $s=0$ 的情形，则需要重新选择 k，重新计算签名。

3) 验证过程

接收方收到消息 M 和其签名 (r,s) 后，计算 $w\equiv s^{-1}\bmod q$，$z=H(M)$ 最左边的 $\min(N,outlen)$ 比特对应的十进制数，$u_1\equiv zw\ \bmod q$，$u_2\equiv rw\ \bmod q$，$v\equiv(g^{u_1}y^{u_2}\bmod p)\bmod q$。

因为

$$v\equiv\left[(g^{H(m)w}g^{xrw})\bmod p\right]\bmod q\equiv\left[g^{(H(m)+xr)s^{-1}}\bmod p\right]\bmod q$$
$$\equiv(g^k\bmod p)\bmod q\equiv r$$

所以，如果 $v=r$，则签名有效。

另外，我们也要注意到，由于 DSA 算法是 ElGamal 签名算法的变型，故所有对 ElGamal 签名算法的攻击，也可以用于对 DSA 算法的攻击。不过就已有的攻击来看，DSA 算法还是安全的。

与 RSA 数字签名算法比较，DSA 在管理上有一个优点。对于 RSA 数字签名算法，每个用户都要有不同的公钥，故针对每个用户，都要产生大的素数 p 和 q，去计算 d；而对于 DSA 算法，管理机构(通常又叫全局公钥)只需要计算一次 p、g、q，每个用户只需要选择私钥 x，然后计算公钥 y(通常又叫用户公钥)。

对于 DSA 签名算法的举例，如果在例子中采用了对消息进行摘要值计算 $H(m)$，大数的运算容易让初学者望而生畏，这里采用小的整数代替 $H(m)$。如果读者关心在算法中使用了消息摘要的例子，可以参看 DSA 的标准 fips-186。标准中提到了用 Miller-Rabin 素性检测算法产生素数，用 ANS X9.62 产生随机数以及选取其他参数等。

假设 $q=101$，$p=78\times101+1=7879$，$g=367=19^{78}\bmod 7879$。

取 $x=69$，则 $y\equiv g^x\bmod p=367^{69}\bmod 7879\equiv1292$。

假设想签名的消息为 $m=3456$，且选择的随机值为 $k=27$，可以计算 $k^{-1}\equiv15\bmod 101$。故可以算出签名为

$$r\equiv(g^k\bmod p)\bmod q=(367^{27}\bmod 7879)\bmod 101\equiv6797\bmod 101\equiv30$$

$$s \equiv (k^{-1}(m+xr)) \bmod q = (15(3456+69 \times 30)) \bmod 101 \equiv 70$$

可以得到对 m 的签名为 $(30, 70)$。

验证签名：

$$w \equiv s^{-1} \bmod q = 70^{-1} \bmod 101 \equiv 13$$

$$u_1 \equiv mw \bmod q = 3456 \times 13 \bmod 101 \equiv 84$$

$$u_2 \equiv rw \bmod q = 30 \times 13 \bmod 101 \equiv 87$$

$$v \equiv (g^{u_1} y^{u_2} \bmod p) \bmod q = (367^{84} 1292^{87} \bmod 7879) \bmod 101$$

$$\equiv (2456 \times 1687 \bmod 7879) \bmod 101$$

$$\equiv 6797 \bmod 101 \equiv 30$$

$$v = r$$

因此签名是有效的。

可以看到，签名和验证过程中的运算量是很大的，其中最主要的运算集中在模幂运算上，而且上面的举例中，素数的取值也是比较小的，这些运算可以通过简单编程实现。如果是按标准中的取值，模幂运算及大数的处理对初学者来说还是有挑战性的。

2. 基于椭圆曲线的美国数字签名标准

椭圆曲线数字签名算法（ECDSA）是使用椭圆曲线对数字签名算法（DSA）的模拟。ECDSA 首先由 Scott 和 Vanstone 在 1992 年为了响应 NIST 对数字签名标准（DSS）的要求而提出，1998 年作为 ISO 标准被采纳，1999 年作为 ANSI 标准被采纳，并于 2000 年成为 IEEE 和 FIPS 标准。

与普通的离散对数问题（discrete logarithm problem，DLP）和大数分解问题（integer factorization problem，IFP）不同，椭圆曲线离散对数问题（elliptic curve discrete logarithm problem，ECDLP）没有亚指数时间的解决方法。基于有限域上椭圆曲线群的离散对数问题（ECDLP）的难解性，该问题目前最好的解法都是指数级时间算法。因而椭圆曲线离散对数问题远难于离散对数问题，椭圆曲线密码系统的单位比特强度要远高于传统的离散对数系统。因此在使用较短的密钥的情况下，ECC 也可以达到与离散对数系统相同的安全级别。现在一般认为基于有限域乘法群上离散对数问题的密码算法需用 1024 bit（甚至2048 bit）的模数才是安全的，但对基于有限域上椭圆曲线群离散对数问题的密码算法只需用 160 bit（320 bit）的模数就可达到这样级别的安全性。这带来的好处就是计算参数更小，密钥更短，运算速度更快，签名也更加短小。因此椭圆曲线密码尤其适用于处理能力、存储空间、带宽及功耗受限的场合。特别是在计算资源和存储空间受限时，使用 ECDSA 是一个非常理想的选择。

1）参数选择和密钥生成

椭圆曲线的参数包括：$\{q, a, b, G, n\}$，其中，q 是椭圆曲线所在的有限域的阶，a、b 是椭圆曲线的系数，G 是椭圆曲线的基点，n 是基点 G 的阶；可选的随机种子和参数 h。

选择一个公认安全的哈希函数 Hash，设定其输出长度为 hashlen。

在区间 $[1, n-1]$ 中选定一个随机数 d，计算 $Q = dG$。私钥为 d，公钥为 Q。

标准中对参数的选择有很多的要求，详见 ANS X9.62-2005。

2）签名算法

有参数 (q, a, b, G, n) 和密钥对 (d, Q) 的用户 A 使用以下方法对消息 m 进行签名：

(1) 产生随机或伪随机数 k，$1 \leqslant k \leqslant n-1$。

(2) 计算 $(x_R, y_R) = kG$，然后把 x_R 转换成整数 j。

(3) 计算 $r = j (\bmod\ n)$，若 $r = 0$ 则返回第(1)步。

(4) 计算 $H = \text{Hash}(m)$。如果 $\lceil \text{lb} n \rceil > \text{hashlen}$，$E = H$，否则 E 为 H 左边的 $\lceil \text{lb} n \rceil$ 比特；然后把 E 转换为整数 e。

(5) 计算 $s = k^{-1}(e + dr)(\bmod\ n)$，若 $s = 0$ 则返回第(1)步。

(6) 对消息 m 的签名为 (r, s)。

3) 验证算法

为了验证 A 对消息 m' 的签名 (r', s')，B 需要 A 的公钥 Q 和 A 的公开参数 (p, a, b, G, n)。B 进行如下操作：

(1) 验证 r' 和 s' 在区间 $[1, n-1]$ 中。

(2) 计算 $H' = \text{Hash}(m')$。如果 $\lceil \text{lb} n \rceil > \text{hashlen}$，$E' = H'$，否则 E' 为 H' 左边的 $\lceil \text{lb} n \rceil$ 比特；然后把 E' 转换为整数 e'。

(3) 计算 $u_1 = e'(s')^{-1}(\bmod\ n)$，$u_2 = r'(s')^{-1}(\bmod\ n)$。

(4) 计算 $R = (x_R, y_R) = u_1 G + u_2 Q$。

(5) 若 R 为无穷远点，则签名无效。转换 x_R 为整数 j，计算 $v = j(\bmod\ n)$。

(6) 若 $v = r'$，则接受签名。

4) 签名验证的根据

若对消息 m' 的签名 (r', s') 确为 A 所为，则 $s' = k^{-1}(e' + dr')(\bmod\ n)$。将其化简可得：

$$k = (s')^{-1}(e' + dr') = (s')^{-1} e' + (s')^{-1} r' d = u_1 + u_2 d (\bmod\ n)$$

由于 $u_1 G + u_2 Q = (u_1 + u_2 d)G = kG$，因此当 $v = r'$ 时认可签名。

在标准文档 ANS X9.62-2005 中，关于 ECDSA 有更详尽的描述。

7.4.2　俄罗斯数字签名标准

1. 基于离散对数的俄罗斯数字签名标准

俄罗斯的数字签名算法在很多方面类似于 NIST DSA，其中所使用的哈希函数也来自标准的推荐。

1) 参数选取

(1) 选取大素数 p，满足 $2^{509} < p < 2^{512}$ 或 $2^{1020} < p < 2^{1024}$。

(2) 选取 $p-1$ 的素因子 q，满足 $2^{254} < p < 2^{256}$。

(3) 在 F_p 上选取阶为 q 的生成元 a，满足 $1 < a < p-1$，$a^q(\bmod\ p) = 1$。

(4) 秘密选取随机整数 x，满足 $x \in F_q^*$，并计算 $y = a^x(\bmod\ p)$。公开参数 p，q，a，保密签名密钥 x，公开签名验证密钥 y。

2) 签名产生

(1) 签名者 A 用杂凑算法计算杂凑值 $H(M)$，M 是待签名信息，如果 $H(M)\bmod q = 0$，则令 $H(M) = 0^{255}1$。

(2) 签名者 A 产生一个随机数 $k \in F_q^*$。

（3）A 计算如下：

$r = a^k (\bmod p)(\bmod q)$，如果 $r = 0$，则转到第（1）步；

$s = xr + kH(M)(\bmod q)$，如果 $s = 0$，则转到第（1）步；

A 发送给验证者 B 消息 M 和签名 (r, s)。

3）签名验证

验证者 B 通过计算验证签名：

$$v = H(M)^{q-2}(\bmod q)$$
$$z_1 = sv(\bmod q)$$
$$z_2 = (q-r)v(\bmod q)$$
$$u = (a^{z_1} y^{z_2} (\bmod p))(\bmod q)$$

如果 $u = r$，则签名通过验证。

证明上述验证方法的正确性：

$$
\begin{aligned}
u &= (a^{z_1} y^{z_2} (\bmod p))(\bmod q) \\
&= (a^{sv(\bmod q)} y^{(q-r)v(\bmod q)} (\bmod p))(\bmod q) \\
&= (a^{sH(M)^{-1}(\bmod q)} y^{(q-r)H(M)^{-1}(\bmod q)} (\bmod p))(\bmod q) \\
&= (a^{sH(M)^{-1}(\bmod q)} y^{-rH(M)^{-1}(\bmod q)} (\bmod p))(\bmod q) \\
&= (a^{(xr+kH(M))H(M)^{-1}(\bmod q)} a^{-xrH(M)^{-1}(\bmod q)} (\bmod p))(\bmod q) \\
&= (a^k (\bmod p))(\bmod q) \\
&= r
\end{aligned}
$$

NIST DSA 的 q 的长度是 160/224/256 bit，而俄罗斯的签名方案中，q 的长度至少是 255 bit。通常来说，q 越大，模幂运算的计算量越大，因而安全性更高，但效率更低。

2. 基于椭圆曲线的俄罗斯数字签名标准

该标准算法类似于美国的 ECDSA。

1）参数的选取

（1）选取大素数 p，满足 $p > 2^{255}$。

（2）选取 m 阶椭圆曲线 $E(F_p)$，其系数 a，b 满足 $a, b \in F_q^*$，且 $4a^3 + 27b^2 (\bmod p) \neq 0$；

（3）选取椭圆曲线 $E(F_P)$ 上阶为大素数 q 的生成元 $P(x_P, y_P)$，满足

$$P \in E_p(a, b), q = \{k \mid 2^{254} < k < 2^{255}, kP = 0\};$$

（4）秘密选取随机整数 d，满足 $d \in F_q^*$；并计算出 $Q = dP$。

公开的参数为 a，b，P，q，p，保密的签名密钥为 d，公开的签名验证密钥为 Q。

2）签名产生

（1）签名者 A 用杂凑算法计算杂凑值 $h = h(M)$，M 是待签名的信息。

（2）A 计算二进制数 h 的十进制表示 a，令 $e \equiv a \bmod q$。如果 $e = 0$，令 $e = 1$。

（3）A 产生一个随机数 k，满足 $k \in F_q^*$。

（4）A 计算点 $C = kP = (x_C, y_C)$，令 $r \equiv x_C (\bmod q)$，如果 $r = 0$，则转到第（3）步。

（5）A 利用其私钥 d 计算 $s \equiv rd + ke(\bmod q)$，如果 $s = 0$，则转到第（3）步。

A 发送给验证者 B 消息 M 和签名 (r, s)。

3) 签名验证

B 利用 A 的公钥验证 A 发送给他的消息 M 和签名(r,s)。

(1) 如果 $r,s\in F_q^*$,则转到下一步,否则签名无效。

(2) B 计算杂凑值 $h=h(M)$。

(3) B 将二进制数 h 转换为十进制表示 a,令 $e\equiv a\bmod q$;如果 $e=0$,令 $e=1$。

(4) B 计算 $v\equiv e^{-1}\pmod q$。

(5) B 计算 $z_1=sv\pmod q$,$z_2=-rv\pmod q$。

(6) B 计算点 $C=z_1P+z_2Q$,令 $R\equiv x_C\pmod q$。

当且仅当 $R=r$ 时,B 接受 A 的签名,否则签名无效。

证明上述验证方法的正确性:

假设(r,s)确实是由 A 对 M 的签名,就有 $s=rd+ke$,即

$$k=(s-rd)e^{-1}=se^{-1}-rde^{-1}=(z_1+z_2d)\bmod q$$

于是

$$z_1P+z_2Q=z_1P+z_2dP=(z_1+z_2d)P=kP\pmod q$$

因此,必有 $R=r$。

7.4.3 中国数字签名标准

在商用密码领域,主要的身份验证手段是使用基于公钥基础设施的数字证书进行验证和安全保护。为了保证商用密码应用的安全性,由国家密码管理局牵头,相关单位研制了适用于我国商用密码领域的专用的非对称算法 SM2、SM9 和摘要算法 SM3。

SM2 和 SM9 数字签名算法是我国 SM2 椭圆曲线密码算法标准和 SM9 标识密码算法标准的重要组成部分,用于实现数字签名,保障身份的真实性、数据的完整性和行为的不可否认性等,是网络空间安全的核心技术和基础支撑。2017 年 11 月,SM2 和 SM9 数字签名算法正式成为 ISO/IEC 国际标准。

在我国,具有自主知识产权的公钥密码算法 SM2 将逐步取代国外的公钥密码算法,国产算法密码支撑体系将全面建立。这一举措进一步增强了我国商用密码体系的安全性和自主性,对于我国商用密码产业的发展和信息安全体系建设将产生深远影响。

关于我国密码标准的进展,请参考第 1 章的相关内容。下面描述 SM2 的参数产生、签名算法和验证算法。在标准中,对于算法涉及的术语和符号有更加详细的描述,可以参考国家标准全文公开系统(https://openstd.samr.gov.cn/bzgk/gb/)。

1. 参数产生

椭圆曲线系统参数包括:有限域 F_q 的规模 q;定义椭圆曲线 $E(F_q)$ 的方程的两个元素 a、$b\in F_q$;$E(F_q)$ 上的基点 $G=(x_G,y_G)(G\neq O)$,其中,x_G 和 y_G 是 F_q 中的两个元素;G 的阶 n 及其他可选项。

作为签名者的用户 A 具有长度为 $entlen_A$ 比特的可辨别标识 ID_A,记 $ENTL_A$ 是由整数 $entlen_A$ 转换而成的两个字节,在本部分规定的椭圆曲线数字签名算法中,签名者和验证者都需要用密码杂凑函数求得用户 A 的杂凑值 Z_A。将椭圆曲线方程参数 a、b,G 的坐标 x_G、y_G 和 P_A 的坐标 x_A、y_A 的数据类型转换为比特串,$Z_A=H_{256}(ENTL_A\parallel ID_A\parallel a\parallel b\parallel x_G\parallel y_G\parallel x_A\parallel y_A)$。$H_v()$ 是消息摘要长度为 v 比特的密码杂凑函数。

用户 A 的密钥对包括其私钥 d_A 和公钥 $P_A = [d_A]G = (x_A, y_A)$。

2. 数字签名的生成算法

设待签名的消息为 M，为了获取消息 M 的数字签名 (r, s)，作为签名者，用户 A 应实现以下运算步骤：

A1：置 $\overline{M} = Z_A \parallel M$；

A2：计算 $e = H_v(\overline{M})$，将 e 的数据类型转换为整数；

A3：用随机数发生器产生随机数 $k \in [1, n-1]$；

A4：计算椭圆曲线点 $(x_1, y_1) = [k]G$，将 x_1 的数据类型转换为整数；

A5：计算 $r = e + x_1 (\bmod n)$，若 $r = 0$ 或 $r + k = n$，则返回 A3；

A6：计算 $s = (1 + d_A)^{-1} \cdot (k - r \cdot d_A)(\bmod n)$，若 $s = 0$，则返回 A3；

A7：将 r、s 的数据类型转换为字节串，消息 M 的签名为 (r, s)。

3. 数字签名的验证算法

为了检验收到的消息 M' 及其数字签名 (r', s')，作为验证者，用户 B 应实现以下运算步骤：

B1：检验 $r' \in [1, n-1]$ 是否成立，若不成立则验证不通过；

B2：检验 $s' \in [1, n-1]$ 是否成立，若不成立则验证不通过；

B3：置 $\overline{M}' = Z_A \parallel M'$；

B4：计算 $e' = H_v(\overline{M}')$，将 e' 的数据类型转换为整数；

B5：将 r'、s' 的数据类型转换为整数，计算 $t \equiv r' + s' (\bmod n)$，若 $t = 0$，则验证不通过；

B6：计算椭圆曲线点 $(x_1', y_1') = [s']G + [t]P_A$；

B7：将 x_1' 的数据类型转换为整数，计算 $R = e' + x_1' (\bmod n)$，检验 $R = r'$ 是否成立，若成立则验证通过，否则验证不通过。

在标准的后面，给出了数字签名和验证的实例，以及计算得到的中间结果，可以帮助初学者理解算法并验证程序编写的正确性。

7.5　专用数字签名方案

7.5.1　盲签名方案

1983 年，Chaum 提出了盲签名概念，在此基础上提出了一个盲签名方案，并指出盲签名应该满足如下两个性质：① 盲性，所签消息的内容对签名人是盲的，即签名人签名时不能看见消息的具体内容；② 不可追踪性，即使在盲签名公开后，签名者仍然不能跟踪消息-签名对，即不能把签名和其在签名时看到的信息联系起来。

通常的一个比方是，签名申请人把需要签名的消息放入一个有复写功能的信封中，密封后发给签名人，然后签名人在信封外面指定地方写下自己的签名。这样，签名者没有看到其签名的消息的内容，事后也不能把消息和自己当初的签名联系起来。

显然，这里有一个潜在的前提，那就是签名人会对很多消息进行盲签名。如果只是对一个消息进行了盲签名,那不用说,肯定是能联系起来的。

利用盲签名技术可以保护用户的隐私权,因此,盲签名技术在匿名电子现金方案,匿名电子选举等方面被广泛使用。

一般来说,盲签名的协议有如下几个步骤:初始化过程、盲化过程、签名过程、脱盲过程、验证过程。下面分别介绍基于大数分解问题的盲签名方案和基于离散对数问题的盲签名方案。

1. 基于大数分解问题的盲签名方案

基于大数分解问题的盲签名方案基于 RSA 密码算法,下面对方案进行描述。

1) 参数选择

(1) 选择两个满足需要的大素数 p 和 q,计算 $n = p \times q$,$\varphi(n) = (p-1) \times (q-1)$。其中,$\varphi(n)$ 是 n 的欧拉函数值。

(2) 选取一个整数 e,满足 $1 < e < \varphi(n)$,且 $\gcd(\varphi(n), e) = 1$。通过 $d \times e \equiv 1 \bmod \varphi(n)$,计算出 d。

(3) 以 (e, n) 为公开密钥,(d, n) 为秘密密钥。选择安全的单向 hash 函数 $h(\cdot)$。

仍然把 Alice 作为签名者,Alice 知道秘密密钥 (d, n),所有人都知道公开密钥 (e, n) 和算法中选择的 Hash 函数 $H(\cdot)$。

2) 盲化过程

设需要签名的消息为 m,请求签名者 Bob 随机选择一个整数 r 作为盲化因子,然后进行如下计算:$\alpha \equiv r^e \cdot H(m) \bmod n$,然后发送 α 给签名者 Alice。

3) 签名过程

Alice 在收到 α 后,计算 $t \equiv \alpha^d \bmod n$,然后把 t 发送给 Bob。

4) 脱盲过程

Bob 接收到 t 后,计算 $s \equiv t \cdot r^{-1} \bmod n$,就得到了消息 m 的签名 (m, s)。

5) 验证过程

通过如下计算,任何人都可以验证签名的有效性:$s^e \equiv H(m) \bmod n$ 是否成立,若成立,则发送方的签名有效。

为便于理解,我们可以通过表 7-1 的方式来展示,形如 Bob(e, n, m) 表示 Bob 知道的数据为 (e, n, m),Alice(d, n) 表示 Alice 知道的数据为 (d, n)。

表 7-1　基于 RSA 的盲签名过程

Bob(e, n, m)		Alice(d, n)
选择 r,计算 $\alpha \equiv r^e \cdot h(m) \bmod n$	$\alpha \rightarrow$	
	$\leftarrow t$	$t \equiv \alpha^d \bmod n$
$s \equiv t \cdot r^{-1} \bmod n$		
(m, s) 即为签名		

下面来体会一下这个签名方案为什么叫作盲签名方案。

签名者看到的信息是 α,根据 α, e, n,签名者显然不能计算出 $h(m)$ 来,因为还有一个变量 r(盲化因子),即所签消息的内容对签名人是盲的,即签名人 Alice 签名时不能看见消息的具体内容。在 Bob 得到 Alice 的签名后，Alice 即使看到了自己的签名(m,s)，仍然不能把它与签名时的 α 联系起来，即盲签名的第二个性质，不可追踪性。

2. 基于离散对数难题的盲签名

基于离散对数难题的盲签名出现的时间相对比较晚。1994 年，J. Camenisch 在 DSA 和 Nyberg-Rueppel 方案的基础上，各提出了一个盲签名方案。后来，随着研究进展，出现了强盲签名和弱盲签名的分化，再后来出现了跟其他签名结合的签名方案，如盲代理签名，盲群签名等。下面选择 Schnorr 盲签名算法来学习基于离散对数难题的盲签名。

1）参数选择

假设 Alice 是签名者，系统参数包括：素数 p，$p-1$ 的素因子 q，整数 $g\in Z_p^*$ 且阶为 q，签名者的私钥 x，$x\in Z_q$，签名者的公钥 $y\equiv g^x(\bmod p)$。选择公开的安全哈希函数为 $H(\cdot)$。

2）签名过程

假设 Alice 为签名者，则 Alice 知道私钥 x 的值，所有人都知道 y，p，q 以及哈希函数为 $H(\cdot)$。设 Bob 是签名请求者，则 Schnorr 盲签名通过表 7-2 来展示。

表 7-2　Schnorr 盲签名过程

Bob(m,g,y)		Alice(g,x)
	$\leftarrow\beta$	$r\in Z_q$，$\beta\equiv g^r(\bmod p)$
$a,b\in Z_q$		
$t\equiv\beta g^a y^b(\bmod p)$		
$c\equiv H(m\parallel t)\quad(\bmod q)$	$v\rightarrow$	
$v\equiv c-b(\bmod q)$		
	$\leftarrow u$	$u\equiv r-vx(\bmod q)$
$s\equiv u+b(\bmod q)$		
(m,c,s) 即为对消息 m 的签名		

这里包含了盲化、签名和脱盲三个过程。

3）验证过程

如果 Alice 和 Bob 都遵守协议，则 Bob 获得消息 m 的签名(m,c,s)，因为
$$g^s y^c\equiv t(\bmod p),\quad c\equiv H(m\parallel t)(\bmod q)$$
因而，签名是有效的。

可以看到，在该算法中，同样满足盲签名的两个特征，即签名者在签名时不知道所签消息的内容，事后即使看到了签名(m,c,s)，也不能把它与签名时收到的消息 v 联系起来，从而实现了盲签名。

盲签名技术可被用于实现匿名电子现金支付、匿名电子选举和匿名电子拍卖等方面，所以自从这个概念被提出后，就一直受到众多研究者的关注。

*7.5.2　其他专用数字签名方案

在人们研究普通数字签名算法的同时，针对实际应用中大量特殊场合的签名需要，数字签名领域也转向了针对特殊签名的广泛研究阶段。

1. 不可否认的数字签名

不可否认的数字签名是由 Chaum 和 van Antwerpen 在 1989 年提出来的。该签名算法最主要的一点是，如果没有签名者的合作，签名就不能向第三方证明签名的有效性。这就防范了由签名者签署的电子文档在没有经过其同意而被复制和分发的可能性。

不可否认性包括两层含义：

(1) 签名的证实和否定必须与签名者合作完成，这可以有效地防止文件被随意地复制或分发。

(2) 签名者不能抵赖签名。由于签名者可以通过拒绝执行证实协议来否认他曾签过的签名，因此为了防止此类事件发生，不可否认签名增加了一个否认协议。签名者可以利用否认协议证明一个伪造的签名是假的；而如果签名者拒绝执行否认协议，就表明签名事实上是由其签署的。

2. 群签名

群签名是一种具有可撤销匿名性的数字签名技术，它是由 D. Chaum 和 E. van Heyst 于 1991 年首先提出来的，他们通过下面的例子加以说明。

一个公司有数台计算机，每台都连在局域网上。公司的每个部门都有自己的打印机(也连在局域网上)，并且只有本部门的人员才被允许使用他们部门的打印机。因此，打印时必须使打印机确信用户在哪个部门工作。同时，公司想保密，不可以暴露用户的身份。如果在当天结束时发现打印机使用得太频繁，主管者必须能够指出谁滥用了那台打印机，并给他一个账单。

对这个问题的解决方案称为群签名方案。在群签名算法中，群体中的成员可以代表整个群匿名签名，验证者只能验证签名是由群体中的成员产生，而不能确定是哪个群成员签署的。但必要时，如出现争议时，可由群管理员打开签名来揭示签名者的身份，使得签名人不能否认是自己所签署的，这就是群签名的可撤消匿名性。群签名同时提供匿名性和可跟踪性，其匿名性为合法拥护者提供匿名保护，其可跟踪性又使得可信机构可以跟踪违法行为，这是许多安全性业务所要求的。

1997 年，J. Camenish 和 M. Stadler 首次提出两个适用于大的群体的群签名方案，可以称得上是群签名方案发展史上的里程碑。方案利用零知识证明思想来构造群签名方案。在方案中，群公钥的长度与群成员的个数无关，签名的长度与群成员的个数无关，增加新的群成员无须更改原有群成员的密钥以及群公钥，因此他们的方案适用于大的群体，并且签名和验证算法的计算复杂性不依赖群成员的个数。

3. 代理签名

在现实世界里，人们经常需要将自己的某些权力委托给可靠的代理人，让代理人代表本人去行使这些权力。例如，把印章委托给别人代表自己完成签名，因为印章可以在人们之间灵活地传递。1996 年，Mambo、Usuda 和 Okamoto 提出了代理签名的概念，模拟了这一过程的电子实现。后来研究者们又根据实际的应用场景提出了各种代理签名方案。

一般说来，一个代理签名方案应满足以下基本性质：

(1) 不可伪造性，除了原始签名者，只有指定的代理签名者能够代表原始签名者产生有效代理签名。

（2）可验证性，从代理签名中，验证者能够相信原始签名者认同了这份签名消息。

（3）不可否认性，一旦代理签名者代替原始签名者产生了有效的代理签名，他就不能向原始签名者否认他所签的有效代理签名。

（4）可区分性，任何人都可区分代理签名和正常的原始签名者的签名。

（5）可检测性，代理签名者必须创建一个能检测到是代理签名的有效代理签名。

（6）可识别性，原始签名者能够从代理签名中确定代理签名者的身份。

后来，研究者们根据各种应用场景，又提出了不可抵赖代理签名算法、门限代理签名算法、带委任状的部分委托型代理签名算法和代理签名身份保密的算法等。

4. 门限签名

在有 n 个成员的群体中，至少有 t 个成员才能代表群体对文件进行有效的数字签名。门限签名通过共享密钥方法实现，它将密钥分为 n 份，只有当将超过 t 份的子密钥组合在一起时才能重构出密钥。门限签名在密钥托管技术中得到了很好的应用，某人的私钥由政府的 n 个部门托管，当其中超过 t 个部门决定对其实行监听时，便可重构密钥，实现监听。

5. 前向安全的数字签名

普通数字签名具有如下局限性：若签名者的密钥被泄露，那么这个签名者所有的签名（过去的和将来的）都有可能泄露。前向安全的数字签名方案主要思想是当前密钥的泄露并不影响以前时间段签名的安全性。

在提出以上这些签名之后，研究者们根据不同的需要，又给出了一些综合以上性质的签名，如前向安全的群签名、盲代理签名、代理门限签名、代理多重签名、公平盲签名等。

有研究者对于数字签名分类进行研究，认为组合各种特征的签名可以达到 2 万多种类型的数字签名方案，现在研究者们进行理论研究的种类还远远没有达到这个数目。当然，不排除某些类的数字签名方案只具有理论意义。

7.6　扩展阅读

中华人民共和国电子签名法[①]

（2004 年 8 月 28 日第十届全国人民代表大会常务委员会第十一次会议通过）

第一章　总　则

第一条　为了规范电子签名行为，确立电子签名的法律效力，维护有关各方的合法权益，制定本法。

第二条　本法所称电子签名，是指数据电文中以电子形式所含、所附用于识别签名人身份并表明签名人认可其中内容的数据。

本法所称数据电文，是指以电子、光学、磁或者类似手段生成、发送、接收或者储存的信息。

---

① 中华人民共和国电子签名法（主席令第十八号）[EB/OL]. http://www.gov.cn/banshi/2005－06/27/content_68757.htm.

第三条　民事活动中的合同或者其他文件、单证等文书，当事人可以约定使用或者不使用电子签名、数据电文。

当事人约定使用电子签名、数据电文的文书，不得仅因为其采用电子签名、数据电文的形式而否定其法律效力。

前款规定不适用下列文书：

（一）涉及婚姻、收养、继承等人身关系的；

（二）涉及土地、房屋等不动产权益转让的；

（三）涉及停止供水、供热、供气、供电等公用事业服务的；

（四）法律、行政法规规定的不适用电子文书的其他情形。

第二章　数据电文

第四条　能够有形地表现所载内容，并可以随时调取查用的数据电文，视为符合法律、法规要求的书面形式。

第五条　符合下列条件的数据电文，视为满足法律、法规规定的原件形式要求：

（一）能够有效地表现所载内容并可供随时调取查用；

（二）能够可靠地保证自最终形成时起，内容保持完整、未被更改。但是，在数据电文上增加背书以及数据交换、储存和显示过程中发生的形式变化不影响数据电文的完整性。

第六条　符合下列条件的数据电文，视为满足法律、法规规定的文件保存要求：

（一）能够有效地表现所载内容并可供随时调取查用；

（二）数据电文的格式与其生成、发送或者接收时的格式相同，或者格式不相同但是能够准确表现原来生成、发送或者接收的内容；

（三）能够识别数据电文的发件人、收件人以及发送、接收的时间。

第七条　数据电文不得仅因为其是以电子、光学、磁或者类似手段生成、发送、接收或者储存的而被拒绝作为证据使用。

第八条　审查数据电文作为证据的真实性，应当考虑以下因素：

（一）生成、储存或者传递数据电文方法的可靠性；

（二）保持内容完整性方法的可靠性；

（三）用以鉴别发件人方法的可靠性；

（四）其他相关因素。

第九条　数据电文有下列情形之一的，视为发件人发送：

（一）经发件人授权发送的；

（二）发件人的信息系统自动发送的；

（三）收件人按照发件人认可的方法对数据电文进行验证后结果相符的。

当事人对前款规定的事项另有约定的，从其约定。

第十条　法律、行政法规规定或者当事人约定数据电文需要确认收讫的，应当确认收讫。发件人收到收件人的收讫确认时，数据电文视为已经收到。

第十一条　数据电文进入发件人控制之外的某个信息系统的时间，视为该数据电文的发送时间。

收件人指定特定系统接收数据电文的，数据电文进入该特定系统的时间，视为该数据电文的接收时间；未指定特定系统的，数据电文进入收件人的任何系统的首次时间，视为该数据电文的接收时间。

当事人对数据电文的发送时间、接收时间另有约定的，从其约定。

第十二条　发件人的主营业地为数据电文的发送地点，收件人的主营业地为数据电文的接收地点。没有主营业地的，其经常居住地为发送或者接收地点。

当事人对数据电文的发送地点、接收地点另有约定的，从其约定。

第三章　电子签名与认证

第十三条　电子签名同时符合下列条件的，视为可靠的电子签名：

（一）电子签名制作数据用于电子签名时，属于电子签名人专有；

（二）签署时电子签名制作数据仅由电子签名人控制；

（三）签署后对电子签名的任何改动能够被发现；

（四）签署后对数据电文内容和形式的任何改动能够被发现。

当事人也可以选择使用符合其约定的可靠条件的电子签名。

第十四条　可靠的电子签名与手写签名或者盖章具有同等的法律效力。

第十五条　电子签名人应当妥善保管电子签名制作数据。电子签名人知悉电子签名制作数据已经失密或者可能已经失密时，应当及时告知有关各方，并终止使用该电子签名制作数据。

第十六条　电子签名需要第三方认证的，由依法设立的电子认证服务提供者提供认证服务。

第十七条　提供电子认证服务，应当具备下列条件：

（一）具有与提供电子认证服务相适应的专业技术人员和管理人员；

（二）具有与提供电子认证服务相适应的资金和经营场所；

（三）具有符合国家安全标准的技术和设备；

（四）具有国家密码管理机构同意使用密码的证明文件；

（五）法律、行政法规规定的其他条件。

第十八条　从事电子认证服务，应当向国务院信息产业主管部门提出申请，并提交符合本法第十七条规定条件的相关材料。国务院信息产业主管部门接到申请后经依法审查，征求国务院商务主管部门等有关部门的意见后，自接到申请之日起四十五日内作出许可或者不予许可的决定。予以许可的，颁发电子认证许可证书；不予许可的，应当书面通知申请人并告知理由。

申请人应当持电子认证许可证书依法向工商行政管理部门办理企业登记手续。

取得认证资格的电子认证服务提供者，应当按照国务院信息产业主管部门的规定在互联网上公布其名称、许可证号等信息。

第十九条　电子认证服务提供者应当制定、公布符合国家有关规定的电子认证业务规则，并向国务院信息产业主管部门备案。

电子认证业务规则应当包括责任范围、作业操作规范、信息安全保障措施等事项。

第二十条　电子签名人向电子认证服务提供者申请电子签名认证证书，应当提供真实、完整和准确的信息。

电子认证服务提供者收到电子签名认证证书申请后，应当对申请人的身份进行查验，并对有关材料进行审查。

第二十一条　电子认证服务提供者签发的电子签名认证证书应当准确无误，并应当载明下列内容：

（一）电子认证服务提供者名称；

（二）证书持有人名称；

（三）证书序列号；

（四）证书有效期；

（五）证书持有人的电子签名验证数据；

（六）电子认证服务提供者的电子签名；

（七）国务院信息产业主管部门规定的其他内容。

第二十二条　电子认证服务提供者应当保证电子签名认证证书内容在有效期内完整、准确，并保证电子签名依赖方能够证实或者了解电子签名认证证书所载内容及其他有关事项。

第二十三条　电子认证服务提供者拟暂停或者终止电子认证服务的，应当在暂停或者终止服务九十日前，就业务承接及其他有关事项通知有关各方。

电子认证服务提供者拟暂停或者终止电子认证服务的，应当在暂停或者终止服务六十日前向国务院信息产业主管部门报告，并与其他电子认证服务提供者就业务承接进行协商，作出妥善安排。

电子认证服务提供者未能就业务承接事项与其他电子认证服务提供者达成协议的，应当申请国务院信息产业主管部门安排其他电子认证服务提供者承接其业务。

电子认证服务提供者被依法吊销电子认证许可证书的，其业务承接事项的处理按照国务院信息产业主管部门的规定执行。

第二十四条　电子认证服务提供者应当妥善保存与认证相关的信息，信息保存期限至少为电子签名认证证书失效后五年。

第二十五条　国务院信息产业主管部门依照本法制定电子认证服务业的具体管理办法，对电子认证服务提供者依法实施监督管理。

第二十六条　经国务院信息产业主管部门根据有关协议或者对等原则核准后，中华人民共和国境外的电子认证服务提供者在境外签发的电子签名认证证书与依照本法设立的电子认证服务提供者签发的电子签名认证证书具有同等的法律效力。

第四章　法　律　责　任

第二十七条　电子签名人知悉电子签名制作数据已经失密或者可能已经失密未及时告知有关各方、并终止使用电子签名制作数据，未向电子认证服务提供者提供真实、完整和准确的信息，或者有其他过错，给电子签名依赖方、电子认证服务提供者造成损失的，承担赔偿责任。

第二十八条　电子签名人或者电子签名依赖方因依据电子认证服务提供者提供的电子签名认证服务从事民事活动遭受损失，电子认证服务提供者不能证明自己无过错的，承担赔偿责任。

第二十九条　未经许可提供电子认证服务的，由国务院信息产业主管部门责令停止违法行为；有违法所得的，没收违法所得；违法所得三十万元以上的，处违法所得一倍以上三倍以下的罚款；没有违法所得或者违法所得不足三十万元的，处十万元以上三十万元以下的罚款。

第三十条　电子认证服务提供者暂停或者终止电子认证服务，未在暂停或者终止服务六十日前向国务院信息产业主管部门报告的，由国务院信息产业主管部门对其直接负责的主管人员处一万元以上五万元以下的罚款。

第三十一条　电子认证服务提供者不遵守认证业务规则、未妥善保存与认证相关的信息，或者有其他违法行为的，由国务院信息产业主管部门责令限期改正；逾期未改正的，吊销电子认证许可证书，其直接负责的主管人员和其他直接责任人员十年内不得从事电子认证服务。吊销电子认证许可证书的，应当予以公告并通知工商行政管理部门。

第三十二条　伪造、冒用、盗用他人的电子签名，构成犯罪的，依法追究刑事责任；给他人造成损失的，依法承担民事责任。

第三十三条　依照本法负责电子认证服务业监督管理工作的部门的工作人员，不依法履行行政许可、监督管理职责的，依法给予行政处分；构成犯罪的，依法追究刑事责任。

第五章　附　　则

第三十四条　本法中下列用语的含义：

（一）电子签名人，是指持有电子签名制作数据并以本人身份或者以其所代表的人的名义实施电子签名的人；

（二）电子签名依赖方，是指基于对电子签名认证证书或者电子签名的信赖从事有关活动的人；

（三）电子签名认证证书，是指可证实电子签名人与电子签名制作数据有联系的数据电文或者其他电子记录；

（四）电子签名制作数据，是指在电子签名过程中使用的，将电子签名与电子签名人可靠地联系起来的字符、编码等数据；

（五）电子签名验证数据，是指用于验证电子签名的数据，包括代码、口令、算法或者公钥等。

第三十五条　国务院或者国务院规定的部门可以依据本法制定政务活动和其他社会活动中使用电子签名、数据电文的具体办法。

第三十六条　本法自 2005 年 4 月 1 日起施行。

习　题　7

1. 数字签名的原理是什么？

2. 数字签名有哪些分类？

3. 简述 RSA 数字签名算法与 RSA 公钥加密算法有什么差别与联系。

4. 数字签名算法中使用哈希函数有哪些好处？

5. 以小的整数实现 DSA 签名算法的参数选取、数字签名和签名过程，以理解 DSA 签名算法。

6. 编程实现 DSA 签名算法。

7. 编程实现 ECDSA 签名算法。

8. 如何理解盲签名算法中，签名者不能知道所签信息的具体内容以及不能把签名和签名信息联系起来？

9. 深入了解 SM2 公钥密码算法中的数字签名算法。

10. 通过互联网了解各种编程语言如 Python 和 Java 等中的椭圆曲线密码学函数库。

11. 通过阅读文献进一步了解各种专业数字签名方案的发展状况以及重要的世界经济体的数字签名标准及电子签名法案。

第 8 章　密 钥 管 理

知识点

☆ 密钥管理的概念；

☆ 密钥的组织结构及分类；

☆ 密钥管理的内容；

☆ 密钥托管；

☆ 密钥协商与密钥分配；

☆ 秘密共享；

☆ 扩展阅读——建立差异化网络与信息安全防护机制及 EasyFi 密钥泄露事件分析。

第八单元

　本章导读

现代密码学中，密钥管理作为提供数据保密性、完整性、可用性、可靠性、可审查性和不可抵赖性等安全技术的基础，在确保保密系统的安全中起着至关重要的作用。本章首先介绍密钥管理的概念、密钥的层次化结构及密钥的分类；然后介绍密钥管理的内容和密钥托管；最后介绍密钥协商与密钥分配和秘密共享，并在扩展阅读中介绍网络与信息安全中的七分管理、三分技术原则在通信网安全机制中的应用以及密钥泄露案例。通过本章的学习，读者在理解密钥管理概念的基础上，了解密钥管理的内容、密钥托管、密钥协商与密钥分配、密码共享及应用，为读者未来从事网络与信息安全保密相关工作奠定理论基础。

8.1　密钥管理的概念

在现代密码学中，密码算法是可以公开评估的，因而整个密码系统的安全性并不取决于对密码算法的保密或是对加密设备等的保护，决定整个密码算法的因素是密钥的保密性。在设计密码系统时，需要解决的核心问题是密钥管理问题，而不是密码算法问题。由此带来的优点是：在密码系统中不用担心密码算法的安全性，只要保护好密钥就可以了，显然保护密钥比保护算法要容易得多。再者，在密码系统中可以使用不同的密钥保护不同的秘密信息，这意味着攻破了一个密钥时，受威胁的只是这个被攻破的密钥所保护的秘密，其他秘密依然是安全的。由此可见，密钥作为密码系统中的可变部分，密码系统的安全性是由密钥决定的。

在 1.2 节中，我们已知道现代密码学除了包括密码编码学和密码分析学两个学科之外，还包括近几年才形成的新分支——密钥密码学，它是以密钥（现代密码学的核心）及密钥管理作为研究对象的学科。密钥管理就是在授权各方之间实现密钥关系的建立和维护的一整套技术和程序，也是密码学中最重要、最困难的部分，在一定的安全策略指导下，负责密钥从产生到最终销毁的整个过程，包括密钥的生成、存储、协商与分配、使用、备份与恢复、更新、销毁和撤销等密钥全生命周期的管理。密钥管理还是应用密码学许多技术(如保密性、身份验证、数据源认证、数据完整性等)的基础,在整个密码系统中占有极其重要的地位。

密钥管理是一项综合性的系统工程,要求管理与技术并重,除了技术因素,还与人的因素密切相关,包括密钥管理相关的行政管理制度和密钥管理人员的素质等。密钥系统的安全性总是取决于系统中最薄弱的环节,因此再好的技术,若失去了必要的管理机制的支持,终将使得技术毫无意义。

8.2　密钥的组织结构及分类

8.2.1　密钥的组织结构

为了适应密钥管理系统的要求,目前在现有的计算机网络系统和数据库系统密钥管理系统设计中,大都采用了层次化的密钥结构。这种层次化的密钥结构与整个系统的密钥控制关系是对应的。按照密钥的作用与类型及它们之间的相互控制关系,可以将不同类型的密钥划分为 1 级密钥,2 级密钥,$\cdots$,n 级密钥,从而组成一个 n 层密钥系统,如图 8-1 所示。

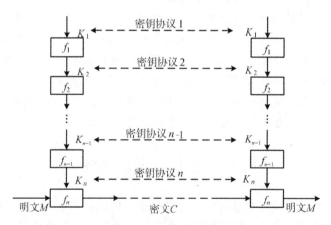

图 8-1　层次化的密钥结构

在图 8-1 中,系统使用一级密钥 K_1 通过算法 f_1 保护二级密钥(一级密钥使用物理方法或其他的方法进行保护),使用二级密钥 K_2 通过算法 f_2 保护三级密钥,以此类推,直到最后使用 n 级密钥通过算法 f_n 保护明文数据。随着加密过程的进行,各层密钥的内容动态变化,而这种变化的规则由相应层次的密钥协议控制。

最下层的密钥 K_n 也叫工作密钥或数据加密密钥,它直接作用于对明文数据的加解密。所有上层密钥可称为密钥加密密钥,它们的作用是保护数据加密密钥或作为其他更低层次密钥的加密密钥。最上面一层的密钥 K_1 也叫主密钥,通常主密钥是整个密钥管理系统的核心,应该采用最安全的方式来进行保护。数据加密密钥(工作密钥)平时并不存在,在进行数据的加解密时,工作密钥将在上层密钥的保护下动态地产生。例如,在上层密钥的保护下,通过密钥协商产生本次数据通信所使用的数据加密密钥;或在文件加密时,产生一个新的数据加密密钥，在使用完毕后，立即使用上层密钥进行加密后存储。这样，除了加密部件外，密钥仅以密文的形式出现在密码系统其余部分中。数据加密密钥在使用完毕后，将立即清除，不再以明文的形式出现在密码系统中。

一般情况下，可以这样来理解层次化的密钥结构：某一层密钥 K_i 相对于更高层的密钥 K_{i-1} 是工作密码，而相对于低一层的密钥 K_{i+1} 是密钥加密密钥。

层次化的密钥结构意味着以密钥来保护密钥。这样，大量的数据可以通过少量动态产生的数据加密密钥(工作密钥)进行保护，而数据加密密钥又可以由更少量的、相对不变(使用期较长)的密钥加密密钥来保护。同理，在最后第二层的密钥加密密钥可以由主密钥进行保护，从而保证了除了主密钥可以以明文的形式存储在有严密物理保护的主机密码器件中，其他密钥则以加密后的密文形式存储，大大提高了密钥的安全性。具体来说，层次化的密钥结构具有以下优点：

1）安全性强

位于层次化密钥结构中的底层密钥更换得更快，最底层密钥可以做到每加密一份报文就更换一次；在少量最初处于最高层的主密钥注入系统后，下层各密钥可以按照某种协议不断地变化(如可以使用安全算法以及高层密钥产生低层密钥)；另外，下层密钥的泄露不会影响上层密钥的安全。这样对于破译者来说，层次化的密钥结构意味着它所攻击的系统已不再是一个静止的密钥管理系统，而是一个动态的密钥管理系统。对于一个静止的密钥管理系统，一份保密信息的破译，就可能导致使用该密钥系统的所有信息泄露；而对于一个动态的密钥管理系统，由于密钥处于不断的变化之中，在底层密钥受到攻击之后，高层密钥可以有效地保护底层密钥进行更换，从而最大限度地削弱了底层密钥受到攻击之后所带来的影响，使得破译者无法一劳永逸地破译密钥管理系统，从而有效地保证了密钥管理系统整体的安全性。同时，一般情况下，直接破译主密钥也是很难实现的(因为主密钥使用的次数有限，并且有可能会采用严密的物理保护)，并且当密钥管理系统设计很完善时，即使主密钥被破译也不能达到一劳永逸地破译密钥管理系统的目的。

2）进一步提高了密钥管理的自动化

由于计算机及应用技术的飞速发展，计算机及网络系统中的信息量也在不断增长，为了达到较高的安全性所使用的密钥量也在随之增长，因此人工更换密钥已无法满足需要，也无法满足诸如电子商务等网络应用中双方并不相识的情况下进行秘密通信。因此，研究自动化的密钥管理方案已经成为现代密钥管理系统亟待解决的问题。在层次化的密钥结构中，除了主密钥需要由人工装入以外，其他各层的密钥均可以设计由密钥管理系统按照某种协议进行自动分配、更换、销毁等。密钥管理的自动化不仅大大提高了工作效率，也提高了数据的安全性。它可以使核心的主密钥仅掌握在少数安全管理人员手中，而这些安全管理人员不会直接接触到用户所使用的密钥(由各层密钥进行自动协商获得)与明文数据，而用户又不可能接触到安全管理人员所掌握的核心密钥。这样，核心密钥的扩散面达到最小，有助于保证密钥的安全性。

8.2.2　密钥的分类

在一个密码系统中所使用的密钥的种类是非常繁杂的。对应于层次化的密钥结构，密钥种类的不同表现在层次结构上可能位于不同的层次上，但同时也可能是在相同的层次上具有不同的功能，如文件加密密钥和数据加密密钥等。此外，同一密钥在不同的使用环境中也可能属于不同的种类。从具体的功能来看，在一般的密码系统中，密钥可以分为基本密钥、会话密钥(数据加密密钥)、密钥加密密钥和主密钥。

1. 基本密钥(base key)

基本密钥又称为初始密钥(primary key)或用户密钥(user key)。它是由用户选定或由系统分配给用户的，可以在较长时间内由一对用户(例如密钥分配中心与某一用户之间，或者两个用户之间)所专用(相对于会话密钥)。在某种程度上，基本密钥还起到了标识用户的作用。

2. 会话密钥(session key)

会话密钥也称为工作密钥或数据加密密钥，是在一次通信或数据交换中，用户之间所使用的密钥，它可由通信用户之间进行协商得到。它一般是动态的、仅在需要进行会话数据加密时产生(或由用户双方事先进行约定)，并在使用完毕后立即清除(或由用户双方进行预先约定)。会话密钥可以使大家不必很频繁地更换基本密钥，而是通过密钥分配或者密钥协商的方法得到某次数据通信所使用的数据加密密钥，这样就可以做到一次一密，从而大大提高通信的安全性，并方便密钥的管理。

3. 密钥加密密钥(key encrypting key)

密钥加密密钥是用来对传送的会话密钥或工作密钥或数据加密密钥进行加密时所采用的密钥，也可以称为二级密钥。密钥加密密钥所保护的对象是通信或文件数据的会话密钥或工作密钥或数据加密密钥。在通信网中，一般在每个节点都分配有一个这类密钥。同时，为了安全，各节点的密钥加密密钥应互不相同。节点之间进行密钥协商时，应用各节点的密钥加密密钥加以完成。

4. 主密钥(master key)

主密钥对应于层次化密钥结构中的最上面一层，它是对密钥加密密钥进行加密的密钥，通常主密钥都受到严格的保护。

在实际应用中，除了上述几种密钥外，还有其他类型的密钥，如算法更换密钥(algorithm changing key)等。如果从广义的角度来看，它的某些作用是完全可以归结为上述几类密钥的作用。

8.3　密钥管理的内容

密钥管理包括管理方式及密钥的生成、存储、协商与分配、使用、备份与恢复、更新、销毁和撤销等，涵盖了密钥的整个生存周期。

1. 管理方式

层次化的密钥管理方式，用于数据加密的工作密钥需要动态产生；工作密钥由上层的加密密钥来保护，最上层的密钥成为主密钥，是整个密钥管理系统的核心；多层密钥管理体系大大加强了密码系统的可靠性，因为用得最多的工作密钥经常更换，而高层密钥用得较少，使得破译的难度增大。

2. 密钥的生成

密钥生成是密钥管理的首要环节，如何产生好的密钥是保证密码系统安全的关键。密钥产生设备主要是密钥生成器，一般使用性能良好的生成器产生伪随机序列，以确保产生密钥的随机性。好的密钥生成器应该做到：生成的密钥是随机等概率的，避免弱密钥的使用。假如使用一个弱的密钥产生方法，那么整个系统的安全性将是弱的。数据加密标准 DES 有 56 位密钥，正常情况下任何 56 位的数据串都可以成为密钥，所以共有 2^{56} 种可能的密钥。在具体实现中，一般仅允许使用 ASCII 码的密钥，并强制每一字节的最高位为零。在一些实现中甚至只将大写字母转换成小写字母，这些密钥生成程序使得 DES 的攻击难度比正常情况下容易上万倍。因此，在现代加密技术中，密钥的生成方法必须高度重视。

密钥长度足够长也是保证安全通信的必要条件之一，决定密钥长度需要考虑多方面的因素：数据价值有多大？数据需要多长的安全期？攻击者的资源情况怎样？应该注意到，计算机的计算能力和加密算法的发展也是要考虑密钥长度的重要因素。随着计算机计算能力的不断提高（根据摩尔定律粗略估计，计算机的计算能力每 18 个月翻一番或以每 5 年 10 倍的速度增长），现有安全的密码长度或许很快就会变得不安全，在生成密钥时必须考虑这一点。

还应注意，密钥的生成一般与生成的算法有关。大部分密钥生成算法采用随机或伪随机过程来产生随机密钥。随机数在加密技术中起着重要的作用，随机过程通常采用随机数发生器（实际中是伪随机数发生器），其输出是一个不确定的值；伪随机过程通常采用噪声源技术。常用的噪声源有基于力学、基于电子学和基于混沌理论的噪声源。假如密钥生成的强度并不相等，即采用某种特殊的保密形式密钥会进行正常的加解密（称为强算法密钥），而其他密钥都会引起加解密设备采用非常弱的算法加解密（称为弱算法密钥），该算法生成的密钥属于非线性密钥空间，否则属于线性密钥空间。使用非线性密钥空间仅当密钥生成算法是安全的，并且攻击者不能对其进行反控制，或者密钥强度的差异非常细微，以至于攻击者不能感觉或计算出来才是可行的。

在 ANSI X9.17 标准中规定了一种密钥生成法，这种方法适合于在系统中产生会话密钥或伪随机数，是密码强度较高的伪随机数生成器之一，目前已经在 PGP 等许多应用中得到了广泛使用。其中，用来生成密钥的加密算法采用的是三重 DES。设 k 为主密钥，W_i 为一个保密的 64 bit 的随机数种子，T_i 为时间戳，E_k 为加密算法，如图 8-2 所示。图中 $R_i = E_k(E_k(T_i) \oplus W_i)$，$W_{i+1} = E_k(E_k(T_i) \oplus R_i)$，$R_i$ 为每次生成的密钥。

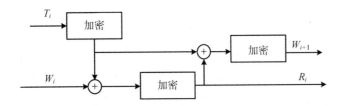

图 8-2　ANSI X9.17 的密钥生成

3. 密钥的存储

对所有的密钥必须有强有力的保护措施，提供密钥服务的密钥装置要求绝对安全，密钥存储要求保证密钥的机密性、认证性和完整性，而且要尽可能减少系统中驻留的密钥量。

密钥的存储分为无介质、记录介质和物理介质等几种。无介质就是不存储密钥，或者说靠记忆来存储密钥。这种方法也许是最安全的，也许是最不安全的。但是一旦遗忘了密钥，其结果就可想而知了。但对于只使用短时间通信的密钥而言，也许并不需要存储密钥。记录介质就是把密钥存储在计算机等的磁盘上。当然这要求存储密钥的计算机只有授权人才可以使用，否则不是安全的，但如果有非授权的人要使用该计算机，对存储密钥的文件进行加密或许也是一个不错的选择。物理介质是指把密钥存储在一个特殊介质上，如 IC 卡等，显然这种物理介质存储密钥便于携带，安全、方便。

4. 密钥的协商与分配

典型的密钥分配主要有两种形式：集中式分配和分布式分配(8.5.3 小节中介绍)。前者主要依靠网络系统中的密钥管理中心根据用户需求来分配密钥，后者是根据网络系统中的用户主机相互协商来生成(共享)密钥。生成的密钥可以通过安全信道秘密传送。

5. 密钥的使用

密钥的使用是指从存储介质上获得密钥进行加密和解密的技术活动。在密钥的使用过程中，要防止密钥被泄露，同时也要在密钥过了使用期就更换新的密钥。在密钥的使用过程中，如果密钥的使用期已到、确信或怀疑密钥已经泄露出去，或者已经被非法更换等，则应该立即停止密钥的使用，并要从存储介质上删除密钥。

6. 密钥的备份与恢复

由于密钥在保密通信中具有重要的地位，应尽全力对密钥进行保护。密钥备份是指在密钥使用期内，存储一个受保护的拷贝，用于恢复遭到破坏的密钥。密钥的恢复是指当一个密钥由于某种原因被破坏了，在还没有被泄露出去以前，从它的一个备份重新得到密钥的过程。密钥的备份与恢复机制保证了即使密钥丢失，由该密钥加密保护的信息也能够恢复。

为了保证安全性，密钥的备份应该以两个或两个以上的密钥分量形式存储，当需要恢复密钥时必须知道该密钥的所有分量。密钥的每个分量应该交给不同的人保管，保管密钥分量的人的身份应该被记录在安全日志上。在进行密钥恢复时，所有保存该密钥分量的人都应该到场，并负责自己保管的那份密钥分量的输入工作。密钥恢复工作同样也应该被记录在安全日志上。

7. 密钥的更新

任何密钥的使用都应该遵循密钥的生存周期，绝不能超期使用。因为密钥时间越长，重复的概率越大，外泄的可能性和被破译的可能性就越大。密钥一旦外泄，必须更换与撤销。当密钥有效期快要结束时，如果需要继续对该密钥加密的内容进行保护，则该密钥需要由一个新密钥来代替，这就是密钥更新。密钥更新可以通过再生密钥取代原有密钥的方式实现。

8. 密钥的销毁

没有哪个加密密钥能无限制地使用，对任何密钥的应用，必须像许可证、护照一样能够自动失效，否则可能带来不可预料的后果，其主要原因是：密钥使用的时间越长，它泄露的机会就越大；如果密钥已泄露，那么密钥使用越久，损失就越大；密钥使用越久，人们花费精力来破译它的诱惑力就越大，甚至采用穷举法进行攻击；对用同一密钥加密的多个密文进行密码分析一般比较容易。因此，任何密钥都有它的有效期。

密钥必须定期更换，更换密钥后原来的密钥必须销毁。当密钥不再使用时，该密钥的所有拷贝都必须删除，生成或构造该密钥的所有信息也应该被全部删除。

9. 密钥的撤消

在密钥正常的生命周期结束之前，有时需要对密钥进行撤消，比如密钥的安全受到威胁或实体发生组织关系变动时等。密钥的撤消包括撤销相应的证书。

8.4　密钥托管

8.4.1　密钥托管技术简介

密钥托管提供了一种密钥备份与恢复的途径，也称为托管加密。其目的是政府机关希望在需要时可通过密钥托管提供(解密)一些特定信息，在用户的密钥丢失或损坏的情况下可通过密钥托管技术恢复出自己的密钥。密钥托管技术的实现手段通常是把加密的数据和数据恢复密钥联系起来，数据恢复密钥不一定是直接解密的密钥，但由它可以得到解密密钥。理论上数据恢复密钥由所信赖的委托人持有(委托人可以是政府机构、法院或有合同的私人组织)。一个密钥也有可能被拆分成多个分量，分别由多个委托人持有。

自从这种技术出现以来，许多人对此颇有争议，他们认为密钥托管技术侵犯了个人隐私。尽管如此，由于这种密钥备用与恢复手段不仅对政府机关有用，也对用户自己有用，为此许多国家制定了相关的法律法规。美国政府 1993 年 4 月颁布了 EES 标准(Escrow Encryption Standard，托管加密标准)，该标准体现了一种新的思想，即对密钥实行法定托管代理的机制。该标准使用的托管加密技术不仅提供了加密功能，同时也使政府可以实施在法律许可下的监听。如果向法院提供的证据表明，密码使用者是利用密码在进行危及国家安全和违反法律规定的事，经过法院许可，政府可以从托管代理机构取来密钥参数，经过合成运算，就可以直接侦听通信。该标准的加密算法使用的是 Skipjack 算法。1994 年 2 月，美国政府进一步改进提出了密钥托管标准 KES(Key Escrow Standard)政策，希望用这种办法加强政府对密码使用的调控管理。目前，在美国有许多组织参加了 KES 和 EES 的开发工作，系统的开发者是司法部门(DOJ)，国家标准技术研究所(NIST)和基金自动化系统分部对初始的托管(Escrow)代理都进行了研究，国家安全局(NSA)负责 KES 产品的生产，联邦调查局(FBI)被指定为最初的合法性强制用户。

1. 密钥托管技术研究的内容

密钥托管技术通过一个防窜扰的托管加密芯片(clipper 芯片)来实现，该技术包括以下两个主要的核心内容：

1) Skipjack 加密算法

Skipjack 加密算法是由 NSA 设计的，用于加解密用户之间通信的信息。它是一种对称密码分组加密算法,密钥长度为 80 bit,输入和输出分组长度均为 64 bit。该算法采用供 DES 使用的联邦信息处理标准(FIPS PUB81 和 FIPS PUB81)中定义的 4 种实现方式。这 4 种实现方式为电码本(ECB)、密码分组链接(CBC)、64 bit 输出反馈(OFB)和 1、8、16、32 或 64 bit 密码反馈(CFB)模式。该算法于 1998 年 3 月公布。据密码专家们推算,如果采用价值一百万美元的机器攻破 56 bit 的密钥需要 3.5 h,而攻破 80 bit 的密钥则需要 2000 年;如果采用价值十亿美元的机器攻破 56 bit 的密钥需要 13 s,而攻破 80 bit 的密钥则需要 6.7 年。虽然一些密码学家认为 Skipjack 算法有陷门,但对目前任何已知的攻击方法还不存在任何风险,该算法可以在不影响政府合法监视的环境下为保密通信提供加密工具。

　　2)法律实施访问域(LEAF)

通过 LEAF(law enforcement access field,法律实施访问域),法律实施部门可以在法律授权的情况下,实现对用户之间通信的监听(解密或无密钥)。这也可看成一个"后门"。

　　2. 密钥托管技术的具体实施

密钥托管技术具体实施时有 3 个主要环节:生产托管 Clipper 芯片、用芯片加密通信和无密钥存取。

　　1)生产托管 clipper 芯片

Clipper 芯片主要包含:Skipjack 加密算法、80 bit 的族密钥 KF(family key,同一芯片的族密钥相同)、芯片单元标识符 UID(unique identifier)、80 bit 的芯片单元密钥 KU(unique key,由两个 80 bit 的芯片单元密钥分量(K_{U1},K_{U2})异或而成)和控制软件。这些内容都是固化在 clipper 芯片上的。

　　2)用芯片加密通信

通信双方为了通信,都必须有一个装有 clipper 芯片的安全防窜扰设备,该设备主要实现建立安全信道所需的协议,包括协商或分配用于加密通信的 80 bit 会话密钥 KS。

　　3)无密钥存取

在需要对加密的通信进行解密监控时(在无密钥且合法的情况下),可通过一个安装好的同样的密码算法、族密钥 K_F 和密钥加密密钥 K 的解密设备来实现。由于被监控的通信双方使用相同的会话密钥,解密设备不需要都取出通信双方的 LEAF 及芯片的单元密钥,而只需取出被监听一方的 LEAF 及芯片的单元密钥。

8.4.2　密钥托管系统的组成

密钥托管是具有备份解密密钥的加密技术,它允许获得授权者(包括用户、民间组织和政府机构)在特定的条件下,借助一个以上持有数据恢复密钥可信赖的委托人的支持来解密密文。所谓数据恢复密钥,它不同于常用的加密、解密密钥,它只是为确定数据加密/解密提供了一种方法。而密钥托管就是指存储这些数据恢复密钥的方案。

密钥托管在逻辑上分为 3 个主要的模块(如图 8-3 所示):USC(user security component,用户安全模块)、KEC(key escrow component,密钥托管模块)和 DRC(data recovery component,数据恢复模块)。这些逻辑模块是密切相关的,对其中的一个模块进行改动都将影响着其他模块。图 8-3 所示的是这几个模块的相互关系:USC 用密钥 K 加密明文,并且在传送的同时传送一个数据恢复域 DRF(data recovery field),DRC 则从 KEC 提供的和 DRF 中包含的信息中恢复出密钥 K 来解密密文。

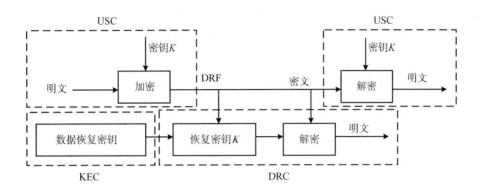

图 8 - 3　密钥托管的组成

1. USC(用户安全模块)

USC 由软件和硬件组成,提供数据加密/解密功能,执行支持数据恢复的操作,同时也支持密钥托管,这种支持体现在将数据恢复域(DRF)附加到数据上。USC 具有以下三个方面的功能:

(1) 提供具有数据加解密功能的算法及支持密钥托管功能的硬件或软件。

(2) 提供通信(包括电话、电子邮件及其他类型的通信,由相关部门在法律许可的条件下对通信的内容监听后并执行对突发事件的解密)和数据存储的密钥托管。

(3) 提供突发解密的识别符(包括用户或 USC 的识别符、密钥的识别符、KEC 或托管代理机构的识别符)和密钥(包括属于芯片单元密钥 KEC 所使用的全局系统密钥,密钥还可以是公钥或私钥,私钥的备份以托管的方式由托管机构托管)。

当用密钥 K 加密时,USC 必须将密文和密钥与一个或多个数据恢复密钥建立起联系,比如在加密数据上加一个 DRF,以建立用户(收发双方)托管代理机构和密钥 K 的密钥联系。DRF 一般由一个或多个数据恢复密钥(如 KEC 的主密钥、产品密钥、收发双方的公钥等)加密的密钥 K 组成。此外,DRF 还包括一些识别符(用于标识数据恢复密钥、托管代理机构或 KEC、加密算法及运行方式、DRF 的产生方法等)和托管认证符(用于验证 DRF 的完整性)。

2. KEC(数据托管模块)

KEC 可以作为公钥证书密钥管理系统的组成部分,也可以作为通用密钥管理的基础部分。它由密钥管理机构控制,主要用于向 DRC 提供所需的数据和服务,管理着数据恢复密钥的存储、传送和使用。数据恢复密钥主要用于生成数据加密密钥,因此在使用托管密码加密时,所有的托管加密数据都应与被托管的数据恢复密钥联系起来。

1) 数据恢复密钥

数据恢复密钥主要由以下内容组成:

(1) 密钥选项。密钥选项包括数据加密密钥(由会话密钥和文件加密密钥组成,可以由 KDC 产生、分配和托管)、产品密钥(每一个 USC 只有唯一的产品密钥)、用户密钥(用于建立数据加密密钥的公钥和私钥。KEC 可以担任用户的公钥证书机构,为用户发放公钥数字证书)、主密钥(与 KEC 相关,可由多个 USC 共享)。

(2) 密钥分割。一个数据恢复密钥可以分割成多个密钥分量,每个分量由一个托管代理机构托管。在密钥恢复时，就需要全部密钥托管机构参与或采用(n, k)门限方案。密钥分割应保证所有托管机构或其中一些联合起来能恢复数据的密钥。

（3）密钥的产生和分配。数据恢复密钥可以由 KEC 或 USC 产生。USC 产生的密钥可使用可验证的密钥分割方案分割并托管，使得托管代理机构可在不知数据恢复密钥的情况下验证自己所托管的密钥分量是否有效。数据恢复密钥可以由 KEC 和 USC 联合产生。密钥的产生应使得用户不能够在被托管的密钥中隐藏另一密钥。

（4）密钥托管时间。密钥托管可在产品的生产、系统或产品的初始化阶段或用户注册阶段进行。假如托管的是用户的私钥，则可在将相应的公钥加入到公钥基础设施并发放公钥证书时进行托管。USC 只能向经托管机构签署了公钥证书的那些用户发送已加密的数据。

（5）密钥更新。某些系统可能会允许数据恢复密钥，但只能按规则进行。

（6）密钥的全部和部分。某些系统托管的是密钥的一部分，在数据恢复密钥时，未托管的部分可使用穷举搜索法来确定。

（7）密钥存储。在线或不在线都可以存储密钥。

2）密钥托管服务

KEC 在向 DRC 提供诸如托管的密钥等服务时，服务包括如下部分：

（1）授权过程。对操作或使用 DRC 的用户进行身份认证和对访问加密数据的授权进行证明。

（2）传送数据恢复密钥（主密钥不提供）。如果数据恢复密钥是会话密钥或产品密钥，KEC 向 DRC 直接传送数据恢复密钥。密钥传送时和有效期一起传送，有效期过后，密钥将被自动销毁。

（3）传送派生密钥。KEC 向 DRC 提供由数据恢复密钥导出的另一密钥（派生密钥）。比如受时间限制的密钥，被加密的数据仅能在一个特定的有效时间段内被解密。

（4）解密密钥。如果在 DRF 中使用主密钥加密数据加密密钥，KEC 只向 DRC 发送解密密钥，而不发送主密钥。

（5）执行门限解密。每个托管机构向 DRC 提供自己的解密结果，由 DRC 合成这些结果并得到明文。

（6）数据传输。KEC 和 DRC 之间的数据传输可以是人工的也可以是电子的。

此外，KEC 还应对托管的密钥提供保护以防其泄露或丢失，保护手段可以是技术的、程序的或法律的。例如，可采用校验、任务分割、秘密分割、物理安全、密码技术、冗余度、计算机安全和托管体制等措施。

3. DRC

DRC 由算法、协议和设备组成。DRC 利用 KEC 所提供的和在 DRF 中包含的信息中恢复出的数据加密密钥解密密文，得到明文。DRC 仅仅在执行指定的已授权的数据恢复时使用。

为了解密数据，DRC 必须采用下列方法来获得数据加密密钥：从发送方 S 或接收方 R 接入。首先要确定与 S 或 R 相关的数据恢复密钥能否恢复密钥 K。如果只能利用 S 的托管机构持有的子密钥才能获得 K，当各个用户分别向专门的用户传送消息，尤其是在多个用户散布在不同的国家或使用不同的托管机构时，DRC 一定得获取密钥托管数据后才能进行实时解密；相反，当只有利用 R 的托管机构所持的子密钥才能获得 K 时，就不可能实时解密专门用户传送出的消息。如果利用托管机构的子集所持的密钥也可以进行数据恢复，那么一旦获得了 K，则 DRC 就可以实时解密从 USC 发出或送入的消息。该系统就可以为双向实时通信提供这种能力，但这要求通信双方使用相同的 K。

对于每个数据加密密钥，S 或 R 都有可能要求 DRC 或 KEC 有一次相互作用，其中对数据加密密钥要求 DRC 与 KEC 之间的联系是在线的，以支持当每次会话密钥改变时的实时解密。如果托管代理机构把部分密钥返回给 DRC，DRC 必须使用穷举搜索以确定密钥的其余部分。

此外，DRC 还使用技术、操作和法律等保护手段来控制什么是可以解密的，比如对数据恢复进行严格的时间限制。这些保护措施提供了 KEC 传送密钥时所要求的限制，而且认证机构也可以防止 DRC 用密钥来产生伪消息。

8.5　密钥协商与密钥分配

8.5.1　密钥协商

密钥协商是现代网络通信的一种常见协议，是指两个或多个实体在一个公开的信道上共同建立一个共享的秘密密钥协议，且各个实体无法预先确定这个秘密密钥的值，其目的是各个成员在网络通信中通过相互交换信息来生成一个双方或多方共享的秘密密钥。

1. Diffie-Hellman 密钥协商协议

Diffie-Hellman 密钥协商协议是第一个被提出的密钥协商方案，是美国斯坦福大学的 W. Diffie 和 M. E. Hellman 于 1976 年提出的，它是第一个实用密钥协商协议。Diffie-Hellman 算法的唯一目的就是使两个用户能安全地交换密钥，从而得到一个共享的会话密钥（秘密密钥）。需要注意的是，该算法本身不能用于加、解密。

Diffie-Hellman 密钥交换算法的安全性是基于 Z_p 上的离散对数问题。设 p 是一个满足要求的大素数，并且 $a(0<a<p)$ 是循环群 Z_p 的生成元，a 和 p 公开，所有用户都可以得到 a 和 p。在两个用户 A 与 B 通信时，它们可以通过如下步骤协商通信所使用的密钥：

（1）用户 A 选取一个大的随机数 $r_A(2 \leqslant r_A \leqslant p-2)$，计算 $s_A = a^{r_A} (\bmod\ p)$，并把 s_A 发送给用户 B。

（2）用户 B 选取一个随机数 $r_B(2 \leqslant r_B \leqslant p-2)$，计算 $s_B = a^{r_B} (\bmod\ p)$，并把 s_B 发送给用户 A。

（3）用户 A 计算 $K = S_B^{r_A} (\bmod\ p)$，用户 B 计算 $K' = S_A^{r_B} (\bmod\ p)$。

由于 $K = S_B^{r_A} (\bmod\ p) = (a^{r_B} (\bmod\ p))^{r_A} (\bmod\ p) = a^{r_A r_B} (\bmod\ p) = S_A^{r_B} (\bmod\ p) = K'$，因此通信双方得到共同的密钥 k，这样就可以实现交换密钥了。

【例 8-1】　$p=23$，$a=5$，A 和 B 分别选 $r_A=7$，$r_B=15$，并分别计算 $S_A = 5^7 \bmod 23 = 17$，$S_B = 5^{15} \bmod 23 = 19$。在交换 S_A、S_B 后，分别计算 $K = S_B^{r_A} \bmod 23 = 19^7 \bmod 23 = 15$ 和 $K = S_A^{r_B} \bmod 23 = 17^{15} \bmod 23 = 15$。

在 Diffie-Hellman 这种体制(基本模式)下，容易遭到中间人攻击，如图 8-4 所示，如果主动攻击者 C 截获了一对通信用户 A 和 B 之间的消息，然后用自己的消息代替它们(如图 8-5 所示)，则在协议结束时，用户 A、B 与攻击者 C 之间将分别形成各自的新密钥 $a^{r_A r'_B}$ 和 $a^{r'_A r_B}$。当用户 A 加密一个消息打算发给 B 时，攻击者 C 就能够进行解密(而用户 B 却无法解密；同理，当用户 B 发送一个加密消息给用户 A 时，将发生类似的情况)。

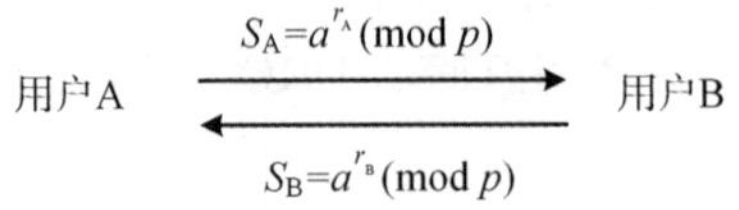

$$用户A \xrightarrow{\quad S_A=a^{r_A}(\bmod p)\quad} 用户B$$
$$\xleftarrow{\quad S_B=a^{r_B}(\bmod p)\quad}$$

图 8-4　Diffie-Hellman 密钥交换协议的基本模式

$$用户A \xleftarrow{\quad S_A=a^{r_A}(\bmod p)\quad} 攻击者C \xrightarrow{\quad S'_A=a^{r'_A}(\bmod p)\quad} 用户B$$
$$\xrightarrow{\quad S'_B=a^{r'_B}(\bmod p)\quad} \xleftarrow{\quad S_B=a^{r_B}(\bmod p)\quad}$$

图 8-5　有攻击的 Diffie-Hellman 密钥交换协议

显然，用户 A 与用户 B 必须能够确认所形成的密钥正是在两者之间形成的，而不是与其他人(如攻击者)共同建立的。这样，在密钥建立的时候，密钥协商协议就需要同时认证参加者的身份(身份识别过程必须与密钥协商过程紧密结合，以避免在身份识别过程后仍然有可能被人获取密钥而产生攻击)。这种协议称为认证密钥协商协议。

2. STS 协议

下面介绍的认证密钥协商协议是对 Diffie-Hellman 密钥交换协议进行修改后得到的，也称为端-端协议(station-to-station，STS)。

假定 p 是一个满足要求的大素数，并且 $a(0<a<p)$ 是循环群 Z_p 的生成元，a 和 p 公开，所有用户都可以得到 a 和 p。同时，在协议中使用证书以及有一个可信的管理机构 TA(trusted authority)，其作用可能包括验证用户身份，产生、选择和传送秘密密钥给用户等。每一个用户 A 都具有一个由验证算法 Ver_A 和签名算法 Sig_A 组成的签名方案；TA 也有一个由验证算法 Ver_{TA} 和签名算法 Sig_{TA} 组成的签名方案；每一个用户都有一个证书 C(A)＝(ID(A)，Ver_A，Sig_{TA}(ID(A)，Ver_A))，其中，ID(A)标识了用户 A 的身份信息。

当两个用户 A 与 B 通信时，使用 STS 协议协商通信所使用的密钥的步骤如下：

(1) 用户 A 选取一个大的随机数 $r_A(2\leqslant r_A\leqslant p-2)$，计算：$S_A=a^{r_A}(\bmod p)$，并且把 S_A 发送给用户 B。

(2) 用户 B 选取一个随机数 $r_B(2\leqslant r_B\leqslant p-2)$，计算 $S_B=a^{r_B}(\bmod p)$、$K=(a^{r_A})^{r_B}(\bmod p)$ 和 $Sig_B=Sig_B(a^{r_A}，a^{r_B})$，并把(C(B)，$a^{r_B}$，$Sig_B$)发送给用户 A。

(3) 用户 A 计算 $K=(a^{r_B})^{r_A}(\bmod p)$，同时用户 A 使用 Ver_B 验证 Sig_B 以及 Ver_{TA} 验证 C(B)。

(4) 用户 A 计算 $Sig_A=Sig_A(a^{r_A}，a^{r_B})$，并把(C(A)，$Sig_A$)发送给用户 B。

(5) 用户 B 使用 Ver_A 验证 Sig_A 以及使用 Ver_{TA} 验证 C(A)。

在上述的 STS 协议中，用户 A 和用户 B 之间的消息交换过程可以用图 8-6 所示的过

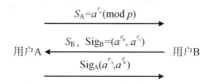

图 8-6　STS(密钥交换)协议

程解释。STS 协议可以有效防止中间插入攻击。假如攻击者 C 仍然采用前面的方法(如图
8-5 所示),截取 $S_A = a^{r_A} (\bmod\ p)$,并用 $S'_A = a^{r'_A} (\bmod\ p)$ 代替 S_A 发送给用户 B;然后,
攻击者 C 将接收来自用户 B 的消息 $S_B = a^{r_B} (\bmod\ p)$ 和 $\mathrm{Sig}_B = \mathrm{Sig}_B(a^{r_A},\ a^{r_B})$。如果攻击者
C 仍然使用 $S'_B = a^{r'_B} (\bmod\ p)$ 来代替 $S_B = a^{r_B} (\bmod\ p)$,那么这时他必须伪造用户 B 的签名
$\mathrm{Sig}_B(a^{r_B},\ a^{r_A})$ 来代替 $\mathrm{Sig}_B(a^{r_B},\ a^{r_A})$,这在用户 B 的签名算法是保密的情况下是不可能
做到的。所以,攻击者 C 将无法发起中间插入攻击。

在上述的 STS 协议中并没有提供密钥确认,为了完成确认,我们可以对该协议的第
(2)步和第(4)步进行修改,分别修改第(2)步中的 $\mathrm{Sig}_B = E_K(\mathrm{Sig}_B(a^{r_A},\ a^{r_B}))$ 和第(4)步中
的 $\mathrm{Sig}_A = E_K(\mathrm{Sig}_A(a^{r_A},\ a^{r_B}))$,这样修改后的协议才是完整的 STS 协议。

3. MIT 密钥协商协议

MIT 密钥协商协议是 Matsumoto、Takashima 和 Imai 通过改进 Diffie-Hellman 密钥
交换协议后构造的密钥协商协议,该协议不需要通过双方计算和任何签名,协议中进行两
次消息传输。假如通信双方为用户 A 和 B,MTI 协议中需要进行从用户 A 到 B 以及从用户
B 到 A 的两次消息传输,而 STS 中有三次消息传输。

假设 p 是一个满足要求的大素数,并且 $a(0 < a < p)$ 是循环群 Z_p 的生成元,a 和 p 公
开,所有用户都可以得到 a 和 p。参与系统运行的每一个用户 A 都有一个 ID(A)(标识了用
户的身份信息),一个秘密数 $a_A(2 \leqslant a_A \leqslant p-2)$ 和一个公开数 $b_A = a^{a_A} \bmod p$;TA 有一个
数字签名方案,假设其公开的验证算法为 Ver_{TA} 和秘密的签名算法为 Sig_{TA};每一个用户 A
都有一个证书 $C(A) = (\mathrm{ID})(A),\ b_A,\ \mathrm{Sig}_{TA}(\mathrm{ID})(A),\ b_A)$。

在两个用户 A 与 B 通信时,采用 MTI 密钥协商协议协商通信所使用的密钥的步骤
如下:

(1) 用户 A 选取一个大的随机数 $r_A(2 \leqslant r_A \leqslant p-2)$,计算:$S_A = a^{r_A} (\bmod\ p)$,并且把
$(C(A),\ S_A)$ 发送给用户 B。

(2) 用户 B 选取一个随机数 $r_B(2 \leqslant r_B \leqslant p-2)$,计算 $S_B = a^{r_B} (\bmod\ p)$,并把 $(C(B),$
$S_B)$ 发送给用户 A。

(3) 用户 A 接收到 S_B 后计算 $K = S_B^{a_A} b_B^{r_A} (\bmod\ p)$(注:这里 b_B 是用户 A 从所接收到
的用户 B 的证书 $C(B)$ 得到的),同时用户 B 计算 $K = S_A^{a_B} b_A^{r_B} (\bmod\ p)$(注:这里 b_A 是用户
B 从所接收到的用户 A 的证书 $C(A)$ 得到的)。

这样,在经过两次消息传递后,用户 A 和 B 之间建立了会话密钥 K。下面,我们用一
个例子来进一步解释 MTI 协议。

【例 8-2】　假设素数 $p = 29$,选取有限域 Z_{29} 的生成元 $a = 11$。

假设用户 A 选择秘密数 $a_A=15$，然后用户 A 计算得到公开数 $b_A=11^{15}\pmod{29}=18$，用户 A 将 b_A 传递给 TA，由 TA 签名后得到用户 A 的证书 $C(A)$；假设用户 B 选择秘密数 $a_B=23$，然后用户 B 计算得到公开数 $b_B=11^{23}\pmod{29}=27$，用户 B 将 b_B 传递给 TA，由 TA 签名后得到用户 B 的证书 $C(B)$。

当用户 A 和 B 运行 MTI 协议以建立会话密钥时，用户 A 选择了 $r_A=13$，然后 A 计算 $S_A=11^{13}\pmod{29}=21$，并把 $(C(A),21)$ 发送给用户 B；用户 B 选择了 $r_B=25$，然后 B 计算 $S_B=11^{25}\pmod{29}=19$，并把 $(C(B),19)$ 发送给用户 A。

现在用户 A 可以计算得到密钥

$$K=S_B^{a_A}b_B^{r_A}\pmod{p}=19^{15}\cdot 27^{13}\pmod{29}=5,$$

同样，用户 B 计算

$$K=S_A^{a_B}b_A^{r_B}\pmod{p}=21^{23}\cdot 18^{25}\pmod{29}=5$$

这样，用户 A 和 B 就得到了相同的密钥。

MTI 协议在运行期间进行了两次消息的交互，整个交互过程如图 8-7 所示。MTI 协议没有使用数字签名，MTI 协议同样能够防止中间插入攻击，虽然攻击者有可能修改用户 A 和 B 互相发送的数值，如图 8-8 所示。

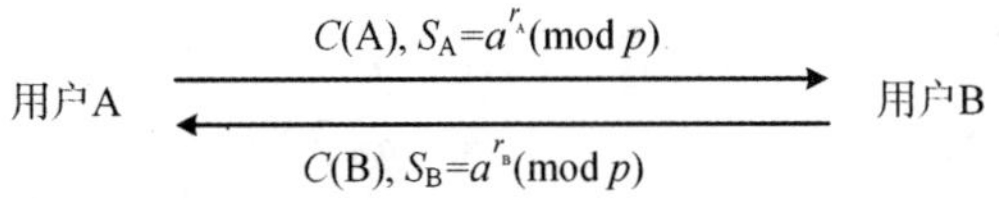

图 8-7　MTI 协议中消息的交互过程

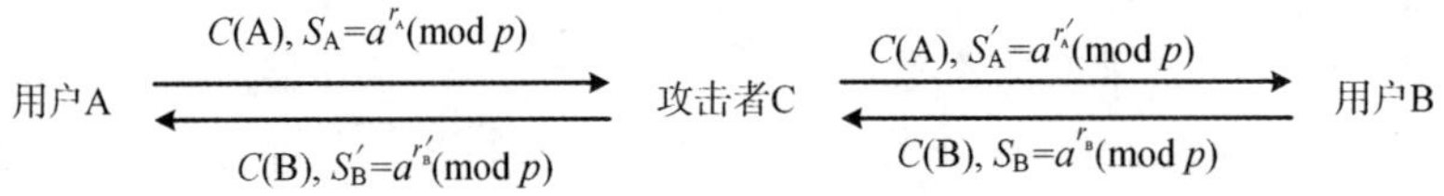

图 8-8　有攻击的 MTI 密钥协商协议

在图 8-7 中，用户 A 和用户 B 将得到不同的密钥。用户 A 计算得到密钥 $K=a^{r_A a_B+r_B' a_A}\pmod{p}$，而用户 B 计算出 $K'=a^{r_A' a_B+r_B a_A}\pmod{p}$，显然 $K=K'$。

同时，攻击者 C 将无法计算出任何密钥，这是因为计算密钥分别需要知道秘密数 a_A 和 a_B，因此即使用户 A 和 B 计算出了不同的密钥，攻击者也无法知道这两个密钥中的任何一个。换句话说，用户 A 和 B 深信另一用户是网络中能计算他们已经计算出的密钥的唯一用户，这个特性也称为隐式密钥鉴别。

4. Internet 密钥交换协议

Internet 密钥交换(Internet Key Exchange，IKE)是 IPSec 中的主要协议之一，是基于因特网安全连接和密钥管理协议 ISAKMP(Internet Security Association and Key Management Protocol)中 TCP/IP 框架的协议，并结合了 Oakley(包括一系列被称为模式的密钥交换及每种交换提供的服务)和 SKEME 协议(提供了一种匿名、否认和快速密钥更新的密钥交换技术)而形成的混合协议 ISAKMP/Oakley/SKEME。ISAKMP/Oakley/SKEME 为 IKE 的协商提供了实现 IKE 的框架、密钥交换方式和方法、密钥的更新方法。

1) IKE 的作用

IKE 是一种非常通用的协议，常用来确保虚拟专用网络 VPN（Virtual Private Network）与远端网络或者宿主机进行交流时的安全，解决了在不安全的网络环境（如 Internet）中安全地建立或更新共享密钥的问题。IKE 在 IPSec 体系中的作用如图 8-9 所示。它在 IPSec 通信双方之间建立起共享安全参数及验证过程的密钥，也即建立安全关联 SA（security association，指通信双方需要就如何保护信息、交换信息等公用的安全设置达成一致）。尽管 IKE 在 IPSec 中并非是必需的，但是它提供了自动协商和认证、抗重放服务、认证机构（CA）的支持，以及在 IPSec 会话中交换密钥的功能。归纳起来，IKE 主要有两大功能：一是安全关联的集中化管理，以减少连接时间；二是密钥的生成和管理。

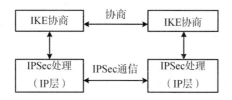

图 8-9　IKE 在 IPSec 体系中的作用

2) IKE 的安全机制

IKE 属于一种混合型协议，由 Internet 安全关联和密钥管理协议（ISAKMP）及两种密钥交换协议 OAKLEY 与 SKEME 组成。IKE 创建在由 ISAKMP 定义的框架上，沿用了 OAKLEY 的密钥交换模式以及 SKEME 的共享和密钥更新技术，还定义了它自己的两种密钥交换方式。IKE 建立 SA 分为以下两个阶段：

第一阶段，协商创建一个通信信道（IKE SA），并对该信道进行验证，为双方进一步的 IKE 通信提供机密性、消息完整性以及消息源验证服务，具体步骤如下：

（1）策略协商。此时有 4 个强制性的参数要进行协商：加密算法（选 DES 或 3DES）、Hash 算法（选 MD5 或 SHA）、认证方法（选证书认证、预置共享密钥认证或 Kerberos v5 认证）、Diffie-Hellman 组的选择。

（2）Diffie-Hellman 交换。在通信双方主机彼此交换密钥生成材料后，双方各自生成完全一样的共享主密钥，保护其后的认证过程。

（3）认证 Diffie-Hellman 交换。Diffie-Hellman 交换需要得到进一步认证，如果认证不成功，通信双方将无法继续下去。主密钥在步骤（1）中确定的协商算法对通信实体和通信信道进行。在本步骤，整个待认证的实体载荷（包括实体类型、端口号和协议）都是由前一步生成的主密钥来实现机密性和完整性保护的。

第二阶段，使用已建立的 IKE SA 协商建立 IPsec SA，为数据交换提供 IPSec 服务（第二阶段的协商受第一阶段 IKE SA 的保护，任何没有第一阶段 IKE SA 保护的消息将被拒收），具体步骤如下：

（1）策略协商。在策略协商中，双方交换保护需求：使用哪种协议（选 AH 或 ESP）、使用哪种 Hash 算法（选 MD5 或 SHA）、是否要求加密（若是，选 DES 或 3DES））三方面要求。在三方面要求达成一致后，IKE 建立起两个 SA，分别用于入站和出站通信。

（2）会话密钥材料的刷新或交换。本步骤生成加密 IP 数据包的会话密钥。生成会话密钥的材料可以和生成第一阶段 IKE SA 中主密钥的相同，也可以不同。如果不做特殊要求，只需要刷新材料后生成新密钥即可；若要求使用不同的材料，则在密钥生成之前，首先进行第二轮的 Diffie-Hellman 交换。

(3) 将 SA 和密钥连同 SPI 递交给 IPSec 驱动程序。第二阶段协商过程与第一阶段协商过程类似，不同之处在于：在第二阶段中，若响应超时，则自动尝试重新进行第一阶段 IKE SA 协商。

8.5.2　中国密钥交换协议

SM2 算法和 SM9 算法都是由国家密码管理局发布的公钥密码标准，目前都已成为国际标准，除了可以实现加解密以外，它们都可用于密钥交换。由于篇幅的限制，本书只介绍 SM2 密钥交换协议，对 SM9 密钥交换协议感兴趣的读者可以查阅相关资料进行学习。

下面介绍 SM2 密钥交换协议。在 SM2 中，用户 A 具有长度为 $\text{entlen}_A\,\text{bit}$ 的可辨别标识 ID_A，记 ENTL_A 是由正数 entlen_B 转换而成的两个字节。在 SM2 密钥交换协议中，参与密钥协商的 A、B 双方需事先用哈希函数求得用户 A 的散列值 H_A 和用户 B 的散列值 H_B。其中 $H_A = H_{256}(\text{ENTL}_A \parallel \text{ID}_A \parallel a \parallel b \parallel x_G \parallel y_G \parallel x_A \parallel y_A)$，$H_B = H_{256}(\text{ENTL}_B \parallel \text{ID}_B \parallel a \parallel b \parallel x_G \parallel y_G \parallel x_B \parallel y_B)$。

在 SM2 密钥交换协议中，涉及哈希函数、密钥派生函数和随机数产生函数三类辅助函数，这三类函数的强弱直接影响密钥交换协议的安全性。其中，哈希函数 $H_l()$ 的输出是长度为 l bit 的散列值，按照规定要求使用国家密码管理局批准的哈希函数(如 SM3 哈希算法)。密钥派生函数的作用是从一个共享的秘密比特串中派生出密钥数据。在密钥协商过程中，密钥派生函数作用在密钥交换所获共享的秘密比特串上，从中产生所需要的会话密钥或进一步加密所需的密钥数据。密钥派生函数 $\text{KDF}(H, \text{klen})$ 需要调用哈希函数(杂凑函数)。随机数产生函数要求使用国家密码管理局批准的随机数发生器。

关于 SM2 算法的参数选取同 5.5 节，下面介绍 SM2 密钥交换协议的具体过程。

假设用户 A 和 B 协商获得的密钥长度为 klen bit，用户 A 为发起方，用户 B 为响应方(接收方)。用户 A 和 B 双方为了获得相同的密钥，应执行如下步骤。

记 $l = \lceil (\lceil \text{lb}_2(n) \rceil / 2) \rceil - 1$，$n$ 为群 G 的阶。

(1) 第一阶段：用户 A 的执行步骤。

步骤 1(A1)：产生随机数 $r_A \in [1, n-1]$。

步骤 2(A2)：计算群 G_1 中的元素 $R_A = [r_A]G = (x_1, y_1)$。

步骤 3(A3)：将 R_A 发送给用户 B。

(2) 第一阶段：用户 B 的执行步骤。

步骤 1(B1)：产生随机数 $r_B \in [1, n-1]$。

步骤 2(B2)：计算群 G_1 中的元素 $R_B = [r_B]G = (x_2, y_2)$。

步骤 3(B3)：从 R_B 中取出域元素 x_2，计算 $\bar{x}_2 = 2^l + (x_1 \,\&\, (2^l - 1))$。

步骤 4(B4)：计算 $t_B = (d_B + \bar{x}_2 \cdot r_B) \bmod n$。

步骤 5(B5)：验证 R_A 是否满足椭圆曲线方程，若不满足，则协商失败；否则从 R_A 中取出域元素 x_1，将 x_1 转换为整数，计算 $\bar{x}_1 = 2^l + (x_1 \,\&\, (2^l - 1))$。

步骤 6(B6)：计算椭圆曲线点 $V = [h \cdot t_B](P_A + [\bar{x}_1]R_A) = (x_v, y_v)$，若 V 是无穷远

点，则 B 协商失败；否则将 x_v 和 y_v 数据转换为比特串。

步骤 7(B7)：计算 $K_B = \mathrm{KDF}(x_V \parallel y_V \parallel H_A \parallel H_B, \mathrm{klen})$。

步骤 8(B8)：将 R_A 的坐标 x_1、y_1 和 R_B 的坐标 x_1、y_1 的数据类型转换为比特串，计算可选项 $S_B = \mathrm{Hash}(0x02 \parallel y_v \parallel \mathrm{Hash}(x_v \parallel H_A \parallel H_B \parallel x_1 \parallel y_1 \parallel x_2 \parallel y_2))$。

步骤 9(B9)：将 R_B、可选项 S_B 发送给用户 A。

(3) 第二阶段：用户 A 的执行步骤。

步骤 4(A4)：从 R_A 中取出域元素 x_1，将 x_1 转换为整数，计算 $\bar{x}_1 = 2^l + (x_1 \,\&\, (2^l - 1))$。

步骤 5(A5)：计算 $t_A = (d_A + \bar{x}_1 \cdot r_A) \bmod n$。

步骤 6(A6)：验证 R_B 是否满足椭圆曲线方程，若不满足，则协商失败；否则从 R_B 中取出域元素 x_2，将 x_2 转换为整数，计算 $\bar{x}_2 = 2^l + (x_2 \,\&\, (2^l - 1))$。

步骤 7(A7)：计算椭圆曲线点 $U = [h \cdot t_A](P_B + [\bar{x}_2]R_B) = (x_u, y_u)$，若 U 是无穷远点，则 A 协商失败；否则将 x_u 和 y_u 数据转换为比特串。

步骤 8(A8)：计算 $K_A = \mathrm{KDF}(x_U \parallel y_U \parallel H_A \parallel H_B, \mathrm{klen})$。

步骤 9(A9)：将 R_A 的坐标 x_1、y_1 和 R_B 的坐标 x_1、y_1 的数据类型转换为比特串，计算 $S_1 = \mathrm{Hash}(0x02 \parallel y_U \parallel \mathrm{Hash}(x_U \parallel H_A \parallel H_B \parallel x_1 \parallel y_1 \parallel x_2 \parallel y_2))$，并验证 $S_1 = S_B$ 是否成立，若不成立，则从 B 到 A 的密钥协商确认失败。

步骤 10(A10)：计算可选项 $S_A = \mathrm{Hash}(0x03 \parallel y_V \parallel \mathrm{Hash}(x_v \parallel H_A \parallel H_B \parallel x_1 \parallel y_1 \parallel x_2 \parallel y_2))$，将 R_A 发送给用户 B。

(4) 第二阶段：用户 B 的执行步骤。

步骤 10(B10)：计算 $S_2 = \mathrm{Hash}(0x03 \parallel y_V \parallel \mathrm{Hash}(x_v \parallel H_A \parallel H_B \parallel x_1 \parallel y_1 \parallel x_2 \parallel y_2))$，并验证 $S_2 = S_A$ 是否成立，若不成立，则从 A 到 B 的密钥协商确认失败。

用户 A 和 B 双方共享密钥为 K_A 和 K_B，事实上 $K_A = K_B$($K_A = K_B$ 是否成立由读者自行证明)。可选项实现了用户 A 和 B 双方共享密钥的确认。

8.5.3　密钥分配

密钥分配技术解决的是网络环境中需要进行安全通信的实体间建立共享密钥的问题，最简单的解决办法是生成密钥后通过安全的渠道送到对方。这对于密钥量不大的通信是合适的，但随着网络通信的不断增加，密钥量也随之增加，则密钥的传递与分配会成为严重的负担。在当前的实际应用中，用户之间的通信并没有安全的通信信路，因此有必要对密钥分配做进一步的研究。

密钥分配技术一般需要解决两个方面的问题：为减轻负担，提高效率，引入自动密钥分配机制；为提高安全性，尽可能减少系统中驻留的密钥量。为了满足这两个问题，目前有两种类型的密钥分配方案：集中式和分布式密钥分配方案。集中式密钥分配方案是指由密钥分配中心(KDC)或者由一组节点组成层次结构负责密钥的产生并分配给通信双方。分布式密钥分配方案是指网络通信中各个通信方具有相同的地位，它们之间的密钥分配取决于它们之间的协商，不受任何其他方的限制(更进一步，可以把密钥分配中心分散到所有的通信方，即每个通信方同时也是密钥分配中心)。此外，密钥分配方案也可采取上面两种方案的混合：上层(主机)采用分布式密钥分配方案，而上层对于终端或它所属的通信子网采用集中式密钥分配方案。

1. 密钥分配的基本方法

当通信双方在使用对称密码算法进行保密通信时，通信双方必须有一个共享的密钥，并且这个密钥还要防止被他人获得。此外，密钥还必须时常更新。从这点来看，密钥分配技术直接影响密钥分配系统的强度。对于通信双方 A 和 B，密钥分配可以有以下几种方法：

(1) 密钥由 A 选定，然后通过物理方法安全地传递给 B。

(2) 密钥由可信赖的第三方 C 选取并通过物理方法安全地发送给 A 和 B。

(3) 如果 A 和 B 事先已有一密钥，那么其中一方选取新密钥后，用已有的密钥加密新密钥发送给另一方。

(4) 如果 A 和 B 都有一个到可信赖的第三方 C 的保密信道，那么 C 就可以为 A 和 B 选取密钥后安全地发送给 A 和 B。

(5) 如果 A 和 B 都对可信赖的第三方 C 发布自己的公开密钥，那么他们用彼此的公开密钥进行保密通信。

前两种方法不适合于大量连接的现代通信(因为需要对密钥进行人工传送)；第(3)种方法由于要对所有的用户分配初始密钥，代价也很大，也不适合于现代通信；第(4)种方法采用密钥分配技术，可信赖的第三方 C 就是密钥分配中心 KDC，常用于对称密码算法的密钥分配；第(5)种方法采用的是密钥认证中心技术，可信赖的第三方 C 就是证书授权中心 CA，常用于非对称密码算法的公钥分配(比如 PKI 技术)。

由于对称密码算法和非对称密码算法有很大的区别，其密钥分配方法也不同，下面分别予以介绍。

2. 对称密码算法的密钥分配方案

1) 集中式密钥分配方案

集中式密钥分配方案是指由密钥分配中心(KDC)或者由一组节点组成层次结构负责密钥的产生并分配给通信双方。在这种方式下，用户不需要保存大量的会话密钥，只需保存与 KDC 通信的加密密钥。其缺点是通信量大，同时要求具有较好的鉴别功能以鉴别 KDC 和通信方。

图 8-10 就是具有密钥分配中心的密钥分配方案。

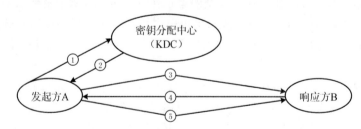

图 8-10　具有密钥分配中心的密钥分配方案

图 8-10 中假定 A 和 B 分别与 KDC 有一个共享的密钥 K_A 和 K_B，A 希望与 B 建立一个逻辑连接，并且需要一次性会话密钥来保护经过这个连接传输的数据，具体过程如下：

(1) A→KDC: $ID_A//ID_B//N_1$。

A 向 KDC 发出会话密钥请求。请求的消息由两个数据项组成：一是 A 和 B 的身份 ID_A 和 ID_B；二是本次业务的唯一标识符 N_1，每次请求所用的 N_1 都应不同，常用一个时间戳、一个计数器或一个随机数作为这个标识符。为防止攻击者对 N_1 的猜测，用随机数作为这个标识符最合适。

(2) KDC→A：$EK_A[K_S//ID_A//ID_B//N1//EK_B[K_S//ID_A]]$

KDC 对 A 的请求发出应答。应答是由加密 K_A 加密的信息，因此只有 A 才能成功地对这一信息解密，并且 A 相信信息的确是由 KDC 发出的。

信息中包括 A 希望得到的两项数据：一次性会话密钥 K_S；A 在第(1)步中发出的请求，其中包括一次性随机数 N_1（其目的是使 A 将收到的应答信息与发出的请求相比，看是否匹配。因此 A 能印证自己发出的请求在被 KDC 收到之前未被篡改，而且 A 还能根据一次性随机数相信自己收到的应答不是重放对过去的应答）。

此外，信息中还包括 B 希望得到的两项数据：一次性会话密钥 K_S；A 的身份 ID_A。这两项由 K_B 加密，并由 A 转发给 B，以建立 A 和 B 之间的连接并用于向 B 证明 A 的身份。

(3) A→B：$EK_B[K_S//ID_A]$。

A 收到 KDC 响应的信息后，同时将会话密钥 K_S 存储起来，同时将经过 KDC 与 B 的共享密钥加密过的信息传送给 B。B 收到信息后，得到会话密钥 K_S，并从 ID_A 可知对方是 A，而且还从 EK_B 知道 K_S 确实来自 KDC。由于 A 转发的是加密后的密文，所以转发过程不会被窃听。

(4) B→A：$EKs[N_2]$。

B 用会话密钥加密另一个随机数 N_2，并将加密结果发送给 A，同时告诉 A：B 当前是可以通信的。

(5) A→B：$EKs[f(N_2)]$。

A 响应 B 发送的信息 N_2，并对 N_2 进行某种函数变换（如 f 函数），同时用会话密钥 K_S 进行加密，然后将其发送给 B。

实际上在第(3)步已经完成了密钥的分配，第(4)、(5)两步结合第(3)步执行的是认证功能，使 B 能够确认所收到的信息不是一个重放。

另外，如果网络中的用户太多，且地域分布很广，一个 KDC 将无法承担所有用户的密钥分配任务，其中一种解决方法是采用分层的 KDC 结构。根据网络中的用户数目及分布的地域可以建立两层或两层以上的 KDC。

2) 分布式密钥分配方案

分布式密钥分配方案是指网络通信中各个通信方具有相同的地位，它们之间的密钥分配取决于它们之间的协商，不受任何其他方的限制。这种密钥分配方案要求有 n 个通信方的网络，需要保存 $[n(n-1)/2]$ 个主密钥，对于较大型的网络，这种方案是不适用的，但是在一个小型网络或一个大型网络的局部范围内，这种方案还是有用的。

如果采用分布式密钥分配方案，通信双方 A 和 B 建立会话密钥的过程包括以下过程（如图 8 - 11 所示）：

(1) A→B：$ID_A//N_1$。

A 向 B 发出一个要求会话密钥的请求，内容包括 A 的标识符 ID_A 和一个一次性随机数

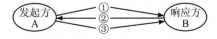

图 8 - 11　分布式密钥分配方案

N_1，告知 A 希望与 B 通信，并请 B 产生一个会话密钥用于安全通信。

(2) B→A：$EMKm[Ks//ID_A//ID_B//f(N_1)//N_2]$。

B 使用与 A 共享的主密钥 MKm 对应答的信息进行加密并发送给 A。应答的信息包括：B 产生的会话：密钥 K_S、A 的标识符 ID_A、B 的标识符 ID_B、$f(N_1)$ 和一个一次性随机数 N_2。

(3) A→B：$EKs[f(N_2)]$。

A 使用 B 产生的会话密钥 K_S 对 $f(N_2)$ 进行加密，并发送给 B。

在分布式密钥分配方案中，每个通信方都必须保存 $n-1$ 个主密钥，但是需要多少会话密钥就可以产生多少。由于使用主密钥传送的信息很短，因此对主密钥的分析十分困难。

3. 非对称密码算法的密钥分配方案

非对称密码算法的密钥分配方案和对称密码算法的密钥分配方案有着本质的区别。在对称密码算法的密钥分配方案中，要求将一个密钥从通信的一方通过某种方式发送到另一方，只有通信双方知道密钥，而其他任何人都不知道密钥；而在非对称密码算法的密钥分配方案中，要求私钥只有通信一方知道，而其他任何方都不知道，与私钥匹配使用的公钥则是公开的，任何人都可以使用该公钥和拥有私钥的一方进行保密通信。

非对称密码算法的密钥分配方案主要包括两方面的内容：非对称密码算法所用的公钥的分配和利用非对称密码算法来分配对称密码算法中使用的密钥。

1) 公钥的分配

非对称密码算法使得密钥分配变得较容易，但也存在一些问题。在网络系统中无论有多少人，每个人只有一个公钥。获取公钥的途径有多种，包括公开发布、公用目录、公钥机构和公钥证书。

(1) 公开发布。

公开发布是指用户将自己的公钥发送给另外一个参与者，或者把公钥广播给相关人群。如 PGP 中使用的 RSA 算法，用户将自己的公钥附加到消息上，然后发送到公共区域(比如邮件列表中)。但这种方法有一个非常大的缺点：任何人都可以伪造一个公钥冒充他人。

(2) 公用目录。

公用目录是由一个可信任的系统或组织建立和管理维护公用目录，该公用目录维持一个公开动态目录。公用目录为每个参与者维护一个目录项{标识符，公钥}，每个目录项的信息必须进行安全认证。任何人都可以从这里获得需要保密通信的公钥。与公开发布公钥相比，这种方法的安全性高一些。但也有一个致命的弱点，如果攻击者成功地得到目录管理机构的私钥，就可以伪造公钥，并发送给其他人以达到欺骗的目的。

(3) 公钥机构。

为了使从目录分配出去的公钥更加安全，需引入一个公钥管理机构来为各个用户建立、维护和控制动态的公用目录。为达到这个目的，就必须满足：每个用户都能可靠地知道管理机构的公钥、且只有管理机构自己知道自己的私钥。这样任何通信双方都可以向该管理机构获得他想要得到的任何其他通信方的公钥，通过该管理机构的公钥便可以判断它所获得的其他通信方公钥的可信度。与单纯的公用目录相比，该方法的安全性更高。但这种方式也有它的缺点：由于每个用户要想和其他人通信都需求助于公钥管理机构，因而管理机构可能会成为系统的瓶颈，而且由管理机构维护的公用目录也容易成为攻击目标。

（4）公钥证书。

为解决公开密钥管理机构的瓶颈问题，可以通过公钥证书来实现。即不与公钥管理机构通信，又能证明其他通信方的公钥的可信度，这实际上完全解决了公开发布及公用目录的安全问题。

目前，公钥证书即数字证书是由授权中心 CA(Certificate Authority)颁发的，其中的数据项包括与该用户的私钥相匹配的公钥及用户的身份和时间戳等，所有的数据项经过 CA 用自己的私钥签字后形成证书，证书的格式遵循 X.509 标准。证书的形式为 $C_A = E_{SK_{CA}}[T, ID_A, PK_A]$，其中，$ID_A$ 是用户 A 的身份标识符，PK_A 是 A 的公钥，T 是当前时间戳，SK_{CA} 是 CA 的私钥。证书的发放（产生）过程如图 8-12 所示。

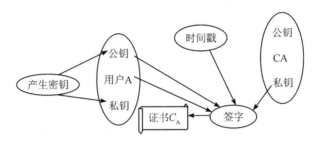

图 8-12　公钥证书的发放过程

用户还可以把自己的公钥通过公钥证书发给另一用户，接收方使用 CA 的公钥 PK_{CA} 对证书加以验证，$D_{PK_{CA}}[E_{SK_{CA}}[T, ID_A, PK_A]] = [T, ID_A, PK_A]$。由于只有用 CA 的公钥才能解读证书，这样接收方就验证了证书确实是由 CA 发放的，同时还获得了发方的身份标识 ID_A 和公钥 PK_A。而时间戳是为了保证接收方收到证书的有效性，用以防止发方或攻击方重放一个旧证书，即时间戳可以被当作截止时间，如果证书过期则就被吊销。

2）利用非对称密码算法进行对称密码算法密钥的分配

利用非对称密码算法进行保密通信可以很好地保证数据的安全性，但是由于其加密和解密的速度非常慢，实际上非对称密码算法更多的时候是用于对称密码算法密钥的分配。这种分配方式把非对称密码算法和对称密码算法的优点整合在一起，即用非对称密码算法来保护对称密码算法密钥的传送，保证了对称密码算法密钥的安全性；用对称密码算法进行保密通信，由于密钥是安全的，因而通信的信息也是安全的。同时还利用了对称密码算法加密速度快的特点，因此这种方法有很强的适应性，在实际应用中已被广泛采用。常用的分配方法有以下两种。

（1）简单分配。

图 8-13 所示是用非对称密码算法建立会话密钥的过程。假如 A 希望和 B 通信，可以这样建立会话密钥：A 产生一对密钥$[PK_A, SK_A]$，并把$[PK_A//ID_A]$（ID_A 是 A 的身份标识

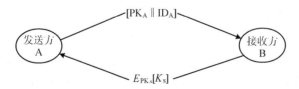

图 8-13　用非对称密码算法建立会话密钥

符)发送给 B；B 产生会话密钥 K_S，并将利用 A 的公钥进行加密后得到的 $E_{PK_A}[K_S]$ 发送给 A；A 通过 $D_{SK_A}[E_{PK_A}[K_S]]$ 得到会话密钥 K_S（由于只有 A 才能解密，所以 A 和 B 共享了会话密钥 K_S）；A 销毁 $[PK_A, SK_A]$，B 销毁 PK_A。但这一分配方案容易遭到主动攻击，假如攻击者已经接入 A 和 B 双方的通信信道，则可以轻易地截获 A、B 双方的通信。

（2）具有保密和认证功能的密钥分配。

针对简单分配密钥的缺点，人们又设计了具有保密和认证功能的非对称密码算法的密钥分配，如图 8-14 所示。

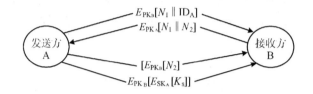

图 8-14　具有保密和认证功能的密钥分配

在图 8-13 中，假定 A 和 B 已经完成了公钥交换，可以这样来建立会话密钥：A 用 B 的公钥 PK_B 加密 A 的身份 ID_A 和一个一次性随机数（$E_{PK_B}[N_1//ID_A]$），该随机数唯一地标识本次业务；B 用 A 的公钥 PK_A 加密 A 的一次性随机数 N_1 和 B 新产生的一次性随机数 N_2（$E_{PK_A}[N_1//N_2]$），由于只有 B 才能解密上一步的加密，所以 B 发送来的信息中的 N_1 的存在使 A 相信对方的确是 B；A 用 B 的公钥 PK_B 对 N_2 加密（$E_{PK_B}[N_2]$）后返送给 B，使 B 相信对方的确是 A；A 选择会话密钥 K_S，然后将 $E_{PK_B}[E_{SK_A}[K_S]]$ 发送给 B（使用 B 的公钥加密是为了保证只有 B 才能解密加密的结果，使用 A 的私钥加密是为了保证该加密结果只有 A 才能放送）；B 使用 $D_{PK_A}[D_{SK_B}[E_{PK_B}[E_{SK_A}[K_S]]]]$ 得到 K_S，从而获得与 A 共享的使用对称密码算法加密的密钥，所以通过 K_S 可以安全地通信。

上述密钥分配过程既具有保密性，又具有认证性，因此既可以防止被动攻击，也可以防止主动攻击。

8.6　秘密共享

在实际工作和生活中，我们可能会遇到如下问题：

（1）一个绝密情报锁在保险柜里，为了确保安全，规定情报管理部门中的 8 个人至少有 4 个人在场才能打开保险柜，同时也避免了某一管理员丢失了钥匙而造成严重事故。要达到这样的功效，保险柜的钥匙该如何分配？

（2）在某些主要场所进行一项重要的检验时，通常需要 2 个或 2 个以上检验人员同时参与才能生效，这时需要将秘密分给多人掌管，并且必须有超过一定人数的掌管秘密的人员到场才能恢复这一秘密。那么掌管秘密的人数应该是多少才合适呢？

为了解决这样一些问题，人们引入了 (t, n) 门限方案（threshold scheme），其基本思想是：预先将需要保护的共享秘密产生 n 份或称为秘密影子（shadow），并且这 n 份中的任意 t 个就可以重构共享秘密。

假设一个共享秘密 M 分成 n 份秘密 $m_1, m_2, \cdots, m_n$，并将这 n 份秘密分别授予 n 个不同的持有人保管，使得：

(1) 由任意 t 个或多于 t 个已知的秘密份额 m_i，可以方便地计算出共享秘密 M。

(2) 若仅知道 $t-1$ 个或者少于 $t-1$ 个秘密份额 m_i，则不可能确定共享秘密 M（这里的不可能是指计算上的不可能）。

通常 t 称为门限值（threshold value），这样的方案称为 (t, n) 门限方案，为多人共同掌管一个秘密信息提供了可能。

(t, n) 门限方案是一种比较灵活的秘密共享方案，门限值 t 决定了系统在安全性、操作效率及易用性上的均衡，增大门限值 t 就意味着需要更多的秘密份额才能重构共享秘密。因此可以提高系统的安全性，但易用性会降低，不便于操作；而减小门限值 t，易用性和操作方面都会得到提高，但安全性会降低。

1. Shamir 门限方案

Shamir 于 1979 年利用有限域上的多项式方程结合拉格朗日插值公式构造了一个 (t, n) 门限方案。设 $GF(p)$ 是一有限域，共享密钥 $k \in GF(p)$，可信中心给 n 个共享者 $(n < p) U_i (1 \leqslant i \leqslant n)$ 分配共享密钥的步骤如下：

(1) 可信中心 T 随机选择一个 $t-1$ 次多项式：
$$g(x) = a_{t-1}x^{t-1} + a_{t-2}x^{t-2} + \cdots + a_2x^2 + a_1x + a_0$$
其中，$g(x) \in GF(p)[x]$；$a_0 = k$ 就是共享密钥。

(2) 可信中心 T 在 $GF(p)$ 中选择 n 个非零的、互不相同的元素 $x_1, x_2, \cdots, x_n$，分别计算：$y_i = g(x_i)$，$i = 1, 2, \cdots, n$，即找出曲线 $g(x)$ 上的 n 个点。

(3) 把第 i 个点 (x_i, y_i) 作为秘密份额分配给第 i 个共享者 U_i，其中，x_i 是公开的，通常可以直接取共享者 U_i 的身份 ID_i，y_i 是属于共享者 U_i 的秘密份额，$i = 1, 2, \cdots, n$。

每个 (x_i, y_i) 对都被看成多项式 $g(x)$ 在二维空间上的一个坐标点。由于 $g(x)$ 是 $t-1$ 次多项式，因而 t 个或 t 个以上的坐标点可以唯一确定 $g(x)$，从而共享密钥也可以确定下来，也即 $k = g(0)$；反过来，如果坐标点小于 t 个，则无法确定 $g(x)$，也就无法确定 k。

假设已知 t 个秘密份额 (x_j, y_j)，$j = 1, 2, \cdots, t$，由拉格朗日插值公式可重建多项式
$$g(x) = \sum_{j=1}^{t} y_j \prod_{\substack{r=1 \\ j \neq r}}^{t} \frac{x - x_r}{x_j - x_r} \pmod{p}$$
显然只要知道了 $g(x)$，就很容易计算出共享密钥 k。

由于 $k = g(0)$，因此有
$$k = g(0) \equiv \sum_{j=1}^{t} y_j \prod_{\substack{r=1 \\ j \neq r}}^{t} \frac{-x_r}{x_j - x_r} \pmod{p}$$
即 k 是 t 个秘密份额 $(x_j, y_j)(j = 1, 2, \cdots, t)$ 的线性组合。

若令 $b_j \equiv \prod_{\substack{r=1 \\ j \neq r}}^{t} \frac{-x_r}{x_j - x_r} \pmod{p}$，则有
$$k = g(0) \equiv \sum_{j=1}^{t} y_j b_j \pmod{p}$$
又由于 $x_i (i = 1, 2, \cdots, n)$ 都是预先公开的，因此若预先计算出 $b_j (j = 1, 2, \cdots, t)$，则可以加快多项式重构时的运行速度。

【例 8 - 3】　在 Shamir 门限方案中，假设 $t=3$，$n=5$，$p=17$，可信中心 T 将 5 个秘密份额分配给 A、B、C、D、E 保管。现有其中 3 个用户，A、C、E 到场，他们的秘密份额分别是 $(1,8)$、$(3,10)$ 和 $(5,11)$。请重构出多项式 $g(x)$，并求共享密钥 k。

解　已知 A、C、E 的秘密份额分别为 $(1,8)$、$(3,10)$ 和 $(5,11)$，又由于

$$g(x) \equiv \sum_{j=1}^{t} y_j \prod_{\substack{r=1 \\ j \neq r}}^{t} \frac{x-x_r}{x_j-x_r} \pmod{p}$$

上式的累加和中的 3 项分别为

$$y_1 \frac{(x-x_3)(x-x_5)}{(x_1-x_3)(x_1-x_5)} = 8 \frac{(x-3)(x-5)}{(1-3)(1-5)} \equiv (x-3)(x-5) \pmod{17}$$

$$y_3 \frac{(x-x_1)(x-x_5)}{(x_3-x_1)(x_3-x_5)} = 10 \frac{(x-1)(x-5)}{(3-1)(3-5)} \equiv 6(x-1)(x-5) \pmod{17}$$

$$y_5 \frac{(x-x_1)(x-x_3)}{(x_5-x_1)(x_5-x_3)} = 11 \frac{(x-1)(x-3)}{(5-1)(5-3)} \equiv 12(x-1)(x-3) \pmod{17}$$

故

$$g(x) \equiv (x-3)(x-5)+6(x-1)(x-5)+12(x-1)(x-3) \pmod{17}$$
$$\equiv 19x^2-92x+81 \pmod{17} \equiv 2x^2+10x+13$$

共享密钥 $k=g(0)=13$。

目前，Shamir 门限方案是一个备受关注的秘密共享方案，它具有如下一些优点：

一是它是一个完全的门限方案(由于份额的分布是等概率的，因此仅知道 $t-1$ 个或者更少的秘密份额，与不知道秘密份额是一样的)；

二是每个秘密份额的大小与共享密钥的大小相近；

三是可以扩充新的秘密共享者，且计算新的秘密份额不影响任何原有份额的有效性；

四是它的安全性不依赖任何未证明的假设。

2. Asmuth-bloom 门限方案

Asmuth-bloom 于 1983 年提出了基于中国剩余定理的 (t,n) 门限方案，即 Asmuth-bloom 门限方案，该方案过程如下(以下公式中的 i、q、t 的取值为 1，2，3，$\cdots$，n)：

(1) 选取 n 个大于 1 的整数 m_1，m_2，$\cdots$，m_n，这 n 个数严格递增($m_1 < m_2 < \cdots < m_n$)，且两两互素；

(2) 选取秘密整数 k，满足 $m_{n-t+2} m_{n-t+3} \cdots m_n < k < m_1 m_2 \cdots m_t$；

(3) 计算 $M=m_1 m_2 \cdots m_n$ 为 n 个 m_i 之积；

(4) 计算 $k_i \equiv k \pmod{m_i}$；

(5) 以 (k_i, m_i, M) 作为一个秘密份额，分配给第 i 个共享者 U_i，n 个共享者 U_1，U_2，$\cdots$，U_n 分别拥有一个秘密份额。

在 Asmuth-bloom 门限方案中，当 n 个共享者中有 t 个人参与时，每个参与者计算：

$$\begin{cases} M_j = \dfrac{M}{m_j} \\ N_j \equiv M_j^{-1} \pmod{m_j} \end{cases}, 1 \leqslant j \leqslant t$$

根据中国剩余定理可求得：

$$k \equiv \sum_{j=1}^{t} k_j M_j N_j \left(\bmod \prod_{j=2}^{t} m_j \right)$$

显然，当有 t 个人参与，拥有 t 个秘密份额时，可解出 k，但当参与者少于 t 个时，则无法解出 k。

【例 8-4】　假设 $t=3$，$n=5$，$m_1=97$，$m_2=98$，$m_3=99$，$m_4=101$，$m_5=103$，可信中心 T 将 5 个秘密份额分配给 5 位共享者，现已知共享者 U_1 拥有秘密份额（53，97，9790200882），U_4 拥有秘密份额（23，101，9790200882），U_5 拥有（6，103，9790200882），求解秘密整数 k。

解　由于 $M=m_1 m_2 m_3 m_4 m_5=9790200882$，所以 ，

$$\begin{cases} M_1 = \dfrac{M}{m_1} = 100929906 \\ N_1 \equiv M_1^{-1} (\bmod \, m_1) = 95 \end{cases}$$

$$\begin{cases} M_4 = \dfrac{M}{m_4} = 969326682 \\ N_4 \equiv M_4^{-1} (\bmod \, m_4) = 61 \end{cases}$$

$$\begin{cases} M_5 = \dfrac{M}{m_5} = 95050494 \\ N_5 \equiv M_5^{-1} (\bmod \, m_5) = 100 \end{cases}$$

又 $k_1=53$，$k_4=23$，$k_5=6$，所以

$k \equiv k_1 M_1 N_1 + k_4 M_4 N_4 + k_5 M_5 N_5 (\bmod (m_1 m_4 m_5))$

$\equiv 53 \times 100929906 \times 95 + 23 \times 96932682 \times 61 + 6 \times 95050494 \times 100 (\bmod (1009091)$

$\equiv 671875$

因为 $m_4 m_5=10403$，$m_1 m_2 m_3=941094$，所以 k 满足 $m_4 m_5 < k < m_1 m_2 m_3$。

3. 防欺骗行为的密钥共享方案

在门限方案中，作为可信中心 T 和持有秘密份额的秘密共享者 U_i 都有可能在某些情况下不诚实，以至于发生欺骗行为。目前，一些学者对 (t, n) 门限做了一些改进，重点是针对如何检测和防止欺骗。

1）防止可信中心 T 的欺骗行为

对于可信中心 T 的欺骗行为：一种情况是 T 选定了一个共享密钥，却根据另一个假共享密钥来产生分配秘密份额提供给共享者（这种行为只需要求 T 生成并公布一个对应于真实秘密的承诺值来证明他是否诚实，即可揭露 T 的欺骗行为）；另一种情况是 T 对外公开的门限值是 t，而实际上选用 $g(x)$ 的却不是 $t-1$ 次多项式（对于这个问题，现有一种方法可以使共享者确信 T 所选的多项式 $g(x)$ 至少是 $t-1$ 次的），下面以 Shamir 门限方案为例进行说明。

(1) T 利用 $g(x)$ 产生所需的秘密份额，分发给共享者。

(2) T 另选大量的 $t-1$ 次多项式，比如说 50 个 $g(x)$：$g_1(x)$，$g_2(x)$，$\cdots$，$g_{50}(x)$，并利用它们各自生成一套秘密份额，也分别分发给共享者。

(3) 全体共享者合作任选 30 个 $g_i(x)$，并根据相应的秘密份额将它们重建起来。如果

这重建的 30 个多项式都是 $t-1$ 次的,则几乎可以确信 20 个未重建的 $g_i(x)$ 也是 $t-1$ 次的多项式。

(4) 全体共享者合作,利用剩余的 20 个 $g_i(x)$ 和 $g(x)$ 对应的秘密份额,分别重建 $g_i(x)+g(x)$,若所重建的 $g_i(x)+g(x)$ 都是 $t-1$ 次的多项式,则几乎可以确信 $g(x)$ 至多也是 $t-1$ 次的多项式。

该方案是在 1986 年由 Benaloh 提出来的,但它只能使每个共享者确信 T 选用的 $g(x)$ 至多是 $t-1$ 次的,不能保证 $g(x)$ 正好是 $t-1$ 次的。若 $g(x)$ 是低于 $t-1$ 次的多项式,则少于 t 个秘密份额也能恢复出共享秘密,这是该方案潜在的漏洞。

2) 防止共享者的欺骗行为

共享者为了达到不同的目的可以采取多种方式进行欺骗,目前可以用两个方案来识别共享者欺骗:一是为了阻止共享秘密的正常恢复;二是为了得到其他共享者的份额,从而使自己能够独立重建共享秘密。一般来说,欺骗者为了实现其企图,必须提供一个虚假的秘密份额。所以,若能对共享者出示的份额进行有效的真实性检测,则可识别出谁是欺骗者,然后终止同欺骗者的合作,阻止欺骗行为的发生。下面介绍一种能够公平恢复共享秘密的方案(该方案是由 Martin Tompa 和 Heather Woll 于 1988 年提出来的,是 Shamir 门限方案的改进方案),它能使欺骗者成功获得共享秘密的概率降到很低。

在该方案中,可信中心 T 随机选取一个数值 $m<p$,并将需要保护的共享秘密 $k \neq m$ 隐藏于一个整数列 D_1,D_2,$\cdots$,D_L 中(其中,对某个随机的 $D_i=k$,而对任何 $i \neq j$ 有 $D_i=m$),随后 T 对外公布 m,同时对数列中的每个元素产生的秘密份额及所有其他必需的参数,分发给全体共享者。

当有 t 个共享者希望重建共享秘密时,他们交换各自掌握的秘密份额及其他相关参数,依次重建 D_1,D_2,$\cdots$,D_L,直到发现某个 $D_i \neq m$。此时,如果 D_i 不符合事先约定的条件(比如应满足 $D_i<p$),则可以断定有欺骗者;若 D_i 没有明显的差错,那么它可能就是共享秘密 k,但也可能不是。对于前者,则可以确定有欺骗者存在;对于后者,则表明有人提供了假的秘密份额,但在这种情况下欺骗者还不能得到共享秘密。

但是,Martin Tompa 和 Heather Woll 提出的方案有两种情况可能使欺骗者获得成功:一是若欺骗者有能力确保每一次重建共享秘密时,他都是最后一个提交秘密份额的。那么他可以伺机决定出示真的秘密份额还是伪造的秘密份额;二是若他能准确地预测出共享秘密在哪一轮被重构出来,那么欺骗者就可在共享秘密所在的那一轮提交一个伪造的秘密份额。

要避免上述欺骗的发生,只要求系统具有同时同步的能力,即所有参与秘密重构操作的共享者都必须同时提交自己的秘密份额,这样上述第一种欺骗就不可能发生;另一方面,由于共享秘密随机隐藏于数列 D_1,D_2,$\cdots$,D_L 中,预测共享秘密的位置并不是那么容易的,只有 $1/L$ 的概率能够猜对 k 的位置。总的来说,如果系统能够同时同步,那么欺骗者成功的机会只有 $1/L$,如果 L 足够大,则这个成功的机会就很小。

1995 年,Hunag-Yulin 和 Lein Harm 进一步改进了上述方案,提出了一种不需要同时同步的秘密共享方案,使得参与秘密重构的共享者可以逐个提交各自的秘密份额,而不给欺骗者留下机会。其具体方法为:可信中心 T 将共享秘密 k 随机地隐藏于 D_1,D_2,$\cdots$,

D_{j-1}，k，m，$\cdots$，D_{j+2}，D_L 中，则有 $D_j=k$ 和 $D_{j+2}=m$。T 对外公开 m，并逐个产生数列中的元素然后对全体共享者分发秘密份额，从而优先导出每一轮的共享秘密。当他在某一轮导出 k 时，还不能确定此时导出的就是真正共享的 k，接着他又导出 m，这时他就可以确信上一轮导出的是 k 了。但此时所有参与者都知道 k 了，欺骗者并没有独享 k。在该方案中，欺骗者成功的概率仍然是 $1/L$，但系统不需要具备同时同步的能力。

8.7　扩展阅读

1. 建立差异化网络与信息安全防护机制[①]

对网络利用和依赖的程度越高，就越要重视网络的安全防护。按照网络与信息安全七分管理、三分技术的原则，通信网络与信息安全防护作为运营商网络运维工作的重要内容之一，主要涵盖网络与信息安全管理防护和技术防护两部分内容。

1）管理防护

完善安全管理制度，结合网络建设和运营的全过程，全面树立网络与信息安全防护意识，在设备采购、网络建设、网络运维专业人员中进行宣传，并结合工作予以贯彻。梳理防护薄弱环节，建章立制予以固化。针对内外物理隔离的机房，制定机房管理办法，强化进出机房的管理制度；针对内外维护隔离的网管系统，制定账号和密码管理办法，其中包括：强化复杂密码、应急账号、远程接入管理；针对网络运行安全，制定版本、补丁管理制度及涉密和系统数据介质管理制度。

从源头抓起，落实全过程安全防护管理机制。建设阶段，引入安全防护建设内容，并作为该阶段设计的必要条件，新建网络一律按网络层级考虑不同级别容灾配置。维护阶段，建立分专业、跨专业应急预案长效演练和后评估机制，突出重点并注重系统性、计划性和规范性。对于新容灾方案进行重点演练，传统容灾方案选取重点演练，并考虑组织案例式演练。结合演练对业务的影响，实战演练和桌面推演互为补充，并有针对性地开展与维保厂商、代维厂商的联动演练。根据评估结果定期对预案进行完善，重点结合网络结构调整、应急资源变化（包括端口等）、应急人员信息变更等。在日常维护中增加核心维护人员远程 VPN 维护应急通路，确保紧急情况下可及时登录网络进行故障处理。

系统开展电信网络定级和等级防护工作，不定期开展第三方评测专项活动，促进安全防护管理工作上台阶。结合电信网络的特点，从安全等级防护、安全风险评估、灾难备份与恢复 3 个方面开展安全防护体系建设工作，并邀请第三方评测机构对重要网络系统防护情况进行评测，确保专业网络的稳定、安全运行。

2）技术防护

结合专业网络特性，有针对性地采取对应容灾防护的策略，提高网元自身安全。核心网络采取冷备份、热备份、$N+1$、多平面等多种容灾防护机制；传输网络主要采取环保护、

---

① 孙江，丁国仁，王俊，等. 七分管理 三分技术 建立差异化网络与信息安全防护机制[J]. 电信技术. 2011，05：24 - 25。

双物理路由等防护机制；接入网络主要采取双上行、资源预留等防护机制。建设初期，通过评估和识别业务系统所存在的各种技术、管理以及架构上的脆弱性，对业务网和支撑网进行安全域划分和边界整合，实现不同类系统之间的隔离，控制安全风险的影响范围。

依托先进技术手段，采取集中和分散并重的原则加固重要系统。独立配置防病毒终端、关键网段的入侵检测技术；集中建设防火墙、防病毒服务器以及账号口令管理系统、域管理系统等，避免分系统安全建设带来的投资浪费、管理困难、效益低下的问题。

3）小结

网络与信息安全涉及的范围非常宽广，不管是从技术角度，还是从实际意义角度，都是一个很大的话题。我们认为，制定严格完备的网络安全保障制度是实现网络安全的前提，采用高水平的网络安全防护技术是保证，认真管理落实是关键。

2. EasyFi 密钥泄露事件分析[①]

2021 年 4 月 19 日，Layer 2 DeFi 借贷协议 EasyFi 创始人兼 CEO Ankitt Gaur 称有大量 EASY 代币从 EasyFi 官方钱包大量转移到以太坊网络和 Polygon 网络上的几个未知钱包。有人攻击了管理密钥或助记词。黑客成功获取了管理员密钥，并从协议池中以 USD/DAI/USDT 形式转移了 600 万美元的现有流动性资金，并将 298 万枚 EASY 代币（约占EASY 代币总供应量的 30%，目前价值 4090 万美元）转移到了疑似黑客的钱包(0x83a2EB63B6Cc296529468Afa85DbDe4A469d8B37)中。通付盾区块链安全团队(Shark-Team)第一时间对此事件进行了侦查和技术分析，并总结了安全防范手段。

1）事件分析

通过分析发现，本次攻击是区块链上以窃取私钥为基础，以窃取用户资产为目的的攻击手段。

我们来看下本次攻击中的整体流程：

EasyFi 官方地址：0xbf126c7aab8aee364d1b74e37def83e80d75b303；

中间地址：0x222def1dfeeaed8202491cdf534e4efff3268666；

受害者 1 地址：0x0c08d0fe35515f191fc8f0811cadcfc6b2615b74；

受害者 2 地址：0xf59c2e9d4ab5736a1813738e5aa5c3f5eaf94d9e；

攻击者地址：0x83a2eb63b6cc296529468afa85dbde4a469d8b37。

（1）最初 EasyFi 项目的官方向中间地址(0x222def1dfeeaed8202491cdf534e4efff3268666)发送了 8,800,000 EASY。

（2）该中间地址分别向两个受害者地址(0x0c08d0fe35515f191fc8f0811cadcfc6b2615b74)和(0xf59c2e9d4ab5736a1813738e5aa5c3f5eaf94d9e)发送了 2,700,000 和 2,000,000 个EASY。

（3）在 2021 年 4 月 19 日，攻击者 0x83a2eb63b6cc296529468afa85dbde4a469d8b37 利用两受害者的账户向攻击者的账户分别转账 1,035,555.826203866010956193 和 1,799,990 个

---

① 手机之家. 天机泄露 EasyFi 密钥泄漏事件分析［EB/OL］. https：//www. sohu. com/a/462562060_114950。

EASY。

　　通过检查合约发现，合约中的执行逻辑简单并没有可以利用的漏洞。因此可以判定，这是一次因用户私钥或助记词泄露从而窃取用户虚拟资产的攻击。

　　在完成攻击获取到大量 EASY 数字资产后，该攻击者接着在 Uniswap 中将 EASY 置换为 USDC。

　　根据对攻击过程(如图 8 - 15 所示)的分析得出，攻击者可以利用被攻击者的账户地址调用合约，窃取了受害者私钥授权合约并向攻击者地址进行了大额数字资产的转账。

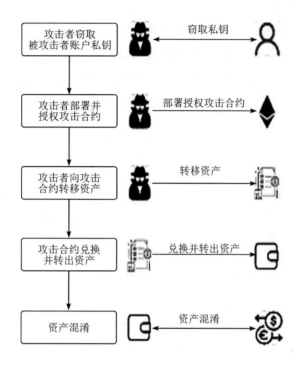

图 8 - 15　攻击过程

2) 安全防范

(1) 不要随意执行来历不明的二维码和链接。

(2) 不要泄露自己任何的敏感信息。

(3) 不截屏或者拍照保存私钥或助记词。

(4) 不在不安全的环境下使用钱包或者导出私钥等。

习　题　8

1. 在现代密码学中，为什么密钥管理起着至关重要的作用?

2. 在密钥管理中为何要引入层次化的结构? 密钥有哪些分类?

3. 密钥管理的整个生存周期包括哪些环节?

4. 什么是密钥托管? 密钥托管研究的主要内容有哪些?

5. 简述密钥托管系统的组成及各部分的功能。

6. 什么是密钥协商？简述 Diffie-Hellman 密钥交换协议的密钥协商的过程。

7. 简述 STS 协议是如何防止中间插入攻击的？

8. 简述 MTI 协议是如何防止中间插入攻击的？

9. 密钥分配的基本方法有哪些？请说明它们的优势与不足。

10. 对称密码算法的密钥分配方案有哪两类？请分别予以说明。

11. 非对称密码算法的公钥的分配有哪些方案？请说明它们的优势与不足。

12. 利用非对称密码算法进行对称密码算法密钥的分配方案有哪些？请分别予以说明。

13. 简述 SM2 密钥交换协议的密钥协商过程。

14. 什么是秘密共享？密码共享的基本要求有哪些？

15. 简述 Shamir 门限方案和基于中国剩余定理的门限方案及相似之处。

第 9 章 认证技术

 知识点

    ☆ 认证概述；

    ☆ 消息认证；

    ☆ 身份认证；

    ☆ Kerberos 身份认证技术；

    ☆ X.509 认证技术；

    ☆ PKI 技术；

    ☆ 扩展阅读——SSL 协议与 SSL 证书。

第九单元

 本章导读

    认证包括消息认证和身份认证，是当前网络信息系统最重要的应用技术之一。本章首先介绍认证的基本概念、依据和基本模型；接着介绍消息认证技术（包括消息认证基本概念、消息认证码、消息认证码算法和使用方式）；然后介绍常用身份认证技术（基于口令的身份认证、基于信任物体的身份认证、基于生物学的身份认证和基于密码学的身份认证）、基于零知识证明的身份认证技术（包括零知识证明基本概念、FFS 协议、Schnorr 身份认证方案、Okamoto 身份认证方案、Guillou-Quisguater 身份认证方案）；最后介绍 Kerberos 身份认证技术、X.509 认证技术和 PKI 技术，并在扩展部分介绍国密 SSL 协议和 SSL 证书。通过本章的学习，读者可在掌握消息认证和身份认证概念的基础上，掌握常用的消息认证和身份认证技术及使用方式，为未来从事网络与信息系统认证等相关工作奠定坚实的理论基础。

9.1 认 证 概 述

9.1.1 认证的概念

    认证（authentication）又称为鉴别，是许多应用系统中安全保护的第一道防线，是实施访问控制的前提，也是防止主动攻击的重要技术，在现代密码学中有着非常重要的作用。简单地说，认证是一个过程，通过这个过程，一个实体向另外一个实体证明某种声称的属性。在认证的过程中，需要被证实的实体是请求方，负责检查确认声称者的实体是验证方。通常情况下，双方要按照一定的规则，请求方传递可区分声称属性的证据给验证方，验证方根据所接收声称者提供的认证信息的正确性和合法性，决定是否满足其认证要求，证实请求方的属性。因此，可以看出认证至少涉及两个独立的通信实体。

    在早期，人们普遍认为保密和认证是有内在关联的。但随着 Hash 算法和数字签名的发现，人们才意识到保密和认证同时是信息系统安全的两个方面，但它们是两个不同属性的问题，认证不能自动提供保密性，而保密性也不能自然提供认证功能。

注：信息安全中，认证的定义有多种，并没有完全统一。按照国家标准《信息安全技术术语》(GB/T 25069—2022)的定义，认证(certification)是认证机构证明产品、服务、管理体系符合相关技术规范或标准的合格评定活动。鉴别(authentication)是验证某一实体所声称身份的过程。但由于翻译的原因，authentication 往往翻译为认证，因此本章节中认证与鉴别同义，保留常用的表达习惯，认证和鉴别同时使用，尽量使用鉴别，符合国家标准。

9.1.2 认证依据

认证依据也称为认证因素、认证参数或认证信息，通常是指用于确认实体(声称者)身份的真实性或者其拥有的属性的凭证。目前，根据认证依据的特点主要有三大类：

（1）所知的秘密信息(knowledge)：实体(声称者)所掌握的秘密信息，如用户口令、验证码等。

（2）所有拥有的实物凭证(possesses)：实体(声称者)所持有的不可伪造的物理设备，如信物、通行证、智能 IC 卡、U 盾等。

（3）所具有的唯一性的特征(charecteristics)：实体(声称者)所具有的不可改变的特性，如生物特征指纹、人脸、声音、虹膜等生物学测定得来的标识特征，以及行为特征如鼠标使用习惯、键盘敲键力度等。

9.1.3 认证模型

如图 9-1 所示，认证基本模型由验证对象、认证协议、验证方、可信第三方(trusted third party，TTP)构成。其中，验证对象是需要认证的实体(请求方)，也称作声称方，认证协议是验证对象、验证者、可信第三方之间消息序列(协议消息)，使得验证方能够执行对请求方的某属性的鉴别。

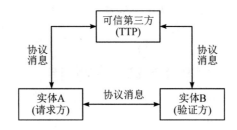

图 9-1 认证基本模型

图 9-1 中的连线表示潜在的信息流动，实体 A 和实体 B 可以直接交互，也可以分别通过 B 或 A 间接与可信第三方交互，或直接利用可信第三方发布信息。可信第三方不需要在所有实体及交换的每一个认证协议中都出现。

按照对验证对象要求提供的认证凭据的类型数量，认证类型可以分为单因素认证、双因素认证、多因素认证。根据认证过程中鉴别双方参与角色所依赖的外部条件，认证类型可分为单向认证、双向认证和第三方认证。单向认证中实体 A 称为请求方、实体 B 称为验证方；双向认证中，实体 A 和实体 B 既是请求方又是验证方。根据认证依据所利用的时间长度，认证可分为一次性口令(one time password，OTP)、持续认证(continuous authentication)。根据请求方需要验证的目的，认证通常分为消息认证(message authentication)和身份认证(identification authentication)。消息认证主要涉及验证消息的某种声称属性，一般是指对消息完整性的认证；身份认证更多涉及验证消息发送者声称的身份。下面将介绍消息认证和身份认证。

9.2　消息认证

9.2.1　消息认证的基本概念

消息认证是验证消息的真实性(的确是由它所声称的实体发来的)和完整性(未被篡改、插入、删除)的过程，同时还用于验证消息的顺序性和时间性(未重排、重放、延迟)。消息认证过程中验证的内容应包括：

(1) 证实消息的源和信宿。

(2) 消息内容的真实性和完整性。

(3) 消息的序号和时间先后。

由于消息认证一般在相应通信的双方之间进行，不一定是实时的，因此通常用消息认证码(message authentica code，MAC)实现消息认证。

9.2.2　消息认证码定义

消息认证码是指消息被一密钥控制的公开算法作用后产生的、用作认证的固定长度的数据块，也称为密码校验值或 MAC 值。生成 MAC 的算法简称 MAC 算法，其输入为密钥 K 和消息 M，输出为一个固定长度的比特串，具体形式如下：

$$\text{MAC} = C_K(M) \tag{9-1}$$

式中：M 为输入的消息(待验证的消息)，C 为消息认证码算法(或 MAC 算法)，K 为鉴别双方的共享密钥，MAC 为消息认证码。MAC 算法需要满足以下两个性质：

(1) 对任何密钥和消息，MAC 算法都能快速地计算。

(2) 对任何固定密钥，攻击者在没有获得密钥信息的情况下，即使得到一些"消息-MAC"对，但对任何新消息预测其 MAC 在计算上是不可行的。

消息认证码的目的是确认消息的确真实性、完整性以及消息源，其主要特点如下：

(1) 消息认证码算法能够接受任意长度的消息作为输入，并生成较短、固定长度的输出，这与 Hash 算法类似。但是与 Hash 算法不同的是，计算 MAC 值必须持有共享密钥，没有共享密钥的人无法计算 MAC 值。消息认证码正是利用共享密钥这一性质达到确认消息的真实性和消息源的目的。

(2) 与哈希算法一样，1 bit 消息的变化也可能会使 MAC 值产生变化，消息认证码利用这一特性来达到确认消息完整性的目的。因此，消息认证码也可以理解为是一种与密钥相关联的哈希算法。

(3) 消息认证算法不能提供数字签名，不具有抗否认功能。

(4) 可采用对称密码算法(包括分组密码、序列密码)、Hash 算法和公钥密码算法生成消息认证码。

9.2.3　基于分组密码的 MAC 算法

基于分组密码的 MAC 算法就是将一个密钥和分组长度为 n bit 的分组密码计算为 m bit 的消息认证码，其中 $n \geq m$。国家标准《信息技术 安全技术 消息鉴别码 第1部分：基于分组密码的机制(GB/T 15852.1—2020)》给出 8 个 MAC 算法，标准中介绍的第一个算法是 CBC-MAC 算法，其余 7 个是 CBC-MAC 的变种算法。下面仅介绍 CBC-MAC 算法，其算法基本结构如图 9-2 所示。

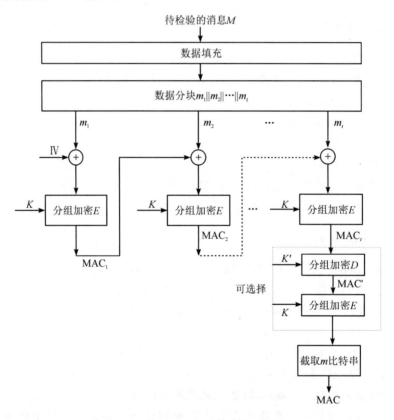

图 9-2　CBC-MAC 算法基本结构

CBC-MAC 算法的初始变量 IV 取值为零，首先对待检验的消息 M 填充，填充方法可参考 3.6 节分组密码尾部填充方法，然后进行分组加密，从最后一组密文串中截取需要的长度获得 MAC 值，分组的长度由所选的分组密码算法所决定。例如，若分组加密函数 E 的分组长度为 n bit，填充之后的分组为 t 个 n bit 分组，记为 $m_1, m_2, \cdots, m_t$，而用于 MAC 算法的加密函数 E 的密钥为 K，然后 MAC 值的计算过程如下：

$$\mathrm{MAC}_1 = E_K(m_1 \oplus \mathrm{IV})$$
$$\mathrm{MAC}_2 = E_K(m_2 \oplus \mathrm{MAC}_1)$$
$$\vdots$$
$$\mathrm{MAC}_t = E_K(m_t \oplus \mathrm{MAC}_{t-1})$$
$$\mathrm{MAC}' = D_{K'}(\mathrm{MAC}_t)$$

$$MAC'' = E_K(MAC')$$
$$MAC = LSB_m(MAC'') \text{ 或者 } MAC = MSB_m(MAC'')$$

(9-2)

式(9-2)中,MAC_1,MAC_2,$\cdots$,MAC_t,MAC',MAC''为计算的中间结果,$LSB_j(X)$表示比特串 X 最右侧的 j 比特,$MSB_j(X)$表示比特串 X 最左侧的 j 比特。

为了增强 CBC-MAC 算法的强度和安全性,可以再增加一个密钥 K',其中,$K' \neq K$,对最后一个分组进行 EDE2 模式三重加密,后面的增强处理过程可选。

9.2.4 基于序列密码的 MAC 算法

基于序列密码的 MAC 算法也很多,本小节只介绍基于祖冲之密码(ZUC 算法)的 MAC 算法,该算法是采用 ZUC 算法生成的 MAC,已在国密标准《祖冲之序列密码算法的第 3 部分:完整性算法》(GB/T0001.3—2012)中公布。

1. 算法的符号和缩略语

1) 算法符号

$\oplus$ 表示异或运算;$a \parallel b$ 表示字符串连接符;$\lceil x \rceil$ 表示向上取整,不小于 x 的最小整数;$\ll k$ 表示左移 k 位。

2) 算法缩略语

IK:MAC 算法的共享密钥。

KEY:ZUC 算法的初始密钥。

IV:ZUC 算法的初始向量。

MAC:消息认证码。

2. 算法的输入与输出

算法的输入参见表 9-1,输出参见表 9-2。

表 9-1 输 入 参 数 表

输入参数	长度/bit	备 注
COUNT	32	计数器
BEARER	5	承载层表示
DIRECTION	1	传输方向标识
IK	128	完整性密钥
LENGTH	32	输入消息比特长
M	LENGTH	输入消息

表 9-2 输 出 参 数 表

输出参数	长度/bit	备 注
MAC	32	消息认证

3. 算法工作流程

基于 ZUC 的 MAC 算法基本原理:首先根据输入参数 COUNT、BEARER、DIRECTION 按

照一定规则产生初始向量 IV；然后以完整性密钥 IK 作为 ZUC 算法的密钥，执行 ZUC
算法，输出 L 个字的密钥流，记为 z_0，z_1，$\cdots$，z_{L-1}；然后将 L 个字的密钥流重组，产生
$32(L-1)+1$ 个字密钥流，记为 k_0，k_1，$\cdots$，$k_{32(L-1)}$；然后将新产生的密钥流前 LENGTH
个字在消息比特流的控制下进行累加，最后再加上 k_{LENGTH}，$k_{32(L-1)}$ 并产生消息认证码，算
法工作流如图 9-3 所示。

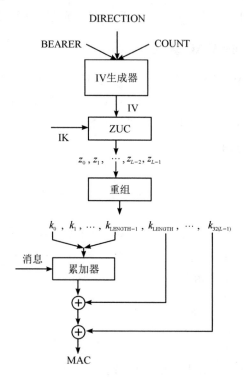

图 9-3 基于 ZUC 的 MAC 算法的工作流程

基于 ZUC 的 MAC 算法的详细工作流程如下：

1) 初始化

本算法的初始化主要是指根据完整性密钥 IK 和其他输入参数(见表 9-1)构造祖冲之
算法的初始密钥 KEY 和初始向量 IV。

记完整性密钥：
$$\text{IK}=\text{IK}[0] \parallel \text{IK}[1] \parallel \text{IK}[2] \parallel \cdots \parallel \text{IK}[15] \tag{9-3}$$

祖冲之算法的初始化密钥：
$$\text{KEY}=\text{KEY}[0] \parallel \text{KEY}[1] \parallel \text{KEY}[2] \parallel \cdots \parallel \text{KEY}[15] \tag{9-4}$$

在式(9-3)和式(9-4)中，$\text{IK}[i]$、$\text{KEY}[i]$ ($0 \leqslant i \leqslant 15$)都是 8 bit 的字节，则有
$$\text{KEY}[i]=\text{IK}[i], 0 \leqslant i \leqslant 15 \tag{9-5}$$

把计数器 COUNT(32 bit)表示为四个字节：
$$\text{COUNT}=\text{COUNTE}[0] \parallel \text{COUNTE}[1] \parallel \text{COUNTE}[2] \parallel \text{COUNTE}[3] \tag{9-6}$$
式中：$\text{COUNT}[i]$ 为 8 bit 的字节，$i=0，1，2，3$。

设祖冲之算法的初始向量 IV 为
$$\text{IV}=\text{IV}[0] \parallel \text{IV}[1] \parallel \text{IV}[2] \parallel \cdots \parallel \text{IV}[15] \tag{9-7}$$

式中：$IV[i]$（$0 \leqslant i \leqslant 15$）都是 8 bit 的字节，则有

$IV[0]=COUNTE[0]$，$IV[1]=COUNTE[1]$

$IV[2]=COUNTE[2]$，$IV[3]=COUNTE[3]$

$IV[4]=BEARER \parallel 000_2$，$IV[5]=00000000_2$

$IV[6]=00000000_2$，$IV[7]=00000000_2$

$IV[8]=IV[0] \oplus (DIRECTION \ll 7)$，$IV[9]=IV[1]$

$IV[10]=IV[2]$，$IV[11]=IV[3]$，$IV[12]=IV[4]$，$IV[13]=IV[5]$

$IV[14]=IV[6] \oplus (DIRECTION \ll 7)$，$IV[9]=IV[7]$

2）产生密钥流

利用初始密钥 KEY 和初始向量 IV，执行 ZUC 算法产生 L 个 32 位完整性密钥字流 $z_0, z_1, \cdots, z_{L-1}$（其中 $L=\lceil LENGTH/32 \rceil+2$）；将 $z_1, \cdots, z_{L-1}$ 用比特串表示为 $k[0]$，$k[1], \cdots, k[31], k[32], \cdots, k[32L-1]$，其中 $k[0]$ 为 ZUC 的第一个密钥字 z_0 的最高位比特，$k[31]$ 为密钥字 z_0 最低位比特，其他以此类推。

为了计算 MAC 值，需要把比特串 $k[0], k[1], \cdots, k[31], k[32], \cdots, k[32L-1]$ 重新组合成新的 $32(L-1)+1$ 个 32 位密钥字，记为 k_i：

$$k_i=k[i] \parallel k[1] \parallel \cdots \parallel k[i+31], \quad i=0, 1, 2, \cdots, 32 \times (L-1) \qquad (9-8)$$

3）计算 MAC 值

若需要计算消息认证码输入的二进制比特序列 $M=m[0], m[1], \cdots, m[LENGTH-1]$，则设置临时变量 T 为一个 32 bit 的字变量，消息认证码计算过程如下：

（1）初始化 $T=0$。

（2）循环累加

     FOR（$i=0, i<LENGTH-1; i++$）

       IF $m[i]=1$ THEN $T=T \oplus k_i$

     END FOR。

（3）$T=T \oplus k_{LENGTH}$。

（4）$MAC=T \oplus k_{32 \times (L-1)}$。

9.2.5 基于哈希算法的 MAC 算法

前面我们介绍了采用分组密码和序列密码算法生成 MAC 算法，本节我们将介绍基于 Hash 算法的 MAC 算法，即 HMAC。

HMAC 是由 H. Krawezyk、M. Bellare、R. Canetti 于 1996 年提出的一种基于 Hash 算法和密钥生成 MAC 值的方法，已在 RFC2104 中公布，并在 IPSec 其他网络协议（如 SSL）中得以应用。HMAC 所能提供的消息认证包括以下两方面的内容：

（1）消息完整性鉴别：能够证明消息内容在传送过程中没有被修改。

（2）信源身份认证：因为通信双方共享了鉴别的密钥，接收方能够鉴别发送该数据的信源与所宣称的一致，即能够可靠地确认接收的消息与发送的一致。

1. HMAC 的设计目标

RFC2104 列举了 HMAC 的以下设计目标：

（1）不必修改而直接使用现有 Hash 函数。特别地，很容易免费得到软件上执行速度较

快的 Hash 算法及其代码。

（2）如果找到或者需要更快、更安全的 Hash 算法，应能很容易地替代原来嵌入的 Hash 函数。

（3）应保持 Hash 算法原有的性能，不因用于 HMAC 而使其性能降低。

（4）以简单的方式使用和处理密钥。

（5）如果已知嵌入的 Hash 算法的安全强度，易于分析 HMAC 用于鉴别时的安全强度。

其中，（1）和（2）是 HMAC 被公众普遍接受的主要原因，这两个目标是将 Hash 算法当作一个黑盒使用，这种方式有两个优点：第一，Hash 函数可作为实现 HMAC 的一个模块，这样 HMAC 代码中就可直接使用原有的 Hash 算法的代码；第二，如果 HMAC 要求使用更快或更安全的 Hash 算法，则只需要用安全性能更好的 Hash 算法模块取代原有的 Hash 算法，如用实现 SHA-1 的模块代替 MD5 的模块。（5）则是 HMAC 优于其他基于 Hash 算法的 MAC 的一个主要方面，HMAC 在其嵌入的 Hash 算法具有合理安全强度的假设下可证明是安全的。

2. HMAC 算法描述

HMAC 算法在计算前需要进行预定义和预处理。图 9-4 所示是 HMAC 的算法框图。

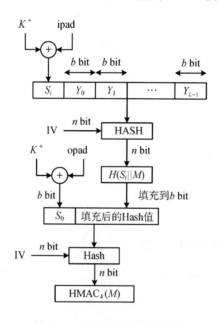

图 9-4　HMAC 的算法框图

图 9-4 中，H 为嵌入的 Hash 算法（如 MD5、SHA-1 等）；M 为 HMAC 的输入消息（包括 Hash 算法所要求的填充位）；$Y_i(0 \leqslant i \leqslant L-1)$ 是 M 的第 i 个分组，L 是 M 的分组数；b 是一个分组中的比特数（对 HMAC-MD5 算法和 HMAC-SHA-1 算法而言，$b=512$ bit）；n 为由嵌入的 Hash 算法所产生的 Hash 值的长度（对 HMAC-MD5 算法而言，$n=128$ bit；对 HMAC-SHA-1 算法而言，$n=160$ bit）；K 为密钥，密钥 K 的长度可以是小于 b bit 的任意长度，如果密钥 K 的长度超过 b，那么要先用 Hash 算法对密钥进行预处理，将密钥输入 Hash 算法中产生一个 n bit 长的密钥，然后左边填充 0，记为 K^+，表示进行预处理后得到的结果，K^+ 的长度为 b bit；ipad 表示重复计算 $b/8$ 次 0x36，即二进制表示为

00110110，则 ipad＝0x363636…36；opad 表示重复计算 $b/8$ 次 Ox5c，即二进制表示为
01011010，则 opad＝0x5c5c5c…5c；IV 表示初始变量。

HMAC 算法的输出可表示为

$$\text{HMAC}_k = H\big[(K^+\oplus \text{opad}) \| H[(K^+\oplus \text{ipad}) \| M]\big] \tag{9-9}$$

算法的具体过程可描述如下：

（1）K 的左边填充 0 以产生一个 b bit 长的 K^+（例如，HMAC-SHA-1 中，若 K 的长
为 160 bit，$b＝512$，则需填充 44 个零字节 $K^+＝0x00…00 \| K$。若 K 的长度为大于
512 bit，则需要预先将 K 输入 SHA-1 中，得到 160 bit 的哈希值 K'，再填充 44 个零字节
$K^+＝0x00…00 \| K'$）。

（2）K^+ 与 ipad 逐比特异或以产生 b bit 的分组 S_i（ipad＝0x363636…36）。

（3）将 M 连接到 S_i。

（4）将 H 作用于步骤（3）产生的数据流。

（5）K^+ 与 opad 逐比特异或，以产生 b bit 长的分组 S_0。

（6）将步骤（4）得到的 Hash 值连接在 S_0 后。

（7）将 H 作用于步骤（6）产生的数据流并输出最终结果。

注意，K^+ 与 ipad 逐比特异或以及 K^+ 与 opad 逐比特异或的结果是将 K 中的一半比特
取反，但两次取反的比特的位置不同。而 S_i 和 S_0 通过 Hash 算法中压缩函数的处理，则相
当于以伪随机方式由 K 产生两个密钥。

9.2.6 消息认证码的使用方式

前面给出了三种 MAC 算法，本节我们介绍三种常见的基于消息认证码进行消息认证
的使用方式。假设 $C_K(\cdot)$ 是 MAC 算法，K 为消息认证前双方共享的密钥，消息认证的前
提条件是通信认证双方已共享这一密钥 K。

设 Alice 欲发送给 Bob 的待检验消息是 M，Alice 首先计算 MAC＝$C_K(M)$，然后向
Bob 发送 $M \| \text{MAC}$，Bob 收到 Alice 发送消息后，把消息分解为两部分，得到 M 和 MAC，
完成与 Alice 相同的计算，求得一新 MAC'，并与收到的 MAC 做比较，若一致则验证通过，
否则不通过，具体过程如图 9-5 所示。

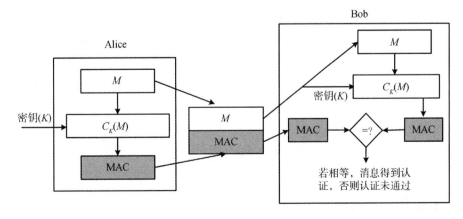

图 9-5 基于 MAC 的消息认证过程

如果仅收发双方知道密钥 K，且 Bob 计算得到的 MAC′ 与接收到的 MAC 一致，则这一过程就实现了以下功能：

（1）Bob 可以验证 Alice 发来的消息的完整性，因为攻击者不知道 Alice 和 Bob 双方协商的密钥 K，所以无法计算出正确的 MAC 值，而 Bob 可以通过比较 MAC 值的不同，识别消息的完整性。

（2）Bob 相信消息来源于 Alice，这是因为除收发双方外再无其他人知道密钥，因为其他人不可能通过输入待检验的 M 计算出正确的 MAC。

（3）上述过程中，由于消息本身在发送过程中是明文形式，所以这一过程只提供消息认证(完整性、真实性及消息源的验证)，但不提供消息的保密性。

为了在鉴别的同时保证机密性，可在 $C_K(M)$ 调用之后，对需要保密的数据加密，若采用对称密码算法，则加密密钥也需被收发双方共享，具体过程如图 9-6 所示。

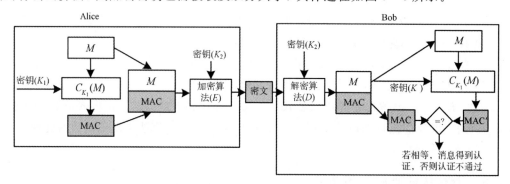

图 9-6　消息的认证与机密性(与明文相关)

图 9-6 中，M 与 MAC 连接后再被整体加密，消息的认证与明文相关。也可以使用如图 9-7 的方式，M 先被加密再与 MAC 连接后发送，消息的认证与密文相关，两种方式都达到了消息认证和机密性的目的。

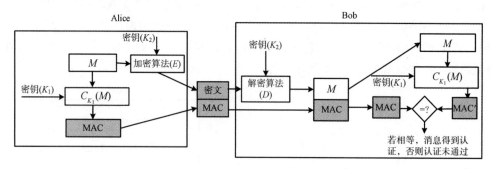

图 9-7　消息认证与机密性(与密文相关)

9.3　身份认证

9.3.1　身份认证概述

身份认证是证实被认证实体(包括人和事)是否是其声称的实体的过程。比如某人说她是 Alice，认证系统的任务就是给出她是否是 Alice 的结论。如果认证系统给出的结论是她确实是 Alice，那么我们就说她通过了认证；若是冒充的 Alice，则不能通过认证。通过了认证，就基本上保证了她就是 Alice，就允许 Alice 在所具有的权利范围内做相关事情。

保障实体身份的真实性，是网络信息系统的第一道防护关卡。身份认证是用可靠的技术验证某个实体身份的过程。一般的身份认证过程是这样的：Alice 出示她就是 Alice 的证据，认证系统验证她出示的证据与认证系统中存储的证据是否相匹配；如果匹配，则通过认证；如果不匹配，则认证失败或没有通过认证。

由身份认证的一般过程可知，身份认证系统一般由三部分组成：一是示证者，又称申请者，即出示证据者；二是验证者，查验示证者提交的证据的合法性和正确性；三是攻击者，是偷听或冒充示证者，骗取验证者的信赖。另外，有的身份认证系统还有可信第三方，比如，在以 PKI 构建的身份认证系统中，可信第三方(CA)是用户身份认证管理的核心，是由 CA 集中管理并颁发数字身份证书来进行身份认证的，是一套中心化的认证体系。

常见的身份认证技术主要分为基于口令的身份认证、基于信任物体的身份认证、基于生物学的身份认证、基于密码学的身份认证和基于零知识证明的身份认证技术。

但不管采用什么认证技术，身份认证都是基于三种事实来进行认证：你所知道的东西，比如用户知道自己的口令；你所拥有的信任物体，比如你拥有的信用卡、IC 卡；你是谁，比如你的指纹、视网膜等。

9.3.2　基于口令的身份认证技术

利用口令进行用户身份的认证是目前最常用的技术，在目前几乎所有需要对数据加以保密的系统中，都引入了口令认证机制，其主要优点是简单易行。

1. 安全口令

口令是由数字、字母或者字母和数字(甚至还包括控制字符)混合组成的，可以由用户自己选择，也可由系统随机产生。由于系统产生的口令不便记忆，用户自己选择的口令虽然容易记忆，但如果选择不恰当，也容易被攻击者猜中。为了防止攻击者猜测出口令，选择安全的口令应满足以下要求：

(1) 口令长度适中。

如果口令太短，很容易被攻击者用穷举法猜中。

(2) 不回送显示。

在用户输入口令时，登录程序不应该将该口令回送到屏幕上，以防止被附近的人发现。通常，系统会显示"＊"号或者干脆什么都不显示。

(3) 记录和报告。

若有记录和报告功能，则该功能可用于记录所有用户登录进入系统和退出系统的时间，也可以用来记录和报告攻击者非法猜测口令的企图及所发生的与安全性有关的其他不轨行为，这样更能及时地发现攻击者对系统安全性的攻击。

(4) 自动断开连接。

为了给攻击者猜中口令增加难度，在口令机制中应该引入自动断开连接的功能，即只允许用户输入有限次数的不正确口令(通常规定 3～5 次)；如果用户输入不正确口令的次数超过规定的次数，系统就会自动断开该用户所在终端的连接。当然，用户还可以重新请求登录，但若再重新输入指定次数的不正确口令后仍未猜中，则系统会再次断开连接。很显然，这种自动断开连接的功能，无疑给攻击者增加了猜中口令的难度。

虽然目前基于口令的身份认证使用很广泛，但总的来说这种方式存在严重的安全问题。它是一种单因子认证，安全性依赖口令，一旦口令泄露，用户即可被冒充。更为严重的是用户往往选择简单、容易被猜中的口令(如与用户名相同的口令、将生日作为口令等)，这个问题往往成为安全系统最薄弱的突破口。因此，用户在设置口令时应注意：用户名与口令不要相同、口令的第 1 个字符不要用数字、设置口令时数字与字符并存、设置口令时字符个数不要太短(一般要 6 个字符以上)、设置口令时不要使用一般化名称(如 John、Mary、Microsoft、Network 等)和大家都喜爱的文字或数字等。

当前，一些用户也采取常见口令经过加密后存放在口令文件中的方式，但是如果口令文件被截取，那么攻击者也可以进行离线的穷举攻击，这也是攻击者常用的手段之一。

2. 静态口令鉴别机制

当前，最基本、最常用的身份认证技术大都基于静态口令，属于最简单、传统的鉴别方法。静态口令鉴别机制一般分为两个阶段：第 1 阶段是身份认证阶段，确认对象是谁；第 2 阶段是身份验证阶段，获取身份信息进行验证。

一个简单的静态口令身份认证系统为每个用户维护一个二元组信息(用户 ID、口令)，登录系统时用户输入自己的 ID 和口令，鉴别服务器根据用户输入的信息和自己维护的信息进行匹配来判断用户身份的合法性，如图 9-8 所示。

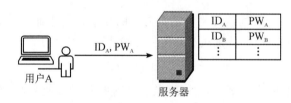

图 9-8　基于明文存储方式的静态口令鉴别机制

图 9-8 中的口令直接以明文的方式存储，这种存储方式风险很大，任何人只要得到存储口令的数据库，就可以得到全体人员的口令。因此，在目前身份认证系统中，服务器中存储的是口令哈希值而不是口令明文，如图 9-9 所示。

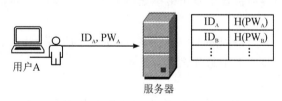

图 9-9　基于哈希值存储方式的静态口令鉴别机制

存储口令哈希值方式的优点在于攻击者即使获得了口令文件，要想通过哈希值计算出原始口令也是十分困难的。相对来说，这种存储方式增强了安全性。但该方式也存在字典攻击等安全隐患。例如，若攻击者可事先计算好各种长度字符串的哈希值，并将其存放在文件(称为字典)中，一但攻击者得到了存在服务器中的口令文件，直接和字典中的值相匹配，即可知道用户的口令(字典攻击)。为了进一步增强口令安全性，有研究者提出了加盐哈希值存储方法(如图 9 - 10 所示),其盐值可以是用户邮箱、用户手机等。

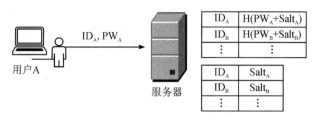

图 9 - 10　基于加盐哈希值存储方式的静态口令鉴别机制

基于加盐的哈希存储方式可以增加字典攻击中彩虹表碰撞的难度。除了上述三种常见方式,还可以采用存储口令的消息认证码等其他方式。

静态口令鉴别机制具有用户使用简单、方便,线路上传输的数据量最小,后台服务器数据量调用最小,速度也最快,实现的成本最低等优势;但在口令强度、口令传输、口令验证、口令存储等许多环节都存在严重的安全隐患,可以说是最不安全的身份认证技术。

3. 动态口令鉴别机制

静态口令鉴别机制实际上在一定时间内的口令是不变的,而且可以重复使用。由于口令极易被嗅探窃取,还容易受到穷举攻击或字典攻击,因此为了把由于口令泄露所造成的损失减少到最小,用户应该经常更换口令。更换口令的周期可以根据实际情况定为 1 个月、1 个星期或 1 天,一种极端的做法是采用一次性口令(one time password)鉴别机制,本质上就是动态口令鉴别机制。动态口令鉴别机制有多种,下面简单介绍最常用的几种。

1) 口令表鉴别机制

口令表鉴别机制要求用户必须提供一张记录有一系列口令的表,并将表保存在系统中,系统为该表设置了一指针用于指示下次用户登录时所应使用的口令。这样,用户在每次登录时,登录程序便将用户输入的口令与该指针所指示的口令相比较,若相同便允许用户进入系统,同时将指针指向表中的下一个口令。因此,使用口令表认证技术,即使攻击者知道本次用户登录时所使用的口令也无法进入系统。但应注意,用户所使用的口令表必须妥善保存。

2) 双因子鉴别机制

20 世纪 80 年代,针对静态口令鉴别机制的缺陷,美国科学家 Leslie Lamport 提出了利用哈希函数产生动态(一次性)口令的思想,即每次用户登录时使用的口令是动态变化的。1991 年贝尔通信研究中心用 DES 加密算法研制了基于一次性口令思想的挑战/应答式(challenge/response)动态密码身份认证系统(S/KEY);之后,更安全的基于 MD4 和 MD5 的散列算法的动态密码身份认证系统也研制成功。为了克服挑战/应答式动态口令身份认证系统的使用过程烦琐、占用时间过多等缺点,美国 RSA 公司研制成功了基于时间同步的动态口令(RSA SecureID)。

一次性口令是变动的口令,其变化来源于产生密码的运算因子是变化的。一次性口令的产生因子一般采用双运算因子:一个是用户的私有密钥;一个是变动的因子。变动因子可以是时间,也可以是事件,形成基于时间同步、事件同步、挑战/应答非同步等不同的一次性口令鉴别机制。

时间同步一般以 1 min 作为变化单位；事件同步是把变化的数字序列(事件序列)作为密码产生器的一个运算因子，与用户的私有密钥共同产生动态密码。同步是指每次进行身份认证时，鉴别服务器与密码卡保持相同的事件序列。挑战/应答式的变动因子是由鉴别服务器产生的随机数序列，每个随机数都是唯一的，不会重复使用，并且由同一个地方产生，因而不存在同步的问题。下面简单介绍基于一次性口令的身份认证系统(S/KEY)，目前S/KEY 已经作为标准的协议 RFC1760 来使用。

(1) S/KEY 的认证过程(如图 9-11 所示)。

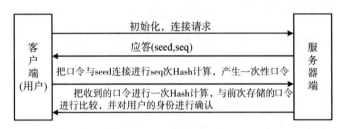

图 9-11　S/KEY 的认证过程

① 用户向身份认证服务器提出连接请求。

② 服务器返回应答，并附带两个参数(seed，seq)。

③ 用户输入口令，系统将口令与 seed 连接，进行 seq 次 Hash 计算(Hash 函数可以使用 SHA-256 或 SM3)，产生一次性口令，传给服务器。

④ 服务器端必须存储一个文件，该文件存储每个用户上次登录的一次性口令。服务器收到用户传过来的一次性口令后，再进行一次 Hash 计算，与先前存储的口令进行比较，若匹配，则通过身份认证并用这次的一次性口令覆盖原先的口令；下次用户登录时，服务器将送出 $seq' = seq - 1$，如果客户确实是原来的那个真实用户，那么其进行 $seq - 1$ 次 Hsah计算的一次性口令应该与服务器上存储的口令一致。

(2) S/KEY 的优点。

① 用户通过网络传送给服务器的口令是利用秘密口令和 seed 经过 SHA-256(或 SM3)生成的密文，用户拥有的秘密口令并没有在网上传播，所以即使黑客得到了口令的哈希值，由于哈希算法固有的非可逆性，要想破解哈希值在计算上是不可行的；在服务器端，因为每一次身份认证成功后，seq 自动减 1，这样下次用户连接时产生的口令同上次生成的口令是不一样的，从而有效地保证了用户口令的安全。

② 实现原理简单，哈希函数可以用硬件来实现，提高了运算效率。

(3) S/KEY 的缺点。

① 会给用户带来一些麻烦(如口令使用一定次数后就需要重新初始化，因为每次 seq都要减 1)。

② S/KEY 的安全性依赖散列算法(SHA-256/SM3)的不可逆性，由于算法是公开的，当有关这种算法可逆计算的研究有了突破或能够被破译时，系统将会被迫重新使用其他安全算法。

③ S/KEY 系统不使用任何形式的会话加密，因而没有保密性。如果用户想要阅读其在远程系统中的邮件或日志，这会在第 1 次会话中成为一个问题；而且由于有 TCP 会话的

攻击，这也会对用户构成威胁。

④ 所有一次性口令系统都会面临密钥的重复这个问题，这会给入侵者提供入侵机会。

⑤ S/KEY 需要维护一个很大的一次性密钥列表，有的一次性口令系统甚至让用户把所有使用的一次性密钥列在纸上，这对于用户来说是非常麻烦的事情；此外，有的提供硬件支持，这就要求使用产生密钥的硬件来提供一次性密钥，但这又要求用户必须安装此类硬件。

9.3.3　基于信任物体的身份认证技术

基于信任物体的身份认证是出示用户所拥有的信任物体进行认证，也称为物理身份认证。其实，这是我们最熟悉的认证方法，也是工业社会的主流认证方法，比如介绍信、证明、学生证、第一代身份证等。在网络时代，基于信任物体的身份认证则发展成为了认证令牌，比如信用卡、IC 卡等。基于信任物体的身份认证的缺点：可能被盗，须与其他安全机制配合使用，比如银行卡转账除了需要输入动态口令卡产生的动态口令，还需配合输入手机交易码。

另外，手工签名认证也属于基于信任物体的身份认证，这也是最经典的认证方法，且有专家能够准确地判断出两个签名是否来自同一个人。传统的手工签名认证是基于法律保障的，伪造签名将会受到法律制裁，因而伪造签名的较少。现代的手工签名认证需要被认证者在电子版本上签名，但目前这种方法还没有达到专家的认证水平。

9.3.4　基于生物学的身份认证技术

随着技术的发展，更高级的身份认证是根据授权用户的个人特征来进行认证，它是一种可信度高而又难以伪造的认证方法（该方法在刑事侦破案件中早就使用了）。生物特征识别（biometrics）是指为了进行身份认证而采用自动技术对个体生理特征或个人行为特点进行提取，并将这些特征或特点同数据库中已有的模板数据进行比对，从而完成身份认证识别的过程。个人特征有静态的和动态的，比如容貌、肤色、发长、身材、姿势、手印、指纹、脚印、唇印、颅像、说话声音、脚步声、体味、视网膜、虹膜、血型、遗传因子、笔迹、习惯性签名、打字韵律以及外界刺激的反应等。由于个人特征都具有因人而异和随身携带的特点，不会丢失和难以伪造，非常适合于个人身份的鉴别。

1. 基于生物学的认证系统

通用生物特征识别系统包含数据采集子系统、信号处理子系统、数据存储子系统、比对子系统和决策子系统，完成生物特征识别的注册、验证和辨识三种身份认证功能，如图 9-12 所示。

1）注册

数据采集子系统通过传感器获取个体的生物特征样本，传输至信号处理子系统进行特征提取得到生物特征模板，生物特征样本和生物特征模板作为生物特征参考，保存至数据库中。

2）验证

数据采集子系统通过传感器获取个体的生物特征样本，传输至信号处理子系统进行特

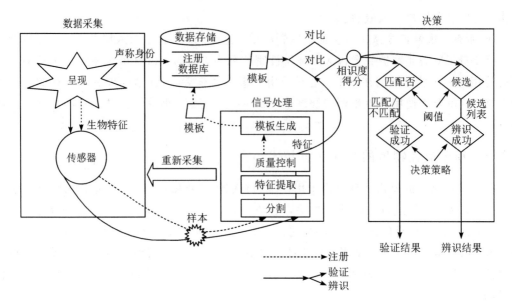

图 9-12　通用生物特征识别系统概念图

征提取得到生物特征,与已存储的生物特征模板进行 1∶1 的特征比对,确认是否匹配,得到身份验证结果。

3)辨识

数据采集子系统通过传感器获取个体的生物特征样本,传输至信号处理子系统进行特征提取得到生物特征,与已存储的生物特征模板进行 1∶N 的特征比对,确认是否匹配并得到身份辨识结果。

2. 基于生物学的身份认证方法

基于生物学的身份认证方法主要有指纹认证、虹膜认证、视网膜认证、人脸认证、语音认证、静脉认证、行为识别和基因组识别等。接下来简单介绍一下指纹认证、虹膜认证、视网膜认证、人脸认证、语音认证、静脉认证。

1)指纹认证

传统的身份认证存在诸多不足:根据人们知道的内容(如密码)或持有的物品(如身份证、卡、钥匙等)来确定其身份,内容的遗忘或泄露、物品的丢失或复制都使其难以保证身份认证结果的唯一性和可靠性。

指纹是指人的手指末端正面皮肤上的一些凹凸不平的乳突线,每个指纹都有几十个独一无二、可测量的特征点,而每个特征点大约都有 5 至 7 个特征。利用人体唯一的和不变的指纹进行身份认证,将克服传统身份认证的不足。此外,由于生物特征是人体的一部分,因此无法更改和仿制。指纹认证是指通过比较不同指纹的细节特征点进行身份认证的一种生物特征识别技术,所以,利用指纹进行身份认证比传统的身份认证更具有可靠性和安全性。

指纹认证系统是利用人类指纹的独特特性,通过特殊的光电扫描和计算机图像处理技术,对活体指纹进行采集、分析和对比,自动、迅速、准确地鉴别出个人身份。根据国家标准《信息安全技术 指纹认证系统技术要求》(GB/T 37076—2018),指纹认证系统技术流程如图 9 - 13 所示。

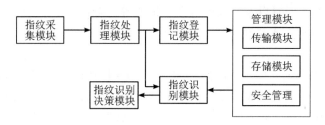

图 9 - 13 指纹认证系统技术流程框图

指纹认证系统包含指纹采集、指纹处理、指纹登记、指纹识别、指纹识别决策和管理等功能模块。这些模块用以实现指纹登记、指纹验证以及指纹辨识三种基础身份认证功能。指纹登记功能为用户创建指纹特征参考，并将其作为鉴别用户身份唯一标识的依据；指纹验证功能是某使用者所声称的身份以及提供的指纹特征，并将其身份进行鉴别，验证用户的真实身份是否与其声称的身份一致；指纹辨识功能用以确定某使用者已经注册在系统中，如果是则确定其身份。指纹认证系统工作流程如 9 - 14 所示。

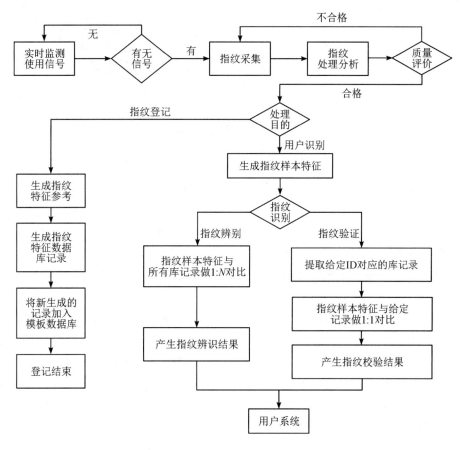

图 9 - 14 指纹认证系统工作流程框图

目前，指纹认证系统在金融科技、民生服务和公共安全等领域得到了广泛的应用，如指纹智能锁以及银行、支付宝、微信等指纹支付方式。另外一些国家如美国、菲律宾、南非、牙买加等已经将自动指纹身份认证系统作为身份认证或社会安全卡的有机组成部分，可以有效地防止欺诈、假冒以及一人申请多个护照等。而我国 2011 年 10 月通过立法规定二代居民身份证要加载个人指纹信息。

2）虹膜认证

虹膜是瞳孔与巩膜之间的环形可视部分，是人眼中位于角膜和晶状体之间的生物体，具有终生不变性和差异性。虹膜认证是基于眼睛中的虹膜特征进行身份认证的一种生物特征识别技术。虹膜作为身份标识具有生物活性、非接触性、唯一性、稳定性、防伪性、精度高等优势，但虹膜认证存在受识别距离限制及依赖光学设备等问题，其应用范围低于指纹认证和人脸认证。但随着二十多年的发展，技术、成本的不断变化，虹膜认证已经在我国煤矿工人考勤、监狱犯人管理、银行金库门禁、边境安检通关、军队安保系统、考生身份验证等领域应用。

虹膜特征是对虹膜图像进行特征分析，生成能区分个体的唯一的特征数据序列。虹膜认证系统是基于虹膜的特征对个体进行自动识别的系统，如图 9-15 所示。虹膜认证系统一般包括图像采集、图像处理分析、虹膜登记处理、用户识别处理、数据存储、传输管理、回答信息处理等功能模块。

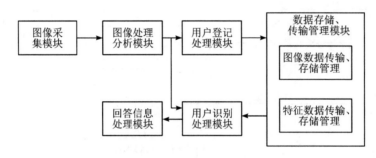

图 9-15　虹膜认证系统

虹膜认证系统可实现两种基本功能：虹膜登记和用户识别。进行虹膜登记或用户识别时，由图像采集模块采集用户虹膜图像，经图像处理分析模块处理，当进行虹膜登记时，由虹膜登记处理模块生成虹膜登记信息并存入数据库；当进行用户识别时，由用户识别处理模块生成用户识别信息并将识别信息与登记信息进行比对，得出识别结果。

3）视网膜认证

人的视网膜血管(视网膜脉络)的图样具有良好的个人特征。这种基于视网膜的身份认证系统的基本原理是：利用光学和电子仪器将视网膜血管图样记录下来，一个视网膜血管的图样可以压缩为小于 35 字节的数字信息。可根据图样的节点和分支的检测结果进行分类识别，需要获得被识别人的允许。研究已经表明，基于视网膜的身份认证效果非常好，如果注册人数小于 200 万，那么错误率为 0，而所用时间为秒级。目前，在安全性和可靠性要求较高的场合(如军事和银行系统中)已采用，但其成本较高。

4）人脸认证

人脸认证(face recognition)是基于人的脸部特征信息自动进行身份认证的一种生物特征识别技术，为脸面识别、人像识别、相貌识别等。广义的人脸认证包括构建人脸认证系统的一系列相关技术，包括人脸视图采集、人脸定位、人脸认证预处理、身份确认及身份查找等；而狭义的人脸认证特指通过人脸进行身份确认或者查找的计算和系统。此外，部分场景下还可能涉及质量评价、活体检测等算法模块。

目前人脸认证的应用模式主要包括以下三种：

（1）人脸验证（face verification）。

人脸验证简单来说就是判定两张人脸图像是否属于同一个人，常用于身份认证如人证核验。人脸验证流程包括源数据采集、源数据特征提取、特征对比、目标数据采集、目标数据特征提取和一致性核验等，基本流程如图 9-16 所示。

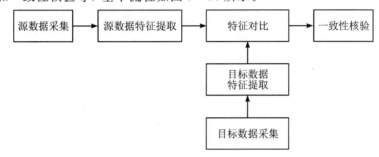

图 9-16　人脸验证流程

（2）人脸辨识（face identification）。

人脸辨别则一般指通过所给的一张人脸图像，判断其是否在注册库中，若在则返回具体的身份信息，常用方法为静态检索或动态布控。

采用人脸认证技术进行目标人身份的辨识过程包括源数据入库和目标数据辨识，如图 9-17 所示。

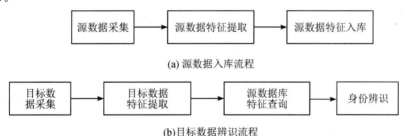

(a) 源数据入库流程

(b) 目标数据辨识流程

图 9-17　人脸认证流程

源数据入库具体流程包括：

① 源数据采集：获取源数据，根据不同的应用场景，可包括视读相片、机读相片或者关联相片的一种或几种。

② 源数据特征提取：提取源数据的人脸特征。

③ 源数据特征入库：将源数据入库，产生人脸特征辨识底库。

而目标数据辨识具体流程包括：

① 目标数据采集：线程采集目标辨识数据，即目标人相片。

② 目标数据特征提取：提取目标数据的人脸特征。

③ 源数据库特征查询：将目标数据特征和源数据特征底库中的源数据特征进行比对，得到相似度得分。

④ 身份辨识:根据相似度得分进行目标人在源数据库中的身份辨识。

(3) 人脸聚类(face clustering)。

人脸聚类则是对给定的一批人脸图像,将相同的人的图形归到同一类,不同的人划分为不同的类,常见的应用有智能库相册、一人一档等。

近年来,随着人工智能、计算机视觉、大数据、云计算、芯片等技术迅速发展,人脸认证精度指标不断提高。人脸认证技术也凭借并发性、非接触、操作简便和用户体验好等优势在各种场景中得以成功应用。例如,2015 年基于人脸认证的人证核查系统在国内酒店陆续使用,该系统连接公安系统极大地提高了酒店人员身份核验工作的效率,也为公安机关追查嫌犯提供了必要的线索。目前,国内各大机场、高铁站等安检口和登机口陆续采用人脸认证一体机实现人证核验自动化流程。2019 年,广州市公交集团自推出刷脸乘车服务以来,各种刷脸门禁系统已普遍使用。

此外,在人脸认证标准化方面,全国防伪标准化技术委员会(SAC/TC218)发布了国家标准《生物特征识别防伪技术要求 第 1 部分:人脸识别》。全国金融标准化技术委员会(SAC/TC 180)发布了国家标准《金融服务 生物特征识别 安全框架》,并且正在制定《人脸识别技术线下支付安全应用规范》等生物特征识别行业标准。公安部社会公共安全应用基础标准化技术委员会发布了行业标准《视频图像分析仪 第 4 部分:人脸分析技术要求》。全国信息安全标准化技术委员会(SAC/TC260)发布了国家标准《信息安全技术 远程人脸识别系统技术要求》。

在远程人脸识别系统技术要求(GB/T 38671—2020)中,规定了采用人脸识别技术在服务器进行身份认证的信息系统功能、性能和安全要求、安全保障要求,并给出了远程人脸识别系统参考模型,如图 9 - 18 所示。

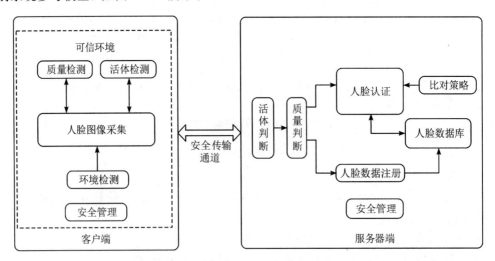

图 9 - 18　远程人脸识别系统参考模型

远程人脸识别系统由客户端、服务器端、安全传输通道组成。系统由客户端实现人脸采集,经由安全传输通道传输,在服务器端远程进行对比。客户端由环境监测、人脸图像采集、活体检测、质量检测、安全管理等模块组成,模块通常在可信环境中执行。服务器端由活体判断、质量判断、人脸数据注册、人脸数据库、人脸认证、对比策略、安全管理等模块组成。具体各模块功能可参见国家标准《信息安全技术 远程人脸识别系统技术要求》(GB/T 38671—2020)。

（4）语音认证。

每个人的说话声音都各有其特点，人对于语言的识别能力极强，即使在强干扰下也能分辨出某个熟人说话的声音。在军事和商业通信中常常靠听对方的语音来实现个人身份的认证。比如，可将由每个人讲的一个短语分析出来的全部特征参数存储起来，如果每个人的参数都不完全相同就可以实现身份认证，这种存储的语音称为语音声纹（voice-print）。当前，电话和计算机的盗用十分严重，语音认证技术还可以用于防止黑客进入语音函件和电话服务系统。

（5）静脉认证。

静脉认证是利用人体静脉血液中的血红素具有对近红外光吸光的特性，通过静脉认证算法，实现对人的身份认证，具有安全可靠、静脉认证精度高等特点。据悉成年人的手静脉分布特征终生不变且两个人手静脉结构恰好相同的概率是 34 亿分之一。静脉认证一般有穿透和反射两种成像方式，最常见的静脉认证部位包括指静脉和掌静脉，其中指静脉认证通常使用穿透方式成像，掌静脉认证通常使用反射方式成像。

手静脉认证技术最早由英国的 Joseph Rice 在 1983 年发明，并命名为 Veincheck。在 Joseph Rice 发明 Veincheck 技术后，日本和韩国也先后开始相关方面的研究，其中日本在 1992 年左右就开始了手静脉技术的相关研究，韩国则以手背静脉认证技术为主，我国国内于 2004 年开始进行静脉认证的研究。目前静脉认证技术已经在我国煤矿工人考勤、监狱犯人管理、银行金库门禁、边境安检通关、军队安保系统、考生身份验证等领域实现应用。

3. 基于生物学的身份认证框架

以指纹、人脸、虹膜、静脉、声纹等为代表的生物特征以其唯一性、稳健性、可采集性、高可信度和高准确度在身份认证中发挥着越来越重要的作用，但其受到的安全威胁也越来越多。目前，因生物特征识别信息泄露导致的安全问题屡见不鲜，因此，为保护个人生物信息隐私，我国相继发布了多个针对生物识别认证相关的标准规范。在生物特征身份认证标准化方面，全国信息安全标准化技术委员会（SAC/TC260）发布了国家标准《信息安全技术 基于可信环境的生物特征识别身份鉴别协议框架》(GB/T 36651—2018)和《信息安全技术 基于生物特征识别的移动智能终端身份鉴别技术框架》(GB/T 38542—2020)，引导生物特征识别身份认证技术在企业的安全应用。

1）基于可信环境的生物特征识别身份认证协议框架

基于可信环境的生物特征识别身份认证协议框架（GB/T 36651—2018），包括协议框架、协议流程、协议规则以及协议接口等内容。其协议框架如图 9-19 所示，由用户设备、可信环境、鉴别器（生物特征识别密钥管理器和生物特征识别器）、依赖方、身份服务器提供方和身份鉴别服务器构成。其中身份鉴别服务器可以由依赖方，也可以由与依赖方有信任关系的身份 IdP 实现，图 9-19 中描述的是由与依赖方具有信任关系的 IdP 实现的场景，其存储用户的鉴别公钥，该公钥是用户在使用生物特征识别密钥管理器向身份鉴别服务器注册时，生物特征识别密钥管理器生成的鉴别公钥。生物特征识别密钥管理器集成在可信环境中，并可以与多个生物特征识别器进行交互；并且存储厂商私钥和鉴别私钥。鉴别私钥是用户在使用该生物特征识别密钥管理器向身份认证服务器注册时，生物特征识别密钥管理器生成的私钥,用于身份认证服务器鉴别用户的身份。生物特征识别器可部署在可信环境中,也可以在可信环境外部部署。生物特征识别密钥管理器和依赖方可针对生物特征识别器部署的位置采取不同的安全策略。

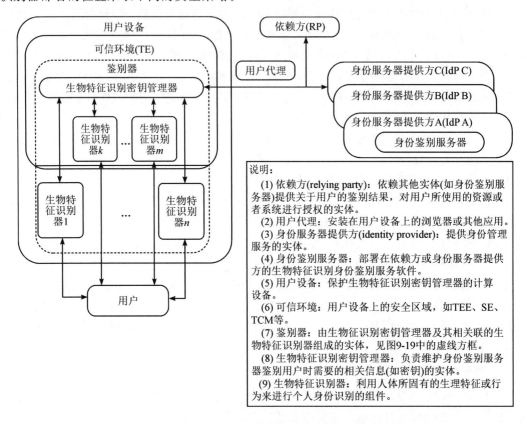

图 9-19　基于可信环境的生物特征识别身份认证协议框架

用户设备通过用户代理访问依赖方提供的应用,依赖方使用身份服务提供方提供的身份鉴别服务对用户的身份进行鉴别,而身份认证消息的创建和处理由身份认证服务器和生物特征识别密钥管理器负责,通过身份认证协议实现身份认证注册、身份认证和身份认证注销等业务流程,并建议采用 TLS、SSL VPN 或者 IPSec 等技术保证协议消息数据的机密性,使用证书方式或者其他可以验证身份认证服务器的真实性的方法。身份认证协议具体流程、协议规则以及协议接口等详细内容可参见国家标准《信息安全技术　基于可信环境的生物特征识别身份鉴别协议框架》(GB/T 36651—2018)。

2) 基于生物特征识别的移动智能终端身份鉴别技术框架

基于生物特征识别的移动智能终端身份鉴别技术框架(GB/T 38542—2020)主要包括移动智能终端和服务器侧的若干功能单元,总体技术框架如图 9-20 所示。

图 9-20 中的移动智能终端侧一般包括移动应用、身份鉴别中间件、身份鉴别可信应用、生物特征识别器、采集元件等功能单元。移动智能终端的身份鉴别协议解析、用户生物特征采集、比对、存储与呈现攻击检测等均应在可信环境中进行。服务器侧包括身份鉴别服务器和依赖方。身份鉴别服务器包括身份鉴别服务模块,可具备可信应用管理和可信设备管理等模块。

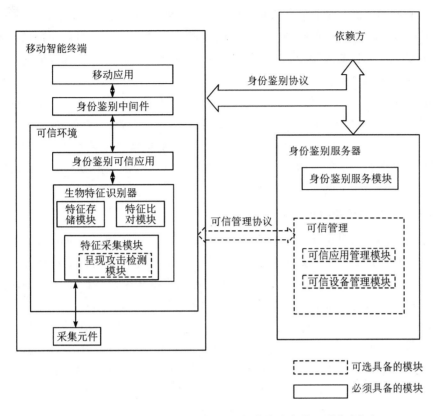

图 9-20　基于生物特征识别的移动智能终端身份鉴别技术框架

　　基于生物特征识别的移动智能终端身份鉴别技术框架，通过身份鉴别协议实现身份认证注册、身份认证和身份认证注销等业务流程。

　　通常用户先进行身份认证注册，在成功注册后，会为本次注册过程生成相应的用户鉴别密钥并与本次注册过程进行绑定。在对用户进行身份认证时，首先通过移动智能终端所支持的生物特征识别器对用户进行验证，只有在验证通过后才能够具备权限使用注册过程中生成并绑定的用户鉴别密钥，实现服务器端对用户的身份认证。在身份认证注销过程中，移动智能终端和服务器端将注册关系以及对应绑定的用户鉴别密钥进行删除。

9.3.5　基于密码学的身份认证技术

　　基于密码学的身份认证是使用基于密码算法（包括对称密码算法、非对称密码算法等）的认证协议在通信双方之间进行：一方按照协议向另一方发出认证请求，双方按照协议规定做出响应，协议执行成功后，双方就能确信对方的身份。基于密码学的身份认证往往要依靠双方都信任的第三方（如 KDC（密钥分配中心）或认证服务器（AS）等）来进行认证，一般都是与密钥分发相结合的身份认证。

　　为了防止认证时信息的泄露或伪造，需要确保认证信息的实时性和保密性。实时性在防止重放攻击方面起着重要的作用，实现实时性的方法之一是对交换的每条消息加上一个序列号，对于一条新消息，当它有正确的序列号时才被接收。但这种方法的缺陷是要求每个用户分别记录与其他用户交换消息的序列号，从而增加了用户的负担，因此序列号一般不用于认证和密钥交换。保证消息的实时性常用的有如下两种方法：

（1）时间戳：如果用户 A 收到的消息时间戳在 A 看来充分接近自己当前的时刻，A 才认为收到的消息是最新的并接受它。这种方案要求所有各方的时钟是同步的，该方法不能用于面向连接的应用过程。

（2）询问-应答：A 向 B 发出一个一次性随机数作为询问，若收到 B 发来的应答也包含一个正确的一次性随机数，A 就认为 B 发来的消息是新的并接受。询问-应答方式不适合于无连接的应用过程，因为在无连接传输之前需要经询问-应答这一额外的握手过程。

下面介绍基于密码学的身份认证方法，此类身份认证方法主要分为基于密码学的单向身份认证和双向身份认证两大类。

1. 基于密码学的单向身份认证

基于密码学的单向身份认证是通信双方只有一方被认证，例如常见的信息系统登录时用户名＋口令核对法实际上就是一种单向身份认证，只是这种单向认证没有与密钥分发结合在一起使用。按照所使用的密码算法的不同，可以将基于密码学的单向身份认证分为基于对称密码的单向身份认证和基于非对称密码的单向身份认证。

1）基于对称密码的单向身份认证

在基于对称密码的单向身份认证中，需要一个可信赖的第三方——通常为密钥分发中心（KDC）或认证服务器（AS），由这个第三方来实现通信双方的身份认证和密钥分发。系统中的每个用户都与 KDC 有一个共享的密钥，称为主密钥；KDC 为通信双方分配的一个短期内使用的临时密钥，称为会话密钥；用主密钥加密会话密钥，然后分配给相应的用户。

基于对称密码的单向身份认证具体流程如图 9 - 21 所示。

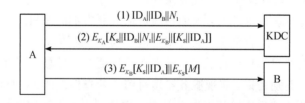

图 9 - 21　基于对称密码的单向身份认证具体流程

图 9 - 21 中的 KDC 为密钥分配中心，ID_A 和 ID_B 分别表示 A 和 B 的身份标识，N_1 为用户 A 产生的随机数，M 为明文消息，K_S 为会话密钥，E_{K_A} 和 E_{K_B} 分别表示用户 A 和 B 与 KDC 共享的加密算法。认证步骤如下：

（1）A→KDC：$ID_A \parallel ID_B \parallel N_1$：A 向 KDC 发出会话密钥请求，请求消息由 ID_A、ID_B 和 N_1 组成。N_1 是本次请求的唯一识别符，为一次性随机数，可以是时间戳、计数器或随机数，可以防止重放攻击或字典攻击。

（2）KDC→A：$E_{K_A}[K_S \parallel ID_B \parallel N_1 \parallel E_{K_B}[K_S \parallel ID_A]]$：KDC 响应 A 的请求，为了确保响应内容的保密性，使用 A 与 KDC 共享的密钥对进行加密。A 收到 KDC 的响应后对其加密，并验证响应内容中的 N_1 与其请求内容中的一次性随机数 N_1 是否匹配，以防止篡改或重放攻击，同时还可以确信信息来自 KDC。

(3) A→B：$E_{K_B}[K_S \parallel \text{ID}_A] \parallel E_{K_S}[M]$：A 将步骤(2)中的解密消息 $E_{K_B}[K_S \parallel \text{ID}_A]$ 及会话密钥 K_S 加密的消息 $E_{K_S}[M]$ 发送给 B。B 收到消息后，用与 KDC 共享的密钥 K_B 解密 $E_{K_B}[K_S \parallel \text{ID}_A]$ 获取会话密钥 K_S，随后用 K_S 解密 $E_{K_S}[M]$。由于会话密钥 K_S 和 A 的身份 ID_A 使用了 B 与 KDC 共享的密钥 $E_{K_B}[K_S \parallel \text{ID}_A]$，因此 B 可以确信该会话密钥 K_S 由 KDC 生成并且用于与 A 通信。

本认证方法能保证只有合法的接收者才能阅读消息内容，并能够认证对方就是 A。但本认证方法的缺陷是无法防止重放攻击。为避免这种重放攻击，可以在消息中加入时间戳来进行防御。但由于这种单向认证本身存在着潜在的延迟，因此这样的时间戳的作用也是有限的。

2）基于非对称密码的单向身份认证

非对称密码算法不仅可以对发送的消息提供保密性，还可以对消息源提供认证。如果消息发送者知道接收者的公钥，那么发送者可以使用接收者的公钥加密消息以确保其保密性。私钥拥有者可以用自己的私钥签名，拥有该私钥对应的公钥的接收者可以验证消息的完整性和消息的来源，即实现可认证性。因此，非对称密码算法在密钥的传输与分配、数字签名、身份认证等方面具有明显的优势。

(1) 如果只关心认证，基于非对称密码的单向身份认证可以使用以下认证方式：

$$\text{A} \rightarrow \text{B}：E_{\text{SK}_A}[H(M)] \parallel M \tag{9-10}$$

式中，SK_A 为 A 的私钥、$H(\cdot)$ 为安全的哈希函数、M 为消息。由于只有 A 才能实现 $E_{\text{SK}_A}[H(M)]$，因此 B 收到消息后使用 A 的公钥 PK_A 可以实现对 A 的身份认证以及对消息 M 的完整性认证，但没有实现对 M 的保密性。

(2) 如果既要提供保密性，又要提供认证性，基于非对称密码的单向身份认证可以使用以下认证方式：

$$\text{A} \rightarrow \text{B}：E_{\text{PK}_B}[M \parallel E_{\text{SK}_A}[H(M)]] \tag{9-11}$$

式中：PK_B 为 B 的公钥。由于只有 B 有私钥 SK_B，因此只有 B 才能解密消息 M 和 $E_{\text{SK}_A}[H(M)]$，而使用 A 的公钥 PK_A 实现对 A 的认证。这种方式虽然提供了对 A 的身份认证、消息的保密性和完整性认证，但是 B 并不知道 A 的公钥 PK_A 是否真实可靠。

(3) 如果既要提供保密性和认证性，还要确保 A 的公钥 PK_A 真实可靠，基于非对称密码的单向身份认证可以使用以下认证方式：

$$\text{A} \rightarrow \text{B}：E_{\text{PK}_B}[M \parallel E_{\text{SK}_A}[H(M)] \parallel E_{\text{SK}_{AS}}[T \parallel \text{PK}_A \parallel \text{ID}_A]] \tag{9-12}$$

式中：SK_{AS} 为认证服务器 AS 的私钥，T 为时间戳(确保 AS 签署的证书的实效性)，ID_A 为 A 的身份标识。B 收到消息后，用自己的私钥 SK_B 解密获得 A 的签名消息 $E_{\text{SK}_A}[H(M)]$；然后使用 A 的公钥 PK_A 验证该签名。其中，$E_{\text{SK}_{AS}}[T \parallel \text{PK}_A \parallel \text{ID}_A]$ 是 AS 为 A 签署的证书，B 可通过身份标识 ID_A 来验证发送方的身份。因此，上述认证过程不仅实现了发送方 A 的身份认证及确保了 PK_A 的真实可靠，还实现了消息 M 的完整性验证和保密性。

2. 基于密码学的双向身份认证

在双向认证过程中，通信双方需要互相认证各自的身份。按照所使用的密码算法的不同，可以将基于密码学的双向身份认证分为基于对称密码的双向身份认证和基于非对称密码的双向身份认证。

1) 基于对称密码的双向身份认证

以美国学者 Needham 和 Schroeder 提出的 Needham-Schroeder 身份认证协议(后面介绍的 Kerberos 身份认证技术就是基于该协议的安全认证标准)为例来介绍基于对称密码的双向身份认证,该协议的目的是使得通信双方能够互相证实对方的身份,并且为后续的保密通信建立一个会话密钥。该协议的认证流程如图 9-22 所示。

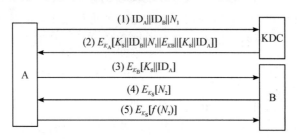

图 9-22　Needham-Schroeder 身份认证

在图 9-22 中,KDC 是密钥分配中心,密钥 K_A 和 K_B 分别是 A 和 B 与 KDC 共享的密钥,N_1 和 N_2 是一次性随机数,K_S 是 KDC 分配给 A 和 B 的会话密钥,E_X 表示使用密钥 X 进行加密,$f(\cdot)$ 是特征提取函数(可以是哈希单向函数)。

Needham-Schroder 协议的目的是 KDC 为 A 和 B 分配会话密钥 K_S,并实现 A 和 B 之间的双向身份认证,具体的认证步骤如下:

(1) A→KDC: $\mathrm{ID}_A \parallel \mathrm{ID}_B \parallel N_1$。

(2) KDC→A: $E_{K_A}[K_S \parallel \mathrm{ID}_B \parallel N_1 \parallel E_{K_B}[K_S \parallel \mathrm{ID}_A]]$。

(3) A→B: $E_{K_B}[K_S \parallel \mathrm{ID}_A]$。

(4) B→A: $E_{K_S}[N_2]$。

(5) A→B: $E_{K_S}[f(N_2)]$。

A 在步骤(2)中安全地获得了会话密钥 K_S;而步骤(3)中的消息仅能被 B 解密,因此 B 能安全地获得会话密钥 K_S;步骤(4)中 B 向 A 示意自己已经获得了 K_S,N_2 用于向 A 询问自己在步骤(3)中获得的 K_S 是否是最新的会话密钥;步骤(5)中 A 对 B 的询问做出应答,一方面表示自己已经获得了 K_S,另一面由 $f(N_2)$ 确保了 K_S 是最新的。

显然,步骤(4)和(5)的作用是防止一种类型的重放攻击。假设攻击者在上一次执行该协议时截获了步骤(3)中的消息,如果双方没有步骤(4)和(5)两步握手的过程,攻击者可以将上次截获的消息在本次执行协议的过程中重放,B 无法检查出自己获得的 K_S 是否为重放的旧密钥。

尽管 Needham-Schroeder 协议有步骤(4)和(5)的存在,但此协议还是容易遭到另一种重放攻击。假定攻击者能获取旧会话密钥,其冒充 A 向 B 重放步骤(3)中的消息后,就可以欺骗 B 使用旧会话密钥。攻击者可以进一步截获步骤(4)中 B 发出的询问,假冒 A 作出步骤(5)的应答。这样,攻击者就可冒充 A 使用经认证过的会话密钥向 B 发送假消息了。

为了克服上述重放攻击,美国学者 Dorthy Denning 提出了改进的 Needham-Schroeder 协议,这个改进协议只是在步骤(2)和(3)中增加了时间戳,改进后的 Needham-Schroeder

协议的认证流程如图 9-23 所示。

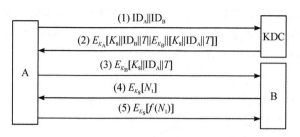

图 9-23　改进后的 Needham-Schroeder 身份认证

改进后协议的认证步骤如下：

(1) A→KDC：$ID_A \parallel ID_B$。

(2) KDC→A：$E_{K_A}[K_S \parallel ID_B \parallel T \parallel E_{K_B}[K_S \parallel ID_A \parallel T]]$。

(3) A→B：$E_{K_B}[K_S \parallel ID_A \parallel T]$。

(4) B→A：$E_{K_S}[N_1]$。

(5) A→B：$E_{K_S}[f(N_1)]$。

其中，T 是时间戳，用于向 A 和 B 保证会话密钥 K_S 是最新的。因为 T 是经过 K_A 和 K_B 加密后传输的，所以即使攻击者知道旧会话密钥 K_S 并在协议过去执行期间截获了步骤(3) 中的消息，也无法成功重放给 B，因为 B 收到的消息可通过时间戳检查是否为最新的。

2) 基于非对称密码的双向身份认证

利用非对称密码实现双向认证的基本思路是由可信第三方为用户分配密钥对，私钥由本人持有，任何要验证的用户身份可以通过第三方机构获取公钥，通过双向交互完成身份认证，认证流程如图 9-24 所示。

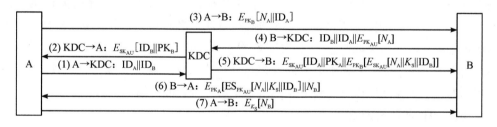

图 9-24　基于非对称密码的双向身份认证

在图 9-24 中，E 为公钥密码算法，SK_A 和 SK_B 为 A 和 B 的私钥，PK_A 和 PK_B 为 A 和 B 的公钥，PK_{AU} 和 SK_{AU} 为 KDC 的公钥和私钥。实现基于非对称密码的双向身份认证的步骤如下：

(1) A→KDC：$ID_A \parallel ID_B$：A 向 KDC 发送 A 和 B 的身份标识 ID_A 和 ID_B，告诉 KDC 其准备与 B 建立连接。

(2) KDC→A：$E_{SK_{AU}}[ID_B \parallel PK_B]$：KDC 收到 A 的请求后，将 B 的公钥证书签名后发给 A，公钥证书里包含用户 B 的身份标识 ID_B 和公钥 PK_B。

(3) A→B：$E_{PK_B}[N_A \parallel ID_A]$：A 使用 B 的公钥 PK_B 加密自己选择的随机数 N_A 和自己的身份标识 ID_A 并发给 B，告诉 B 其想与 B 通信。

（4）B→KDC：$ID_B \parallel ID_A \parallel E_{PK_{AU}}[N_A]$：B 向 KDC 发出 A 建立通信的请求，请求信息包含 A 和 B 的身份标识 ID_A 和 ID_B、使用 KDC 公钥 PK_{AU} 加密的一次性随机数 N_A，KDC 将建立的会话密钥与该一次性随机数 N_A 绑定，以保证会话密钥 K_S 是最新的。

（5）KDC→B：$E_{SK_{AU}}[ID_A \parallel PK_A] \parallel E_{PK_B}[E_{SK_{AU}}[N_A \parallel K_S \parallel ID_B]]$：KDC 将 A 的公钥证书和消息三元组 $\{N_A, K_S, ID_B\}$ 返回给 B，前者经过 KDC 签名，证明 KDC 已经验证了 A 的身份。由于三元组 $\{N_A, K_S, ID_B\}$ 经过了 KDC 签名，确信消息来自 KDC，然后使用 B 的公钥 PK_B 加密签名消息，确保消息传输中的保密性。会话密钥 K_S 与一次性随机数 N_A 绑定，使 A 确信 K_S 是最新的。

（6）B→A：$E_{PK_A}[E_{SK_{AU}}[N_A \parallel K_S \parallel ID_B] \parallel N_B]$：B 产生一个一次性随机数 N_B，与上一步收到的 KDC 的签名消息 $E_{SK_{AU}}[N_A \parallel K_S \parallel ID_B]$ 一起经 A 的公钥 PK_A 加密后发给 A。

（7）A→B：$E_{K_S}[N_B]$：A 收到 B 的消息后解密，获得会话密钥 K_S，再用 K_S 加密一次性随机数 N_B 后发给 B，告知 B 他已经获得了会话密钥 K_S。

对以上协议做进一步改进，在步骤（5）和（6）两步的三元组中加上 A 的身份标识 ID_A，以说明一次性随机数 N_A 是由 A 产生的，即可唯一地识别是由 A 发出的连接请求。

9.3.6　基于零知识证明的身份认证技术

零知识证明(zero-knowledge proof，ZKP)是现代密码学中一个十分引人入胜的问题。零知识证明作为现代密码学中的一类经典协议，是由 Golawasser 等人在 20 世纪 80 年代初提出的，它指的是证明者能够在不向验证者提供任何有用信息的情况下，使验证者相信某个论断是正确的。零知识证明实质上是一种涉及两方或多方的协议，即两方或多方完成一项任务所需采取的一系列步骤。近年来，随着区块链等新兴技术的发展以及隐私计算需求的兴起，零知识证明技术再次成为包括金融科技、大数据等相关行业关注的焦点。Golawasser 等人提出的零知识证明中，证明者和验证者之间必须进行交互，这样的零知识证明被称为交互式零知识证明。在 20 世纪 80 年代末，Blum 等人进一步提出了非交互式零知识证明的概念，即用一个短随机串代替交互过程并实现了零知识证明。当前，非交互式零知识证明的一个重要应用场合是需要执行大量密码协议的大型网络。

1. 零知识证明的基本概念

1）交互式零知识证明

解释零知识证明的一个经典故事是洞穴模型，由 J. J. Quisquater 和 L. C. Guillou 共同提出，零知识证明洞穴如图 9 - 25 所示。

在图 9 - 25 中，洞穴深处的位置 C 和位置 D 之间有一道门，只有知道秘密咒语的人才能打开位置 C 和位置 D 之间的门。假设 P(prover，证明者)知道打开门的咒语，P 想向 V(verifier，验证者)证明自己知道咒语，但又不想向 V 泄露咒语。下面是 P 向 V 证明自己知道咒语的协议：

（1）V 停留在位置 A 处。

（2）P 从位置 A 走到位置 B，然后随机选择从左通道走到位置 C 或从右通道走到位置 D。

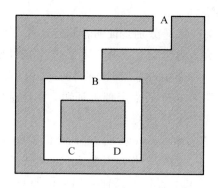

图 9-25 零知识证明洞穴示意图

(3) 当 P 消失在洞穴中时，V 走到位置 B。

(4) V 呼叫 P，要求 P 从位置 C 经左通道或从位置 D 经右通道返回位置 B。

(5) P 答应 V 的呼叫，并在必要时 P 可以利用咒语打开位置 C 和位置 D 之间的门。

(6) P 和 V 重复执行第(1)至第(5)步 n 轮(次)。

显然，在上述协议中，如果 P 不知道咒语，则 P 只能按来时的原路返回至位置 B，而不能从另外一条路返回至位置 B。在每轮中，P 每次猜对 V 要求他走哪条路的概率为 $\frac{1}{2}$，因此 V 每次要求 P 从洞穴深处走到位置 P 时，P 能欺骗 V 的概率只有 $\frac{1}{2}$。当在上述协议中的第(1)至第(5)步重复 n 轮后，P 成功欺骗 V 的概率为 $\frac{1}{2^n}$。当 n 足够大时，这个概率值将变得非常小。所以，如果 P 每次按照 V 的要求从洞穴深处返回位置 B，则 V 就可以相信 P 知道打开位置 C 和位置 D 之间的咒语。由此可以看到，上述协议的执行是在证明者 P 和验证者 V 之间进行交互进行的，但 V 没有得到关于咒语的任何消息，因此上述协议是一个交互式零知识证明协议。

【例 9-1】 设 p 和 q 是两个大素数，$n=pq$。假设 P 知道 n 的因子，如果 P 想让 V 相信他知道 n 的因子，并且 P 又不让 V 知道 n 的因子，则 P 和 V 可以执行下面的协议：

(1) V 随机选取一个大整数 x，计算 $y=x^4 \bmod n$，并将结果 y 告诉给 P。

(2) P 计算 $z=\sqrt{y} \bmod n$，并将结果 z 告诉给 V。

(3) V 验证 $z=x^2 \bmod n$ 是否成立。

上述协议可以重复执行多次。如果 P 每次都能正确地计算 $z=\sqrt{y} \bmod n$，则 V 就可以相信 P 知道 n 的因子 p 和 q。

可以证明，计算 $z=\sqrt{y} \bmod n$ 等价于对 n 进行因子分解。如果 P 不知道 n 的因子 p 和 q，则计算 $z=\sqrt{y} \bmod n$ 是一个困难问题。因此，如果 P 不知道 n 的因子，则在重复执行上述协议多次的情况下，P 每次都能正确地计算 $z=\sqrt{y} \bmod n$ 的概率是非常小的。很显然，在上述协议执行过程中，V 没有得到关于 n 的因子 p 和 q 的任何信息。所以，上述协议是一个交互式零知识证明协议。

2）非交互式零知识证明

在交互式零知识证明中，P 和 V 分别是证明者和验证者，他们都参与了这个交互协议，而其他第三者（如 T）并没有介入这个交互，为了让 V 或 T 或其他感兴趣者相信，就需要一个非交互的零知识证明协议。与交互式零知识证明协议类似，非交互式零知识证明协议也包含了证明者和验证者，证明者知道某个定理的证明，并且希望向验证者证明这一事实，但非交互式零知识证明协议不需要任何交互。

【例 9-2】 设 $G_1 = (V, E_1)$ 和 $G_2 = (V, E_2)$ 是两个图，其中，$V = \{1, 2, \cdots, n\}$。设 G_1 和 G_2 是同构的，同构映射为 π。如果 P 想向其他人（如 V 或 T 或其他感兴趣者）证明自己知道 G_1 和 G_2 是同构的，并且又不想告诉其他人如何证明 G_1 和 G_2 是同构的，则 P 和 V 可以执行下面的协议：

（1）P 随机选取 $\{1, 2, \cdots, n\}$ 的一个置换 σ，在置换 σ 下，G_1 变为 H。

（2）P 提交图 G_1 变换为 H 的解法。

（3）P 把提交的这些解法作为一个单向散列函数的输入，然后只保留这个单向散列函数输出的前 n 个位。

（4）P 计算 $\{1, 2, \cdots, n\}$ 的一个置换 ρ，使得图 G_i（$i = 1$ 或 $i = 2$）在置换 ρ 下变换为图 H。P 可以按如下方式定义 ρ：如果 $i = 1$，则定义 $\rho = \sigma$；如果 $i = 2$，则定义 $\rho = \sigma \circ \pi$，即把 ρ 定义为置换 π 和置换 σ 的合成。

（5）P 取出第（3）步中产生的 n 个位，并针对第 i 个置换依次取出这 n 个位中的第 i 个位，并且：如果第 i 个位是 0，则证明 G_1 和 G_2 是同构的；如果第 i 个位是 1，则公布 P 在第（2）步提交的解法，并证明它是图 G_1 变换为 H 的解法。

（6）P 将第（2）步中的所有约定及第（5）步中的解法都公之于众。

（7）V 或 T 或其他感兴趣者可以验证第（1）至第（6）步是否被正确执行。

显然，P 公布了一些不涉及自身的秘密信息，却能让他人相信这个秘密的存在。如果这个问题作为初始消息和需要签名消息的单向散列，则这个协议也可以用于数字签名方案。

这个协议起作用的原因在于单向散列函数扮演了一个随机位发生器的角色。如果 P 要进行欺骗，他必须能预测这个单向散列函数的输出。但是，他没有办法强迫这个单向散列函数产生哪些位或猜中它将产生哪些位。上述协议并没有在证明者和验证者之间交互进行，因此上述协议是一个非交互式零知识证明协议。

在这个非交互式零知识证明协议中，有许多问/答式的迭代，是 P 在用随机数选择这些难解的问题，他也可以选择不同的问题，因此有不同的解法，直到这个单向散列函数产生他希望的东西为止。在一个交互式零知识证明协议中，10 次迭代中 P 能进行欺骗的概率为 $\frac{1}{2^{10}}$，这个概率很小了，但是这在非交互式零知识证明协议中是不够的。因为其他感兴趣者总能完成第（5）步，他能设法猜测会要求他完成哪一步，处理完第（1）直到第（4）步，并可以弄清他是否猜对。若他没有猜对，还可以反复再试。为了防止这种穷举攻击，非交互式零知识证明协议需要 64 次迭代，甚至 128 次迭代才有效。

2. 基于零知识证明的身份认证

零知识证明可以应用到许多方面，身份认证只是应用的一个方面。下面介绍最著名的

FFS(Feige-Fiat-Shamir)协议，它是交互式的零知识身份认证协议。

1) 交互式零知识认证

交互式零知识认证需要两方参与，分别称为证明者 P(prover)和验证者 V(verifier)，其中，P 知道某一秘密(如公钥密码体制的私钥)，P 希望使 V 相信自己掌握的秘密。交互式零知识认证由若干轮组成，在每一轮中，P 和 V 可能需要从对方收到消息和根据自己计算的某个结果向对方发送消息。比较典型的是每轮 V 都向 P 发出询问(或呼叫)，P 向 V 作出应答。所有轮完成后，V 根据 P 是否在每轮对自己发出的询问都能正确地应答，以决定是否接受 P 的证明。

交互式零知识认证与数学公式证明的本质区别是：数学证明的证明者可自己独立地完成证明；而交互式零知识认证由 P 产生证明，V 通过验证证明的有效性来实现。因此，交互式零知识认证系统须满足以下要求：

(1) 完备性：若 P 知道某一秘密，则 P 使 V 以绝对优势的概率相信 P 知道秘密，即 V 无法欺骗 P。

(2) 正确性：若 P 不知道某一秘密，则 P 使 V 相信他知道秘密的概率很低，即 P 无法欺骗 V。

交互式零知识身份认证中，除满足上述两个条件以外，还应满足下述第三个性质：

(3) 零知识性：V 无法获取任何额外的信息。

性质(1)和(2)称为零知识证明的完备性和正确性，而性质(3)称为零知识性。

2) FFS 协议

1988 年 U. Feige、A. Fiat 和 A. Shamir 把 1986 年 Fiat 和 Shamir 提出的身份认证协议改进成为著名的 Feige-Fiat-Shamir 零知识身份认证协议，简称为 FFS 协议。

(1) 协议及原理。

设 $n=pq$，其中 p 和 q 是两个不同的大素数，y 是由随机选择的 t 个平方根构成的一个向量 $\boldsymbol{y}=(y_1, y_2, \cdots, y_t)$，向量 $\boldsymbol{x}=(y_1^2, y_2^2, \cdots, y_t^2)$，其中 n 和 $\boldsymbol{x}$ 是公开的，p、q 和 $\boldsymbol{y}$ 是保密的，证明者 P 以 $\boldsymbol{y}$ 作为秘密。协议过程如下：

① 证明者 P 随机选择随机数 $r(0<r<n)$，计算 $a \equiv r^2 \bmod n$，并将 a 发送给验证者 V。

② 验证者 V 随机选择 $\boldsymbol{e}=(e_1, e_2, \cdots, e_i)$，其中，$e_i \in \{0, 1\}(i=1, 2, \cdots, t)$，并将 $\boldsymbol{e}$ 发送给证明者 P。

③ 证明者 P 计算 $b \equiv r \prod_{i=1}^{t} y_i^{e_i} \bmod n$，将 b 发送给验证者 V。

④ 若 $b^2 \neq a \prod_{i=1}^{t} y_i^{2e_i} \bmod n$，验证者 V 拒绝证明者 P 的证明，协议停止。

⑤ P 和 V 重复以上过程 k 次。

已经证明，求解方程 $x^2 \equiv a \bmod n$ 与分解 n 是等价的。因此，在 n 的两个素因子 p 和 q 未知的情况下计算 $\boldsymbol{y}$ 是困难的。通过交互证明协议，证明者 P 向验证者 V 展示自己掌握的秘密 $\boldsymbol{y}$，从而证明自己的身份。

(2) 协议的完备性、正确性、零知识性和安全性。

① 完备性：如果证明者 P 和验证者 V 遵守协议，则验证者 V 接受证明者 P 的证明，所

以协议是完备的。

② 正确性。如果假冒者 E 欺骗 V 成功的概率大于 2^{-kt}，意味着 E 知道一个向量 $A=(a^1, a^2, \cdots, a^k)$，其中，$a^j$ 是第 j 次执行协议时产生的，对于这个 A，E 能正确地回答验证者 V 的两个不同的询问 $E=(e^1, e^2, \cdots, e^k)$、$F=(f^1, f^2, \cdots, f^k)$（每个元素都是一个向量），且 $E \neq F$。由 $E \neq F$ 可设 $e^j \neq f^j$，e^j 和 f^j 是第 j 次执行协议时验证者 V 的两个不同的询问（为向量），简记为 $e=e^j$ 和 $f=f^j$，同时将本轮对应的 a^j 简记为 a。所以 E 能计算出两个不同的值 $b_1^2 \equiv a \prod_{i=1}^{t} x_i^{e_i} \bmod n$，$b_2^2 \equiv a \prod_{i=1}^{t} x_i^f \bmod n$，即 $\frac{b_2^2}{b_1^2} = \prod_{i=1}^{t} x_i^{f_i - e_i} \bmod n$，因此 E 可由 $\frac{b_2}{b_1} \bmod n$ 求得 $\prod_{i=1}^{t} x_i^{f_i - e_i} \bmod n$ 的平方根，这是矛盾的。

③ 零知识性。

协议在执行一次时是完备的零知识证明，由零知识证明协议的顺序组合，可知协议重复执行 k 次也是零知识的。

④ 安全性。

在 FFS 协议中，其安全性可分别从证明者 P 和验证者 V 的角度来考虑。根据上面的讨论，首先将验证者 V 的询问由一个比特推广到由 t 比特构成的向量，而基本协议被执行了 k 次。假冒者只有正确地猜测到了验证者 V 的每次询问，才可能使验证者 V 相信自己的证明，成功的概率只有 2^{-kt}。

*9.4 Kerberos 身份认证技术

9.4.1 Kerberos 身份认证技术简介

Kerberos 身份认证协议是 20 世纪 80 年代美国 MIT（麻省理工学院）开发的一种协议，其名称是根据希腊神话中守卫冥王大门的三头看门狗而命名的。而现在三头意指有 3 个组成部分的网络之门保护者，即认证、统计和审计。Kerberos 是针对分布式环境的开放系统开发的身份认证机制，目前已被开放软件基金会（OSF）的分布式环境（DCE）及许多网络操作系统供应商采用。

当用户第 1 次登录到工作站时，需要输入自己的账号和口令。从用户登录到退出这一段时间称为一个登录会话。在一个会话过程中，用户可能需要访问远程资源，这些远程资源需要认证用户的身份，那么用户登录的工作站将为用户实施认证，而用户本身不需要知道实施了认证。Kerberos 就是基于对称密码技术、在网络上实施认证的一种服务协议，它允许一台工作站通过交换加密消息在非安全网络上与另一台工作站相互证明身份，一旦试图登录上网的用户身份得到验证，Kerberos 协议就会给这两台工作站提供密钥，并通过使用密钥和加密算法为用户间的通信加密以进行安全的通信。

目前，Kerberos 协议有 5 个版本，前 3 个版本已经不再使用，第 4 和第 5 版虽然从概念上很相似，但根本原理完全不一样。第 4 版的用户量大，结构更为简单且性能好，但它只能用于 TCP/IP 协议，而第 5 版的功能更多。

9.4.2 Kerberos 的工作原理

Kerberos 的实现包括一个运行在网络上的某个物理安全的节点处的密钥分配中心(key distribute center，KDC)以及一个可供调用的函数库，各个需要认证用户身份的分布式应用程序调用这个函数库，根据 KDC 的第三方服务来验证计算机相互的身份，并建立密钥以保证计算机间的安全连接。

1. Kerberos 认证的类型

Kerberos 协议实际上有以下 3 种不同的认证类型：

(1) 认证服务器(authenticatio server，AS)认证是在客户和知道客户的秘密密钥的 Kerberos 认证服务器之间进行的一次初始认证。该次认证使得客户获得了一张用于访问某一指定的认证服务器的票据。

(2) 票据许可服务器(ticket granting server，TGS)认证是在客户和指定的认证服务器之间进行的一次认证，此时，该认证服务器称为票据许可服务器。客户没有使用自己的秘密密钥，而是使用了从 AS 那里获得的票据。这次交换使得客户获得了进一步访问某一指定的认证服务器的票据。

(3) 客户机/服务器(CS)认证是在客户和指定的认证服务器之间进行的一次认证，此时，该认证服务器称为目标服务器，客户向目标服务器进行认证或目标服务器向客户进行认证。这一过程使用了从 AS 或 TGS 交换中获得的票据。

2. Kerberos 的认证过程

在开放式网络环境中，最大的安全威胁是冒充，对手可以假装成另一用户获得在服务器上未授权的一些特权。为了防止这种威胁，服务器必须能够证实请求服务的用户身份。下面以一个简单的认证对话来介绍通过不同的 Kerberos 认证技术类型解决不同的安全问题。

首先，使用一个认证服务器(AS)，它知道每个用户的口令并将这些口令存储在一个集中的数据库中。AS 与每个服务器共享一个唯一的密钥，这些密钥已经通过安全的方式进行分发。当客户 C 需要登录到服务器 V 时，图 9 - 26 是它们之间简单会话的交互过程。

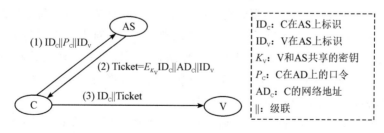

图 9 - 26　一个简单会话的交互过程

在图 9 - 26 中，认证过程如下：

(1) 用户登录到工作站，请求访问服务器 C。客户模块 C 运行在用户的工作站中，它要求用户输入口令，然后向服务器发送一个报文，里面包含用户的 ID、服务器 ID、用户的口令等。

(2) AS 检查它的数据库，验证用户的口令是否与用户的 ID 匹配，以及该用户是否被允许访问该数据库。若两项测试都通过，AS 认为该用户是可信的，为了让服务器确信该用户是可信的，AS 生成一张加密过的票据，其中包含用户 ID、用户网络地址、服务器 ID。由于票据是加密过的，因此它不会被 C 或对手更改。

（3）C 向 V 发送含有用户 ID 和票据的报文，V 要对票据进行解密，验证票据中的用户 ID 与未加密的用户 ID 是否一致，如果匹配，则通过身份验证。

这个简单的会话过程只使用了认证服务器认证类型，它在会话过程中没有解决下面两个问题：

（1）希望用户输入的口令数最少。

假如用户 C 在一天中要多次检查邮件服务器是否有他的邮件，每次他都必须输入口令；当然，可以通过允许票据来改善这种情况。然而，用户对有不同服务的请求、每种服务的第一次访问都需要一个新的票据，他还得每次都要输入口令。

（2）会话中还涉及口令的明文传输。

为了解决上述问题，可以引入一个票据许可服务器（TGS），即采用认证服务器（AS）认证和票据许可服务器（TGS）认证相结合的认证方式，如图 9-27 所示。

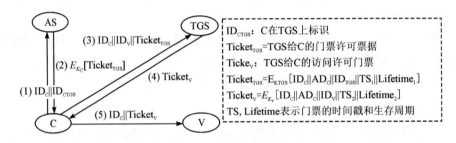

图 9-27　一个更安全的认证会话的交互过程

图 9-27 中的其他参数说明与图 9-26 中的定义相同，在图 9-27 中，认证过程如下：

（1）用户向 AS 发送用户 ID、TGS ID 请求一张代表该用户的许可票据。

（2）AS 发回一张加密过的票据，加密密钥是由用户口令导出的。当响应抵达客户端时，客户端的用户输入口令，并由此产生密钥，并试图对收到的报文解密（若口令正确，票据就能正确恢复）。由于只有合法的用户才能恢复该票据，因此使用口令获得 Kerberos 的信任无须传递明文口令。另外，票据含有时间戳和生存期（有了时间戳和生存期，就能说明票据的有效时间长度），主要是为了防止攻击者的攻击。如果对手截获该票据，并等待用户退出在工作站的登录（对手既可以访问那个工作站，也可以将其工作站的网络地址设为被攻击的工作站的网络地址），这样，对手就能重用截获的票据向 TGS 证明。

（3）客户代表用户请求一张服务许可票据。

（4）TGS 对收到的票据进行解密，通过检查 TGS 的 ID 是否存在，验证解密是否成功；然后检查生存期，确保票据没有过期；接着比较用户的 ID 和网络地址与收到认证用户的信息是否一致。如果允许用户访问 V，则 TGS 就返回一张访问请求服务的许可票据。

（5）客户代表用户请求获得某项服务。客户向服务器传输一个包含用户 ID 和服务许可票据的报文，服务器通过票据的内容进行认证。

尽管以上认证过程与图 9-27 中的认证过程相比增加了安全性，但仍存在以下两个问题：

（1）服务许可票据的生存期。如果生存期太短，则用户将总被要求输入口令；如果生存期太长，则对手又有更多重放的机会。

（2）服务器被要求向用户证明本身。

下面再来看看 Kerberos 为解决以上两个问题而采取的措施。Kerberos 系统利用票据方法在客户机和目标服务器实际通信之前由客户和认证服务器先执行一个通信交换协议（如图 9 - 28 所示）。两次交换结束时客户机和服务器获得了由认证服务器为它们所产生的秘密会话密钥，这就为相互认证提供了基础而且也可以在通信会话中保护其他服务。

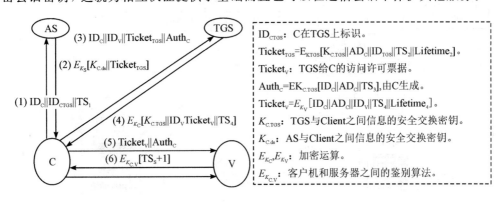

图 9 - 28　带有客户机/服务器相互认证的会话过程

Kerberos 的主要优点是利用相对便宜的技术提供了较好的保护水平，但也有一些缺陷，主要体现在以下三个方面：

（1）需要具有很高利用率的可信的在线认证服务器（至少在物理上是安全的）。

（2）重放检测依赖时间戳，这意味着需要同步和安全的时钟。

（3）如果认证过程中的密钥受到威胁，那么传输在使用该密钥进行认证的任何会话过程中的所有被保护的数据都将受到威胁。

9.4.3　Kerberos 域间的认证

在一个包含多个大组织的网络中，要找一个大家都信任的组织来管理 KDC 是很难的，因此网络中的实体被分解成不同的辖区（Realm）或域。一个完整的辖区包括一个 Kerberos 服务器、一组工作站和一组应用服务器，它们应满足这些要求：Kerberos 服务器必须在其数据库中拥有所参与用户的 ID 和口令散列表，所有用户均在 Kerberos 服务器上注册；Kerberos 服务器与每一个服务器之间共享一个保密密钥，所有服务器均在 Kerberos 服务器上注册。在第 4 版中，实体的名字有三个部分：名字（Name）、实体（Instance）和辖区（Realm）。每个部分都是一个区分大小写的以 null 结尾的文本串，最大长度为 40 字节。

假设世界被分割成 n 个不同的域，那么某个域中的实体可能需要认证另外一个域中实体的身份。Kerberos 提供了一个支持不同域间认证的机制：每个域的 Kerberos 服务器与其他域内的 Kerberos 服务器之间共享一个保密密钥，两个 Kerberos 服务器相互注册，其认证过程如图 9 - 29 所示。

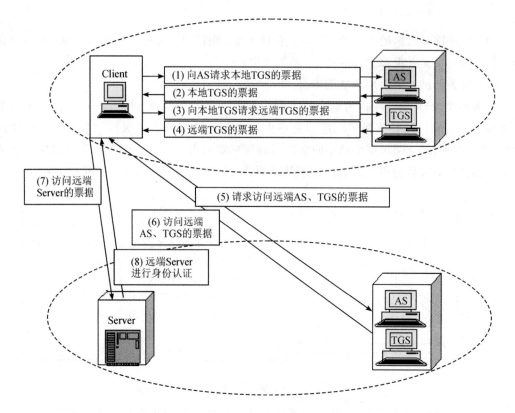

图 9 - 29　Kerberos 服务器的域间认证过程

　　但是上述方法也存在缺陷,主要表现在:对于大量域间的认证,可伸缩性不好。如果有 n 个域,那么需要 $n(n-1)/2$ 个安全密钥交换,以便使每个 Kerberos 服务器能够与其他所有的 Kerberos 服务器辖区进行相互操作。

＊9.5　X.509 认证技术

　　X.509 认证是由 ITU-T 制定的一种行业标准(也称为 ISO/IEC9594-8 标准),它的实现是基于公钥密码和数字签名技术,它并没有专门指定加密算法,但一般推荐使用 RSA 加密算法。为了进行身份认证,X.509 提供了数字签名方案,但 X.509 也没有指定使用专门的散列算法。X.509 最早于 1988 年发布,于 1993、1997 和 2000 年又分别发布了它的第二、第三和第四版。X.509 定义的证书结构和认证协议已经得到了广泛的应用,目前,使用得最广泛的是 X.509 v3(第三版)证书样式。

9.5.1　数字证书的概念

　　数字证书是 PKI 关键技术,引入数字证书主要是因为在使用非对称加密算法的过程中,由于公钥被公开,会有恶意攻击者仿冒、调包公钥的情况,即存在身份的真实性验证的问题。如何发布自己的公钥,如何令大家相信某个公钥确实是某人的公钥,通过引入证书,可将公钥和用户身份信息进行关联,来保证公钥的可信性和安全性。

　　根据中国金融认证中心(China Financial Certification Authority,CFCA)网站对数字证

书的定义，数字证书(Digital Certificate)是各类实体(持卡人/个人、商户/企业、网关/银行等)在网上进行信息交流及商务活动的身份证明，是由认证机构(Certificate Authority，CA)颁发给用户，用以在数字领域中证实用户身份的一种数字凭证，它是由证书序列号、证书持有者名称、证书颁发者名称、证书有效期、证书持有者公钥、证书颁发者的数字签名等组成的数据文件。数字证书的格式遵循 X.509 V3 国际标准。

具体来说，当一个组织或者个人需要在网络上向别人证明自己的身份时，需要向一个大家都信任的权威机构申请获得一个文件。通过向其他人展示这个文件，就能让其他网络使用者相信自己的身份。在后面的学习中可以看到，数字证书的功能不仅仅如此。

9.5.2　数字证书的分类

按照数字证书的使用对象，数字证书主要分为个人数字证书、单位数字证书、服务器证书、安全邮件证书、VPN 证书、WAP 证书、代码签名证书和表单签名证书等；按照数字证书所采用的技术，数字证书主要分为 SSL 证书、SET 证书等。

从证书管理的角度，数字证书分为证书颁发机构(CA)证书、服务器或客户端证书、对象签名证书、签名验证证书。

(1) CA 证书是验证拥有证书的证书颁发机构身份的数字凭据。证书颁发机构的证书包含有关证书颁发机构的标识信息及其公钥。其他人可以使用 CA 证书的公钥来验证 CA 颁发和签名的证书的真实性。证书颁发机构证书可以由另一个 CA 签名，也可以是自签名的。如果 CA 证书由另一个 CA 签名，则这个证书称为中间 CA(Intermediate CA)证书。如果 CA 证书是自签名的，该证书称为根 CA(Root CA)证书。其他人可以使用 CA 证书的公钥来验证 CA 颁发和签名的证书的真实性。

(2) 服务器或客户端证书，也就是常说的 SSL 证书，用于标识使用证书进行安全通信的服务器或客户端应用程序。服务器或客户端证书包含有关拥有应用程序的组织的标识信息，还包含系统的公钥。服务器必须具有数字证书才能使用 TLS/SSL 进行安全通信。支持数字证书的应用程序可以在客户端访问服务器时检查服务器的证书以验证服务器的身份。然后，应用程序可以使用证书的身份验证作为在客户端和服务器之间启动 TLS/SSL 加密会话的基础。

(3) 对象签名证书是用于对对象进行数字签名的证书。通过对对象进行签名，可以提供一种方法来验证对象的完整性以及对象的发起或所有权。可以使用证书对各种对象进行签名，也可以在对象签名和签名验证主题中找到可签名对象的完整列表。当使用对象签名证书的私钥对对象进行签名时，对象的接收方必须有权访问相应签名验证证书的副本，才能正确验证对象签名。

(4) 签名验证证书是对象签名证书的副本，没有该证书的私钥。可以使用签名验证证书的公钥对使用对象签名证书创建的数字签名进行身份验证。通过验证签名，可以确定对象的来源以及自签名以来是否已被更改。

9.5.3　X.509 证书的格式

X.509 是一种非常通用的证书格式，其核心是用户的公钥证书，证书由双方信赖的证书认证中心建立，用户的证书都存放在网络数据库中，以便其他用户访问。X.509 证书的格式如图 9-30 所示。

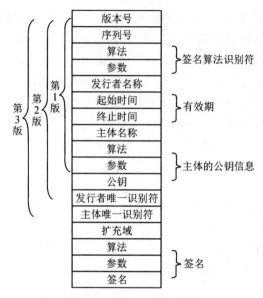

图 9-30 X.509 证书格式

证书中的数据包括以下内容：

（1）X.509 版本号：指出该证书使用了哪种版本的 X.509 标准，版本号会影响证书中的一些特定信息，目前的版本是 V3，默认值为 V1。

（2）证书的序列号：由 CA 分配给每一个证书的唯一的数字型编号，当证书被取消时，实际上是将此证书序列号放入由 CA 签发的 CRL（Certificate Revocation List 证书作废表，或证书黑名单表）中，这也是序列号唯一的原因。

（3）签名算法识别符：用来指定 CA 签署证书时所使用的签名算法（算法识别符用来指定 CA 签发证书时所使用的公开密钥算法和 Hash 算法）。

（4）发行者名称：证书发布者，是签发该证书的实体唯一的 CA 的 X.509 名字（使用该证书意味着信任签发证书的实体）。

（5）证书的有效期：证书的起始时间以及终止时间（指明证书在这两个时间内有效）。

（6）主体名称：证书所属用户的名称，以及证书用来证明私钥用户所对应的公钥。

（7）公钥：包括主体的公钥、算法（指明密钥属于哪种密码系统）的标识符和其他相关的密钥参数。

（8）发行者唯一识别符：用于识别证书的发行者，该项是可选的。

（9）主体唯一识别符：用于唯一标识主体，该项是可选的。

（10）扩充域：包括一个或多个扩展的数据项，仅在第 V3 版本中使用。

（11）签名：使用发布者私钥生成的签名，以确保证书在发放之后没有被篡改过。

9.5.4 数字证书的签发

目前，数字证书是由证书授权中心（CA）颁发的，其过程如图 9-31 所示。首先，用户到认证中心的业务受理点申请证书；然后，认证中心审核用户的身份，接着认证中心为审核通过的用户签发证书；然后，认证中心将证书灌制到证书介质中，最终发放给用户。

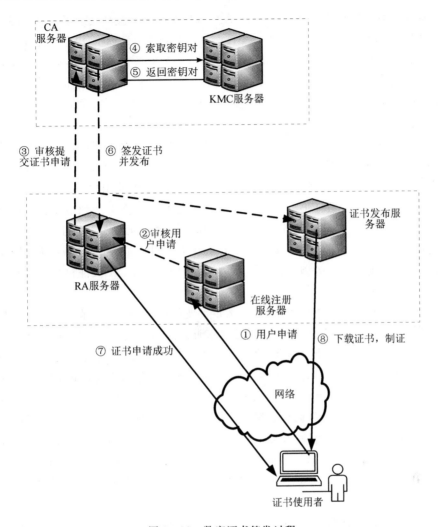

图 9-31 数字证书签发过程

CA 在向密钥管理中心(key management center, KMC)申请密钥的时候，其中的数据项包括与该用户的私钥相匹配的公钥及用户的身份和时间戳等，所有的数据项经过 CA 用自己的私钥签字后形成证书，证书的格式遵循 X.509 标准。证书的形式为 $C_A = E_{SK_{CA}}[T, ID_A, PK_A]$，其中 ID_A 是用户 A 的身份标识符，PK_A 是 A 的公钥，T 是当前时间戳，SK_{CA} 是 CA 的私钥。实践中签字的是证书信息的消息摘要，图 9-32 所示为公钥证书发放过程的示意图。

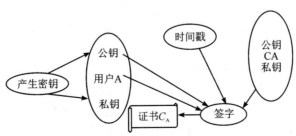

图 9-32 公钥证书的发放过程

用户还可以把自己的公钥通过公钥证书发给另一用户,接收方使用 CA 的公钥 PK_{CA} 对证书加以验证,$D_{PK_{CA}}[E_{SK_{CA}}[T, ID_A, PK_A]]=[T, ID_A, PK_A]$。由于只有用 CA 的公钥才能解读证书,这样接收方就验证了证书确实是由 CA 发放的,同时还获得了发方的身份标识 ID_A 和公钥 PK_A。而时间戳是为了保证接收方收到的证书的有效性。

在实践中,数字证书的产生过程:由根 CA 签发中间 CA 证书,再由中间 CA 签发用户证书。什么是根证书呢?

在认证系统中,根 CA 是拥有一个或多个可信根的证书颁发机构,中间 CA 证书是由根 CA 给其签发的中间证书,根证书是认证中心给自己颁发的证书。中间 CA 由根 CA 为其签发证书,中间 CA 为用户签发证书,用户证书是由中间 CA 使用根 CA 为其签发的中间证书签署的。这样做增强了根证书的安全性,在发生意外时使损害达到最小:当安全事件发生时,不需要撤销根证书,只需撤销中间证书,使从该中间证书发出的证书不再被信任。

在实际应用中,一个机构要颁发全球受信任的根证书,必须通过 WebTrust 国际安全审计认证,才能预装到主流的浏览器而成为一个全球可信的 CA 认证机构,从而实现浏览器与数字证书的无缝嵌入。

WebTrust 认证是各大主流的浏览器、大厂商支持的标准,是规范认证中心机构运营服务的国际标准。WebTrust 是由全球两大著名注册会计师协会 AICPA(美国注册会计师协会)和 CICA(加拿大注册会计师协会)共同制定的安全审计标准,也是电子认证服务行业中唯一的国际性认证标准,主要对互联网服务商的系统及业务运作逻辑的安全性、保密性等共计七项内容进行近乎严苛的审查和鉴证。

全球公认的四大浏览器是微软、Mozilla、安卓和苹果的浏览器,也即 edge、firefox、google 和 Safari 浏览器,他们拥有四大根证书库。目前,Sectigo、Digicert、GlobalSign、GeoTrust、Entrust 等国际知名 CA 机构以及国内认证机构如 CFCA(中国金融认证中心,China Financial Certification Authority,CFCA)、GDCA(广东 CA)等都获得了 WebTrust 的认证。

CFCA 是经国际权威的 WebTrust 认证以及中国人民银行和国家信息安全管理机构批准成立的国家级 CA,也是国内一流水平的电子认证服务机构和信息安全综合解决方案提供商。旗下自主研发的纯国产 SSL 证书,包括 OV、EV SSL 证书,其不仅可支持国密算法(SM2/SM3),满足政府/金融等组织或机构的国家监管需求,也得到了全球各大浏览器、操作系统及相关设备的认可。

9.5.5　数字证书的验证

数字证书的有效性验证主要包括以下三个方面:

(1)有效期验证。证书的使用时间要在证书里描述的起始时间和结束时间之内,通过解析证书能够得到证书的有效期。

(2)根证书验证。普通的证书一般包括用户公开密钥、用户信息、颁发机构信息、证书的序列号、有效时间、发证机关的名称以及证书颁发机构的签名等。这个证书的颁发机构通常叫作中间 CA(Intermediate CA)。要判断一个普通证书是否有效就需要验证中间 CA 的签名,就需要中间 CA 的公钥。而中间 CA 的公钥存在于另外一个证书中,因此我们又需要验证中间 CA 证书的真伪。依次往上回溯,直到根证书结束,就得到一条证书链。理论上，这个证书链可以很长；实践中，给中间 CA 颁发证书的就是根证书，也就是说，一条证书链上只有 3 个证书。图 9 - 33 所示是中国银行网站的数字证书的证书验证路径的部分截图，使用的是 Edge 浏览器。

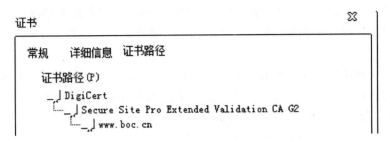

图 9 - 33　中国银行数字证书的证书验证路径

由图 9 - 33 可知，根证书是 DigiCert。根证书是 CA 中心自己给自己签名的证书（这张证书是用 CA 私钥对这个证书进行签名）。所谓根证书验证就是：用根证书公钥来验证该证书的颁发者签名。信任这张证书，就代表信任这张证书下的证书链。在安装浏览器软件时，就会安装根证书库。重要的根证书一般都预装在浏览器中了。

上面提到的根证书 DigiCert，在 Edge 浏览器里面，可以看到是自己颁发给自己的证书，如图 9 - 34 所示。

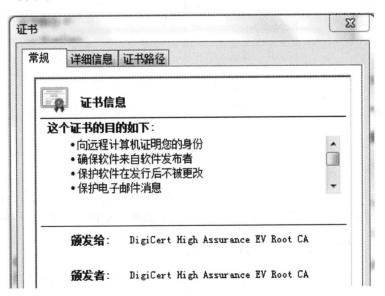

图 9 - 34　根证书 DigiCert

（3）CRL 验证。CRL（certificate revocation list）是经过 CA 签名的证书吊销列表，用于证书冻结和撤销。一般来说证书中有 CRL 地址，下载 CRL 进行验证。并且证书中有 CRL 生效日期以及下次更新的日期，因此 CRL 是自动更新的，因此会有延迟性。

还可以通过服务器在线证书状态协议（online certificate status protocol，OCSP）在线查询证书状态。OCSP 是 TLS 协议的扩展协议，它使应用程序可以确定已标识证书的（吊销）状态。OCSP 克服了 CRL 必须经常在客户端下载以确保列表更新的缺陷。

9.5.6　数字证书的吊销

当用户证书有效期已过，或者有些用户的证书还未到截止日期就被该证书的 CA 吊销时，就必须签发新的证书。证书未到截止日期却被吊销，可能有以下情况：① 用户的私钥已经泄露，或者该用户有欺诈行为；② 用户已不再需要证书；③ CA 为该用户签署证书的私钥已泄露。

每一个 CA 都维护着一个证书吊销列表 CRL(certificate revocation list)，如图 9-35 所示。表中存放所有未到期而被提前吊销的证书(包括 CA 发放给用户和发放给其他 CA 的证书)。CRL 还必须由 CA 签字确认后，存放于目录中供其他用户查询。

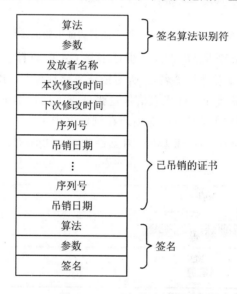

图 9-35　证书吊销列表

对每一个 CA 来说，其发放的每一个证书的序列号都是唯一的，因此可以用序列号来识别每一个证书。被吊销的证书数据域包括证书的序列号和被吊销的日期。每个用户收到他人消息的证书时，为了防止欺骗，都必须通过目录来检查该证书是否被吊销。关于证书吊销涉及的问题很复杂，在此不再讨论(有兴趣的读者可以查阅其他相关资料)。

9.5.7　基于 X.509 数字证书的认证过程

采用 X.509 数字证书，可以实现单向、双向和三向认证 3 种不同的认证过程，以适应不同的环境。采用 X.509 数字证书的认证过程使用基于公钥密码技术的数字签名，它假定通信双方都知道对方的公钥，即用户从认证中心可以获得对方的证书，以此验证对方的证书。

1. 单向认证

单向认证过程如图 9-36 所示。单向认证需要将信息从用户 A 发送到用户 B。这个认证过程需要使用 A 的身份标识，而认证过程仅验证发起用户 A 的身份标识。在 A 发送给 B 的报文中至少还需要包含一个时间戳 t_A，一个随机数 r_A 以及 B 的身份标识，这些信息都使用 A 的私钥签名。时间戳 t_A 中可包含报文生成的时间和过期时间，主要用于防止报文的延迟。随机数 r_A 用于保证报文的时效性和检测重放攻击，它在报文有效期内必须是唯一的。

图 9-36 基于 X.509 数字证书的单向认证过程

如果只需要单纯的认证,报文只需要简单地向 B 提交证书即可。报文也可以传递签名的附加信息(SignData),对报文签名时也可以把该信息包含在内,以保证其可信性和完整性。此外,还可以利用该报文向 B 传递一个会话密钥 K_{AB}(密钥需要用 B 的公钥 K_{UB} 加密保护)。

2. 双向认证

双向认证过程如图 9-37 所示。双向认证需要 A、B 双方相互认证对方的身份。除了 A 的身份标识以外,这个过程中需要使用 B 的身份标识。为了完成双向认证,B 需要对 A 发送的报文进行应答。在应答报文中,包含有 A 发送的随机数 r_A、B 产生的时间戳 t_B,以及 B 产生的随机数 r_B。同样,应答报文还可能包括签名的附加信息和会话密钥。

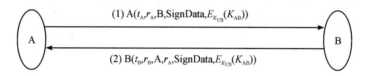

图 9-37 基于 X.509 数字证书的双向认证过程

3. 三向认证

三向认证过程如图 9-38 所示,三向认证主要用于 A、B 之间没有时间同步的应用场合。三向认证中需要一个最后从 A 发送 B 的报文,其中包含 A 对随机数 r_B 的签名。其目的是在不用检查时间戳的情况下检测重放攻击。有两个随机数,即 r_A 和随机数 r_B 均被返回给生成者,每一端都用它来进行重放攻击的检测。

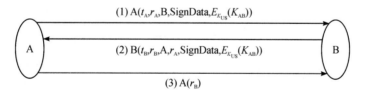

图 9-38 基于 X.509 数字证书的三向认证过程

* 9.6 PKI 技术

9.6.1 概述

PKI(public key infrastructure,公钥基础设施)的概念最早由美国提出,我国 PKI 技术起步于 1998 年。随着电子商务的兴起,PKI 技术已成为目前网络安全建设的基础与核心,是电子商务安全实施的基本保障,因此,对 PKI 技术的研究和开发成为目前信息安全领域的热点。

1. 什么是 PKI?

PKI 技术是一组既遵循已定标准的密钥管理又可为各种网络应用服务的一套安全系统平台和技术规范。简单来说，PKI 就是一个提供公钥加密和数字签名服务的系统或者平台，PKI 的主要任务就是管理密钥和证书，为网络用户建立安全通信机制，通过数字证书提供网上身份认证、信息的完整性和不可抵赖性等安全机制，PKI 的作用如图 9 - 39 所示。

2. PKI 体系框架和组成部分

PKI 体系框架如图 9 - 40 所示，PKI 在实际应用上是一套软硬件系统和安全策略的集合，它提供了一整套安全机制，以证书为基础，通过一系列的信任关系，为应用系统提供数据加密、身份认证、数据完整性认证、数字签名、访问控制等方面的功能，使用户在不知道对方身份的情况下，进行通信和电子商务交易，为诸如电子商务、电子政务、网上银行和网上证券等网络应用提供可靠的安全服务的基础设施。一个典型的 PKI 系统必须具有权威认证机构（Certificate Authority，CA）、注册机构（Registration Authority，RA）、数字证书库、证书撤销列表（Certificate Revocation List，CRL 又称证书黑名单）、密钥备份及恢复系统、证书作废系统和应用接口 API 等基本构成部分。

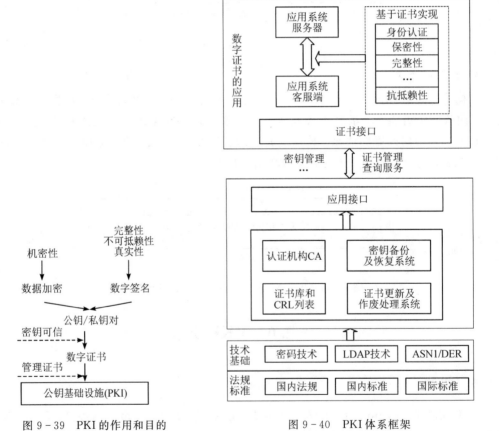

图 9 - 39 PKI 的作用和目的   图 9 - 40 PKI 体系框架

1) 认证机构

认证机构即数字证书的申请及签发机构，CA 必须具备权威性的特征，它是 PKI 的核心，也是 PKI 的信任基础，它管理公钥的整个生命周期。CA 对任何一个主体的公钥进行公证，CA 通过签发证书将主体与公钥进行捆绑。CA 目前广泛采用的是一种安全机制，即使用认证机制的前提是建立 CA 以及配套的 RA 系统。

2）注册机构

注册机构是 CA 的组成部分。RA 是 CA 面对用户的交互窗口，它负责完成收集用户信息、审核用户的身份、CA 证书发放，以及规定证书的有效期和通过发布 CRL 确保必要的情况下可以废除证书。注册机构提供用户和 CA 之间的接口，RA 系统是整个 CA 中心得以正常运营不可缺少的部分。

3）数字证书库

证书的集中存放地，用于存储已签发的数字证书及公钥，用户可由此获得所需的其他用户的证书及公钥，系统必须确保证书库的完整性，以防止伪造、篡改证书。构造证书库可以采用 X. 500、LDAP、WWW、FTP、数据库等。但采用支持 LDAP 协议（lightweight directory access protocol，轻量目录访问协议也是 LDAP 协议的简便版）的目录系统是构造证书的最佳方法，用户或相关的应用通过 LDAP 来访问证书库。

4）密钥备份及恢复系统

如果用户丢失了用于解密数据的密钥，则数据将无法被解密，这将造成合法数据丢失。为避免这种情况，PKI 提供了备份与恢复密钥的机制。但必须注意，密钥的备份与恢复必须由可信的机构来完成，并且密钥备份与恢复只能针对解密密钥，签名私钥是为确保其唯一性而不能够作备份的。

5）证书作废系统

证书有效期以内也可能需要作废，原因可能是密钥介质丢失或用户身份变更等。为实现这一点，PKI 必须提供作废证书的一系列机制。作废证书一般通过将证书列入证书废除列表 CRL（CRL 一般存放在目录系统中）来完成。通常，系统中由 CA 负责创建并维护一张及时更新的 CRL，而由用户在验证证书时负责检查该证书是否在 CRL 之列。证书的作废处理必须在安全及可验证的情况下进行，必须确保 CRL 的完整性。一般此系统主要提供 LDAP 服务、OCSP（online certificate status protocol，在线证书状态协议）服务和注册服务。LDAP 服务提供了证书和 CRL 的目录浏览服务，OCSP 提供了证书状态在线查询服务，注册服务则为用户提供在线注册的功能。

6）应用接口

PKI 的价值在于使用户能够方便地使用加密、数字签名等安全服务，因此一个完整的 PKI 必须提供良好的应用接口系统，使得各种各样的应用能够以安全、一致、可信的方式与 PKI 交互，确保安全网络环境的完整性和易用性，同时降低管理维护成本。

9.6.2 PKI 主要功能

PKI 的主要功能包括系统功能和安全服务功能两部分。

1. 系统功能

1）证书签发

证书签发是 PKI 系统中认证中心的核心功能。完成了证书的申请和审批后，将由 CA 签发该请求的相应证书，其中由 CA 所生成的证书格式符合 X. 509 v3 标准。证书的发放分为离线方式和在线方式两种。

2）签发证书黑名单

CRL 又称证书黑名单，证书具有指定的生命周期，但 CA 可以通过称为证书吊销的过程来减少此生命周期。发布者可以使用任何类型的目录服务，包括 X.500，轻量级目录访问协议(LDAP)或特定操作系统(包括 Active Directory)中的目录来存储 CRL。发布者还可以在 Web 服务器上发布 CRL。

3）密钥的备份和恢复功能

密钥的备份和恢复是 PKI 中的一个重要内容。因为可能有很多原因造成丢失解密数据的密钥，那么被加密的密文将无法解开，会造成数据丢失。为了避免这种情况的发生，PKI 提供了密钥备份与解密密钥的恢复机制，即密钥备份与恢复系统。在 PKI 中密钥的备份和恢复分为 CA 自身根密钥和用户密钥两种情况。

4）自动密钥更新

PKI 系统提供密钥的自动更新功能。也就是说，无论用户的证书用于何种目的，在认证时，都会在线自动检查其有效期，在失效日期到来之前的某个时间间隔内自动启动更新程序，生成一个新的证书来代替旧证书，新旧证书的序列号不一样。

5）加密、签名密钥的分隔

PKI 中加密和签名密钥的安全性要求和处理方式是不一样的，因此需要分隔开。例如，在密钥更新中，其更新密钥过程基本上跟证书发放过程相同，即 CA 使用 LDAP 协议将新的加密证书发送给目录服务器，以供用户下载。签名密钥对的更新是当系统检查证书是否过期时，对接近过期的证书创建新的签名密钥对。利用当前证书建立与认证中心之间的连接，认证中心将创建新的认证证书，并将证书发回 RA，在归档的同时，供用户在线下载。

6）密钥历史档案

由于密钥的不断更新，经过一定的时间段，每个用户都会形成多个旧证书和至少一个当前证书。这一系列的旧证书和相应的私钥就构成了用户密钥和证书的历史档案，简称密钥历史档案。密钥历史档案也是 PKI 系统的一个必不可少的功能。与密钥更新相同，密钥历史档案由 PKI 自动完成。

7）交叉认证

交叉认证，简单地说就是把以前无关的 CA 连接在一起的机制，从而使得在它们各自主体群之间能够进行安全通信。其实质是为了实现大范围内各个独立 PKI 域的互联互通、互操作而采用的一种信任模型。交叉认证从 CA 所在域来分有两种形式：域内交叉认证和域间交叉认证。域内交叉认证即进行交叉认证的两个 CA 属于相同的域。例如，在一个组织的 CA 层次结构中，某一层的一个 CA 认证它下面一层的一个 CA，这就属于域内交叉认证。域间交叉认证即两个进行交叉认证的 CA 属于不同的域，完全独立的两个组织间的 CA 之间进行交叉认证就是域间交叉认证。

交叉认证既可以是单向的也可以是双向的。但在同一个域内各层次 CA 结构体系中的交叉认证，只允许上一级的 CA 向下一级的 CA 签发证书，而不能相反，即只能单向签发证书。而在网状的交叉认证中，两个相互交叉认证通过桥 CA 互相向对方签发证书，即双向的交叉认证。在一个行业、一个国家或者一个世界性组织等这样的大范围内建立 PKI 域都面临着一个共同的问题，即该大范围内部的一些局部范围内可能已经建立了 PKI 域，由于业务和应用的需求，这些局部范围的 PKI 域需要进行互联互通、互操作等。为了在现有的互不连通的信息孤岛——PKI 域之间进行互通，上面介绍的交叉认证是一个适合的解决方案。

2. 安全服务功能

1）网上身份安全认证

目前，实现网上身份认证的技术手段很多，通常有口令技术＋ID(实体唯一标识)、双因素认证、挑战应答式认证、著名的 Kerberos 认证系统，以及 X.509 证书及认证框架(前面已经介绍过)。这些不同的认证方法所提供的安全认证强度也不一样，具有各自的优势、不足，以及所适用的安全强度要求不同的应用环境。而解决网上电子身份认证的公钥基础设施(PKI)技术近年来被广泛应用，并发展飞速，在网上银行、电子政务等保护用户信息资产等领域，发挥了巨大的作用。

2）保证数据完整性

在 PKI 体系所实现的方案中，目前采用的标准散列算法有 SHA-1、MD-5 作为可选的 Hash 算法来保证数据的完整性。在实际应用中，通信双方通过协商以确定使用的算法和密钥，从而在两端计算条件一致的情况下，对同一数据应当计算出相同的算法来保证数据不被篡改，实现数据的完整性。

3）保证网上交易的抗否认性

PKI 所提供的不可否认功能，是基于数字签名，以及其所提供的时间戳服务功能的。通过时间戳功能，安全时间戳服务用来证明某个特别事件发生在某个特定的时间或某段特别数据在某个日期已存在。这样，签名者对自己所做的签名将无法进行否认。

4）提供时间戳服务

PKI 中存在用户可信任的权威时间源，权威时间源提供的时间并不需要正确，仅仅需要用户作为一个参照时间，以便完成基于 PKI 的事务处理，如事件 A 发生在事件 B 的前面等。一般的 PKI 系统中都设置一个时钟系统统一 PKI 的时间。当然也可以使用世界官方时间源所提供的时间，其实现方法是从网络中的时钟位置获得安全时间。实体可在需要的时候向这些权威请求在数据上盖上时间戳。一份文档上的时间戳涉及对时间和文档内容的杂凑值(哈希值)的数字签名。权威的签名提供了数据的真实性和完整性。

虽然安全时间戳是 PKI 支撑的服务，但它依然可以在不依赖 PKI 的情况下实现安全时间戳服务。一个 PKI 体系中是否需要实现时间戳服务，完全依照应用的需求来决定。

5）保证数据的公正性

PKI 中支持的公证服务是指数据认证，也就是说，公证人要证明的是数据的有效性和正确性，这种公证取决于数据验证的方式。与公证服务、一般社会公证人提供的服务有所不同，在 PKI 中被验证的数据基于杂凑值的数字签名、公钥在数学上的正确性和签名私钥的合法性。

PKI 的公证人是一个被其他 PKI 实体所信任的实体，能够正确地提供公证服务。通过数字签名机制可证明数据的正确性，所以其他实体需要保存公证人的验证公钥的正确拷贝，以便验证和相信作为公证的签名数据。

9.6.3　PKI 的关键技术

PKI 关键技术主要包括 CA、PKI 信任模式和数字证书，本小节将简单介绍 CA 和 PKI 信任模式，数字证书相关内容详见 9.5 节。

1. 认证中心

认证中心（CA）是 PKI 的核心，作为一个确定公钥归属的组件，CA 必须是可信赖的、公正的，并且其确定公钥归属的技术方法也必须是安全可靠、值得信赖的。CA 作为一个可信赖的权威机构，安全有效地管理着密钥，为申请者颁发证书并且验证密钥的有效性，同时还要将公开密钥同其认证的某个实体联合捆绑在一起，确保实体的唯一性、合法性、安全性。此外，它还需要负责颁发、分配并管理、验证信息交换各方所需要的数字证书。

1）CA 的作用

CA 作为权威的、可信赖的、公正的第三方机构，专门负责为用户的各种认证需求提供数字证书服务。CA 主要提供颁发证书、更新证书、验证证书、废除证书和管理密钥等相关服务。

2）CA 的安全措施

为了保证 CA 的安全，一般采用的安全措施有：保证 CA 物理通道的安全，操作员权限，CA 系统岗位责任明确，建立安全分散和牵制机制，身份认证，任何与 CA 中心的通信都采用加密机制，定期对所有涉及安全的事务进行审查等。

3）典型的 CA 框架

一个典型的 CA 系统由 KMC 服务器、CA 服务器、RA 服务器、在线注册服务器和证书发布服务器（LDAP 目录服务器和数据库服务器）等组成，如图 9 - 41 所示。

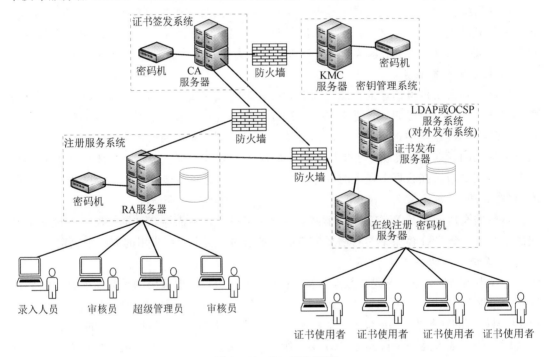

图 9 - 41　CA 系统框架

2. PKI 的信任模式

PKI 信任模型提供建立和管理 CA 信任关系的框架，信任模型建立的目的是确保一个认证机构所颁发的证书能够被另外一个认证机构的用户所信任。在 PKI 中，通常信任可以理解为：如果一个用户假定 CA 可以把任一公钥绑定在某个实体上，则他信任该 CA。根据 CA 之间的结构关系不同,信任模型主要包括四种,即层次型信任模型、分布式信任结构模型(网状、桥接信任模型、混合信任模型)、Web 信任模型(多根信任模型)、以用户为中心的信任模型。

1)层次型信任模型

层次型信任模型是 PKI 系统中最常用的一种信任模型,该模型构成一种树状结构,其中,树根代表根 CA,它被 PKI 系统中所有实体所信任,如图 9-42 所示。其中,根 CA 存在多级子 CA,根 CA 为自己和直接下级子 CA 颁发证书,无下级的 CA 称为叶子,叶 CA 为用户颁发证书。层次型信任模型除根 CA 外,其他 CA 都由父 CA 颁发证书。

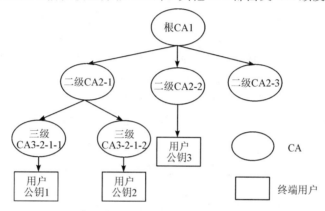

图 9-42 层次型信任模型结构

层次型信任模型信任的建立通过根 CA 或根 CA 批准的下级 CA 向其他 CA 颁发证书来实现。沿着层次树往上找,可以构成一条证书链,直到根证书,如图 9-43 所示。例如,某用户 A 要信任用户 1 的公钥,则可以从用户 1 的公钥证书找到叶 CA 节点的签发者 CA3-2-1-1,再由叶 CA 节点的证书找到上一级 CA2-1,依次最后找到根证书,即 CA1 的公钥,构成一条证书链。

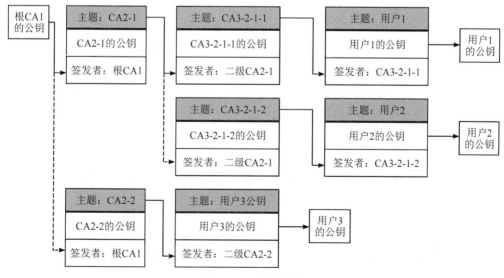

图 9-43 CA 证书链

而证书验证则从证书链追溯的相反方向,从根证书开始,依次往下验证每一个证书中的签名。其中,根证书是自签名的,用它自己的公钥进行验证,依次验证到用户 1 的证书中的签名。若所有的签名验证都通过，则某用户 A 可以确定所有的证书都是正确的，如果他信任根 CA1，则他可以相信用户 1 的证书和公钥。

层次型信任模型结构清晰，便于全局管理，但是对于大型的应用系统，难以建立一个所有用户都信任的 CA，而且整个 PKI 的安全都依赖根 CA，一旦根 CA 的公钥坏掉或者私钥被攻击，整个系统都将面临风险。根 CA 的私钥必须特殊保护，通常根 CA 处于离线状态。随着区块链技术的发展，有研究者将区块链与 PKI 技术融合，以解决根 CA 的安全问题。

2）网状信任模型

网状信任模型中没有实体信任根 CA，通常终端用户选择给自己发放证书为根 CA，各相互独立的 CA 之间可以通过交叉认证的方式相互颁发证书，从而形成 CA 之间的信任网络，如图 9 - 44 所示。网状信任模型比较灵活，便于 CA 之间建立特定的信任关系，当在CA 之间有直接信任关系存在时，验证速度快。但是网状信任模型在交叉认证中，每一个 CA需要向它信任的所有 CA 逐一颁发证书，如果 CA 数量多，则需要颁发很多证书，因此信任路径变得复杂。如果存在多条证书验证路径，则需要考虑如何选择最短信任路径的问题。

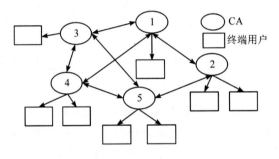

图 9 - 44　网状信任模型结构

3）桥接信任模型

桥接信任模型主要用于解决不同 PKI 体系的证书之间的信任问题，如图 9 - 45 所示。当根 CA 很多时，可以指定一个 CA 为不同的根 CA 颁发证书，这个被指定的 CA 称为桥CA。当增加一个根 CA 时，只需要与桥 CA 进行交叉认证，其他信任域(公共控制下服从于一组公共策略的系统集)不需要改变。建立桥 CA 后，其他根 CA 仍然都是信任锚(信任关系链中的某一个节点，通常是根 CA)，这样允许用户保留自己的原始信任锚，桥 CA 与不同的信任域之间建立的是对等的信任关系。

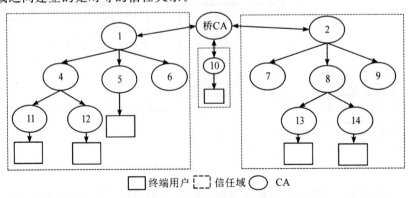

图 9 - 45　桥接信任模型结构

4）混合信任模型

混合信任模型结构中，局部仍然可体现层次型结构，不是所有的根 CA 之间都进行直接的交叉认证，如图 9-46 所示。CA1 和 CA2，CA5 与 CA11 产生交叉认证，而其他 CA 之间不存在交叉认证。

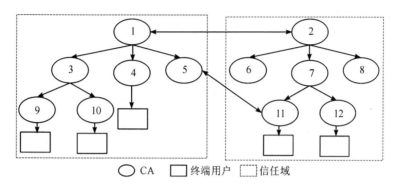

图 9-46　混合信任模型结构

5）Web 信任模型

Web 信任模型又称为多根信任模型，它是在浏览器产品中内置了多个根 CA 证书，用户同时信任这些根 CA 并把它们作为信任锚。Web 信任模型一般是在浏览器中包含一个文件，该文件的内容是一些可信的自签名文件，在绝大多数情况下，如果证书使用的签名公钥在该文件中，用户就可以验证该签名文件，如图 9-47 所示。

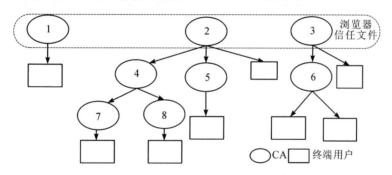

图 9-47　Web 信任模型结构

从本质上看，Web 信任模型属于多个层次型信任模型，其简单，方便操作，浏览器厂商相当于根 CA 的作用。目前 Web 浏览器和服务器产品是最常用的 PKI 客户端应用。但是因为其有多个根 CA，都是预先安装在浏览器中的，用户一般不知道这些根 CA 证书的来源，所以无法判别是否都可信任，且没有办法废除嵌入到浏览器中的根证书，一旦发现某个根密钥是坏的或者根证书对应私钥泄露了，让所有浏览器用户都有效地废除那个密钥的使用不太可能。此外，该模型还缺少有效防范在 CA 和用户之间建立合法协议的办法，如果出现问题，则只能用户承担所有责任。

6）以用户为中心的信任模型

以用户为中心的信任模型，即每个用户自己决定信任哪些证书。通常，用户最初的信任对象包括用户的家人、朋友或同事，但是是否信任某证书则被许多因素所左右。例如，在

PGP 的信任模型中,一个用户通过担当 CA(签署其他实体的公钥证书)和使他的公钥被其他人所认证来建立(或参加)所谓的 Web 信任,如图 9-48 所示。例如,当 Alice 收到一个据称属于 Bob 的证书,她发现这个证书是由她不认识的 Eve 签署的,但是 Eve 的证书是由她信任的同事 Catherine 签署的。在这种情况下,Alice 可以决定信任 Bob 的密钥,也可以决定不信任 Bob 的密钥。

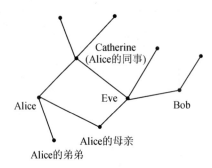

图 9-48 以用户为中心的信任模型

选择正确的信任模型以及与它相应的安全级别是非常重要的,同时也是部署 PKI 所要做的较早和基本的决策之一。表 9-3 给出了几种常见 PKI 信任模型在信任锚的选取、证书链的构造、信任域的扩展等多方面的比较,应用系统可以根据系统要求,选择合适的 PKI 信任模型来构建和运作,这是构建 PKI 所必需的一个环节。

表 9-3　PKCS 系列标准

类型	信任锚的选取	证书链的构造	信任域的扩展	信任建立方式	适用环境
层次型信任模型	唯一的根 CA	简单,从上而下的唯一一条证书路径	不能扩展,只能信任同一个根	自上而下的单向信任	一个组织或机构内部
网状信任模型	任意的 CA	复杂,有多条证书路径,易出现死循环	容易,适合少量的信任域	CA 间双向信任	一个机构内部或数目不多的多个机构
桥接信任模型	不同域信任的根 CA	较简单,跨域的信任域的证书都通过桥 CA	非常容易,不受数量限制	单一的信任域内单向信任,信任域与桥 CA 双向信任	数目不限的多个机构
混合信任模型	不同域信任的根 CA	较简单,可能存在多条证书路径	容易,适合少量的信任域	单一的信任域内单向信任,信任域之间 CA 双向信任	数目不多的多个机构
Web 信任模型	多个根 CA	简单,从上而下的唯一一条证书路径	不容易,需要浏览器厂商预设	多个自上而下的单向信任	多个机构,需要浏览器厂商支持
以用户为中心的信任模型	任意根 CA	复杂,有多条证书路径	容易,用户决定信任域	以用户为中心双向或单向信任	以用户为中心应用,如邮件系统

9.6.4 PKI 的标准化及优势

1. PKI 的标准化

在密码和安全技术普遍用于实际通信的过程中，标准化是一项非常重要的工作。标准化可以实现规定的安全水平，具有兼容性，在保障安全的互连互通中起着重关键作用。标准化有利于降低成本、训练操作人员和技术的推广使用。PKI 涉及的标准主要有三类：ITU－T X.509、PKIX 文档（RFC）（见表 9-4）、PKCS 系列标准（见表 9-5）。

表 9-4 PKIX 文档（RFC）

标准类型	标准
概貌	RFC2459、RFC3280
运作协议	RFC2559、RFC2560、RFC2585 等
管理协议	RFC2510、RFC2511、RFC2797 等
策略概要	RFC2527
时间戳、数据验证和数据认证服务	RFC3029、RFC3161

表 9-5 PKCS 系列标准

标准名称	标准
PKCS♯1	定义 RSA 公开密钥算法的加密和签名
PKCS♯3	定义 Diffie-Hellman 密钥交换协议
PKCS♯5	描述一种利用从口令派生出来的安全密钥加密字符串的方法
PKCS♯6	描述工业证书的标准语法，主要描述 X.509 证书扩展格式
PKCS♯7	定义一种通用的消息语法，包括数字签名和加密等用于增强的加密机制
PKCS♯8	描述私有密钥格式，该信息包括公开密钥算法、私有密钥以及可选的属性集等
PKCS♯9	定义一些用于 PKCS♯6 的证书扩展、PKCS♯7 的数字签名和 PKCS♯8 的私钥加密信息的属性类型
PKCS♯10	描述证书请求语法
PKCS♯11	成为 Cyptoki，定义了一套独立于技术的程序设计接口，用于智能卡和 PCMCIA 之类的加密设备
PKCS♯12	描述个人信息交换语法标准，描述了将用户公钥、私钥、证书和其他相关信息打包的语法

2. PKI 的优势

PKI 作为一种与网络应用分离的安全技术，已经深入到网络的各个层面。PKI 的灵魂来源于公钥密码技术，这种技术使得知其然不知其所以然成为一种可证明的安全状态，也使得虚幻的网络平台上的数字签名有了理论上的安全保障。围绕着如何利用好 PKI 技术，数字证书成为 PKI 中的核心元素。PKI 还具有如下 5 点优势：

（1）PKI 采用公钥密码技术，可以支持可公开验证（或第三方验证，这样能更好地保护弱势个体)并无法仿冒的数字签名,从而在支持可追溯(溯源)的服务上具有不可替代的优势,同时这种可追溯的服务为数据完整性提供了更高级别的保障。

(2) 由于采用现代密码技术,保护信息的机密性是 PKI 最得天独厚的优点。PKI 不仅能够为相互认识的个体间提供机密性服务,同时还可以为陌生的个体间通信提供保密支持。

(3) 数字证书可以由用户独立验证,不需要在线查询,理论上可以保证 PKI 服务范围的无线扩张,这使得 PKI 成为一种服务海量用户群的基础设施。PKI 借助于数字证书(第三方颁发的数字证书证明终端个体的密钥)进行服务,而不是在线查询或在线分发。这种密钥管理方式突破了以往安全验证服务必须在线验证的限制。

(4) PKI 提供了正式撤销机制,从而使其应用领域不受具体应用的限制。这是因为撤销机制提供了意外情况下的补救措施,在各种安全环境下都可以让用户放心大胆地使用。此外,由于有撤销技术,无论是永远不变的身份,还是经常变换的角色,都可以得到 PKI 服务而不用担心失窃后身份或角色永远作废或被他人恶意盗用。

(5) PKI 具有极强的互联能力。无论是上下级关系,还是平等的第三方信任关系,PKI 都能按照人类的信任方式进行多种形式的互联互通,从而使 PKI 能够很好地服务于符合人类习惯的大型网络信息系统。同时,PKI 中各种互联技术的结合使得建设一个复杂的网络信任体系成为可能,也为建立虚幻网络世界的信任体系提供了充足的技术保障。

9.7　扩展阅读

1. 国密 SSL 协议[①]

国家密码管理局在 TLSv1.1 的版本基础之上,针对国内的现状,起草并公布了中华人民共和国密码行业标准《SSL VPN 技术规范》GB/T 0024—2014,用于指导国内商用领域 SSL VPN 的研发和使用。其在底层要求使用国密 SM 系列算法的密码套件,并增加了网关到网关的专有协议。依据规范,国密 SSL 协议包括握手协议、密码规格变更协议、报警协议、网关到网关协议和记录层协议。握手协议用于身份认证和安全参数协商;密码规格变更协议用于通知安全参数的变更;报警协议用于关闭通知和对错误进行报警;网关到网关协议用于建立网关到网关的传输层隧道;记录层协议用于传输数据的分段、压缩及解压缩、加密及解密、完整性校验等。

国密 SSL 协议流程和传统的使用 RSA 证书的 TLS 协议流程基本一致,但是又有区别,因为传统的 TLS 协议中服务端使用的是单证书,而国密 SSL VPN 协议在双方握手的过程中服务端使用的是双证书(签名证书和加密证书)。下面是国密 SSL 的主要握手流程(如图 9 - 49 所示)。

(1) 客户端首先产生客户端随机数,在 ClinentHello 消息中封装加密套件和随机数参数,发送 ClientHello 消息与服务端进行握手请求。

(2) 在服务端接收到客户端的握手请求后,产生服务器端随机数,并结合服务器的证书选择合适的加密套件,将服务器随机数和选定加密套件参数封装成 SeverHello 消息返回

---

① 关于国密 HTTPS 的那些事(一)[EB/OL]. https://blog. csdn. net/lavin1614/article/details/120550322。

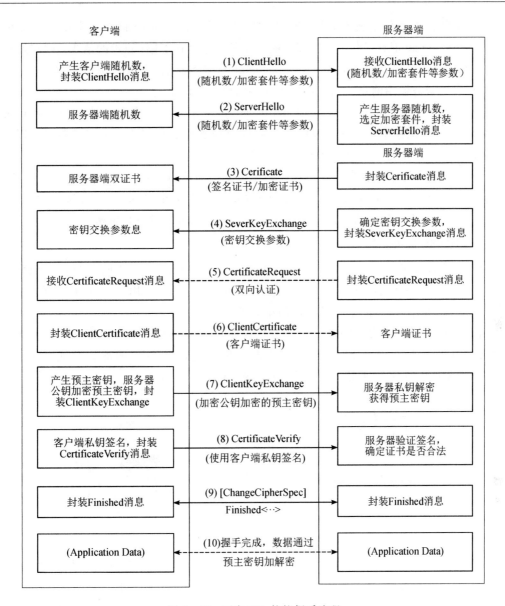

图 9-49　国密 SSL 协议握手流程

给客户端。

（3）服务端封装 Certificate 消息，包含双证书，即签名证书和加密证书，加密证书放在签名证书前面，然后将 Certificate 消息发送给客户端。

（4）服务端根据选定的握手协议，将密钥交换参数封装在 ServerKeyExchange 消息中，并将 ServerKeyExchange 消息发送给客户端。密钥交换参数包含着服务端和客户端双方随机数和服务端加密证书的签名。

（5）若服务端开启了双向认证，则会继续发送 CertificateRequest 消息给客户端。

（6）若客户端接收到服务端的消息（收到第（5）步的 CertificateRequest 消息），则会将客户端证书封装到 ClientCertificate 消息中，先将 ClientCertificate 消息发送给服务端，如果没有收到，则跳过此步骤。

(7) 客户端产生预主密钥,用服务器端加密证书公钥加密的预主密钥,然后封装 ClientKeyExchange 消息,发送给服务器端。若客户端收到了第(5)步的请求,则在发送完第(6)步的消息后紧接着发送 ClientKeyExchange 给服务器端,否则 ClientKeyExchange 是客户端在收到服务器端消息后回复给服务器端的第一条信息。

(8) 若客户端发送了第(6)步的 ClientCertificate 消息,则将客户端私钥签名封装在 CertificateVerify 消息中,然后发送 CertificateVerify 消息给服务器端,服务器端可以根据这条消息认证客户端是否为证书的合法持有者。

(9) 最后服务器端和客户端各自在密码规格变换消息后发送 Finished 消息给对方,用于验证密钥交换过程是否成功,并校验握手过程的完整性,至此 SSL 握手流程结束。

(10) 协议双方会使用协商出来的预主密钥对通信的数据进行加解密。

2. 国密 SSL 证书[①]

SSL 证书就是遵守 SSL 协议,可以实现网站的 HTTPS 加密,不同于 HTTP 页面的明文传输,它可以使浏览器传输到服务器的信息不被窃取,同时使用 SSL 证书还可以有效地提高企业形象和信誉,有助于提升网站的排名等。

国密 SSL 证书就是遵循国密 SSL 安全协议和《GM/T 0015 基于 SM2 密码算法的数字证书格式规范》,支持 SM2/SM3/SM4 国产密码算法的数字证书。国密 SSL 证书在工作原理上和 RSA 算法的 SSL 证书是一样的,如图 9-50 所示。

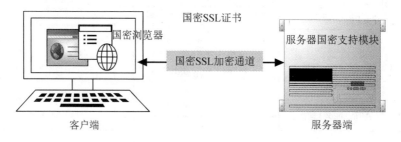

图 9-50　支持国密 SSL 证书的国密浏览器

SSL 证书与国密 SSL 证书的主要区别在于采用不同的密码算法体系,具体区别如下:

(1) SSL 证书支持 RSA 算法,RSA 证书普遍采用 2048 位密钥长度,国密 SSL 证书支持 SM2 算法,SM2 证书普遍采用 256 位密钥长度,加密强度等同于 3072 位的 RSA,所以其安全性更高,加密速度更快。

(2) SSL 证书兼容所有主流浏览器,国密 SSL 证书目前主要兼容的浏览器有 360 国密浏览器、密信浏览器、红莲花浏览器等。

目前,由于大部分浏览器对国密 SSL 的不兼容,支持 RSA 算法的 SSL 证书在市场中依然占据着主流地位,并且 SSL 证书仍然主要依赖国外数字证书颁发机构 CA,一旦国外证书品牌对我们实行断供、吊销,将面临巨大的安全风险。例如,2022 年俄乌战争以来,相关利益方发起了对俄罗斯的制裁:国际上的主流 CA 机构,如 DigiCert、Sectigo、GoGetSSL 等不再为俄罗斯提供数字证书服务,甚至吊销俄罗斯相关的一些国家基础设施

---

① 什么是国密 SSL 证书? [EB/OL]. https://blog.csdn.net/lavin1614/article/details/124152001。

网站的证书。随着我国金融银行、电子政务、教育、交通运输、民生保障等关键设施领域的企事业单位对国密算法的 HTTPS 应用需求的与日俱增,使用自主可控的国产密码技术国密 SSL 证书,建立 HTTPS 刻不容缓,由此可实现自主可控的网络安全环境。

习　题　9

1. 何谓消息认证及消息认证码? 常见的消息认证码算法有哪几种?

2. HMAC 的设计目标有哪些?

3. 在 HMAC 算法中,若密钥 K 的长度小于所使用的 Hash 算法分组长度 b 的值,密钥该如何处理? 若密钥 K 的长度大于所使用的 Hash 算法分组长度 b 的值,又该如何处理?

4. 消息认证码一般有几种使用方法,每种方法有何区别?

5. 何谓身份认证? 简述身份认证过程。

6. 身份认证技术主要分为哪几种类型? 请具体说明身份认证的本质是什么?

7. 什么是基于生物学的身份认证? 基于生物学的身份认证方法主要有哪些?

8. 什么是基于密码学的身份认证? 基于密码学的身份认证方法主要有哪些?

9. 什么是基于密码学的单向身份认证? 基于密码学的单向身份认证方法主要有哪些?

10. 何谓基于密码学的双向身份认证? 基于密码学的双向身份认证方法主要有哪些?

11. 请具体分析说明 Needham-Schroder 身份认证协议存在的缺陷,以及如何改进才能避免这种缺陷。

12. 什么是零知识证明? 零知识证明主要分为哪两种类型?

13. 什么是交互式零知识证明? 请举例说明。

14. 什么是非交互式零知识证明? 请举例说明。

15. 简述 FFS 协议的具体过程? 并对其安全性进行分析说明。

16. 什么是数字证书? 数字证书由哪些部分组成?

17. 请具体说明数字证书的签发过程。

18. 何谓根证书验证? 什么是证书链?

19. 什么情况下证书需要被吊销?

20. 请具体说明身份认证系统(S/KEY)的认证原理及过程,它有哪些优缺点。

21. 基于口令的身份认证存在哪些安全威胁? 并分析存在安全问题的原因。

22. 什么是 Kerberos 身份认证技术? 请具体说明认证原理及过程。

23. 请具体说明 X.509 认证原理及过程。

24. 什么是 PKI 技术? 请简述 PKI 的组成。

25. 简述 PKI 的主要功能。

第10章　密码算法应用案例

 知识点

☆ 密码学在电子身份证中的应用；

☆ 密码学在保密通信中的应用；

☆ 密码学在软件授权管理中的应用；

☆ 密码学在区块链中的应用。

第十单元

 本章导读

本章首先介绍密码学在身份证中的应用；接着介绍密码学在保密通信中的应用，以及在软件授权管理中的应用；最后介绍密码学在区块链中的应用。通过本章的学习读者可对密码理论与实际应用相结合有更多了解，对在未来工作中灵活运用密码学理论知识解决实际问题具有重要的指导作用。

10.1　密码学在电子身份证中的应用

身份证是用于证明持有人身份的证件，多数由各国或地区政府发行予公民，它作为每个人独一无二的公民身份的证明工具，均被视为通用的令牌。大量新技术的出现允许身份证中包含生物识别信息，如照片、面部特征、手掌特征、虹膜扫描识别或指纹识别。因此，身份证是部署在应用中的工具，而不是作为应用本身来使用的。电子身份证或电子身份标识(electronic IDentity eID)是指存储在计算机内的有关个人身份及特征的信息，此类信息在必要时可以用来确定人的身份并可用于身份验证、移动支付等场景。这些信息也可以存储在智能卡(IC卡)上，智能卡上有比较大的存储器，除了存储个人基本信息外，还可以存储个人经历、工作状况、医疗资料、驾驶证、个人信用、房产资料、指纹等各种信息。此类智能卡可以代替各种证件和各种卡。除了在线身份验证和登录，许多电子身份服务还为用户提供了使用数字签名签署电子文件的选项。比利时的eID是最早使用密码签名功能的eID之一，本节简要介绍比利时和中国eID中密码算法的应用。

10.1.1　国外eID中密码算法的应用

1. eID的产生背景

在特定的背景下，大多数人能够接受包含和显示持有人身份相关数据的卡片。然而，由于文化的不同，人们对电子身份证方案的态度不同。一些国家(如英国)对此类计划存在很大的反对意见。这在很大程度上源于对隐私问题、部署成本、数据管理的担忧，以及对这种方案的实用性的怀疑。而在其他国家(如比利时)，电子身份证计划已经推出并被纳入日常生活。

　　eID 卡方案发展的契机是 1999 年欧洲电子签名政令（The 1999 European Directive on Electronic Signatures）的发布，使电子签名具有法律约束力。比利时身份证是发给所有 12 岁及以上比利时公民的国民身份证。第一批 eID 卡于 2003 年签发给比利时公民，从 2005 年起，所有新发的身份证都是 eID 卡。eID 卡是根据 ISO/IEC 7810 标准使用 ID-1 大小格式发行的，类似于信用卡。eID 卡符合 ISO/IEC 7816 标准，背面有一条以 IDBEL 开头的 3 行机器可读条带。eID 卡有四个核心的功能：

　　（1）视觉识别。可以通过在卡片上显示照片以及手写签名和基本信息（如出生日期）来直观地识别持卡人（如图 10-1 所示）。

（正面）　　　　　　　　　　　　　　　　　　　　（背面）

图 10-1　比利时的 eID 卡

　　（2）显示数字资料。允许 eID 卡上的数据以电子形式呈现给验证方，卡上的数据具有特定的格式并且包括以下内容：

　　① 持卡人脸部的数码照片。

　　② 身份标识文件：个人资料（姓名、身份证号码、出生日期和国籍等）、持卡人数码照片的哈希值、芯片号、卡号、有效期等卡片专用数据。

　　③ 由持卡人注册地址组成的地址文件。

　　（3）数字身份证持卡人认证。持卡人可以使用 eID 卡向验证方实时证明自己的身份。换句话说，它方便了持卡人的身份认证。持卡人身份认证的应用包括对各种网络服务的远程访问，如官方文件申请、访问在线税务申报应用等。

　　（4）数字签名创建。允许持卡人使用 eID 卡对某些数据进行数字签名。数字签名的创建应用于电子合同的签署和社会保障的申报。当然，使用不可否认密钥创建的 eID 卡的数字签名是公认合法的。

　　根据 eID 卡的功能，人们提出了以下三种安全需求：

　　（1）能够提供卡数据的数据源身份认证服务。为了确保数字数据的真实性，必须保证发出卡之后卡数据没有被更改。

　　（2）能够提供数据源身份认证服务。为了支持数字持卡人的身份认证，必须将 eID 卡作为身份认证服务的一部分。eID 卡在这方面的作用是提供数据源身份认证服务，然后可以使用该服务来支持持卡人与认证方之间的身份认证协议。

　　（3）能够提供不可否认的服务。为了有效地进行数字签名的创建，eID 卡必须能够提供不可否认性。

2. eID 中使用的密码学

（1）公钥密码技术。eID 卡潜在应用空间的开放性质决定了它必须支持公钥加密，让 eID 卡包含预加载的对称密钥是不切实际的，这些密钥对所有未知的应用都有意义。

（2）数字签名。使用数字签名方案可以满足 eID 的上述三个安全需求。

（3）公开的数字签名方案。为了鼓励使用 eID 卡并提供互操作性，它采用的数字签名方案必须得到广泛的尊重和支持。

eID 卡方案通过使用带有附属信息的 RSA 数字签名来解决这些问题。2003 年至 2014 年间发行的 eID 卡使用的是 1024 位 RSA。自 2014 年 3 月以来发行的 eID 卡支持 2048 位 RSA。从 2019 年开始，eID 卡可支持基于椭圆曲线的数字签名，支持多个哈希函数，即初始卡上的 MD5 和 SHA-1，以及 2014 年以来发行的卡上的 SHA-256。

3. eID 卡的核心功能

eID 卡方案由一个名为国家登记处（National Register，NR）的机构管理。NR 是比利时政府管理部门的一个可信组织，负责签发 eID 卡。每个 eID 卡包含两个签名密钥对和一个额外的签名密钥：

（1）认证密钥对：用于支持持卡人的身份认证。

（2）不可抵赖性密钥对：用于创建数字签名。

（3）卡签名密钥：可用于对卡进行身份认证，而不是对持卡人进行身份认证。只有 NR 知道特定 eID 卡对应的认证密钥。此签名密钥仅用于卡与 NR 之间的管理操作。

使用数字签名可实现 eID 卡的三个核心数字功能，主要包括：

1) 数字数据表示

数字数据表示涉及认证方读取卡数据，以及验证卡上数据的正确性。为了获得这一保证，认证方需要验证两个由 NR 创建并存储在 eID 卡上的数字签名。

（1）签名的身份文件：这是由身份文件上的 NR 生成的数字签名。

（2）签名的身份和地址文件：这是由 NR 将已签名的身份文件和地址文件进行连接而生成的数字签名。换句话说，它的形式是：

$$\text{sig}_{NR}(\text{sig}_{NR}(\text{身份文件}) \parallel \text{地址文件})$$

认证方可以首先使用 NR 的验证密钥来验证已签名的身份文件，从而验证卡数据。如果这个检查没有问题，那么可以继续验证签名的身份和地址文件。

NR 没有为所有卡片进行数字签名的原因是，地址更改比身份文件内容的更改频繁得多。因此，NR 可以更新卡上的地址，而不需要重新发型新的 eID 卡。因此，主要的管理操作取决于稍微复杂的卡数据验证过程。

2) 数字持卡人身份认证

每个 eID 卡持有人都可以使用 PIN 来激活 eID 卡上的签名密钥。持卡人还需要访问一个 eID 读卡器（eID card reader），其中可能包括一个 PIN pad。这提供了一个 eID 卡和持卡人计算机之间的接口。一个典型的 eID 持卡人身份认证过程如图 10 - 2 所示。在图 10 - 2 中，一个被访问的 Web 服务器请求对持卡人进行身份认证。

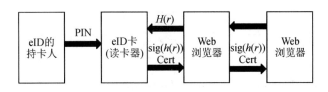

图 10 - 2 eID 持卡人的身份认证过程

（1）Web 服务器随机生成一个挑战 r。它被发送到持卡人的浏览器上，随后该浏览器显示一个登录请求。

（2）持卡人将 PIN 输入 eID 读卡器，如果正确，读卡器将授权 eID 卡进行身份认证。

（3）持卡人的浏览器使用合适的哈希函数计算挑战 r 的哈希函数 $h(r)$，并通过读卡器将其发送到服务器。

（4）eID 卡使用身份认证签名密钥对 $h(r)$ 进行数字签名，并通过持卡人的浏览器将其连同持卡人的身份认证密钥证书发送到 Web 服务器上。

（5）Web 服务器验证接收到的证书，如果成功，则验证签名并检查它是否与挑战 r 对应。如果一切正常，则验证成功。

这个过程是挑战-响应的一个简单应用，用于进行身份认证。需要说明的是，身份认证过程的整体安全性依赖持卡人 PIN 的安全性，能够访问 eID 卡和 PIN 的攻击者可以对 Web 服务器进行虚假身份认证。

3）数字签名创建

数字签名的创建过程可参考 7.3 节。首先，持卡人必须在创建数字签名之前输入 PIN，数字签名是使用不可否认签名密钥生成的；其次，不可否认的验证密钥证书连同数字签名被一起发送给验证者；最后，认证人员应在使用程序验证数字签名之前，执行所有标准认证检查，包括检查 CRL。

4. eID 的密钥管理

eID 卡提供了一个支持公钥加密的密钥管理系统。下面我们介绍 eID 卡是如何支持密钥管理的，其中应当特别关注证书生命周期的两个阶段，即证书颁发和证书吊销，这是特别具有挑战性的阶段。

1）eID 证书

eID 卡方案密钥管理是基于封闭式认证模型的管理模式。它使用证书分级结构，以便提供可扩展的证书颁发方法。该认证体系如图 10 - 3 所示，主要包括以下几种 CA：

（1）比利时根 CA。此 CA 是监督所有 eID 方案认证的根 CA，它拥有一个 2048 位的 RSA 验证密钥证书，该证书既可以自签名（self-signed），也可以由商业 CA 签名。

（2）公民 CA。此 CA 向持卡人颁发证书，并负责签署 eID 卡身份认证和不可否认性认证密钥证书。公民 CA 拥有一个由比利时根 CA 签名的 2048 位 RSA 验证密钥。

（3）卡管理 CA。此 CA 向执行 eID 卡方案管理操作的组织颁发证书，如管理地址更改和密钥对生成的组织。卡管理 CA 也拥有一个由比利时根 CA 签名的 2048 位 RSA 验证密钥。

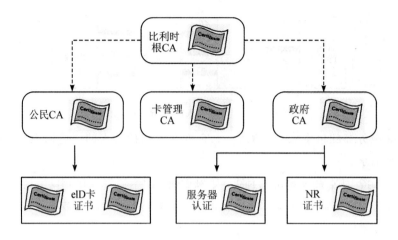

图 10 - 3　eID 认证体系结构

（4）政府 CA。此 CA 向政府组织和 Web 服务区（包括 NR）颁发证书。政府 CA 也拥有一个由比利时根 CA 签名的 2048 位 RSA 验证密钥。

每个 eID 卡存储五个证书：比利时根 CA 证书、公民 CA 证书（用于发行 eID 卡证书）、eID 卡身份验证密钥证书、eID 卡不可否认性验证密钥证书、NR 证书。

所有 eID 卡方案证书均为 X.509 v3 的证书。持卡人的不可否认验证密钥证书必须是合格证书（qualified certificate），这意味着它必须满足额外的条件，并且包括证书持有者的准确身份。根据欧洲法律，如果使用相应的签名密钥生成的任何数字签名具有法律约束力，则证书必须是合格的。

2）eID 卡的发放流程

eID 的发放流程相当复杂，因为涉及多个不同的组织，所以生成公钥证书也很复杂。一般性的过程由以下步骤组成（如图 10 - 4 所示）。

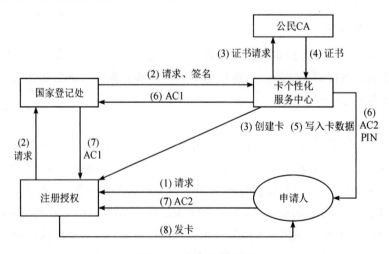

图 10 - 4　eID 发卡流程

（1）eID 申请人在申请或被邀请申请 eID 卡后，都要到当地政府办公室办理手续。该办公室本质上起着 RA 的作用。申请人向 RA 出示一张照片，RA 核实申请人的个人信息，并正式签署一个 eID 卡请求(eID cardrequest)。

(2) eID 卡请求从当地政府办公室发送到卡个性化服务中心(CP),然后通知 NR。CP 检查 eID 卡请求。为了简单起见,我们假设存在一个 CP,它负责卡的物理方面的事务并将相关数据输入到卡的芯片上。

(3) CP 创建一个新的 eID 卡,并在卡上生成所需的密钥对。然后,CP 通过 NR 向相关公民 CA 发送证书请求,NR 为每个证书颁发证书序列号。

(4) 公民 CA 生成证书并将它们发送给 CP,CP 将证书存储在卡上。然后,CA 立即挂起这些证书。

(5) CP 将所有剩余的卡数据写到卡上,然后停用卡。

(6) CP 发送以下信息:

· 第一部分的激活码 AC1 给 NR。

· 第二部分的激活码 AC2 和一个 PIN 给申请人。

· 未激活的 eID 卡给 RA。

(7) 申请人修改 RA 并提交 AC2,然后与 AC1 结合,RA 从 NR 的数据库请求 AC1。

(8) CA 激活挂起的卡证书,并向申请人发出有效的 eID 卡。

5. eID 设计的注意事项

进行 eID 卡方案设计时主要考虑的事项有以下几点:

(1) 使用公钥密码。虽然 eID 卡是在封闭的环境中发行的,但它们是在开放的环境中使用的,因此,使用公钥密码是合适的。

(2) 使用公开算法。为了增强信心和支持互操作性,eID 卡方案使用了公认的基于 RSA 的数字签名方案。

(3) 使用认证分级。在国家范围内使用 eID 卡的方案非常适合采用认证分级方式,由中央 CA 支持区域注册机构。

(4) 具体的数据处理。eID 卡的设计表明,在实际应用中,不同的数据项需要不同的管理。这反映在卡数据的数字签名方式上,表明地址数据通常比其他类型的个人数据变化得更频繁。

(5) 灵活性。eID 卡方案是主要的密码应用的促成者。因此,在如何管理与 eID 卡交互应用的安全性方面,给特定的应用保留了一定程度的灵活性。

10.1.2　中国 eID 简介

1. 中国 eID 产生的背景

中国于 2004 年颁布了《电子签名法》,为数字证书的认证与效力提供了法律保障;2012 年全国人大通过了《关于加强网络信息保护规定》,对加强网络信息保护,推行网络身份管理做了具体规定;2012 年底,全国人大审议通过的《关于加强网络信息保护的决定》和目前正在修订的国务院《互联网信息服务管理办法》,为采用安全有效的技术措施识别和验证互联网上公民真实身份提供了基本法律依据。这些法律法规的出台,对推进我国网络信任体系的建设将起到极大的推动作用。

中国 eID 是以国产自主密码技术为基础、以智能安全芯片为载体的身份认证技术,能够在保护个人身份信息的前提下实现身份识别与认证。用户可持本人法定身份证件通过在线或临柜的方式开通使用。中国 eID 主要用于解决隐私保护下的线上身份识别问题，它不是明文的身份信息，也不是像居民身份证那样的证件，而是搭载在一张银行卡安全智能芯片上的密码信息，看上去与普通的银行卡没有什么区别。对未来的线上身份识别，用户只需将搭载了 eID 的银行卡插入通用智能卡读卡器并输入密码、或贴近带有 NFC(近场通信)功能手机的背面，网站即可在后台在线辨别 eID 的真伪和有效性，但并不掌握 eID 持有人的身份信息，也没有必要存储用户的身份信息。

2. 中国 eID 的技术原理

中国 eID 以智能安全芯片为载体，芯片内部拥有独立的处理器、安全存储单元和密码运算协处理器，只能运行专用安全芯片操作系统，其内建芯片安全机制可以抵抗各种物理和逻辑攻击，确保芯片内部数据无法被非法读取、篡改或使用。

用户开通 eID 时，智能安全芯片内部会采用非对称密钥算法生成一组公私钥对，这组公私钥对可用于电子签名，其基本原理是：用户可以使用自己的 eID 私钥对信息进行电子签名后发送给其他人，其他人可以使用用户的 eID 公钥对签名信息进行验签。

用户使用 eID 私钥签名的功能受 eID 签名密码保护，在开通 eID 时需要用户本人设置eID 签名密码，如果连续输错多次 eID 签名密码，则 eID 功能将被锁定，由此确保了使用eID 完成的电子签名不可抵赖。

用户使用 eID 通过网络向应用方自证身份时，应用方会向连接公民网络身份识别系统的服务机构发出请求，以核实用户网络身份的真实性和有效性。一旦用户网络身份通过验证，应用方就得到用户在当前应用上的网络身份应用标识。由于用户在不同的线上应用时所使用的网络身份应用标识编码不同，因此避免了用户在不同线上应用中的行为数据被汇聚、分析和追踪。

3. 中国 eID 的功能

中国 eID 具有在线身份认证、签名验签和线下身份认证等功能，能够在保护公民个人信息安全的前提下准确识别自然人的主体身份，可以被运用在网上签约授权、交易支付、航旅服务、酒店住宿等多种场景。

1) 在线身份认证

中国 eID 是以国产密码技术为基础的身份认证技术，在保证唯一识别性的基础上可以减少公民身份明文信息在互联网上的传播。公民开通 eID 后，使用网上服务无须填写姓名、公民身份号码等个人身份信息，以零知识证明实现在线注册、认证和登录。公民还可以对eID 进行有效的挂失和注销，防止身份盗用和冒用，为加强身份认证需求的网络服务提供有效的解决方案。

2) 签名验签

基于 eID 的签名验签技术可以有效确保线上行为是否出自本人意愿，具有对抗抵赖的优势，有助于在互联网上确认法律主体、固定网络行为数据，更好地实现电子证据的客观性、合法性。

3) 线下身份认证

eID 的线下身份认证功能通过 eID 通卡实现，eID 通卡加载于移动智能终端，可在用户忘带身份证件的情况下提供身份认证。

10.2　密码学在保密通信中的应用

10.2.1　保密通信的基本概念

保密通信是指采取了保密措施的通信。除采用暗号、隐语、密码等保密措施外，现代保密通信主要采用信道保密和信息保密。信道保密是采用使窃密者不易截收到信息的通信信道，如采用专用的线路、瞬间通信和无线电扩频通信等。信息保密是对传输的信息用约定的代码密码等方法加以隐蔽再传送出去。随着电子技术的发展，已采用保密机进行保密。其特点是对传输的信息在发送端进行变换加密处理，接收端按相反过程还原信息，使窃密者即使收到信号，也不明白信号所代表的内容。

数字通信是用数字信号作为载体来传输消息，或用数字信号对载波进行数字调制后再传输的通信方式。它可传输电报、数字数据等数字信号，也可传输经过数字化处理的语声和图像等模拟信号。数字通信的安全是实现军事信息安全、商业信息安全等的基础。除了考虑通信过程的可靠性之外，数字通信安全主要包括：通信内容的保密性、完整性与不可否认性、通信实体的认证、密钥管理和分配技术、密码协议等。

现代密码技术是实现通信内容保密性的基本技术，数字签名、散列函数、单向函数等是实现通信内容的完整性和不可否认性等的基本密码算法。通信实体的认证是对通信对象的确认过程，即身份认证、数字签名等。密钥管理和分配是信息保密性、完整性、身份认证的核心，通常由认证中心(CA)来实现。由于密钥安全直接影响着系统安全，密钥管理本身复杂，涉及的环节较多，因此，密钥管理也是通信安全中最脆弱的地方。密码协议与具体的密码应用紧密结合才能为特定的密码应用提供安全规范。

以上基本算法或技术已在前面章节中有详细介绍，本节主要就数字通信系统和计算机网络通信系统中几种典型的数字通信安全解决方案(包括第五代移动通信系统(5G)、IPSec和 VPN)进行讨论。

10.2.2　第五代移动通信系统(5G)的安全性

移动通信延续着每十年一代技术的发展规律，已历经 4 代的发展。每一次代际跃迁，每一次技术进步，都极大地促进了产业升级和经济社会发展。从 1G 到 2G，实现了模拟通信到数字通信的过渡，移动通信走进了千家万户；从 2G 到 3G、4G，实现了语音业务到数据业务的转变，传输速率成百倍地提升，促进了移动互联网应用的普及和繁荣。当前，移动网络已融入社会生活的方方面面，深刻改变了人们的沟通、交流乃至整个生活方式。4G 网络造就了繁荣的互联网经济，解决了人与人随时随地通信的问题，随着移动互联网的快速发展，新服务、新业务不断涌现，移动数据业务流量爆炸式增长，4G 移动通信系统难以满足未来移动数据流量暴涨的需求，急需研发下一代移动通信(5G)系统。

第五代移动通信技术(5th Generation Mobile Communication Technology，简称 5G)，作为一种新型移动通信网络，不仅要解决人与人通信，为用户提供增强现实、虚拟现实、超高清(3D)视频等更加身临其境的极致业务体验，更要解决人与物、物与物的通信问题，满足移动医疗、车联网、智能家居、工业控制、环境监测等物联网的应用需求。最终,5G 将渗透到经济社会的各行业各领域,成为支撑经济社会数字化、网络化、智能化转型的关键新型基础设施。5G 是具有高速率、低时延和大连接特点的新一代宽带移动通信技术,5G 通信设施是实现人机物互联的网络基础设施。

国际电信联盟(ITU)定义了 5G 的三大类应用场景,即增强移动宽带(eMBB)、超高可靠低时延通信(uRLLC)和海量机器类通信(mMTC)。eMBB 主要面向移动互联网流量爆炸式增长,为移动互联网用户提供更加极致的应用体验;uRLLC 主要面向工业控制、远程医疗、自动驾驶等对时延和可靠性具有极高要求的垂直行业的应用需求;mMTC 主要面向智慧城市、智能家居、环境监测等以传感和数据采集为目标的应用需求。

为满足 5G 多样化的应用场景需求,5G 的关键性能指标更加多元化。ITU 定义了 5G 八大关键性能指标,其中高速率、低时延、大连接成为 5G 最突出的特征,用户体验速率达 1 Gb/s,时延低至 1 ms,用户连接能力达 100 万个连接/平方公里。

1. 5G 的基本特点

1)高速度

高速度是 5G 最大的一个特点。由于 5G 的基站大幅提高了带宽,因此能够实现更快的传输速率。同时 5G 使用的频率远高于以往的通信技术,能够在相同时间内传送更多的信息。具体表现在比 4G 快 10 倍的下载速率,峰值可达 1 Gb/s(4G 下载速率为 100 Mb/s)。

2)泛在网

随着业务的发展,网络业务需要无所不包,广泛存在。只有这样才能支持更加丰富的业务,才能在复杂的场景中使用。泛在网有两个层面的含义,一是广泛覆盖,二是纵深覆盖。广泛是指我们社会生活的各个地方,需要广覆盖;纵深是指在我们的生活中,虽然已经有网络部署,但是需要进入更高品质的深度覆盖。5G 能够达到泛在网的概念,实现无死角的网络覆盖,在任何时间、任何地点都能畅通无阻地通信。有效改善 4G 网络下的盲点,实现全面覆盖。

3)低功耗

5G 要支持大规模物联网应用,就必须要有功耗的要求。而 5G 就能把功耗降下来,让大部分物联网产品一周充一次电,甚或一个月充一次电,这样就能大大改善用户的使用体验,促进物联网产品的快速普及。

4)低延时

相对于 4G,5G 技术可以将通信延时降低到 1 ms 左右,因此许多需要低延迟的行业将会从 5G 技术中获益,如自动驾驶等相关行业,无须使用延时高达 50 ms 的 4G 网络,采用 5G 网络后能提高自动驾驶的反应速度。

5)万物互联

与 4G 相比,5G 系统大幅提高了支持百亿甚至千亿数据级的海量传感器接入,能够很好地满足数据传输及业务连接需求。将人、流程、数据和事物结合在一起,使连接更加紧密。

6)重构安全

5G 通信在各种新技术的加持下,有更高的安全性,在未来的无人驾驶、智能健康等领域,能够有效地抵挡黑客的攻击,保障各方面的安全。

2. 5G 的核心技术

1）5G 无线关键技术

5G 国际技术标准重点满足灵活多样的物联网需要。在 OFDMA 和 MIMO 基础技术上，5G 为支持三大应用场景，采用了灵活的全新系统设计。在频段方面，与 4G 支持中低频不同，考虑到中低频资源有限，5G 同时支持中低频和高频频段，其中中低频满足覆盖和容量需求，高频满足在热点区域提升容量的需求，5G 针对中低频和高频设计了统一的技术方案，并支持百兆赫兹的基础带宽。为了支持高速率传输和更广的覆盖，5G 采用了 LDPC、Polar 新型信道编码方案、性能更强的大规模天线技术等。为了支持低时延、高可靠性，5G 采用短帧、快速反馈、多层/多站数据重传等技术。

2）5G 网络关键技术

5G 采用全新的服务化架构，支持灵活部署和差异化业务场景。5G 采用全服务化设计，模块化网络功能，支持按需调用，实现功能重构；采用服务化描述，易于实现能力开放，有利于引入 IT 开发实力，发挥网络潜力。5G 支持灵活部署，基于 NFV/SDN 实现硬件和软件解耦，由此实现控制和转发分离；采用通用数据中心的云化组网，网络功能部署灵活，资源调度更加高效；支持边缘计算，云计算平台下沉到网络边缘，支持基于应用的网关灵活选择和边缘分流。通过网络切片满足 5G 差异化需求（网络切片是指从一个网络中选取特定的特性和功能定制出的一个逻辑上独立的网络，它使得运营商可以部署功能、特性服务各不相同的多个逻辑网络，分别为各自的目标用户服务）。目前定义了三种网络切片类型，即增强移动宽带、低时延高可靠性、大连接物联网。

3. 5G 的安全威胁

5G 有新的应用场景，有增强移动宽带、低功耗大连接、低时延高可靠性三大应用场景。因此，5G 不仅仅是速率变得更高，时延变得更低，它将渗透到万物互联的各个领域，与工业控制、智慧交通紧密结合在一起。所以，安全就变得尤其重要。在这几大应用场景中，一是对增强移动宽带来说，它的安全挑战需要更高的安全处理性能，这时用户体验速率已经达到 1 Gb/s；二是它需要支持外部网络二次认证，能更好地与业务结合在一起；三是需要解决目前发现的已知漏洞的问题。对低功耗网络来说，需要轻量化的安全机制，以适应功耗受限、时延受限的物联网设备的需要；需要通过群组认证机制，解决海量物联网设备认证时所带来的信令风暴的问题；需要抗 DDOS 攻击机制，应对由于设备安全能力不足而被攻击者利用，对网络基础设施发起攻击的危险。对于低时延高可靠性来说，需要提供低时延的安全算法和协议，要简化和优化原有安全上下文的交换、密钥管理等流程，支持边缘计算架构，支持隐私和关键数据的保护。

为了更好地支持 5G 应用场景，现在 5G 提出了以 IT 为中心的网络架构。新的网络架构会引入多无线接入、SDN、云计算、NFV 等技术。对多无线接入来说需要统一的认证框架来解决 3GPP 体制和非 3GPP 体制接入的问题。比如无线 WiFi 接入需要统一认证，在多接入环境下提供安全的运营网络。SDN 和 NFV 这样的技术引入，可以构建逻辑隔离的安全切片，用来支持不同应用场景差异化的需求。但这些技术的引入也给安全性带来了巨大的挑战，由于它使网络边界变得十分模糊，以前依赖物理边界防护的安全机制难以得到应用。所以，安全机制要适应虚拟化、云化的需要。

　　5G 网络会变得更加开放，相比现有的相对封闭的移动通信系统来说，会面临更多的网络空间安全问题。比如 APT 攻击、DDOS、Worm 恶意软件攻击等，而且攻击会更加猛烈，规模更大，影响也会更大。

　　针对这些 5G 安全的挑战，相关的 5G 研究组织，比如 3GPP、欧盟的 5GPPP 以及NGMN 组织都进行了深入的需求分析。

4. 5G 网络的安全体系结构

　　5G 网络安全体系结构类似于 4G 网络，也定义了 6 个安全特征组，每个特征组完成特定的安全目标，如图 10 - 5 所示。

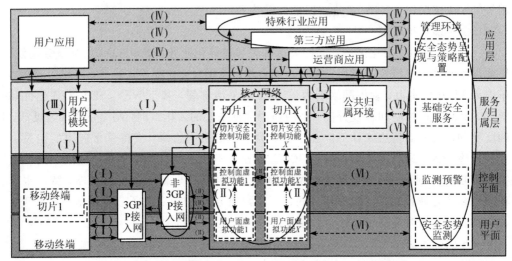

Ⅰ—接入域安全；　Ⅱ—网络域安全；　Ⅲ—用户域安全；　Ⅳ—应用域安全；
Ⅴ—网络接口域安全；Ⅵ—管理域安全。

图 10 - 5　5G 网络安全体系

　　(1) 网络接入域安全(Ⅰ)：这部分主要保障接入 5G 服务的安全性，用于防止空中接口的安全攻击。这部分的功能主要包括：用户身份保密、用户位置保密、实体身份认证和加密密钥分配、数据加密和完整性等。此部分包括接入认证和密钥分配与管理，其中认证和密钥分配是基于 USIM 和归属环境(HE)共享秘密信息的相互认证，认证过程中也融合了加密、完整性保护等措施。

　　(2) 网络域安全(Ⅱ)：这部分提供各节点之间数据交换的安全，用于防止有线环路的攻击；主要保证核心网络内信令的安全传送并抵御对有线网络的攻击，包括网络实体间的身份认证、数据加密、消息认证以及对欺骗信息的收集。

　　(3) 用户域安全(Ⅲ)：这部分提供用户的 USIM 和移动设备之间的安全、认证，主要保证移动台的安全，包括用户与智能卡间的认证、智能片与终端间的认证及其链路的保护。实现机卡分离。

　　(4) 应用域安全(Ⅳ)：保证用户域与服务提供商的应用程序间能够安全地交换信息，包括应用实体间的身份认证、应用数据币方攻击的检测、应用数据完整性保护、接收确认等。

　　(5) 网络接口域安全(Ⅴ)：使用户能获知安全特性是否在使用以及服务提供商提供的

服务是否需要以安全服务为基础的功能。

（6）管理域安全（Ⅵ）：使用户能够获知安全性功能是否正在运行的一组功能。

5. 5G 网络安全需求

5G 网络总体的需求包括必须提供比 4G 更高，至少和 4G 的安全性和隐私保护水平相当的安全保障。具体的需求包括对签约、服务网络、设备进行认证和鉴权；对网络切片进行严格的隔离，甚至对敏感数据的隔离强度应该等同于物理上分隔的网络；防止降维攻击，能够利用机器学习或人工智能方法检测高级网络安全威胁；安全能力能服务化，能符合和适应网络架构的需要。

（1）安全防护等级。在可用性、安全性、弹性、延迟、带宽和访问控制等方面，5G 必须提供比 4G 更高或者至少等于 4G 的安全性和隐私保护水平。

（2）认证和授权。提供签约认证、服务网络认证、用户设备鉴权、服务网络鉴权、介入网络鉴权以及应急服务无认证访问。

（3）切片隔离。网络运营商的基础设施共享需要租户/切片间进行严格隔离，且敏感数据的租户/分片间隔离安全性应等同于物理上分离的网络。

（4）防止降维攻击。防止攻击者通过使用 UE 和网络实体分别认为对方不支持安全功能来尝试降维攻击。

（5）安全监控。能够利用机器学习或人工智能方法检测高级网络安全威胁，并支持不同域和系统之间的协调监控。

（6）安全服务化。5G 基础设施的异构性和复杂性要求在多个层面和跨领域处理安全性，需要将安全能力作为服务以便于组合并动态适应应用环境。

6. 认证与密钥协商 AKA 协议

AKA 认证与密钥协商协议是 3G、4G 网络中最主要的认证协议，也是 5G 网络中最重要的认证协议。参与认证和密钥协商的主体有：用户终端（UE）、安全锚函数（SEAF）、身份验证服务器功能（AUSF）、统一数据管理/身份验证凭据存储库和处理功能（UDM/ARPF）。

5G AKA 通过为归属网络提供从访问网络成功认证 UE 的证据来增强 EPS AKA，5G AKA 流程归属网络鉴权中心给访问网络的安全锚点（SEAF 和 AMF）一组 5G 鉴权向量和对应的 HXRES $*$，访问网络用这些参数对 UE 鉴权后，还需要将 UE 的鉴权响应发给归属网络鉴权中心做进一步的鉴权，归属网络再将鉴权结果发给访问网络，可见 5G 下归属网络会参与鉴权做出最后的鉴权结果。认证和密钥协商过程具体步骤如下（参见图 10 - 6）：

（1）对于每个 Nudm_Authenticate_Get 请求，UDM/ARPF 创建 5G HE AV。按照 TS33.102 附录 H，当 UDM/ARPF 创建 5G HE AV 时，鉴权管理域（AMF）参数的"separation bit"设置为 0（AMF 为 16 bit 长，最高 bit 就是 separation bit）；然后 UDM/ARPF 按照 TS33.501 Annex A.2 推导出 K_{AUSF}、按照 TS33.501 Annex A.4 推导出 XRES $*$，最后创建 5G HE AV（RAND、AUTN、XRES *、K_{AUSF}）。

（2）UDM/ARPF 在 Nudm_Authenticate_Get 响应中将 5G HE AV（RAND、AUTN、XRES *、K_{AUSF}）发给 AUSF。若在 Nudm_Authenticate_Get 请求消息中包含 SUCI，则 UDM/ARPF 在 Nudm_Authenticate_Get 响应中还携带参数 SUPI。

（3）AUSF 暂时将 XRES * 与收到的 SUCI 或 SUPI 一起存储，或将 K_{AUSF} 保存备用。

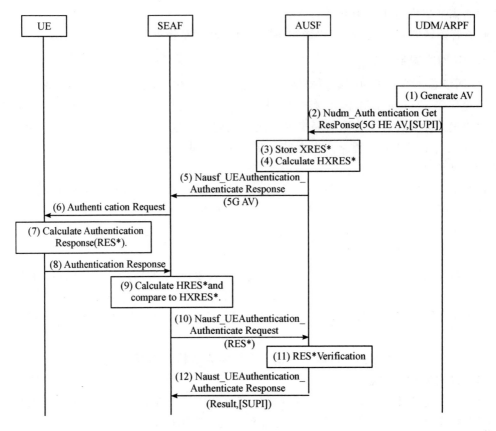

图 10 - 6　认证和密钥协商过程(AKA)

(4) AUSF 创建 5G AV:按照 TS33.501 Annex A.5 由 XRES* 推导出 HXRES*,按照 TS33.501 Annex A.6 由 K_{AUSF} 推导出 K_{SEAF},用推导的大额 odeHXRES* 和 K_{SEAF} 替换掉 5G HE AV(RAND、AUTN、XRES*、K_{AUSF})的 XRES*、K_{AUSF},得到 5G AV(RAND、AUTN、HXRES*、K_{SEAF})。

(5) AUSF 给 SEAF 发送 Nausf_UEAuthentication_Authenticate Response,消息携带 5G AV(RAND、AUTN、HXRES*、K_{SEAF})。

(6) SEAF(AMF)通过 NAS 消息 Authentication-Request 给 UE 发起鉴权流程,携带鉴权参数 RAND、AUTN 和 ngKSI,UE 和 AMF 用该参数标识 K_{AMF} 和部分安全上下文信息。UE 的 ME 将收到的 RAND 和 AUTN 传给 USIM。

(7) USIM 收到 RAND 和 AUTN 后,验证 5G AV 的新鲜度(按照 TS 33.102 的描述进行验证)、验证 MAC=XMAC,这些验证通过后,USIM 接着计算出响应 RES,USIM 将响应 RES、CK、IK 返回给 ME;ME 按照 TS33.501Annex A.4 从 RES 推导出 RES*、按照 Annex A.2 从 CK∥IK 推导出 K_{AUSF}、按照 Annex A.6 从 K_{AUSF} 推导出 K_{SEAF}。

(8) ME 要检验 AUTN 的 AMF 参数"separation bit"是否为 1(TS 33.102 Annex F.);UE 给网络发送 NAS 鉴权响应消息 Authentication Response,消息携带 RES*。

(9) SEAF 按照 TS33.501 Annex A.5 从 UE 发过来的 RES* 推导出 HRES*,然后将 HRES* 和 HXRES* 进行比较,若比较通过,即鉴权成功。

（10）SEAF 给归属网络鉴权中心 AUSF 发送 Nausf_UEAuthentication_Authenticate Request，携带 UE 过来的 RES* 参数以及响应的 SUCI 或 SUPI。

（11）归属网络 AUSF 接收到 Nausf_UEAuthentication_Authenticate Request 后，首先判断 AV 是否过期，如果过期了则认为鉴权失败；否则，对 RES* 和 XRES* 进行比较，如果相等，从归属网络的角度来说认为鉴权成功了。

（12）AUSF 给 SEAF 发送 Nausf_UEAuthentication_Authenticate Response，告诉 SEAF 这个 UE 在归属网络的鉴权结果。

若鉴权成功，则收到的 5G AV 中的 K_{SEAF} 就会成为锚点 key；然后 SEAF 按照 TS33.501 Annex A.7 从 K_{SEAF} 推导出 K_{AMF}，然后将 ngKSI 和 K_{AMF} 发给 AMF 使用。

10.2.3　VPN 与 IPSec

VPN(virtual private network，虚拟专用网络)作为一种组网技术(在公网中建立虚拟专网)，拓宽了网络环境的应用，有效地解决了信息交互中带来的信息权限问题。应用 VPN 技术可以有效地提高访问安全性，这使该技术得到了广泛的应用。VPN 技术的实现方式有很多种，而基于 IPSec 协议的实现方式在身份鉴别及完整性、抗抵赖性、保密性方面凭其独特的优势被广泛应用。本小节将简单介绍 VPN 和 IPSec 两种技术。

1. VPN 技术概述

VPN 是指能够实现局域网双方利用公共网络的平台进行安全的数据通信，它代替了传统的拨号访问，利用 Internet 公网资源作为企业专网的延续，节省了昂贵的长途通信费用。VPN 是原有专线式企业专用广域网络的替代方案，VPN 并非改变了原有广域网络的一些特性，如多重协议的支持、高可靠性及高扩充度，而是在更为符合成本效益的基础上来达到成本低、网络架构弹性大、安全性高、管理方便等特性。

在应用 VPN 技术的网络环境中，通信的双方不是通过当地的 ISP 运营商进行帧中继、X.25 等专线方式互联，而是利用 VPN 技术中的核心技术——隧道(tunnel)在公网虚拟出一个安全隧道，让互联通信的双方数据由隧道安全机制处理，如图 10-7 所示。

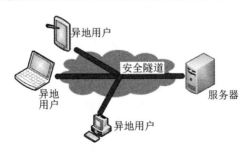

图 10-7　VPN 通信模式

2. VPN 安全技术

目前 VPN 的分类有多种形式，按接入方式可划分为专线 VPN 和拨号 VPN，按隧道建立方式可划分为自愿隧道和强制隧道。VPN 主要涉及为以下几个方面的安全技术。

1）隧道技术

隧道技术在 VPN 中起到举足轻重的作用。隧道技术的工作原理是：网络通信的源端数据在网络出口边界,隧道协议会对发送的数据包进行封装,封装的实质是加上相应的安全协议字段(如 AH、ESP 等),数据通过公网传输到网络通信的目的端,在目的端的网络出口边界,隧道协议会对接收的数据包进行解封装。VPN 中应用比较广泛的协议有以下 6 种:第二层转发协议(L2F)、点对点隧道协议(PPTP)、第二层隧道协议(L2TP)、GRE 通用路由封装协议、IPSec 协议、多协议标记交换协议(MPLS)。各隧道协议的详细比较如表 10-1 所示,从该表可以得出,在数据安全性方面,IPSec 协议效果最佳。

表 10-1　VPN 隧道协议比较

隧道协议	复用能力	对于 ISO 层次	数据安全	多协议支撑	信令协议	Qos 支持
PPTP	没有	数据链路层	弱	支撑	PPP 控制协议	不支持
L2F	没有	数据链路层	弱	支撑	L2F 控制协议	不支持
L2TP	使用隧道 ID 和回话 ID	数据链路层	一般	支撑	L2TP 控制协议	弱
GRE	使用认证字段	网络层	一般	支撑	路由协议	不支持
IPSec	使用 SPI	网络层	强	不支撑	IKE 协议	不支持
ATM	VPI/VCI	ATM 层	弱	支撑	Q2931	强
MPLS	使用标签	L2/L3	一般	支撑	LDP, CR-LDP RSVP-TE	较强

2)加密技术

VPN 加密技术可采用对称密码体制和非对称密码体制。对称密码体制主要是对用户通信的数据进行加密,非对称密码体制主要进行密钥的处理。在 VPN 解决方案中最普遍使用的对称密码算法有 DES、3DES、AES、SM4、RC4、IDEA 等。非对称密码体制可以用 RSA、Diffie-Hellman、ECC 等算法。

3)VPN 密钥管理技术

密钥管理技术的主要任务是解决公用网络上安全传递密钥不被窃取的问题。现行密钥管理技术又分为 SKIP 与 ISAKMP/OAKLEY 两种。

4)VPN 身份认证技术

VPN 身份认证技术主要有用户身份识别和信息数据识别两种。用户身份识别主要是确定通信源端和目的端用户的真实性和合法性,常见的技术是非 PKI 技术。信息数据识别主要是确定通信双方发送的数据的唯一性,常见的技术是 PKI 技术。

3. IPSec 协议概述

IPSec(IP Security)是在 IETF 的赞助下研发的一组协议,目的在于通过 IP 分组交换网保障安全服务。IPSec 技术被用于 IP 层,以数据包为处理对象,实现了高强度的安全性保障,具体表现为对数据源进行全面验证、对处于无连接状态下的数据进行完整性检验、对数据开展机密性和抗重播性的检查以及对有限业务流所具有的机密性实施检验等各种安全性作用。而运行在系统中的各种类型的应用型程序都可以得到 IP 层建立的密钥以及其他安全保障作用,而不需要独立设计和执行各自的安全保护机制,这就使得系统中的密钥协商所需要花费的系统资源大大减少，也因为统一的安全保证，能够明显降低出现安全漏洞的概率。

　　IPSec 是保护 IP 协议安全通信的标准，它主要对 IP 协议分组进行加密和认证，IPSec 协议工作在 OSI 模型的第三层，使其在单独使用时适于保护基于 TCP 和 UDP 的协议。

　　IPSec 被设计用来提供如下作用：

　　（1）入口对入口通信安全，在此机制下，分组通信的安全性由单个节点提供给多台机器（甚至可以是整个局域网）。

　　（2）端到端分组通信安全，由作为端点的计算机完成安全操作 IPSec 协议在 RFCs 2401-2409 中的定义，至今已有许多 IPSec 协议和 ISAKMP/IKE 协议的实现。它们包括：NRL IPSec，属于原型的一种；OpenBSD，代码源于 NRL IPSec；Mac OS X，包含了 Kame IPSec 的代码；CiscoIOS、Microsoft Windows Win2K、WinXP、Solaris 等。

　　IPSec 是一个用于两个网元之间进行通信的标准架构，通过对每个 IP 报文进行加密和认证来实现。所有的加密和认证信息需要在一个叫作安全联盟（security associations）的结构中找到，包括 IPSec 的协议（ESP/AH），加密算法和密钥等。图 10 - 8 简单说明了 IPSec 的工作原理。

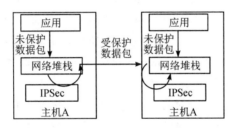

图 10 - 8　IPSec 工作流程

4. IPSec 体系结构

　　IPSec 体系结构中包含很多安全子协议和子算法，主要包括协议部分和密钥两部分。该协议主要利用八个文档来加以定义，具体结构和结构关系如图 10 - 9 所示。

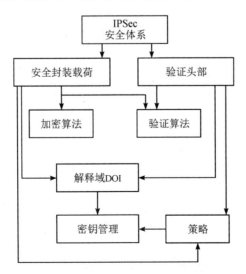

图 10 - 9　IPSec 协议安全体系

（1）IPSec 安全体系：对于安全需求和整体概念的阐述，同时对于技术机制加以详细阐述。

（2）安全封装载荷 ESP(encapsulatingredients security payload)：对于加密和格式中的常见问题提供了详细的处理方案；ESP 使用块加密法(如三重 DES、AES、IDEA 等)，在传输之前将数据包加密，在接收后将它解密。

（3）验证头部 AH(Authentication Header)：对于格式和 AH 认证的多种约定的阐述，验证头提供了对分组流的认证并保证其消息完整性，但不提供保密性。

（4）加密算法：在多种程序中使用加密算法的详细情况的描述。

（5）验证算法：在 AH/ESP 中利用身份验证算法的详细方案。

（6）解释域 DOI：对于数据转换过程中的详细安全参数给予重新定义，其中包括对验证算法和加密算法在内的多种算法专用要求给予详细的论述。

（7）密钥管理：用 IKE 作为基础密钥交换协议，IKE 协议是唯一已经制定的密钥交换协议。

（8）策略：对于两个不同实体之间的会话能否成功给予界定，包括 SA、SAD、SPD。

IPSec 协议主要通过 AH（Authentication Header，认证头协议，IP 协议号 51)，ESP（Encapsulating Security Payload，报文安全封装协议，IP 协议号 50)和 ISAKMP(Internet Security Association and Key Management Protocol，安全关联和密钥管理协议，UDP 端口号 500)三个协议来实现安全服务。

IPSec 是一个相当复杂的处理过程，在这进行了简化，要了解 IPSec 的更全面的内容，请参考有关网络安全方面的教材，本节简单介绍一下 IPSec 中密码算法应用。

图 10 - 10 显示了 IPSec 协议将头信息添加到消息数据包中的情况。图中，在 IPSec 的一个加密数据包中，除了 IP 和 ESP 之外，其他数据都被加密。其中 IP 头包含了源地址和目的地址、消息长度等信息，若对 IP 头加密，则两台机器之间的任何路由都无法读取目的地址。AH 头包含验证信息。App 头包含了与该数据相关的基本应用程序的信息。ESP 头包含了加密算法及其必需的参数信息。ESP 尾部包含了填充位，以确保被加密段大小与加密算法所需块的大小匹配。下面简单介绍一下 ESP 头和 AH 头的结构。

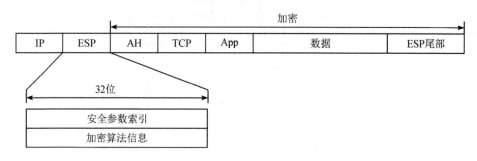

图 10 - 10 IPSec 协议将头信息添加到消息数据包中

5. 验证头(AH)

验证头(AH)被用来保证被传输分组的完整性和可靠性。此外，它还保护 IP 数据报不受重发攻击。认证头试图保护 IP 数据报的所有字段，那些在传输 IP 分组的过程中要发生变化的字段就只能被排除在外。验证头(AH)分组如图 10 - 11 所示。

0	1	2	3
0 1 2 3 4 5 6 7	0 1 2 3 4 5 6 7	0 1 2 3 4 5 6 7	0 1 2 3 4 5 6 7
下一个头	载荷长度	保留	
安全参数索引(SPI)			
序列号			
认证数据(可变长度)			

图 10 - 11　验证头(AH)分组

验证头 AH 字段含义如下:

(1) 下一个头:标识被传送数据所属的协议。

(2) 载荷长度:认证头包的大小。

(3) 保留:为将来的应用保留(目前都置为 0)。

(4) 安全参数索引:与 IP 地址一同用来标识安全参数。

(5) 序列号:单调递增的数值,用来防止重放攻击。

(6) 认证数据:包含了认证当前包所必需的数据。

6. 封装安全载荷(ESP)

封装安全载荷(ESP)协议对分组提供了源可靠性、完整性和保密性的支持。与 AH 头不同的是,IP 分组头部不被包括在内。封装安全载荷 ESP 分组如图 10 - 12 所示。

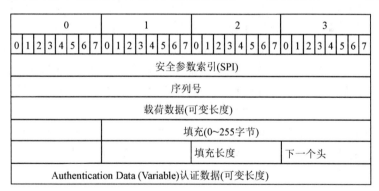

图 10 - 12　封装安全载荷(ESP)分组

ESP 各字段含义如下:

(1) 安全参数索引:与 IP 地址一同用来标识安全参数。

(2) 序列号:单调递增的数值,用来防止重放攻击。

(3) 载荷数据:实际要传输的数据。

(4) 填充:某些块加密算法用此将数据填充至块的长度。

(5) 填充长度:以位为单位的填充数据的长度。

(6) 下一个头:标识被传送数据所属的协议。

(7) 认证数据:包含了认证当前包所必需的数据。

10.3　密码学在软件授权管理中的应用

10.3.1　软件授权管理的需求分析及总体业务流程

1. 软件授权管理的需求分析

软件授权管理的目的主要有两方面：一是保护软件开发者的知识产权和经济利益，有效杜绝非法用户使用软件；二是为用户提供更加便捷灵活的授权模式。为了达到这两个目的，本软件授权管理拟采用 RSA 公钥密码算法，以授权证书(license 文件)为授权载体，将计算机机器码与用户信息一并写入授权证书中，保证每个合理的授权证书只能在特定的机器上使用；如果用户非法拷贝软件或授权证书，将导致软件自动退出运行功能。

为了增加软件用户使用软件的灵活性，软件授权管理依赖授权证书来实现这一目的，这一授权管理方式可以完成对软件使用功能模块和使用期限的限制，软件用户与软件开发商签订购买协议，确定购买的功能模块、授权数量和授权期限，然后向软件开发商付费，用户自行选择需要哪些功能块，对各个功能块需要使用多久，总共需要授权多少数量，等等。这种灵活的软件授权方式可以给软件开发商带来更多的目标用户。

本软件授权管理拟实现在某机构环境下完成软件分发及使用的授权模式，即任一软件使用者都隶属某一机构，只有机构完成了软件授权，机构名下的用户才有权限使用该软件。本软件授权管理以 PGP 软件为例，将生成两种机构授权证书：一种是用于 PGP 展示的授权证书(PGPViewer.license)，另一种是用于 XXX 制作的授权证书(PGPMaker.license)。机构管理员根据机构用户的不同需求分发机构授权证书，系统根据用户上传的机构授权证书类型自动判断并生成对应类型的用户授权证书(PGPMaker_ * * .dat 或 PGPViewer_ * * .dat，" * * "代表生成日期)。在授权的机器中，软件开始运行之前，首先读取授权证书的相关信息，确认软件是否在允许的授权数量以内运行。同时授权管理系统还具有注销和开启授权证书的功能，当某机构下的某一用户离开该机构时，系统可以对其手中的授权证书进行注销，便于充分保障机构的利益。另外，如果软件用户需要更换机器，则授权管理系统需为其注销以前使用的证书，并重新为其颁发证书，同时将机构剩余许可数量增加 1。

此外，使用该系统可以对已授权和发放的证书进行查询、编辑和统计，便于证书的管理。

2. 软件授权管理的总体业务流程

在对软件授权管理系统需求进行详细分析后，需要对其业务进行详细规划。本软件授权管理系统基于散列算法和公钥密码算法来实现，总体业务流程如图 10-13 所示。

1) 总体业务流程

(1) 某机构负责人购买软件(比如 PGP)，将机构信息、购买的软件版本、购买的授权数量、购买期限等配置授权信息提供给软件授权管理系统的业务管理员。

(2) 系统根据机构提供的信息生成机构授权证书(License.license)，并采用在线或离线的方式发送给目标机构管理员，机构授权证书由机构管理员妥善保管。

(3) 软件用户首先注册为系统用户，初次使用软件时，软件将用户的计算机机器码、软

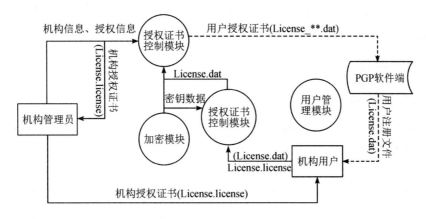

图 10 - 13　软件授权管理的总体业务流程

件版本等信息生成绑定该计算机的格式的注册文件(License. dat)。

　　(4) 软件用户将初次安装软件所生成的用户注册文件(License. dat)和从机构管理员那里获得的机构授权证书(License. license)一起提交给系统。系统使用私钥解密机构授权证书以获取机构信息进行验证,若机构的剩余授权数量不足,则认证不成功,或者设置成待审核状态;若机构的剩余授权数量足够,则根据用户注册文件生成用户授权证书(License_**.dat)。

　　(5) 软件解读并验证用户持有的用户授权证书,若验证成功,则运行软件(比如 PGP),并按其授权向用户提供服务;否则软件停止运行。

　　2) PGP 软件端认证流程

　　为了展现整个应用的完整性,这里对用户授权证书(License_**.dat)的认证流程做一个说明,图 10 - 14 所示为用户上传用户授权证书至 PGP 软件端进行验证的流程。

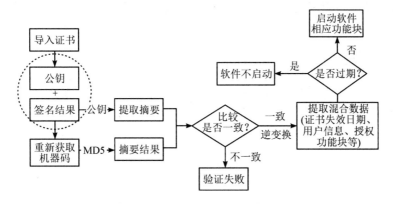

图 10 - 14　PGP 软件端认证流程

　　(1) 软件验证模块读取用户授权证书中的数字签名和公钥信息。

　　(2) 用公钥验证数字签名,提取计算机机器码的摘要信息。

　　(3) 重新获取所安装软件的计算机机器码,并用 SHA-1 算法加密形成摘要。

　　(4) 将由步骤(2)和步骤(3)获取的摘要信息进行对比,若一致,则进入下一步;否则,验证失败,软件自动退出。

　　(5) 根据步骤(1)中读取的信息(包括证书失效日期、用户信息、授权功能块等)判断日期是否失效,若失效,则软件退出;否则,进入步骤(6)。

(6)启动软件相应功能块。

10.3.2 软件授权管理系统功能设计

1. 软件授权管理系统总体功能架构

按照软件授权管理系统的总体需求分析及业务流程,接下来对软件授权管理系统的功能进行详细的设计,系统总体功能架构如图 10-15 所示。

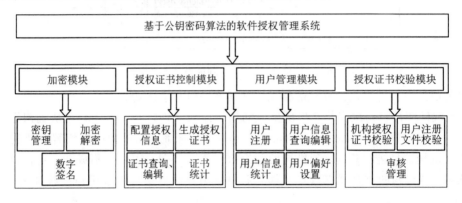

图 10-15 软件授权管理系统总体功能架构

2. 软件授权管理系统总体功能模块设计

1)加密模块

加密模块包含了前文所介绍的 SHA-1(SHA-1 用来保证加密数据的完整性,防止被保护数据被恶意篡改)和 RSA(RSA 的作用是在用户授权证书生成和验证的过程中对数据进行加密和解密,另一个用途是结合 SHA-1 提取数据摘要和对数据进行数字签名)。此两种算法结合能起到良好的保护加密密钥及传输数据安全的作用。

2)授权证书控制模块

授权证书控制模块是本系统的重要功能模块(如图 10-16 所示),在生成授权证书之前,业务管理员通过为机构配置授权信息生成授权实例,并存储至数据库中,而且可以对所生成的授权证书进行有效管理,包括查询、编辑和统计等功能。在生成授权证书时需要调用加密模块的 RSA 加密功能。

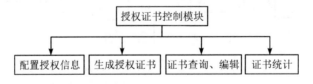

图 10-16 授权证书控制模块

图 10-17 为机构授权证书的生成模型,图中的配置授权信息是针对机构授权证书(License. license)而言的,系统根据机构信息、购买的软件版本、购买的授权数量等信息生成机构授权证书,使用公钥加密。

本系统将生成的机构授权证书发送给购买了软件授权的机构,该机构将机构授权证书拷贝或分发给机构内需要使用软件的用户。

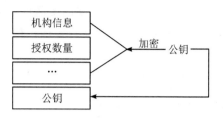

图 10 - 17　机构授权证书的生成模型图

3）用户管理模块

用户管理模块提供用户注册、修改用户信息服务、用户偏好设置等功能。用户只有注册成为本系统用户之后才能申请软件授权证书。根据用户的偏好设定，软件可在后期为用户推送相关的个性化服务。按照不同的用户职能，系统给予用户不同的权限，系统针对不同权限的用户展现的功能和界面也不完全相同，用户层级结构如图 10 - 18 所示。

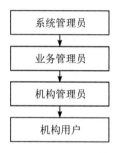

图 10 - 18　用户层级结构

① 系统管理员：负责整个系统的运营和维护，对所有用户认证信息进行分类统计与分析，以及对系统原数据和密钥对进行维护。

② 业务管理员：负责录入合法用户的信息，并为其生成机构授权证书（PGPViewer. license 和 PGPMaker. license）。其中，PGPViewer. license 用于 PGP 课件展示（比如课件播放）；PGPMaker. license 用于 PGP 软件制作（比如课件制作）。

③ 机构管理员：依据合同获得授权许可文件（PGPViewer. license 和 PGPMaker. license），并将该文件分发给合法用户（比如机构用户）使用。

④ 机构用户：依据分发的授权证书（PGPViewer. license 和 PGPMaker. license），申请个人使用的认证证书（License. dat），并填写个人偏好（感兴趣的资源、学科等），获得单位授权许可信息中授权模块的使用权。

4）授权证书校验模块

授权证书校验模块中包括机构授权证书校验和用户注册文件校验两个文件，且这两个文件的校验是依次进行的，缺一不可。

对于机构授权证书（图 10 - 19 所示为用户授权证书模型），校验机构授权证书的元素有授权证书的有效性、授权期限、授权数量。校验用户注册文件的元素有文件的有效性、用户是否已注册和机器码的唯一性。系统完成两个证书文件（License. license 和 License. dat）的校验后，将系统当前时间、授权截止日期、软件版本等数据调用加密模块的 SHA-1 算法对计算机机器码(硬件特征值)进行数字签名,最后写入 License.dat 中并生成用户授权证书(License_**.dat)。另外,为了使本系统展现出更多的灵活性,模块中还包括审核管理,系统管理员可为用户分配特定的用户权限,同时还能为管理机构分配授权证书的授权数量以及确定用户授权证书的激活与失效。

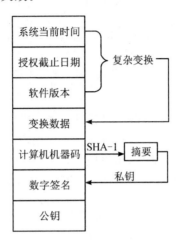

图 10-19　用户授权证书模型

10.3.3　软件授权方案设计

1. 授权证书设计

授权证书是授权管理的载体,证书可采用标准文件格式,也可以由开发人员自行设计。根据需要,证书内容可以是明文、密文,抑或是明文和密文的结合体。不管证书内容表现形式如何,授权方式如何,授权证书文件内容主要是软件和用户标识信息,包括授权软件的信息以及对软件的授权信息,比如授权的用户信息、授权的功能模块、授权的有效期以及授权的数量等。结合 PGP 软件的特殊性,本系统中机构授权证书(License.license)采用密文方式,并以 Java Properties 文件格式存储,内容包括机构、软件版本、机构管理员信息、授权模块、授权个数及授权期限,文件内容如图 10-20 所示。该文件采用密文的表现形式以及自定义的文件格式:文件第一行密文是软件版本信息;第二行密文是机构信息;第三、四行密文是购买数量、购买期限等购买信息,然后用公钥对以上的所有信息进行加密,最

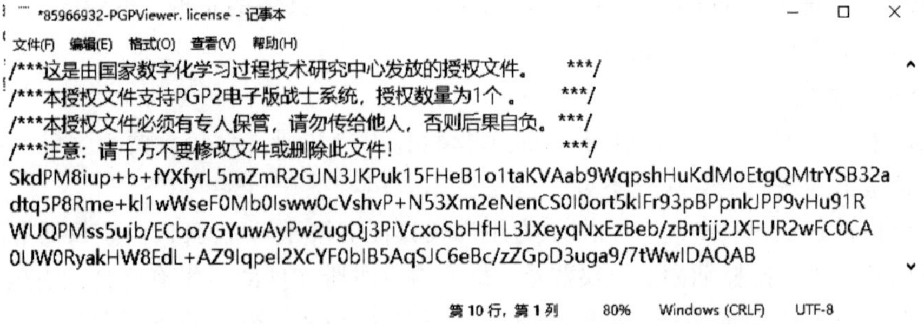

*85966932-PGPViewer. license - 记事本　　　　　　　　　　　－ □ ×

文件(F)　编辑(E)　格式(O)　查看(V)　帮助(H)

```
/***这是由国家数字化学习过程技术研究中心发放的授权文件。    ***/
/***本授权文件支持PGP2电子版战士系统,授权数量为1个。    ***/
/***本授权文件必须有专人保管,请勿传给他人,否则后果自负。***/
/***注意: 请千万不要修改文件或删除此文件!    ***/
SkdPM8iup+b+fYXfyrL5mZmR2GJN3JKPuk15FHeB1o1taKVAab9WqpshHuKdMoEtgQMtrYSB32a
dtq5P8Rme+kl1wWseF0Mb0Isww0cVshvP+N53Xm2eNenCS0I0ort5kIFr93pBPpnkJPP9vHu91R
WUQPMss5ujb/ECbo7GYuwAyPw2ugQj3PiVcxoSbHfHL3JXeyqNxEzBeb/zBntjj2JXFUR2wFC0CA
0UW0RyakHW8EdL+AZ9Iqpel2XcYF0bIB5AqSJC6eBc/zZGpD3uga9/7tWwIDAQAB
```

第 10 行,第 1 列　　　　80%　　Windows (CRLF)　　UTF-8

图 10-20　License. license 文件内容

后一行是该文件所使用的公钥。

用户授权证书(License_**.dat)采用明文与密文结合的方式,并以 XML 文件格式存储,内容包括用户信息、机构 ID、机器码(硬件特征值)以及软件信息,采用明文与密文相结合的表现形式以及 XML 文件格式,文件内容如图 10-21 所示。

图 10-21　License_**.dat 文件内容

在 License_**.dat 中,节点<SerialNumber></SerialNumber>内为从用户安装软件的机器中提取出的机器码,并通过 SHA-1 和 RSA 私钥生成数字签名;节点<License></License>内为系统当前时间、授权截止日期、软件版本等重要信息,经过 SHA-1 算法提取生成特征值;节点<RSAKeyValue></RSAKeyValue>内的内容为与私钥对应的公钥。

2. 加密方案的设计

本系统使用 RSA 算法进行加密,也是为了确保被授权软件的安全性。在本系统中使用 RSA 算法的作用为:首先,RSA 算法能够实现数据加密,保证数据的安全性和防止秘密泄露;其次,RSA 算法能够实现数字签名,防止数据篡改,保证数据的完整性和不可抵赖性;此外,RSA 算法还能实现身份认证,防止身份假冒等。

RSA 算法的实现方式如下:

(1) 软件端生成用户注册文件(License.dat)。PGP 软件平台读取机器的硬盘序列号、地址、编号等硬件信息,运用 SHA-1 算法提取一个 160 bit 的字符串(机器码),并对其进行 Base64 编码。另外,软件需要生成运行软件的版本信息、注册日期、用户类型等信息,并与硬件信息一并写入注册文件中。由于硬件信息组成的位字符串过程以及算法都是不可逆的，而且用户无法由已知注册文件推导出 160 bit 机器码的形成过程，也就无法获得原文信息，从而无法伪造正确的注册信息，这样就可以防止篡改。系统在生成授权证书之前都会检测 License.dat 文件，非法伪造或篡改的注册文件是不会被授权系统识别的。

（2）在生成机构授权证书(License.license)时，软件授权管理采用 RSA 算法对证书内容进行加密，并将公钥写入证书、私钥保存至系统服务器端，外界无法知道私钥，也不可能由公钥推导出私钥，因此无法解密机构授权证书，保证了证书在传输过程中的秘密性和安全性。

（3）系统完成机构授权证书(License.license)和用户注册文件(License.dat)的校验后，会生成用户授权证书(License_**.dat)，软件授权管理对上传的 License.dat 文件进行加密，写入授权证书，最后采用 SHA-1 和 RSA 算法对 License.dat 文件进行加密，以保证 License.dat 文件对外保密，保证重要信息的安全性和不被篡改。

（4）在授权证书校验的过程中，校验模块采用解密算法的逆运算，解密出有效数据信息并进行校验。由于外界人员无法蓄意伪造授权证书，从而保证授权证书的真实性和安全性。

以上四个步骤形成了具有相当安全强度的软件授权方案和软件保护机制，给软件用户带来了相对便捷的操作，同时又能使授权按照用户和软件开发人员的意图生效。

10.3.4　软件授权管理系统的实现

1. 软件授权管理系统的总体用例

图 10-22 所示为整个系统大部分功能的用例模型图，该用例图有助于开发过程中对系统功能的了解，以及在后期系统改版升级的过程中对系统的大致把握。

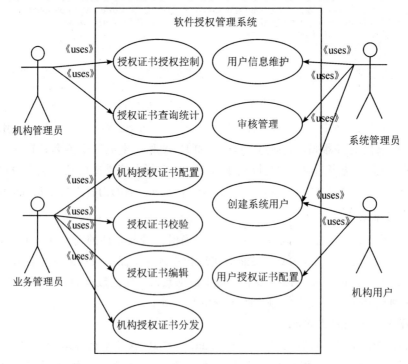

图 10-22　软件授权管理系统的总体用例模型

2. 加密模块

加密模块提供 SHA-1、RSA 两种加密的接口(如表 10 - 2 所示),其他模块可以很容易地调用这些接口对各模块的关键数据进行加密。

表 10 - 2　加密模块提供的接口

加密接口	功能描述
SHAEncrypt	传入要提取散列值的信息作参数,经过运算产生 160 bit 的散列值,并返回散列值
RSAEncrypt	传入要加密或解密的信息作参数,经过运算产生加密串或解密串,并返回加密或解密结果

为了确保用户账号信息的安全,本系统对用户登录密码进行了 SHA-1 的加密处理,然后将加密串保存至数据库;在对计算机机器码进行数字签名之前,执行 SHA-1 算法生成了摘要,由于生成摘要的过程是不可逆的,因此能保证证书的完整性传输,一旦证书被恶意篡改,证书将失效。

由于机构授权证书最终是要发放到用户手上,为了确保证书的机密性,需对机构授权证书采取密文形式传输,系统调用 RSA 加密接口,用公钥对机构授权信息加密,同时将公钥一同写入机构授权证书,并将对应的记录存储至数据库中。只有与公钥对应的私钥才能解开该授权证书,因而能做到证书信息的保密性。

RSA 算法除了加密解密的功能外,另外一个重要的功能就是数字签名,防止证书被篡改,确保证书的完整性传输。本系统在生成用户授权证书时采用了数字签名的方法,系统调用 RSA 加密接口生成密钥对,然后对计算机机器码等关键信息在生成摘要后使用私钥签名,并将与之对应的公钥一起写入用户授权证书中,从而确保了证书的完整性和用户的非抵赖性。

3. 授权证书控制模块

授权证书控制模块涉及授权证书的整个生命周期。除了生成授权证书外,授权用户还可以对已生成的授权证书进行查询和编辑,如添加功能模块或增加购买数量等。具体分为机构授权证书控制和用户授权证书控制。

1) 机构授权证书控制

机构授权证书控制包括配置机构授权信息、生成机构授权证书、证书分发、证书查询统计及编辑等功能,其用例如图 10 - 23 所示。业务管理员根据购买合同配置机构授权信息,交由系统生成机构授权证书 PGPViewer. license 和 PGPMaker. license。

生成机构授权证书的步骤如下:

(1) 创建所需密钥对。

(2) 创建一个新机构授权证书记录。

(3) 拼 PGPViewer. license 和 PGPMaker.

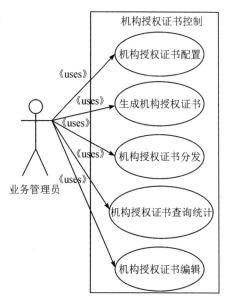

图 10 - 23　机构授权证书控制用例

license 的加密字符串。

（4）对字符串加密，得到密文的 Base64 编码。

（5）存储记录。

业务管理员可根据机构信息对机构授权证书的生成记录进行查询统计以及修改，如机构的购买数量、失效日期等数据，还可以对证书的生命周期进行管理，可以注销、启用授权证书的使用。机构授权证书执行序列如图 10-24 所示。

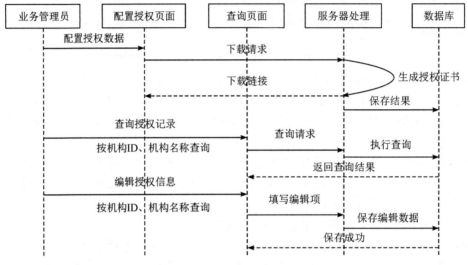

图 10-24　机构授权证书执行序列

2）用户授权证书控制

用户授权证书控制包括配置机构授权信息、生成用户授权证书、用户授权证书授权控制、证书查询统计以及编辑等功能，其用例如图 10-25 所示。

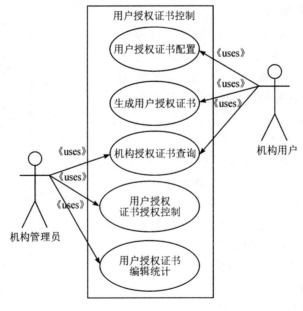

图 10-25　用户授权证书控制用例

用户初次安装及初次使用软件时，软件将用户的计算机硬件特征、授权期限、软件版本等信息生成注册文件。用户将注册文件和相应的机构授权证书一起提交给本系统。系统使用私钥解密机构授权证书以获取机构信息进行验证，根据验证结果确定生成试用版授权证书或正式版授权证书，若验证不通过，则不生成授权证书，并给出验证结果。用户授权证书是在对用户注册文件（License. dat）的修改后完成的，具体需要填充的字段包括用户类型、版本类型、截止日期、加密字符串、机构授权证书 ID 和公钥。用户授权证书执行序列如图 10 - 26 所示。

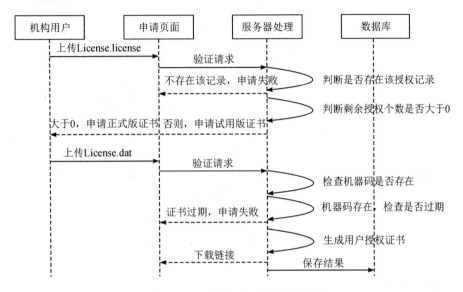

图 10 - 26　用户授权证书执行序列

4. 授权证书校验模块

当用户将机构授权证书与用户注册文件导入到系统中时，系统就要对这两个文件进行校验，校验流程需要经过以下几个步骤（如图 10 - 27 所示）：

（1）解密导入进来的机构授权证书，判断机构 ID 是否存在于系统数据库中，若存在，则进入步骤（2），否则进入步骤（7）。

（2）根据机构 ID 查询并判断机构剩余授权个数是否足够，若足够，进入步骤（3）和（5），否则进入步骤（3）和（6）。

（3）解密导入进来的用户注册文件，解密出机器硬件特征值（机器码），查询数据库里是否有该记录，若有，则进入步骤（4），否则进入步骤（5）或（6）。

（4）查询该机器特征值对应的证书记录是否已过期，若过期，则进入步骤（7），否则，进入步骤（5）或（6）。

（5）生成正式版授权证书，进入步骤（8）。

（6）生成试用版授权证书，进入步骤（8）。

（7）校验成功，进入步骤（8）。

（8）退出校验。

通过图 10 - 27 中的校验步骤后，若校验成功，系统根据校验结果生成相应的用户授权证书，用户直接在下载列表中下载。为了方便机构用户的操作，系统支持批量授权和批量下载的功能。机构管理员可收集多个软件用户安装软件后生成的用户注册文件，依次上传至本系统中，系统会批量校验证书文件，对所有校验成功的证书提供批量下载。

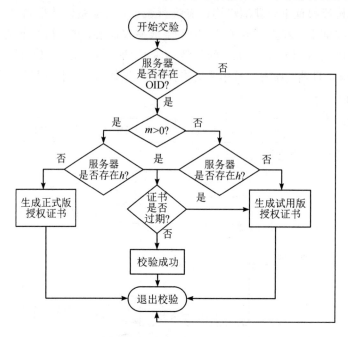

(注：m 为剩余授权数量、OID 为机构代码、h 为机器特征码)

图 10-27　授权证书验证流程

5．用户管理模块

用户管理模块用例如图 10-28 所示，其主要实现系统管理员对用户账号信息、权限信息的管理。系统管理员可为系统增加用户，可根据查询条件查询并统计用户的信息，可初始化用户密码，可删除用户记录，还可以设置用户权限。本系统中涉及的用户权限包括系统管理员、业务管理员、机构管理员及机构用户的权限。

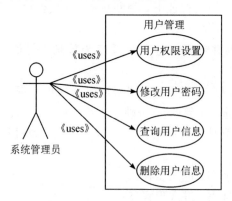

图 10-28　用户管理模块用例

用户管理模块的功能相对简单，主要是对系统用户信息增加、删除、修改和查询统计的管理过程，具体流程如图 10-29 所示。

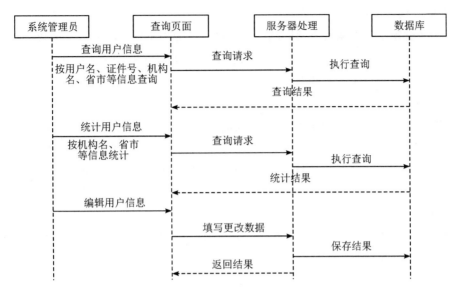

图 10 - 29　用户管理模块具体流程图

10.4　密码学在区块链中的应用

密码技术是区块链的安全基石与可信基因，主要为区块链平台构建可信身份、实现交易确权、隐私保护和共识安全。在区块链数据层使用哈希算法、数字签名等密码技术，进行账本构建和交易授权；在应用层面，使用同态加密、安全多方计算、零知识证明、群签名和环签名等密码技术支持实现链上隐私保护；在通信层面，使用密码技术提供通信加密、节点鉴别、消息完整性和匿名路由等技术支撑，可见密码技术贯穿于区块链安全各个层面，可以说"没有密码就没有区块链"的说法不足为过。本节我们简要介绍哈希函数、数字签名等密码技术在区块链上的应用。

10.4.1　区块链概述

2008 年，中本聪发表了一篇名为"Bitcoin：A Peer-to-Peer Electronic Cash System"的论文，首次提出区块链(Blockchain)的概念，区块链技术最早作为比特币和密码货币的底层技术逐渐引起了产业界与学术界的广泛关注，已在电子商务、数字医疗、数字防伪等许多领域得到了广泛应用。2019 年国家互联网信息办公室发布了《区块链信息服务管理规定》，随后在中央政治局第十八次集体学习时，习近平总书记提出并强调把区块链作为核心技术自主创新的重要突破口，加快推动区块链技术和产业创新发展，使得区块链走进了群众视野，成为关注焦点。

1. 区块链特性

2016 年，《中国区块链技术和应用发展白皮书》将区块链定义为：分布式存储、点对点传输、共识机制、密码技术等计算机技术应用的新型模式，具有去中心化、去信任、匿名、数据不可篡改等安全特性，而这些特性的存在才使得区块链有了极具潜力的发展空间。

1) 去中心化

整个区块链网络由全网节点共同维护，这些节点地位平等，都能参与区块链数据的验证、传输过程，并且不存在第三方中心化机构，因此就形成了一个去中心化的、通过数学方式建立信任的点对点分布式存储架构。

2) 不可篡改性

区块链中一旦数据被打包进块且添加至最长链，该数据就会永久地被保存在区块链中，这是链式结构和 Hash 算法赋予的。如果想要篡改某条数据就需要逆哈希计算且控制全网超过51%的节点才能成功，但是这对节点或者整个区块链网络来说都是不明智且不可能的。

3) 可追溯性

区块链中是采用链式结构存储数据的，并且有时间戳机制，每一个块与块的相连都与上一个块的哈希结果值有关，因此验证性和追溯性极强。

4) 公开透明

区块链网络是对所有节点开放的，任何一台计算机设备都可以当作节点加入，这也可以称为去信任，整个网络环境的安全和维护都是每个节点共同参与的，这个过程公开透明。

2. 区块链基础架构

伴随着区块链的持续发展，为了实现各种不同的目的，与之相对应的区块链平台也如雨后春笋般不断出现，不仅仅局限于比特币，还存在以太坊(Ethereum)、超级账本(Hyperledger fabric)、EOS(Enterprise Operation System)等。当前最主流的基础架构主要由 6 层构成，由下至上依次为数据层、网络层、共识层、激励层、合约层及应用层，如图 10 - 30 所示。

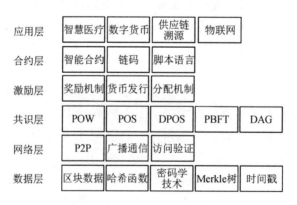

图 10 - 30　区块链基础架构图

1) 数据层

数据层通常包括区块数据、时间戳、哈希函数、密码学技术、默克尔树(Merkle 树)等技术，这些共同构成了数据层的数据存储以及保证交易的完整实现，一般会选择较为轻巧的数据库技术对数据的索引进行存储，如 LevelDB 数据库等。

2) 网络层

区块链网络本质上是一个 P2P 点对点网络，这就意味着该网络不需要一个中心化服务器来维持，它依靠用户之间互相交换信息，每一个区块链节点既接收信息也发布信息。在区块链网络中，当矿工成功破解难题后，就会诞生区块，随后矿工就会在全网广播此区块，其余节点就会对此区块进行验证，超过全网 51% 的节点验证通过后，此区块就可被放在主链上。网络层主要包含了 P2P 网络、广播通信、访问验证。

3) 共识层

共识层中有一个叫共识机制的规定，它使得分布在区块链网络中的各个节点能够共同遵守一个约定，它的存在就让区块链中分散的网络节点对于链上的块数据达成共识，共同维护链的一致性。区块链中常见的共识机制主要有三种：工作证明（POW）、权益证明（POS）、股份权益证明（DPOS）。

4) 激励层

激励层的主要功能在于定制区块链中一套完整的激励体系，通过一系列激励措施来鼓励区块网络中的节点共同维护块产生和链安全，块产生时的奖励机制以及奖励的分配机制。拿比特币举例，它的激励机制主要有两种：一是每生成一个区块在其得到大部分节点验证通过后就会奖励矿工一定数量的比特币，这个奖励会每经过四年减少一半；二是交易费奖励，每个节点想要发布交易时都会设置交易手续费，矿工在将这些交易打包进区块链直至上链过后就会得到这些交易手续费。

5) 合约层

合约层主要是指脚本语言、智能合约和链码等，合约层的存在赋予了区块链账本的可编程性，同样拿比特币来说，比特币合约层中的脚本就规定了交易方式和交易过程、挖矿过程中的一系列细节问题。

6) 应用层

应用层主要是指区块链的应用场景开发和应用实例设计部分，它的目的是融入各大领域，进而融入整个社会，构造一个全球性的分布式记账系统。

3. 区块链式结构

区块链是一种源于数字加密货币比特币的分布式总账技术，根据参与方式不同，可分为三种类型：公有链、联盟链和私有链。简单来说，区块链主要涉及以下三个基本概念：

1) 交易

交易指系统中以某个关键数据为基础的数据交换，在比特币系统中指以比特币为货币的价值交换。

2) 区块

区块用于记录一定时间内系统的所有的交易和状态。

3) 链

链类似于数据结构中的链表，代表整个账本，由以时间顺序产生的区块连接而成。

区块链中每个区块包括区块头和区块体两大部分，区块头包括根哈希值（Merkle 根）、当前协议版本、指向前一个区块的哈希指针、挖矿的难度目标阈值、随机数和时间戳六个部分，区块体包含交易列表。区块之间按照生成顺序，利用指向前一个区块的哈希指针构成一条完整的区块链，如图 10-31 所示。Merkle 树的特性保证了区块链上数据的完整性和不可篡改性。

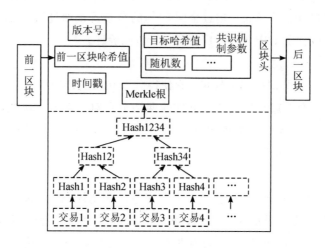

图 10-31　区块链数据结构

10.4.2　Hash 算法在区块链上的应用

哈希函数在区块链系统中得到了广泛应用，其主要应用方式为通过 Hash 算法在区块链中构建区块链表和 Merkle 树，这两种密码学技术使区块链拥有了快速验证和防篡改的能力，在 PoW 共识算法中被用于生成区块，且是构建区块的核心算法，为区块交易数据的完整性提供了可靠的保证。

1. 构建区块链表

由 10.4.1 小节中图 10-31 可知，区块链是一个基于哈希指针构建的有序的、反向链接的交易块链表。区块头和区块体两部分结构都应用了哈希函数。区块链链式结构就是由创世纪块开始的，之后每一个区块的区块头部分都有前一个块的哈希值，这种哈希链表的方式，通过后面的块不仅可以查找到前面所有的块，还可以通过哈希值验证前面区块数据是否被修改，使得区块链具有可追溯和不可篡改的特性。

2. 构建 Merkele 树

Merkle 树是 Ralph Merkle 于 1988 年发明的，通常也称为哈希树，顾名思义，就是存储哈希值的一棵树，如图 10-32 所示。Merkle 树的叶子节点存储的数据块(在区块链中即交易数据块)在图 10-32 中用浅灰色方框表示；非叶子节点则是其对应子节点串联字符串的哈希值，图中用白色方框表示，而最顶部为根节点，用深灰色表示。

在区块链处理交易过程中，交易信息内容量大，若将每个区块内的所有数据以直接方式存储将会非常低效且耗时，因此区块链中最常用的数据结构是 Merkle 树。一个区块的生成通常伴随着一棵 Merkle 树的生成，自底向上来归纳一个区块中的所有交易。具体过程为将每一笔交易进行两次哈希运算后作为一个叶子节点，然后将叶子节点两两连接，并对拼接后的字符串继续进行双哈希运算，一直递归得到根哈希值。这样的结构使得任意一个节

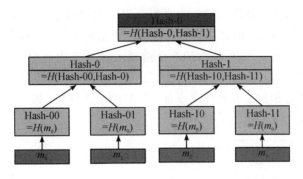

图 10 - 32　Merkle 树结构

点发生变化，都会导致哈希值的改变，从而可以保证区块内的交易不可篡改，以及实现高效验证某笔交易是否存在于某个特定区块里。

1）区块链内交易不可篡改性

在区块链中，用 Merkle 树保证区块内的交易不可篡改。如图 10 - 33 所示，若交易块 m_5 的数据被修改，则面积 m_5 对应的哈希块 Hash-101 也将被修改，依次向上层递进 Hash-10、Hash1 也被修改，最终 TopHash（Root）根被修改。

2）区块链内交易快速验证

在区块链中，验证者使用 Merkle 树验证某交易时不需要下载所有的数据，只需要下载 $o(\mathrm{lb}n)$ 数据块就可以了，其中，n 为数据块的个数（叶子节点的数目）。在图 10 - 33 中，交易验证者要验证 m_5 是否被修改。具体过程如下，只需要下载 Hash 列表，先从根哈希开始对比，若发现不一致，则再分别对比 Hash-0，Hash-1，若发现 Hash-1 不一致，接着向下进行，发现 Hash10 不一致，依次进行对比，最终发现交易数据块 m_5 是否被修改。

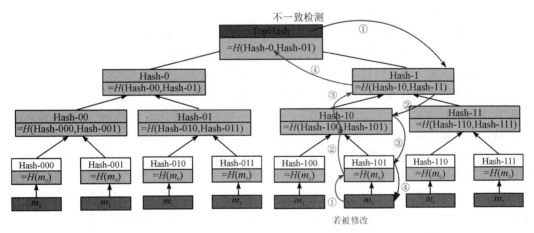

图 10 - 33　Merkle 树交易数据块完整性校验

3. 构建基于 POW 的共识机制

工作证明机（proof of work，POW）是比特币中使用的共识机制，它是根据矿工节点的工作量来证明谁有优先出矿权的，其主要由工作量证明和最长链机制两部分组成。作为 POW 的代表——比特币，其中有一种节点称为矿工，每隔 10 min 左右，矿工节点就会把这 10 min 之内所有的交易信息打包进一个区块中，一旦这个区块被全网超过 50% 的节点接受就会被添加至最长链，并且该矿工节点就会得到奖励机制的奖励，这一过程也叫作挖矿。这就阐述了工作证明机制的作用，节点是通过付出的工作量来获得记账权的。POW 的优势在于其非常安全可靠，不足之处在于会消耗大量的算力和财力，而且一旦全网超过50％的节点成为恶意节点，就会受到恶意改写。

在比特币中，使用 SHA256 算法来设计 POW 的工作机制，POW 工作量证明过程如图10-34 所示。

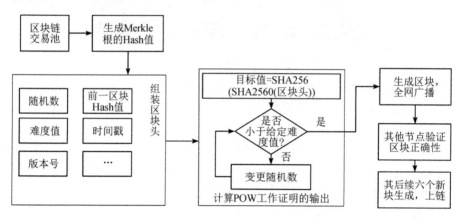

图 10-34　基于 POW 的新区块生成过程

（1）节点从当前区块链系统交易内存池中取出未打包的一定数量的交易，对这些交易采用数字签名等技术实施合法性校验后打包，按照一定的规则生成区块，包含区块体和区块头两部分。

（2）向区块头中增加一个随机数，这个随机数由打包者定义，并且加入这个随机数后，区块头的数据必须满足公式：

$$工作量证明的输出＝SHA256(SHA256(区块头))＜ 给定的难度值 \qquad (10-1)$$

（3）由于 Hash 值的随机性，没有规律，打包者只能采用穷举方式，不停改变随机数的值，将它加入区块头中进行计算，直到得到符合要求的结果。

若计算找到了符合要求的随机数，打包者就会把这个生成的区块向全网广播，其他节点验证这个区块确实符合要求，就会把它加入到区块链中，这时打包者可以获得比特币作为奖励，这就是比特币系统俗称的挖矿，打包节点又称为矿工。

（4）如果同一时间，不同节点同时找到符合要求的区块，那么可能有的节点接受 A 区块，有的接受 B 区块，这样比特币就会形成分叉。

（5）在出现分值后区块 A 和 B 都会继续链接新生成的区块，生成分支链，比特币遵循取最长链的原理。如果在当前块的基础上又生成一个新块，则其被称为一个确认，比特币的区块交易要在获得 6 个确认后再被承认，也就是说当一个分支链达到 6 个块长度后，才可以确认进入主链，其他的分支则被减掉。

10.4.3　非对称密码算法在区块链上的应用

在区块链中，非对称密码算法的主要应用是地址生成和数字签名。在比特币系统中，每个用户都有一对密钥(公钥和私钥)，公钥经过转换作为交易账户地址，公钥的生成和比特币地址的生成都使用非对称密码算法来保证。

1. Secp256k1 在比特币地址中的应用

Secp256k1 是比特币中使用的 ECDSA（椭圆曲线数字签名算法）曲线的参数，并且在高效密码学标准（Certicom Research，http://www.secg.org/sec2-v2.pdf）中进行了定义。比特币系统通过调用操作系统底层的随机数生成器生成 256 位随机数作为私钥，它很难通过暴力进行破解。而用户公钥和比特币地址都由私钥生成，具体过程如图 10-35 所示。

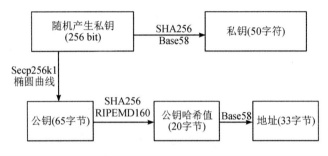

图 10-35　比特币公钥和私钥

首先，调用随机数生成器来生成 256 bit 随机数作为 ECC 密码算法的私钥，私钥的总量可达 2^{256}，因此通过暴力破解私钥在计算上不可能；然后，将 256 bit 的私钥通过 SHA256 哈希算法和 Base58 编码转换，形成 50 个字符长度的易识别和书写的私钥提供给比特币系统用户。

而比特币的公钥是由私钥生产的。首先，经过 Secp256k1 椭圆曲线算法生成 65 字节长度的随机数作为公钥。为了让公钥生成地址过程是不可逆的，即不能通过公钥地址反推出私钥，将公钥进行 SHA256 和 RIPEMD160 双哈希运算并生成 20 字节长度的摘要结果；再经过 Base58 转换形成 33 字符长度的比特币地址。

比特币公钥和私钥通常保存在比特币钱包文件中，其中私钥最为重要，丢失私钥就意味着丢失了对应地址的全部比特币资产。

2. 数字签名算法 ECDSA 在区块链中的应用

数字签名算法在区块链上有很多应用，下面我们给出比特币系统一次交易签名的应用场景，帮助读者了解数字签名算法在区块链上的应用，如图 10-36 所示。

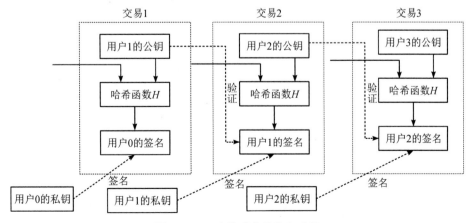

图 10-36　比特币交易签名过程

当用户向某对象发送交易时，例如，用户1创建一个消息(交易2)，将用户2的公钥和之前的交易(交易1)进行哈希运算，然后用户1用私钥进行签名，跟其他相关信息一起，形成新的交易，并将其发送给用户2。用户2收到交易信息后，可以用用户1的公钥验证交易信息的真实性，当用户2把该交易广播到区块链系统时，其他用户用用户1的公钥进行验证，其签名和验证过程使用了ECDSA签名算法来实现。

习　题　10

1. 为了确保eID卡的安全，eID卡应有哪些安全需求？
2. eID卡有哪些核心功能？
3. eID卡中的密钥是如何管理的？
4. 第五代移动通信系统(5G)面临哪些安全威胁？
5. 具体阐述第五代移动通信系统(5G)的安全体系结构。
6. 简述软件授权管理有哪些功能需求。
7. 简述软件授权管理系统中授权证书是如何生成的。
8. 简述区块链基础结构分为哪六层，以及各层的作用。
9. 举例说明哈希技术在区块链中的应用。
10. 举例说明数字签名技术在区块链中的应用。
11. 简述区块链中如何使用Merkle技术。

附录　应用密码学课程设计

应用密码学课程设计是在学习密码学理论的基础上，对所学知识加以实践，加深对密码学理论中的保密通信模型以及各种对称和非对称密码算法的理解和掌握，实现密码算法的应用，为学习后续网络与信息安全方向的课程打下坚实的基础。

1. 课程设计任务书、指导书

教师在进行课程设计教学时，要编写课程设计任务书及指导书，在布置课程设计任务之前发给学生。课程设计任务书应包括以下内容：

(1) 题目；

(2) 已知相关参数和设计要求；

(3) 设计工作量；

(4) 工作计划。

课程设计指导书应包括设计步骤、设计要点、设计进度安排及主要技术关键的分析、解决思路和方案比较等内容。

指导教师应在确定设计题目之后提供参考资料目录，学生应按目录要求准备课程设计需查阅的资料(如标准、规范、手册等)。

2. 课程设计选题

1) 选题要求

(1) 课程设计的内容应属于应用密码学课程范围，能满足应用密码学课程设计的教学目的与要求，能使学生得到较全面的综合训练。

(2) 课程设计的题目一般应带有设计性或综合性，并尽可能有实用背景。

(3) 课程设计题目的难度和工作量应适合学生的知识和能力状况，使学生在规定的时间内工作量饱满，又经过努力才能完成任务。

2) 课程设计题目

课程设计的具体题目应按照应用密码学课程设计教学大纲的要求，由指导教师拟定。课程设计的题目也可由学生自拟(但必须符合教学大纲的要求)，必须经指导教师同意后方可执行。

3. 课程设计检查

指导教师对学生的整个课程设计过程都要随时进行检查，发现问题及时解决，检查要点包括：

(1) 是否按设计任务书的要求进行设计工作；

(2) 设计是否合格，实验结果和程序运行是否正确；

(3) 设计说明书(或方案、论文、设计报告等)的撰写是否规范。

课程设计结束后由指导教师写出课程设计工作总结,一式两份(一份存学院、一份存教研室)。总结要对课程设计做出总的评价,肯定成绩,找出问题,指明改进完善的方向,要表扬先进,鞭策后进,特别要对课程设计的教学管理进行总结。

4. 课程设计计算说明书(或论文、设计报告)撰写规范

说明书(论文)是体现和总结课程设计成果的载体,一般不应少于 3000 字。下面是对说明书(论文)基本格式的要求。

1) 正文要求

(1) 课程设计及文本结构内所有各项一律使用 A4 纸打印。

(2) 页面按上边距 2.5 cm、下边距 2.5 cm、左边距 2.5 cm、右边距 2.5 cm,每页 38 行(确认行间距是否为 18 磅)设计。

(3) 说明书的页眉用五号字设置,并在每页的右上角标清页号及全文的总页数。

(4) 论文正文字体要求:一级标题用二号宋体字加黑,二级标题用三号宋体字加黑,三级标题用四号宋体字加黑,四级标题用小四号宋体字加黑,正文用小四号宋体字(每页38行)。

2) 说明书(或论文)结构及要求

(1) 封面包括:题目、所在系、班级、学号、指导教师及时间等项。

(2) 任务书(按照课程设计的有关要求进行)。

(3) 摘要(仅适合于论文)是论文内容的简短陈述(一般为 100~300 字),关键词应为反映论文主题内容的通用技术词汇(一般为 3~5 个左右,一定要在摘要中出现)。

(4) 目录要层次清晰,要给出标题及页码,最后一项是无序号的参考文献。

(5) 正文应按目录中编排的章节依次撰写,要求计算准确,论述清楚、简练、通顺,插图清晰,书写整洁;文中图、表及公式应规范地绘制和书写。

(6) 参考文献(资料)格式要求如下:

a. 连续出版物(期刊)。

[格式]:序号 析出责任者(第 1 作者,第 2 作者,第 3 作者等). 析出题名. 刊名. 出版年,卷号(期号):起止页码. 比如:

[1] 徐德蜀. 安全文化、安全科技与科学安全生产观[J]. 中国安全科学学报. 2006,16(3):71~82.

b. 专著、书籍、译著。

[格式]:序号 责任者[外国作者请注明国籍]. 书名(版本,第 1 版不写)[文献类型 M]. 其他责任者(如译者). 出版社所在地:出版社名称(出版者),出版年. 月:起止页码. 比如:

[1] 徐德蜀,邱成. 安全文化通论[M]. 北京:化学工业出版社,2005.10

c. 会议论文集。

[格式]:序号 析出责任者. 析出题名[文献类型 A]. 文集编者. 文集名[文献类型 C]. (供选项:会议名,会址,开会年.)出版地:出版者,出版年:起止页码. 比如:

[1] 李融融. 依法促进中小企业健康发展[A]. 中国中小企业发展年鉴[C]. 北京:中国经济出版社,2004:1~24.

d. 学位论文。

［格式］：序号　责任者．题名［文献类型 D］．学位授予地：学位授予单位［硕士或博士论文］，年份．比如：

［1］韩艳．地震作用下高速铁路桥梁的动力响应及行车安全性研究［D］．北京：北京交通大学［博士论文］，2005.

e. 电子文献。

［格式］：序号　责任者．文献题名［文献类型 EB/OL］．出处或可获得地址，发表或更新日期/引用日期．比如：

［1］王东军．反"三违"，保安全［EB/OL］．http://www. hdgl. gov. cn/，2006 - 07 - 27.

5. 课程设计选题

以下列出的是应用密码学课程设计的部分选题（仅供参考）。

（1）使用编程语言（如 Java、Python 等）设计并实现基于 AES 的加密/解密软件或基于 SM4 的加密/解密软件或基于 3DES（EDE2）的加密/解密软件。

基本要求如下：

① 在深入理解 AES、SM4、3DES（EDE2）加密/解密算法理论的基础上，设计一款基于 SM4 的加密/解密软件。

② 加解密过程要求用分组密码运行模式中的 OFB、CTR 或者 CFB 模式等。

③ 完成一个明文分组的加解密，明文和密钥是 ASCII 码，进行加密后要求能够进行正确的解密。

④ 与标准进行比较，确认加密/解密算法实现的正确性。

⑤ 要求提供所设计软件的总结报告及完整软件的代码。

⑥ 提供良好的用户界面。

较高要求如下：

① 如果明文不止一个分组，程序能完成分组，然后加密；最后一个分组长度不足时要求完成填充；密钥长度不足时能进行填充，过长则自动截取前面的部分。

② 输入信息可以是文字（可以是汉字或英文，信息量要求不止一个加密分组长度），任意字符，或者是文本文档，或者普通文件，要求进行加密后能够进行正确的解密。

③ 程序代码有比较好的结构，如用类进行封装，通过调用类的成员函数实现加密/解密功能等。

④ 与标准进行比较，确认加密/解密算法实现的正确性。

⑤ 要求提供所设计软件的总结报告及完整软件的代码。

⑥ 提供良好的用户界面。

（2）使用编程语言（如 Java、Python 等）设计并实现 SHA-1 算法的软件。基本要求如下：

① 在深入理解 SHA-1 算法的基础上，设计一个生成消息摘要的软件系统。

② 要求输入信息是 ASCII 码，运行软件后生成固定长度的消息摘要。

③ 与标准进行比较，确认加密/解密算法实现的正确性。

④ 要求提供所设计软件的总结报告及完整软件的代码。

⑤ 提供良好的用户界面。

较高要求如下：

① 如果明文不止一个分组，程序能完成分组，然后加密；最后一个分组长度不足时要求完成填充；密钥长度不足时能进行填充，过长则自动截取前面的部分。

② 输入信息可以是文字(可以是汉字或英文，信息量要求不止一个加密分组长度)，任意字符，或者是文本文档，或者普通文件，要求进行加密后能够进行正确的解密。

③ 程序代码有比较好的结构，如用类进行封装，通过调用类的成员函数实现加密/解密功能等。

④与标准进行比较，确认加密/解密算法实现的正确性。

⑤ 要求提供所设计软件的总结报告及完整软件的代码。

⑥ 提供良好的用户界面。

(3) 在下面的密码协议中，实体 A 和 B 表示两个用户 Client，实体 S 表示可信任的第三方 Server。ID_A 和 ID_B 分别代表 A 和 B 的身份；N_A 和 N_B 分别表示 A 和 B 选取的随机数；K_{AS} 表示 A 和 S、K_{BS} 表示 B 和 S、K_{AB} 表示 A 和 B 共享的对称密钥。通过下面的协议，可以实现第三方为通信双方分配加密数据的共享密钥，试用编程语言完成下面的密钥分配过程。

消息 1：A→B：$ID_A \parallel E_{K_{AS}}[N_A \parallel ID_B]$。

消息 2：B→S：$ID_A \parallel ID_B \parallel E_{K_{AS}}[N_A \parallel ID_B] \parallel E_{K_{BS}}[N_B \parallel ID_B]$。

消息 3：S→A：$E_{K_{AS}}[K_{AB} \parallel ID_B] \parallel E_{K_{AB}}[N_A \parallel N_B \parallel E_{K_{BS}}[K_{AB} \parallel ID_A \parallel N_B]]$。

消息 4：A→B：$E_{K_{BS}}[K_{AB} \parallel ID_A \parallel N_B] \parallel E_{K_{AB}}[N_B]$。

要求如下：

① 协议中的加密算法可以是 DES 或 AES，ID_A 和 N_A 的长度不小于 64 bit。

② 程序能提供良好的用户界面。

③ 以 C/S 模式实现。

④ 程序代码有比较好的结构。

⑤ 要求提供所设计软件的总结报告及完整软件的代码。

⑥ 提供良好的用户界面。

(4) 使用编程语言(如 Java、Python 等)设计完整的数字签名系统，具体要求如下：

① 在深入理解 DSA 数字签名算法和 SHA 算法的基础上，设计数字签名系统。

② 输入信息可以是汉字或英文，信息量要求不受限制，或者是文本文档。

③ 计算给定输入信息的消息摘要，使用 DSA 算法进行数字签名。即设计使用 SHA 算法生成消息摘要、使用 DSA 算法进行数字签名(对消息摘要进行数字签名)的系统。

④ 程序代码有比较好的结构。

⑤ 要求提供所设计软件的总结报告及完整软件的代码。

⑥ 提供良好的用户界面。

(5) 使用编程语言(如 Java、Python 等)设计完整的模拟 SSL 保密传输系统，具体要求如下：

① 在深入理解 RSA 和 DES 或者 AES 算法的基础上，设计 SSL 保密系统。

② 产生数据加密密钥的随机数可以直接调用编程语言提供的函数，长度不小于 64 bit。

③ 使用 RSA 算法进行数据加密密钥的协商，RSA 中模数 n 的长度不低于 100 bit；使用 DES 或者 AES 算法进行数据加密。

④ 程序代码有比较好的结构。

⑤ 要求提供所设计软件的总结报告及完整软件的代码。

⑥ 提供良好的用户界面。

（6）使用编程语言（如 Java、Python 等）实现 Diffie-Hellman 密钥交换算法的软件，基本要求如下：

① 在深入理解 Diffie-Hellman 密钥交换算法理论的基础上，设计一个 Diffie-Hellman 密钥交换算法软件。

② 要求算法中所取的素数的长度不小于 32 bit。

③ 用户选择作为密钥的随机数可以是字母或者数字，其对应的二进制长度不小于 24 bit。

④ 要求给出生成原根的过程，且原根的长度不得小于 10 bit。

⑤ 程序代码有比较好的结构。

⑥ 要求提供所设计软件的总结报告及完整软件的代码。

⑦ 提供良好的用户界面。

较高要求如下：

① 要求算法中所取的素数的长度不小于 64 bit。

② 用户选择作为密钥的随机数可以是字母或者数字，其对应的二进制长度不小于 32 bit。

③ 程序代码有比较好的结构，如用类进行封装等。

④ 程序代码有比较好的结构。

⑤ 要求提供所设计软件的总结报告及完整软件的代码。

⑥ 提供良好的用户界面。

（7）使用编程语言（如 Java、Python 等）设计完整的数字信封系统，具体要求如下：

① 在深入理解基于 RSA 的数字签名算法和 SHA 算法的基础上，设计数字信封系统中的数字签名，对需要传输的数据进行签名和验证。

② 在深入理解对称密码加密/解密算法理论的基础上，设计采用 DES、或 AES、或 SM4 算法对传输数据进行加密和解密。

③ 在深入理解 RSA 加密/解密算法理论的基础上，采用 RSA 算法对对称密码算法密钥加解密。

④ 输入信息可以是文字（可以是汉字或英文，信息量要求不受限制），或者是文本文档。生成固定长度的信息摘要；使用 RSA 算法进行数字签名，RSA 中模数 n 的长度不低于 100 bit。即设计使用 SHA 算法生成消息摘要、使用 RSA 进行数字签名（对消息摘要进行数

字签名)系统。

   ⑤ 以 C/S 模式实现。

   ⑥ 程序代码有比较好的结构。

   ⑦ 要求提供所设计软件的总结报告及完整软件的代码。

   ⑧ 提供良好的用户界面。

   (8) 学生自选与密码学相关的题目并通过老师确认后进行设计实现。

6. 课程设计考核

   课程设计考核是课程设计中一个非常重要的教学环节。由于课程设计考查的重点是学生在理解密码算法的基础上使用编程工具实现相关算法，因此应用密码学课程设计的考核采用"指导老师对课程设计过程的管理及课程设计说明书的评价和答辩"。

   1) 课程设计答辩

   通过答辩可使学生进一步发现设计中存在的问题，进一步明了不甚理解的问题，从而取得更大的收获，圆满地达到课程设计的目的与要求。

   (1) 答辩资格：按照计划完成课程设计任务，经指导老师审查通过后方可参加答辩。

   (2) 答辩小组组成：课程设计答辩小组由本学期承担本门课程设计的老师组成(一般由 2～3 名老师组成)。

   (3) 答辩：答辩小组应详细审阅学生的课程设计资料，为答辩作好准备；答辩中，学生须报告自己设计的主要内容(约 3 min)，并回答答辩小组成员提问的 5～8 个问题或回答考签上提出的问题；答辩过程公开并允许其他学生旁听；每个学生的答辩总时间约为 8 min。答辩过程中，应做好记录，供评定成绩时参考。

   2) 课程设计成绩的评定

   指导老师应该对课程设计过程进行严格的管理，按照学校的要求做好平时成绩考核的记录；答辩结束后，答辩小组应客观公正地确定学生的答辩成绩；课程设计的成绩由指导老师和答辩小组两部分评分组成，两部分的权重各占 50%。

   3) 课程设计成绩评定表(如下表所示)

指导老师评阅表						
选题意义 (5%)	文献综述 (5%)	设计能力 (35%)	课程设计说明书撰写质量 (15%)	设计创新 (10%)	答辩效果 (30%)	总分
指导老师签名：　　　　　　　　年　　月　　日						
课程设计答辩记录及评价表						
学生讲述情况						
老师主要提问记录						

续表

指导老师评阅表								
学生回答问题情况								

	评分项目	分值	评分参考标准					评分	总分
			优	良	中	及格	不及格		
答辩评分	选题意义	5	5	4	3	2	1		
	文献综述	5	5	4	3	2	1		
	设计能力	35	35	28	24	21	18		
	课程设计说明书撰写质量	15	15	12	11	9	8		
	设计创新	10	10	8	7	6	5		
	答辩效果	30	30	24	21	18	15		

答辩小组成员签名	

课程设计成绩评定表					
	评分项目	评分	比例	分数	课程设计总分
成绩汇总	指导老师评分		50％		
	答辩小组评分		50％		

参 考 文 献

[1]　张仕斌，万武南，张金全. 应用密码学[M]. 西安电子科技大学出版社，2017.

[2]　何大可. 现代密码学[M]. 北京：人民邮电出版社，2009.

[3]　冯登国，裴定一. 密码学导引[M]. 北京：科学出版社，2001.

[4]　张仕斌，谭三，易勇，等. 网络安全技术[M]. 北京：清华大学出版社，2004.

[5]　张仕斌，陈麟，方睿. 网络安全基础教程[M]. 北京：人民邮电出版社，2009.

[6]　张仕斌，曾派兴，黄南铨. 网络安全实用技术[M]. 北京：人民邮电出版社，2010.

[7]　谢冬清，冷健. PKI 原理与技术[M]. 北京：清华大学出版社，2004.

[8]　王善平. 古今密码学趣谈[M]. 北京：电子工业出版社，2012.

[9]　颜松远. 计算数论与现代密码学[M]. 北京：高等教育出版社，2013.

[10]　张健，任洪娥，陈宇. 密码学原理及应用技术[M]. 北京：清华大学出版社，2011.

[11]　孙燮华. 图像加密算法与实践：基于 C♯语言实现[M]. 北京：科学出版社，2013.

[12]　颜松远. 椭圆曲线[M]. 大连：大连理工大学出版社，2011.

[13]　杨波. 现代密码学[M]. 5 版. 北京：清华大学出版社，2022.

[14]　李子臣. 密码学：基础理论与应用[M]. 北京：电子工业出版社，2019.

[15]　宋秀丽. 现代密码学原理与应用[M]. 北京：机械工业出版社，2012.

[16]　杨晓元. 现代密码学[M]. 西安：西安电子科技大学出版社，2009.

[17]　胡向东，魏琴芳，胡蓉. 应用密码学[M]. 北京：电子工业出版社，2019.

[18]　龙冬阳，王常吉，吴丹. 应用编码与计算机密码学[M]. 北京：清华大学出版社，2005.

[19]　结城浩. 图解密码技术[M]. 周自恒，译. 北京：人民邮电出版社，2015.

[20]　彭长根. 现代密码学趣味之旅[M]. 北京：金城出版社，2015.

[21]　理查德 E 布拉胡特. 现代密码学及其应用[M]. 黄玉划，等译. 北京：机械工业出版社，2018.

[22]　李超，孙兵，李瑞林，等. 分组密码的攻击方法与实例分析[M]. 北京：科学出版社，2010.

[23]　基思·M 马丁. 人人可懂的密码学[M]. 2 版. 贾春福，等译. 北京：机械工业出版社，2020.

[24]　高承实，王永娟，于刚. 区块链中的密码技术[M]. 杭州：浙江大学出版社，2021.

[25]　华为区块链技术开发团队. 区块链技术及应用[M]. 北京：清华大学出版社，2019.

[26]　郑婷. 基于公钥加密体制的软件授权系统设计与实现[D]. 武汉：华中师范大学. 2014.

[27]　钟名富. 分组密码 SMS4 的安全分析[D]. 成都：电子科技大学，2008.

[28]　刘佳潇. 3G 中 AKA 协议改进和密码算法设计[D]. 郑州：解放军信息工程大

学，2007.

[29] 徐金福. Hash 函数 HAS-160 和 MD5 潜在威胁的分析[D]. 济南：山东大学，2007.

[30] 赵龙. 密码学相关椭圆曲线若干问题研究[D]. 郑州：解放军信息工程大学，2011.

[31] 袁科. 俄罗斯密码服务体系研究[D]. 贵州：贵州大学，2009.

[32] 汪小芬. 群签名体制的研究与设计[D]. 西安：西安电子科技大学，2006.

[33] 代亮. PKI/CA 的研究及在贵州地税中的应用[D]. 武汉：湖北大学硕士论文，2015.

[34] 杜立智，符海东，张鸿，等. P 与 NP 问题研究[J]. 计算机技术与发展，2013(1)：37-42.

[35] 方永强，李志刚，高伟. NESSIE 工程评选综述[J]. 华南金融电脑，2003(6)：27-29.

[36] MYERS M. Internet X. 509 public key infrastructure online certificate status protocol - OCSP[J]. Part I X certificate & crl profile ietf pkix working group，1999，40(3)：220.

[37] 王小云，于红波. SM3 密码杂凑算法[J]. 信息安全研究，2016，2(11)：983-994.

[38] 孙江，丁国仁，王俊，等. 七分管理 三分技术，建立差异化网络与信息安全防护机制[J]. 电信技术，2011(5)：24-25.

[39] 习近平. 没有网络安全就没有国家安全[J]. 中国建设信息化，2020(3)：3.

[40] 鍾流安. 蓬勃发展的新时代商用密码[J]. 中国信息安全，2021(08)：5.

[41] KOUTSOS A. The 5G-AKA authentication protocol privacy[C]. 2019 IEEE European Symposium on Security and Privacy (EuroS&P)，in Stockholm，Sweden. 2019：464-479.

[42] 中国互联网信息中心网站. http：//www. cnnic. net.

[43] CERT 网站. https：//www. cert. org. cn/.

[44] RSA 公司网站. https：//www. rsa. com/.

[45] FIPS 202，SHA-3 Standard[EB/OL]，http：// csrc. nist. gov/publications/PubsFIPS. html.

[46] RFIC1321，The MD5 Message-Digest Algorithm[EB/OL]. http：//www. ietf. org/rfc/rfc1321. txt.

[47] 中国电子科技网络信息安全有限公司. 第五代移动通信(5G)系统安全概览[EB/OL]. https：//max. book118. com/html/2021/0521/8026131140003102. shtm.

[48] TS 33. 501. Security architecture and procedures for 5G system(Release 15)[S]. 3GPP，2018.

[49] 椭圆曲线密码系统安全性挑战[EB/OL].，https：//www. certicom. com/content/certicom/en/the-certicom-ecc-challenge. html.

[50] RSA 数分解进展[EB/OL]. https：//wikimili. com/en/RSA_numbers.

[51] 国家标准全文公开系统. https：//openstd. samr. gov. cn/bzgk/gb/index.

[52] 中国密码学会. 第一轮算法评选结果的通知[EB/OL]. https：//sfjs. cacrnet. org. cn/site/content/404. html.

[53] Light Weight Cryptography[EB/OL]. https：// csrc. nist. gov/Projects/

lightweight-cryptography/.

[54] The first collision for full SHA-1[EB/OL]. https：//shattered. io/.

[55] 王小云，中国科学院院士[EB/OL]. https：//www. tsinghua. edu. cn/info/1167/93827. htm.

[56] 国家标准：信息安全技术 SM4 分组密码算法(GB/T 32907—2016)[EB/OL]. https：//openstd. samr. gov. cn/bzgk/gb/newGbInfo? hcno＝7803DE42D3BC5E80B0C3E5D8E873D56A.

[57] 国家标准：信息安全技术 SM3 密码杂凑算法(GB/T 32905—2016)[EB/OL]. http：//c. gb688. cn/bzgk/gb/ showGb? type＝online&hcno＝45B1A67F20 F3BF339211C391E9278F5E.

[58] 国家标准：信息安全技术术语(标准号：GB/T 25069—2022) [EB/OL]. http：//c. gb688. cn/bzgk/gb/showGb? type＝online&hcno＝56123482721B1AC3CEDCD3B5C022CAD8.

[59] 国家标准：信息安全技术 祖冲之序列密码算法 第 3 部分：完整性算法(GB/T 33133. 3—2021) [EB/OL]. https：//openstd. samr. gov. cn/bzgk/gb/newGbInfo? hcno＝C6D60AE0A7578E970EF2280ABD49F4F0.

[60] 全国信息技术标准化技术委员会生物特征识别分技术委员会. 生物特征识别白皮书(2019 年版)[EB/OL]. http：//sc37. cesinet. com/userfiles/2/files/cms/article/2019/12/％E7％94％9F％E7％89％A9％E7％89％B9％E5％BE％81％E8％AF％86％E5％88％AB％E7％99％BD％E7％9A％AE％E4％B9％A6％EF％BC％882019％E5％B9％B4％E7％89％88％EF％BC％89(3). pdf.

[61] 国家标准：信息安全技术 指纹识别系统技术要求(GB/T 37076—2018)[EB/OL]. https：//openstd. samr. gov. cn/bzgk/gb/newGbInfo? hcno＝00299C53425D8D4B29945E298F38E115.

[62] 国家标准：信息安全技术 虹膜识别系统技术要求(GB/T 20979—2019)[EB/OL]. https：//openstd. samr. gov. cn/bzgk/gb/newGbInfo? hcno＝7FF16D84B41297E279A295AD1BFD7A20.

[63] 国家标准：生物特征识别防伪技术要求 第 1 部分：人脸识别(GB/T 38427. 1—2019) [EB/OL]. https：//openstd. samr. gov. cn/bzgk/gb/newGbInfo? hcno＝B81A253297618D4735E0D7B391D2ADB6.

[64] 国家标准：远程人脸识别系统技术要求(GB/T 38671—2020)[EB/OL]. https：//openstd. samr. gov. cn/bzgk/gb/newGbInfo? hcno＝C84D5EA6AC99608C8B9EE8522050B094.

[65] 国家标准：信息安全技术 基于可信环境的生物特征识别身份鉴别协议框架(GB/T 36651—2018)[EB/OL]. https：//openstd. samr. gov. cn/bzgk/gb/newGbInfo? hcno＝3E1856AD80B3E398795D29BF525EEDC2.

[66] 国家标准：信息安全技术 祖冲之序列密码算法 第 1 部分：算法描述(GB/T 33133—

2016)［EB/OL］. https：//openstd. samr. gov. cn/bzgk/gb/newGbInfo? hcno＝
8C41A3AEECCA52B5C0011C8010CF0715.

［67］ 李新. 密码学与 PKI 技术课件［EB/OL］. https：//max. book118. com/html/2017/
0516/107085430. shtm.

［68］ 什么是国密 SSL 证书?［EB/OL］. https：//blog. csdn. net/lavin1614/article/
details/124152001.

［69］ 关于国密 HTTPS 的那些事(一)［EB/OL］. https：//blog. csdn. net/lavin1614/
article/details/120550322.

［70］ 简单了解默克尔(Merkle)树［EB/OL］. https：//blog. csdn. net/hzx_728/article/
details/104393974.

［71］ 蓝梦岛主. 秦观写了首连环诗,只用 14 个字便构成一首 28 字七绝,只有苏轼能解
［EB/OL］. https：//baijiahao. baidu. com/s? id＝1682299725690424176&wfr＝
spider&for＝pc.

［72］ 十里春风侠客行. 雪山飞狐:一首藏头诗,暗含闯王巨额宝藏秘密,太有才了!［EB/
OL］. https：// baijiahao. baidu. com/s? id ＝ 1736058535322366053&wfr ＝
spider&for＝pc.

［73］ 美好的城市圈. 聆听红色印记|红色电波中的隐秘战线英雄［EB/OL］. https：//
www. sohu. com/a/470023637_121123704.

［74］ 手机之家. EasyFi 密钥泄漏事件分析［EB/OL］. https：//www. sohu. com/a/
462562060_114950.

［75］ FIPS PUB 197：the official AES standard［EB/OL］. https：//csrc. nist. gov/
glossary/term/advanced_encryption_standard.

［76］ 国家密码管理局. 无线局域网产品使用的 SMS4 密码算法［EB/OL］. http：//www.
oscca. gov. cn.

［77］ FIPS 180-2. Secure Hash Standard ［EB/OL］, http：// csrc. nist. gov/
publications/.

［78］ FIPS 180-1. Secure hash standard［EB/OL］, https：//csrc. nist. gov/publications/
detail/fips/180/1/archive/ 1995-04-17#pubs-documentation.

［79］ 3GPP TS 33. 120 V3. 0. 0(1999-OS). 3rd Generation Partnership Project；Technical
Specification Group Services and System Aspects；3G Security；Security Principles
and Objectives (Release 4)［EB/OL］. https：//www. 3gpp. org/ftp/Specs/archive.

［80］ 3GPP TS 33. 102 V7. 0. 0(2005-12). 3rd Generation Partnership Project；Technical
Specification Group Services and System Aspects；3G Security；Security
Architecture (Release 7)［EB/OL］. https：//www. 3gpp. org/ftp/Specs/archive.

［81］ 3GPP TS 33. 103 V4. 2. 0(2001-09). 3rd Generation Partnership Project；Technical
Specification Group Services and System Aspects；3G Security；Integration Guidelines
(Release 4)［EB/OL］. https：//www. 3gpp. org/ftp/Specs/archive.

［82］ 3GPP TR 33. 801 V1. 0. 0（2005-11）. 3rd Generation Partnership Project：Technical Specification Group Services and System Aspects；Access Security Review（Release 7）［EB/OL］. https：//www. 3gpp. org/ftp/Specs/archive.

［83］ 椭圆曲线算法(ECC)学习（二）之 Secp256k1［EB/OL］. https：//blog. csdn. net/baidu_41617231/article/details/93853730.

［84］ 3GPP TS 33. 501 V17. 7. 0(2022-09). ［EB/OL］. 3rd Generation Partnership Project：Technical Specification Group Services and System Aspects；Security architecture and procedures for 5G system（Release 17）［EB/OL］. https：//www. 3gpp. org/ftp/Specs/archive.

［85］ 曾浩翔，第五代移动通信系统(5G)安全概览［EB/OL］. 2018 中国网络安全大会. http：//www. cnetsec. com/article/26201. html.